计算机基础与实训教材系列

中文版 Illustrator CS4平面设计实用教程

李静 编著

清华大学出版社
北京

内 容 简 介

本书由浅入深、循序渐进地介绍了使用Adobe公司推出的Illustrator CS4进行图形绘制的基础知识和操作技巧。全书共分13章，包括Illustrator CS4基础知识、文档的基本操作、图形绘制、颜色控制及图形填充、编辑图形、画笔与符号、文字处理、图表应用、图层与蒙版、混合与封套扭曲、效果、外观与图形样式、打印及综合实例等内容。

本书内容丰富、结构清晰、语言简练、图文并茂，具有很强的实用性和可操作性，是一本适合于大中专院校、职业学校及各类社会培训学校的优秀教材，也是广大初、中级电脑用户的自学参考书。

本书对应的电子教案、实例源文件和习题答案可以到http://www.tupwk.com.cn/edu网站下载。

图书在版编目(CIP)数据

中文版Illustrator CS4平面设计实用教程/李静 编著. —北京：清华大学出版社，2011.5

(计算机基础与实训教材系列)

ISBN 978-7-302-25173-6

Ⅰ.中… Ⅱ.李… Ⅲ.平面设计—图形软件，Illustrator CS4—教材 Ⅳ.TP391.41

中国版本图书馆CIP数据核字(2011)第055674号

责任编辑：胡辰浩(huchenhao@263.net)　袁建华
装帧设计：孔祥丰
责任校对：胡花蕾
责任印制：何　芊
出版发行：清华大学出版社　　**地　　址**：北京清华大学学研大厦A座
http://www.tup.com.cn　　**邮　　编**：100084
社　总　机：010-62770175　　**邮　　购**：010-62786544
投稿与读者服务：010-62776969，c-service@tup.tsinghua.edu.cn
质 量 反 馈：010-62772015，zhiliang@tup.tsinghua.edu.cn
印 装 者：三河市春园印刷有限公司
经　　销：全国新华书店
开　　本：190×260　**印　张**：19.25　**字　数**：505千字
版　　次：2011年5月第1版　　**印　次**：2011年5月第1次印刷
印　　数：1～5000
定　　价：32.00元

产品编号：031639-01

编审委员会

计算机基础与实训教材系列

丛书序

计算机已经广泛应用于现代社会的各个领域，熟练使用计算机已经成为人们必备的技能之一。因此，如何快速地掌握计算机知识和使用技术，并应用于现实生活和实际工作中，已成为新世纪人才迫切需要解决的问题。

为适应这种需求，各类高等院校、高职高专、中职中专、培训学校都开设了计算机专业的课程，同时也将非计算机专业学生的计算机知识和技能教育纳入教学计划，并陆续出台了相应的教学大纲。基于以上因素，清华大学出版社组织一线教学精英编写了这套“计算机基础与实训教材系列”丛书，以满足大中专院校、职业院校及各类社会培训学校的教学需要。

一、丛书书目

本套教材涵盖了计算机各个应用领域，包括计算机硬件知识、操作系统、数据库、编程语言、文字录入和排版、办公软件、计算机网络、图形图像、三维动画、网页制作以及多媒体制作等。众多的图书品种可以满足各类院校相关课程设置的需要。

- 已出版的图书书目

《计算机基础实用教程》	《中文版 Excel 2003 电子表格实用教程》
《计算机组装与维护实用教程》	《中文版 Access 2003 数据库应用实用教程》
《五笔打字与文档处理实用教程》	《中文版 Project 2003 实用教程》
《电脑办公自动化实用教程》	《中文版 Office 2003 实用教程》
《中文版 Photoshop CS3 图像处理实用教程》	《JSP 动态网站开发实用教程》
《Authorware 7 多媒体制作实用教程》	《Mastercam X3 实用教程》
《中文版 AutoCAD 2009 实用教程》	《Director 11 多媒体开发实用教程》
《AutoCAD 机械制图实用教程(2009 版)》	《中文版 Indesign CS3 实用教程》
《中文版 Flash CS3 动画制作实用教程》	《中文版 CorelDRAW X3 平面设计实用教程》
《中文版 Dreamweaver CS3 网页制作实用教程》	《中文版 Windows Vista 实用教程》
《中文版 3ds Max 9 三维动画创作实用教程》	《电脑入门实用教程》
《中文版 SQL Server 2005 数据库应用实用教程》	《中文版 3ds Max 2009 三维动画创作实用教程》
《中文版 Word 2003 文档处理实用教程》	《Excel 财务会计实战应用》
《中文版 PowerPoint 2003 幻灯片制作实用教程》	《中文版 AutoCAD 2010 实用教程》
《中文版 Premiere Pro CS3 多媒体制作实用教程》	《AutoCAD 机械制图实用教程(2010 版)》

《Visual C#程序设计实用教程》	《Java 程序设计实用教程》
《Mastercam X4 实用教程》	《SQL Server 2008 数据库应用实用教程》
《网络组建与管理实用教程》	《中文版 3ds Max 2010 三维动画创作实用教程》
《中文版 Flash CS3 动画制作实训教程》	

● 即将出版的图书书目

《Oracle Database 11g 实用教程》	《中文版 Pro/ENGINEER Wildfire 5.0 实用教程》
《ASP.NET 3.5 动态网站开发实用教程》	《中文版 Office 2007 实用教程》
《AutoCAD 建筑制图实用教程(2009 版)》	《中文版 Word 2007 文档处理实用教程》
《中文版 Photoshop CS4 图像处理实用教程》	《中文版 Excel 2007 电子表格实用教程》
《中文版 Illustrator CS4 平面设计实用教程》	《中文版 PowerPoint 2007 幻灯片制作实用教程》
《中文版 Flash CS4 动画制作实用教程》	《中文版 Access 2007 数据库应用实例教程》
《中文版 Dreamweaver CS4 网页制作实用教程》	《中文版 Project 2007 实用教程》
《中文版 Indesign CS4 实用教程》	《中文版 CorelDRAW X4 平面设计实用教程》
《中文版 Premiere Pro CS4 多媒体制作实用教程》	《中文版 After Effects CS4 视频特效实用教程》

二、丛书特色

1. 选题新颖，策划周全——为计算机教学量身打造

本套丛书注重理论知识与实践操作的紧密结合，同时突出上机操作环节。丛书作者均为各大院校的教学专家和业界精英，他们熟悉教学内容的编排，深谙学生的需求和接受能力，并将这种教学理念充分融入本套教材的编写中。

本套丛书取材于高职高专院校、中职中专院校和培训学校，全面贯彻“理论→实例→上机→习题”4 阶段教学模式，在内容选择、结构安排上更加符合读者的认知习惯，从而达到老师易教、学生易学的目的。

2. 教学结构科学合理，循序渐进——完全掌握“教学”与“自学”两种模式

本套丛书完全以大中专院校、职业院校及各类社会培训学校的教学需要为出发点，紧密结合学科的教学特点，由浅入深地安排章节内容，循序渐进地完成各种复杂知识的讲解，使学生能够一学就会、即学即用。

对教师而言，本套丛书根据实际教学情况安排好课时，提前组织好课前备课内容，使课堂教学过程更加条理化，同时方便学生学习，让学生在学习完后有例可学、有题可练；对自学者而言，可以按照本书的章节安排逐步学习。

3. 内容丰富、学习目标明确——全面提升“知识”与“能力”

本套丛书内容丰富，信息量大，章节结构完全按照教学大纲的要求来安排，并细化了每一章内容，符合教学需要和计算机用户的学习习惯。在每章的开始，列出了学习目标和本章重点，便于教师和学生提纲挈领地掌握本章知识点，每章的最后还附带有上机练习和习题两部分内容，教师可以参照上机练习，实时指导学生进行上机操作，使学生及时巩固所学的知识。自学者也可以按照上机练习内容进行自我训练，快速掌握相关知识。

4. 实例精彩实用，讲解细致透彻——全方位解决实际遇到的问题

本套丛书精心安排了大量实例讲解，每个实例解决一个问题或是介绍一项技巧，以便读者在最短的时间内掌握计算机应用的操作方法，从而能够顺利解决实践工作中的问题。

范例讲解语言通俗易懂，通过添加大量的“提示”和“知识点”的方式突出重要知识点，以便加深读者对关键技术和理论知识的印象，使读者轻松领悟每一个范例的精髓所在，提高读者的思考能力和分析能力，同时也加强了读者的综合应用能力。

5. 版式简洁大方，排版紧凑，标注清晰明确——打造一个轻松阅读的环境

本套丛书的版式简洁、大方，合理安排图与文字的占用空间，对于标题、正文、提示和知识点等都设计了醒目的字体符号，读者阅读起来会感到轻松愉快。

三、读者定位

本丛书为所有大中专院校和职业学校的学生以及从事计算机教学的老师和自学人员而编写，是一套适合于大中专院校、职业院校及各类社会培训学校的优秀教材，也可作为计算机初、中级用户和计算机爱好者学习计算机知识的自学参考书。

四、周到体贴的售后服务

为了方便教学，本套丛书提供精心制作的 PowerPoint 教学课件(即电子教案)、素材、源文件、习题答案等相关内容，可在网站上免费下载，也可发送电子邮件至 wkservice@vip.163.com 索取。

此外，如果读者在使用本系列图书的过程中遇到疑惑或困难，可以在丛书支持网站(http://www.tupwk.com.cn/edu)的互动论坛上留言，本丛书的作者或技术编辑会及时提供相应的技术支持。咨询电话：010-62796045。

前言

中文版 Illustrator CS4 是由 Adobe 公司推出的一款专业的矢量绘图软件，其具有强大的图形绘制与图文编辑功能，广泛应用于平面设计、商业插画设计、印刷品排版设计、网页制作等领域。而最新的 Illustrator CS4 版本进一步增强了图形绘制方面的功能，使设计师更加轻松快捷地完成设计。

本书从教学实际需求出发，合理安排知识结构，从零开始、由浅入深、循序渐进地讲解中文版 Illustrator CS4 的基本知识和使用方法等。本书共分 13 章，主要内容如下：

第 1 章介绍了 Illustrator CS4 概述，Illustrator CS4 操作界面，视图预览与查看，辅助工具的使用，以及自定义工作环境的操作。

第 2 章介绍了图形文档基本操作，如新建文档操作，编辑文档，以及置入与导出文件。

第 3 章介绍了各种图形绘制方法，以及编辑路径和描摹位图图像的操作方法。

第 4 章介绍了在 Illustrator CS4 中设置颜色控制及图形填充的操作方法，及其他填充效果的操作方法及技巧。

第 5 章介绍了选择、编辑、组合、变换、变形图形对象的操作方法及技巧。

第 6 章介绍了 Illustrator CS4 中各种画笔的创建与修改的操作方法，以及符号的应用技巧。

第 7 章介绍了 Illustrator CS4 中创建和导入文字，设置文字，设置编辑区域文本段落格式的操作方法及技巧。

第 8 章介绍了 Illustrator CS4 中创建与编辑图表，设置图表格式的操作方法及技巧。

第 9 章介绍了 Illustrator CS4 中图层的应用方法，以及剪切蒙版的建立和编辑操作方法。

第 10 章介绍了 Illustrator CS4 中混合对象的建立、编辑操作方法，以及封套扭曲的应用方法。

第 11 章介绍了 Illustrator CS4 中效果、外观与图形样式的操作方法及技巧。

第 12 章介绍了 Illustrator CS4 颜色管理、设置打印选项的操作方法及技巧。

第 13 章通过两个综合实例讲解 Illustrator CS4 在实际设计中的应用。

本书图文并茂，条理清晰，通俗易懂，内容丰富，在讲解每个知识点时都配有相应的实例，方便读者上机实践。同时在难于理解和掌握的部分内容上给出相关提示，让读者能够快速地提高操作技能。此外，本书配有大量综合实例和练习，让读者在不断的实际操作中更加牢固地掌握书中讲解的内容。

除封面署名的作者外，参加本书编辑和制作的人员还有洪妍、方峻、何亚军、王通、高娟妮、杜思明、张立浩、孔祥亮、陈笑、陈晓霞、王维、牛静敏、牛艳敏、何俊杰、葛剑雄等人。由于作者水平有限，本书难免有不足之处，欢迎广大读者批评指正。我们的邮箱是 huchenhao@263.net，电话 010-62796045。

作　者
2011 年 3 月

推荐课时安排

章　名	重点掌握内容	教学课时
第 1 章　初识 Illustrator CS4	1. Illustrator CS4 概述 2. 数字化图像的知识 3. Illustrator CS4 操作界面 4. 视图预览与查看 5. 标尺、参考线和网格	3 学时
第 2 章　文档的基本操作	1. 新建文档 2. 编辑文档 3. 打开、保存和关闭文档 4. 置入与导出文件	3 学时
第 3 章　图形绘制	1. 绘制简单线条 2. 绘制基本图形 3. 使用【钢笔】工具 4. 编辑路径 5. 实时描摹	4 学时
第 4 章　颜色控制及图形填充	1. 填充与描边的设定 2. 选择颜色 3. 使用渐变 4. 使用网格 5. 填充图案	4 学时
第 5 章　编辑图形	1. 选择对象 2. 创建、取消编组 3. 排列对象 4. 对齐与分布对象 5. 变换操作 6. 组合对象 7. 透明度与混合模式	5 学时
第 6 章　画笔与符号	1. 画笔的应用 2. 创建与修改画笔 3. 符号的应用	4 学时

(续表)

章　名	重点掌握内容	教学课时
第 7 章　文字处理	1. 创建和导入文字 2. 选择与修改文字 3. 设置文字格式 4. 将文字转换为轮廓 5. 编辑区域文本 6. 设置段落格式	5 学时
第 8 章　图表应用	1. 图表的类型 2. 创建与编辑图表 3. 设置图表格式 4. 自定义图表	3 学时
第 9 章　图层与蒙版	1. 图层 2. 剪切蒙版	2 学时
第 10 章　混合与封套扭曲	1. 混合对象 2. 封套扭曲	3 学时
第 11 章　效果、外观与图形样式	1. 外观属性 2. 效果 3. 图形样式	3 学时
第 12 章　打印	1. 颜色管理 2. 陷印 3. 设置打印选项	2 学时
第 13 章　综合实例	1. 产品设计 2. 包装设计	3 学时

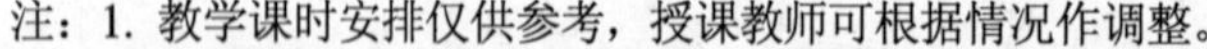

注：1. 教学课时安排仅供参考，授课教师可根据情况作调整。

2. 建议每章安排与教学课时相同时间的上机练习。

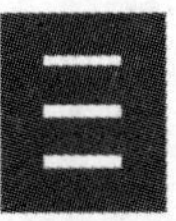

目录 CONTENTS

计算机基础与实训教材系列

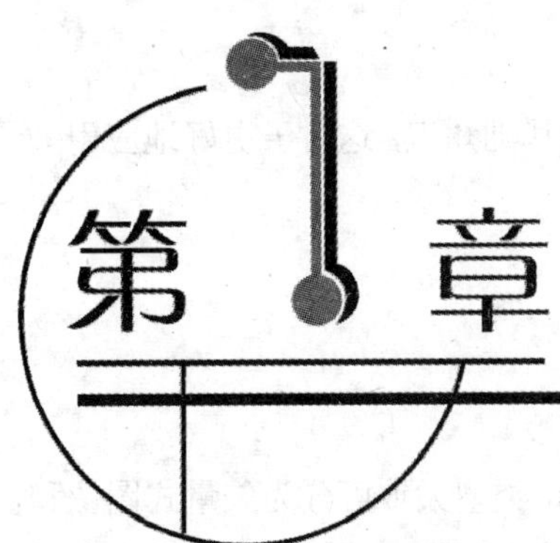

第1章 初识 Illustrator CS4

学习目标

Illustrator 是由 Adobe 公司开发的一款基于矢量绘图的平面设计软件。它被广泛应用于平面广告设计、网页图形设计、电子出版物设计等诸多领域。在使用 Illustrator 制作设计作品前，用户应先掌握基本的数字化图像知识，Illustrator 的操作界面，以及在 Illustrator 中浏览图像，使用辅助工具的操作方法，以方便日后的编辑操作，提高工作效率。

本章重点

- 数字化图像的知识
- Illustrator CS4 操作界面
- 视图预览与查看
- 标尺、参考线和网格
- 设置首选项

1.1 Illustrator CS4 概述

Illustrator 具有强大的绘图功能，其提供了多种绘图工具，可以根据用户需要自由使用。例如，使用相应的几何图形绘图工具可以绘制简单的几何图形，使用铅笔工具可以徒手绘画，使用画笔工具可以模拟毛笔的效果，也可以绘制复杂的图案，还可以用自定义笔刷等。用户使用绘图工具绘制出基本图形后，利用 Illustrator 完善的编辑功能还可以将图形进行编辑、组织、安排以及填充等加工，综合绘制出复杂的图形。

除此之外，Illustrator 还提供了丰富的滤镜和效果命令，以及强大的文字与图表处理功能等。通过这些命令和功能可以为图形图像添加一些特殊效果，增强了作品的表现力，从而使绘制的图形更加生动具体。

1.2 数字化图像的知识

在使用 Illustrator CS4 之前，用户先了解以下图像处理的基础知识，这对于更好地应用矢量图软件进行绘画有所帮助。

1.2.1 位图与矢量图

在计算机中，图像都是以数字的方式进行记录和存储的，类型大致可分为矢量式图像和位图式图像两种。这两种图像类型有着各自的优缺点，在处理编辑图像文件时，这两种类型经常交叉使用。

矢量图像也可以叫做向量式图像。顾名思义，它是以数学式的方法记录图像的内容。其记录的内容以线条和色块为主，由于记录的内容比较少，不需要记录每一个点的颜色和位置等，所以它的文件容量比较小，这类图像很容易进行放大、旋转等操作，且不易失真，精确度较高，所以在一些专业的图形软件中应用较多。制作矢量图像的软件很多，常用的有 FreeHand、AutoCAD 等。如图 1-1 所示为矢量图像在不同比例下的显示状态。

图 1-1　矢量图像在不同比例下的显示状态

同时由于上述原因，这种图像类型不适用于制作一些色彩变化较大的图像，而且不同软件的存储方法不同，在不同软件之间的相互转换也存在着一定的困难。

位图图像是由许多点组成的，其中每一个点即为一个像素，而每一像素都有明确的颜色。Photoshop 和其他绘画及图像编辑软件产生的图像基本上都是位图图像，但在 Photoshop 新版本中集成了矢量绘图功能，因而扩大了用户的创作空间。

位图图像与分辨率有关，如果在屏幕上以较大的倍数放大显示，或以过低的分辨率打印，位图图像会出现锯齿状的边缘，导致丢失细节。如图 1-2 所示为位图图像在不同比例下的显示状态。但是，位图图像弥补了矢量图像的某些缺陷，它能够制作出颜色和色调变化丰富的图像，同时可以很容易地在不同软件之间进行转换，但位图文件容量较大，对内存和硬盘的要求较高。

图 1-2　位图图像在不同比例下的显示状态

1.2.2　颜色模式

颜色模式是使用数字描述颜色的方式。在 Illustrator CS4 中，常用的颜色模式有 RGB 模式、CMYK 模式、HSB 模式、灰度模式和 Web 安全 RGB 模式。

- RGB 模式：RGB 模式是利用红、绿、蓝 3 种基本颜色来表示色彩的。通过调整 3 种颜色的比例可以获得不同的颜色。由于每种基本颜色都有 256 种不同的亮度值，因此，RGB 颜色模式约有 256×256×256=1670 万余种不同颜色。当用户绘制的图形只有用于屏幕显示时，才可采用此种颜色模式。
- CMYK 模式：CMYK 模式即常说的四色印刷模式，CMYK 分别代表青、品红、黄、黑 4 种颜色。CMYK 颜色模式的取值范围是用百分数来表示的，百分比较低的油墨接近白色，百分比较高的油墨接近黑色。
- HSB 模式：它是利用色彩的色相、饱和度和亮度来表现色彩的。H 代表色相，指物体固有的颜色。S 代表饱和度，指的是色彩的饱和度，它的取值范围为 0%(灰色)~100%(纯色)。B 代表亮度，指色彩的明暗程度，它的取值范围为 0%(黑色)~100%(白色)。
- 灰度模式：它具有从黑色到白色的 256 种灰度色域的单色图像，只存在颜色的灰度，没有色彩信息。其中，0 级为黑色，255 级为白色。每个灰度级都可以使用 0%(白)~100%(黑)百分比来测量。灰度模式可以与 HSB 模式、RGB 模式、CMYK 模式互相转换。但是，将色彩转换为灰度模式后，再要将其转换回彩色模式，将不能恢复原有图像的色彩信息，画面将转为单色。
- Web 安全 RGB 模式：它是网页浏览器所支持的 216 种颜色，与显示平台无关。当所绘图像只用于网页浏览时，可以使用该颜色模式。

1.2.3　常用文件格式

图形图像处理软件大致可以分为两类：一类是针对矢量图形的处理软件，这类软件处理图

形对象的基本单位是连续的矢量线条，操作简单、占用的存储空间比较小；另一类是针对位图图像的处理软件，这类软件处理图像对象的基本单位是一个个离散的像素点，图像占用的存储空间很大。

所谓图形图像文件格式，指的是图形图像文件中的数据信息的不同存储方式。文件格式通常以其扩展名表示，例如*.AI、*.EPS、*. JPEG、*.SVG、WMF 格式、PSD 格式、*.BMP、*.TIF、*.GIF、*.PDF 等。

随着图形图像应用软件的增多，其格式和种类也相应增多。目前广泛应用的图形文件格式多达十几种，为了减少不必要的浪费和重复操作，用户在制作图形时应尽可能地采用通用的图形文件格式。在 Illustrator 中，用户不仅可以使用软件本身的*.AI 图形文件格式，还可以导入和导出其他的图形文件格式，例如*.BMP、*.TIF、*.GIF、*.PDF 等。下面将介绍几种比较常用的文件格式。

1. AI 文件格式

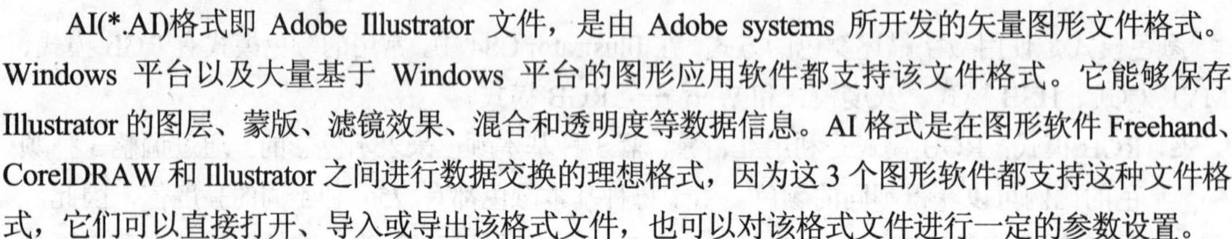

AI(*.AI)格式即 Adobe Illustrator 文件，是由 Adobe systems 所开发的矢量图形文件格式。Windows 平台以及大量基于 Windows 平台的图形应用软件都支持该文件格式。它能够保存 Illustrator 的图层、蒙版、滤镜效果、混合和透明度等数据信息。AI 格式是在图形软件 Freehand、CorelDRAW 和 Illustrator 之间进行数据交换的理想格式，因为这 3 个图形软件都支持这种文件格式，它们可以直接打开、导入或导出该格式文件，也可以对该格式文件进行一定的参数设置。

2. EPS 文件格式

EPS 文件格式是 Encapsulated PostScript 的缩写，它是跨平台的标准格式。在 Windows 平台上其扩展名是*.EPS，在 Macintosh 平台上是*.EPSF，主要用于存储矢量图形和位图图像。EPS 格式采用 PostScript 语言进行描述，并且可以保存其他类型的信息，例如，Alpha 通道、分色、剪辑路径、挂网信息和色调曲线等。因此，EPS 格式常用于印刷或打印输出图形的制作。在某些情况下，使用 EPS 格式存储图形图像优于使用 TIFF 格式存储的图形图像。

EPS 格式是文件内带有 PICT 预览的 PostScript 格式，因此，基于像素存储的 EPS 格式的图像文件比以 TIFF 格式存储的同样图像文件所占用的空间大，而基于矢量图形的 EPS 格式图形文件比基于同样像素的 EPS 格式文件所占用的空间小。

3. JPEG 文件格式

JPEG(*.JPG)格式是 Joint Photographic Experts Group(联合图像专家组)的缩写，它是目前最优秀的数字化摄影图像的存储格式。JPEG 格式是由 ISO 和 CCITT 两大标准化组织共同推出的，它定义了摄影图像的通用压缩编码。JPEG 格式使用有损压缩方案存储图像，以牺牲图像的质量为代价节省图像文件所占的磁盘空间。

4. SVG 文件格式

SVG(*.SVG)原意为可缩放的矢量图形。它是一种用来描述图像的形状、路径文本和滤镜效果的矢量格式，可以任意放大显示，而不会丢失细节。该图形格式的优点是非常紧凑，并能

提供可以在网上发布或打印的高质量图形。

5. WMF 格式

WMF 格式是 Microsoft Windows 中常见的一种图元文件格式，它具有文件短小、图案造型花的特点，整个图形常由各个独立组成部分拼接而成，但其图形往往较粗糙。

6. PSD 格式

PSD 格式是 Photoshop 软件的专用图像文件格式，它能够支持全部图像颜色模式的格式，并且它能保存图像中各个图层的效果和相互关系，各图层之间相互独立，以便于对单独的图层进行修改和制作各种特效。但是，以 PSD 格式保存的图像通常包含较多的数据信息，因此，比其他格式的图像文件占用更多的磁盘空间。

7. TIF 格式

TIF 是一种比较通用的图像格式，几乎所有的扫描仪和大多数图像软件都支持这一格式。这种格式支持 RGB、CMYK、Lab、索引、灰度等颜色模式，并且在 RGB、CMYK 及灰度模式中支持 Alpha 通道的使用。而且，同 EPS 和 BMP 等文件格式相比，其图像信息最紧凑，因此 TIF 文件格式在各软件平台上得到了广泛支持。

1.3　Illustrator CS4 操作界面

Illustrator 的工作区是创建、编辑、处理图形和图像的操作平台，它由菜单栏、【工具】面板、控制面板、文档窗口、状态栏等组成。启动 Illustrator CS4 软件后，屏幕上将会出现标准的工作界面，如图 1-3 所示。

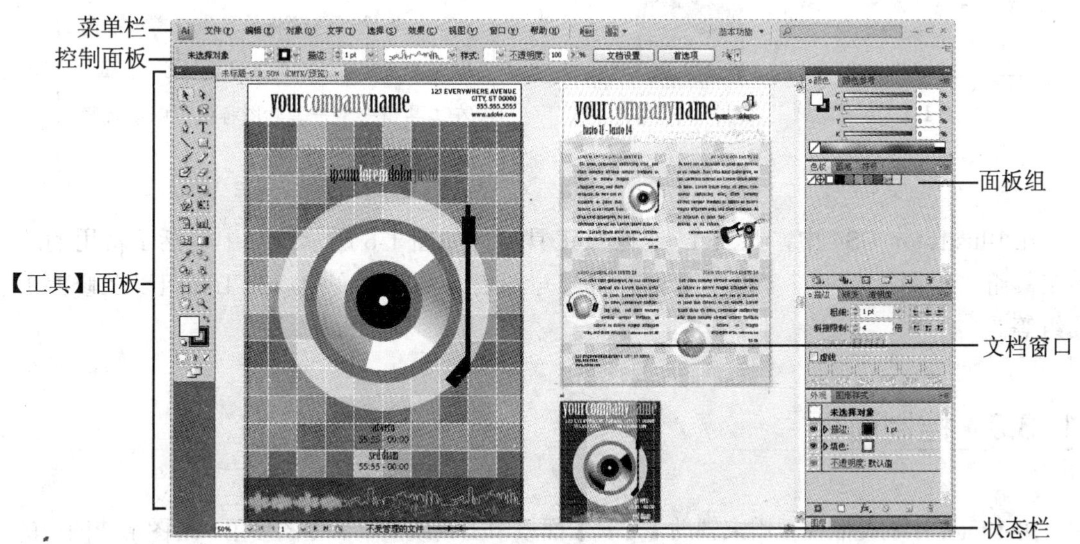

图 1-3　Illustrator CS4 工作区

1.3.1 菜单栏

在 Illustrator CS4 应用程序中提供了 9 组菜单命令，如图 1-4 所示。它们分别是：【文件】、【编辑】、【对象】、【文字】、【选择】、【效果】、【视图】、【窗口】和【帮助】命令。

文件(F) 编辑(E) 对象(O) 文字(T) 选择(S) 效果(C) 视图(V) 窗口(W) 帮助(H)

图 1-4 菜单栏

1.3.2 【工具】面板

默认情况下，启动 Illustrator CS4 后【工具】面板会自动显示在工作区的左侧，单排显示。如果习惯以往的双排显示，用户可以单击【工具】面板上方的小三角按钮将【工具】面板的显示方式更改为传统的双排显示。

在 Illustrator CS4 中，【工具】面板是非常重要的功能组件，它包含了 Illustrator 中常用的绘制、编辑、处理的操作工具，例如【钢笔】工具、【选择】工具、【旋转】工具、【网格】工具等。用户需要使用某个工具时，只需单击该工具即可。

由于【工具】面板大小的限制，许多工具并未直接显示在【工具】面板中，因此许多工具都隐藏在工具组中。在【工具】面板中，如果某一工具的右下角有黑色三角形，则表明该工具属于某一工具组，工具组中的其他工具处于隐藏状态。将鼠标移至工具图标上单击即可打开隐藏工具组；单击隐藏工具组后的小三角即可将隐藏工具组分离出来，如图 1-5 所示。

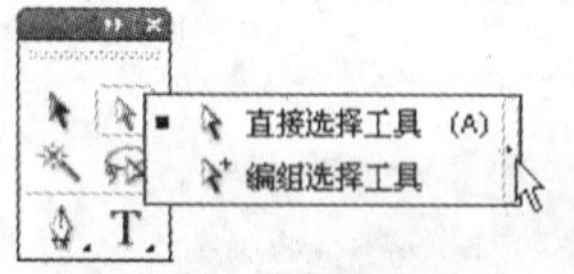

图 1-5 分离隐藏工具组

提示

如果觉得通过将工具组分离出来选取工具太过麻烦，那么只要按住 Alt 键，在工具箱中单击工具图标就可以进行隐藏工具的切换。

在 Illustrator CS4 中，共有 15 个隐藏工具组，如图 1-6 所示。其中包括了常用的选择工具组、绘图工具组、变形工具组、符号与图表工具组、变换填充工具组以及修剪工具组等。

1.3.3 控制面板

Illustrator 中的控制面板用来辅助【工具】面板中工具或菜单命令的使用，对图形或图像的修改起着重要的作用，灵活掌握控制面板的基本使用方法有助于帮助用户快速地进行图形编辑。

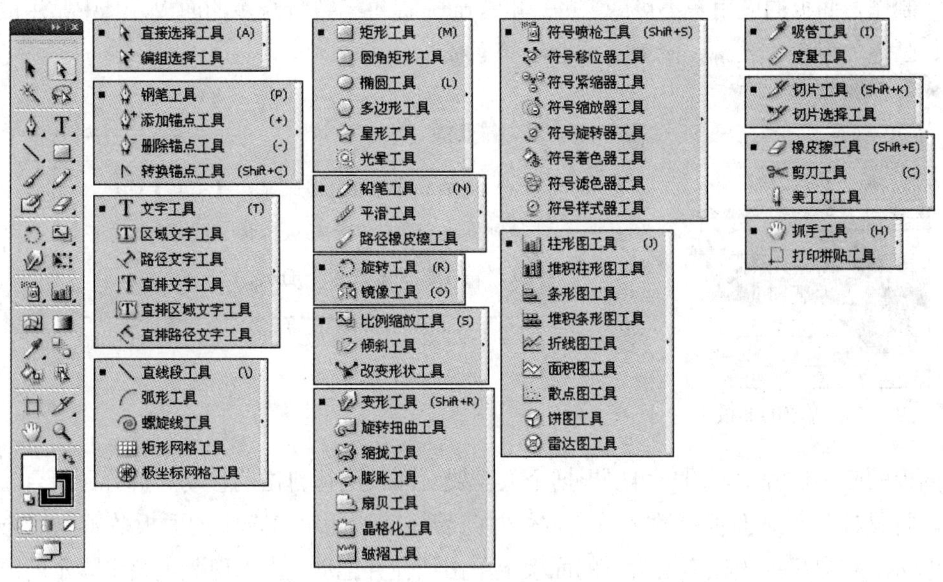

图 1-6　隐藏工具组

通过控制面板可以快速地访问、修改与所选对象相关的选项。默认情况下，控制面板停放在菜单栏的下方，如图 1-7 所示。用户也可以通过选择面板菜单中的【停放到底部】命令，将控制面板放置在工作区的底端。

图 1-7　控制面板

当控制面板中的文本为蓝色且带下划线时，用户可以单击文本以显示相关的面板或对话框，如图 1-8 所示。例如，单击描边链接，可显示【描边】面板。 单击控制面板或对话框以外的任何位置可以将其关闭。

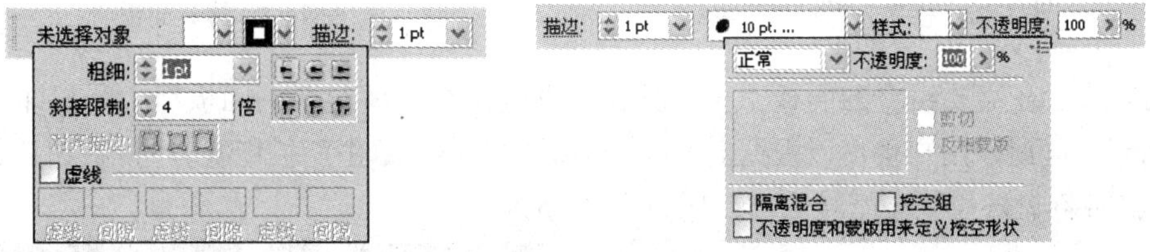

图 1-8　链接相关面板

1.3.4　浮动面板

默认情况下，常用的命令面板以图标的形式放置在工作区的右侧，用户可以通过单击右上角【扩展停放】按钮来显示面板，如图 1-9 所示，这些面板可以帮助用户控制和修改图像。要

完成图形制作，面板的应用是不可或缺的。Illustrator 提供了数量众多的面板，其中常用的面板有图层、画笔、颜色、轮廓、渐变、透明度等面板。

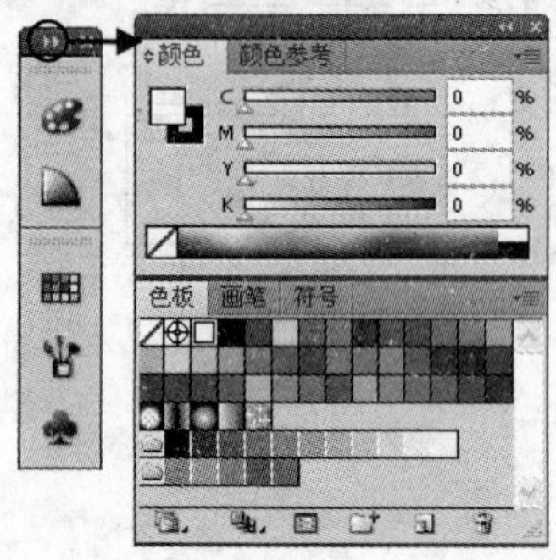

图 1-9 扩展停放的面板

知识点

按 Tab 键可以隐藏或显示【工具】面板、控制面板和常用命令面板。按 Shift+Tab 键可以隐藏或显示常用命令面板。

在面板的应用过程中，用户可以根据个人需要对面板进行自由的移动、拆分、组合、折叠等操作。将鼠标移动到面板标签上单击按住并向后拖动，即可将选中的面板放置到后方，如图 1-10 所示。将鼠标放置在需要拆分的面板上单击按住并拖动，当出现蓝色突出显示的放置区域时，则表示拆分的面板将放置在此区域，如图 1-11 所示。例如，通过将一个面板拖移到另一个面板上面或下面蓝色突出显示的放置区域中，可以在面板堆栈中向上或向下移动该面板。如果拖移到的区域不是放置区域，该面板将在工作区中自由浮动。

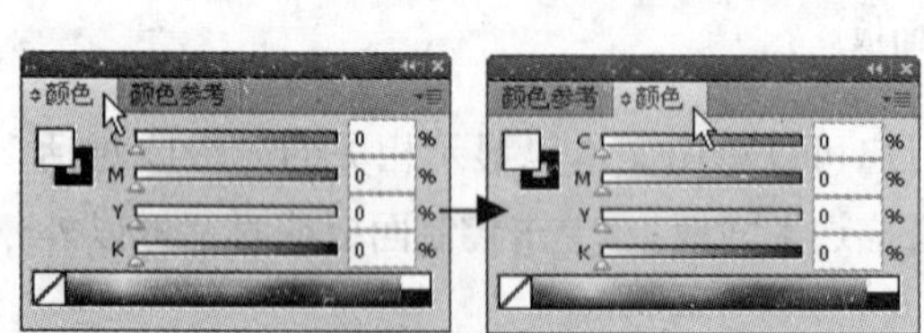

图 1-10 移动面板

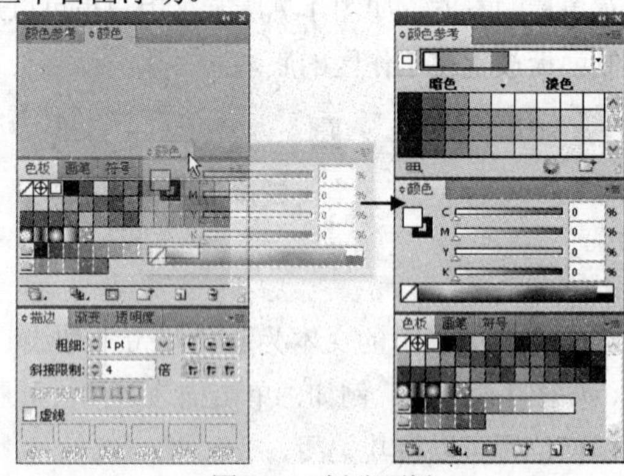

图 1-11 拆分面板

将鼠标放置在需要组合的面板上单击按住，并拖动至需要组合的面板组中释放即可，如图 1-12 所示。同时，用户也可以根据需要改变面板的大小。单击面板标签旁的按钮，或双击面板标签，可将显示或隐藏面板选项，如图 1-13 所示。

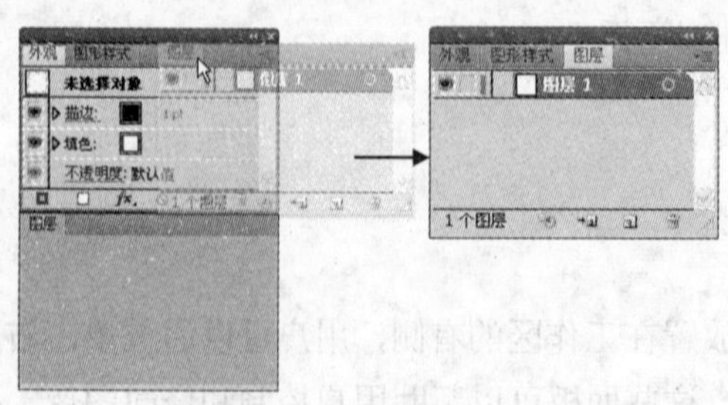

图 1-12 组合面板

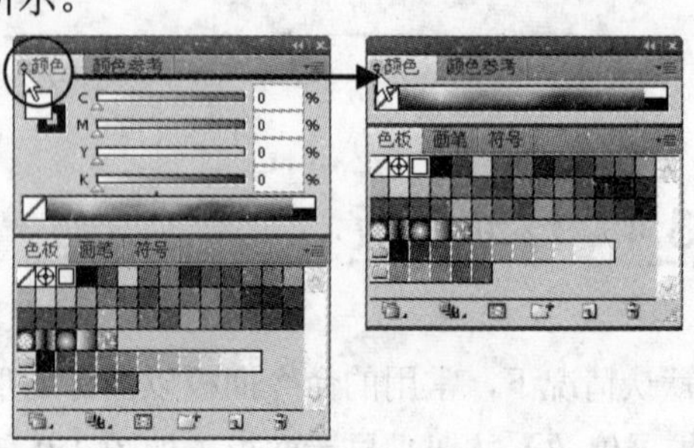

图 1-13 显示隐藏面板选项

1.3.5 状态栏

在所有文档页面的下部都有两栏，如图 1-14 所示。左边是百分比栏，其中的百分比数值表示页面当前的显示比例。在数值框中，可以输入任意页面的显示比例，输入完成后按 Enter 键确认，这时页面可按照所设置的比例相应地放大或缩小。

图 1-14 状态栏

中间一栏显示当前文档的画板数量，同时可以通过【上一项】、【下一项】、【首项】、【末项】按钮来切换画板，或直接单击数值框右侧的按钮，直接选择画板。

右边一栏为状态栏，单击状态栏会弹出如图 1-15 所示的菜单，选择【显示】选项，会弹出子菜单以供用户选择在状态栏中所显示的内容。

图 1-15 【显示】选项

1.4 视图预览与查看

在 Illustrator CS4 中，用户可以根据需要改变窗口中图形对象的显示形式、显示比例，或是显示区域来适应用操作要求。

1.4.1 视图预览

在 Illustrator CS4 中，图形对象有两种显示状态，一种是预览显示，另一种是轮廓显示。在预览显示状态下，图形会显示出全部的色彩、描边、文本、置入图像等构成信息。而选择菜单栏【视图】|【轮廓】命令，或按快捷键 Ctrl+Y 可将当前所显示的图形以无填充、无颜色、无画笔效果的原线条状态显示，如图 1-16 所示。利用此种显示模式，可以加快显示速度。如果想返回预览显示状态，选择【视图】|【预览】命令即可。

图 1-16　将图形转换为【轮廓】模式

1.4.2 【缩放】工具

在 Illustrator CS4 中，用户可以通过【视图】菜单中的【放大】、【缩小】、【适合窗口大小】和【实际大小】命令调整所需视图的显示比例。也可以选择【工具】面板中的【缩放】工具来实现视图显示比例的调整。

使用【缩放】工具在工作区中单击，即可放大图像，按住 Alt 键使用【缩放】工具单击，可以缩小图像。

用户也可以选择【缩放】工具后，在需要放大的区域拖动出一个矩形框，然后释放鼠标即可放大选中的区域，如图 1-17 所示。在 Illustrator CS4 中，放大显示的最大比例为 6400%。

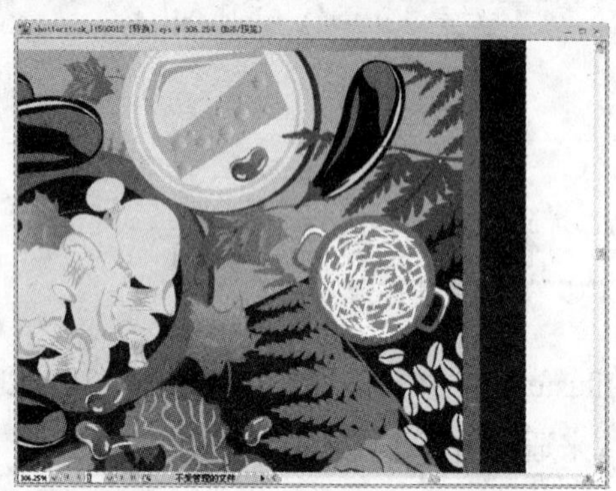

图 1-17　使用【缩放】工具放大视图

知识点

使用键盘快捷键也可以快速地放大或缩小窗口中的图形。按 Ctrl+ + 键可以放大图形，按 Ctrl+ –键可以缩小图形。按 Ctrl+0 键可以使画板适合窗口显示。

1.4.3 【抓手】工具

在放大显示的工作区域中观察图形时，经常还需要观察窗口以外的视图区域，因此，需要

通过移动视图显示区域来进行观察。如果需要实现该操作，用户可以选择【工具】面板中的【手形】工具，然后在工作区中按下并拖动鼠标，即可移动视图显示画面，如图 1-18 所示。

图 1-18　移动显示区域

1.4.4 【导航器】面板

在 Illustrator CS4 中，通过【导航器】面板，用户不仅可以很方便地对工作区中所显示的图形文档进行移动显示观察，还可以对视图显示的比例进行缩放调节。通过选择【窗口】|【导航器】命令即可显示或隐藏【导航器】面板。

【例 1-1】在 Illustrator 中，使用【导航器】面板改变图形文档显示比例和区域。

(1) 选择菜单栏中的【文件】|【打开】命令，在【打开】对话框中，选择文件夹中的图形文档，单击【打开】按钮将其打开，如图 1-19 所示。

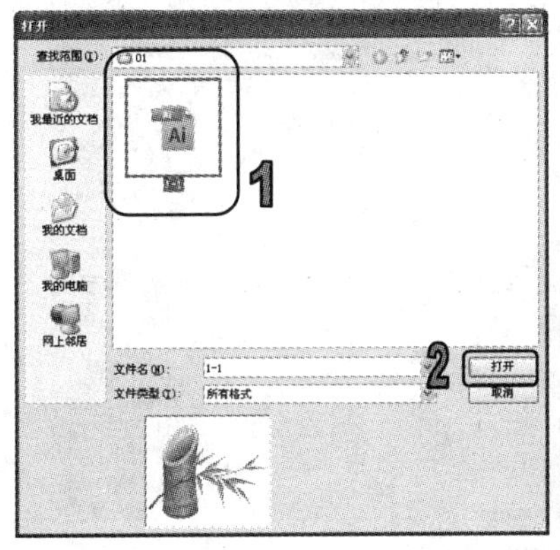

图 1-19　打开图形文档

(2) 选择菜单栏中的【窗口】|【导航器】命令，可以在工作界面中显示【导航器】面板，如图 1-20 所示。

(3) 在【导航器】面板底部【显示比例】文本框中直接输入数值 200%，按 Enter 键应用设置，改变图像文件窗口的显示比例，如图 1-21 所示。

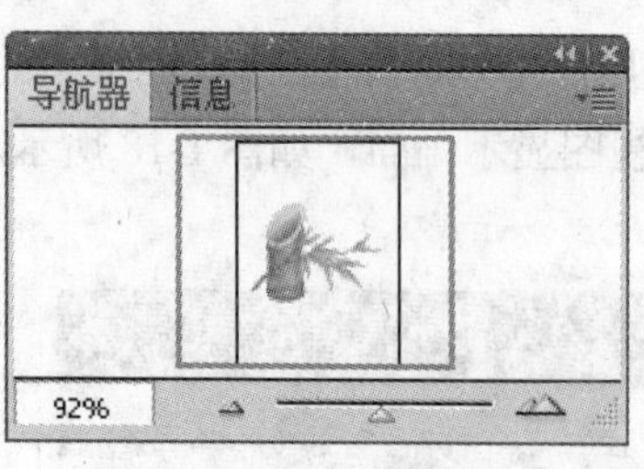

图 1-20 【导航器】面板

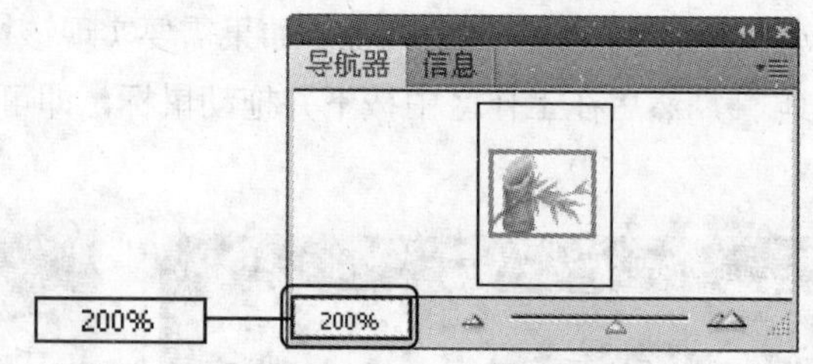

图 1-21 使用【显示比例】文本框

(4) 单击选中【显示比例】文本框右侧的缩放比例滑块，并按住左键进行拖动至合适位置释放左键，以调整图像文件窗口的显示比例。向左移动缩放比例滑块时，可以缩小画面的显示比例；向右移动缩放比例滑块时，可以放大画面的显示比例。在调整画面显示时，【导航器】面板中的红色矩形框也会同时进行相应的缩放，如图 1-22 所示。

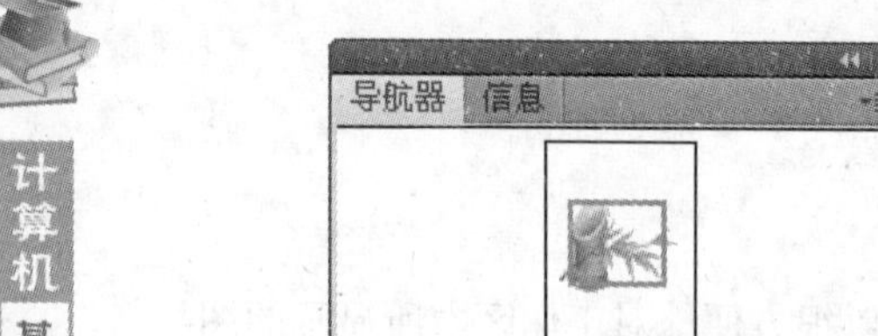

图 1-22 拖动滑块改变视图显示比例

(5) 【导航器】面板中的红色矩形框表示当前窗口显示的画面范围。当把光标移动至【导航器】面板预览窗口中的红色矩形框内，光标会变为手形标记，按住并拖动手形标记，即可通过移动红色矩形框来改变放大的图像文件窗口中显示的画面区域，如图 1-23 所示。

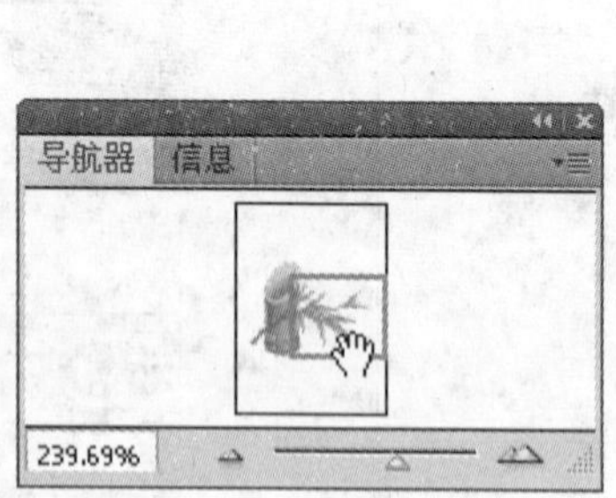

图 1-23 在【导航器】面板中移动画面显示区域

1.5 标尺、参考线和网格

在 Illustrator 中提供了多种辅助绘图工具。这些工具对绘制图形不作任何修改，只在绘制过

程中起到参考作用。利用这些工具可以测量和定位图形对象，提高工作效率。

1.5.1　标尺

在工作区中，标尺由水平标尺和垂直标尺两部分组成。通过使用标尺，用户不仅可以很方便地测量出对象的大小与位置，还可以结合从标尺中拖动出的参考线准确地创建和编辑对象。通过选择【视图】|【显示标尺】命令，可以在工作区中显示标尺，如图 1-24 所示。

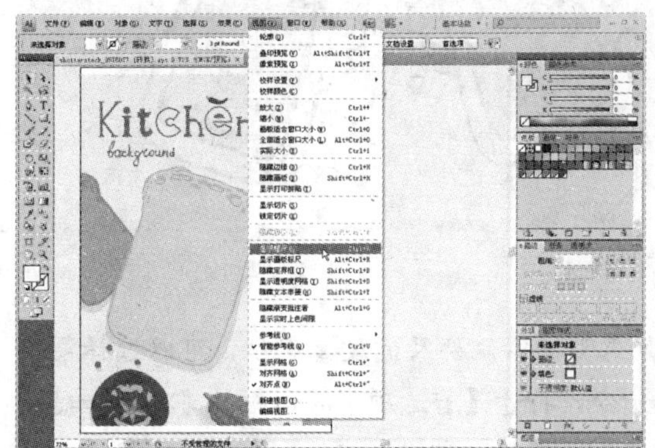

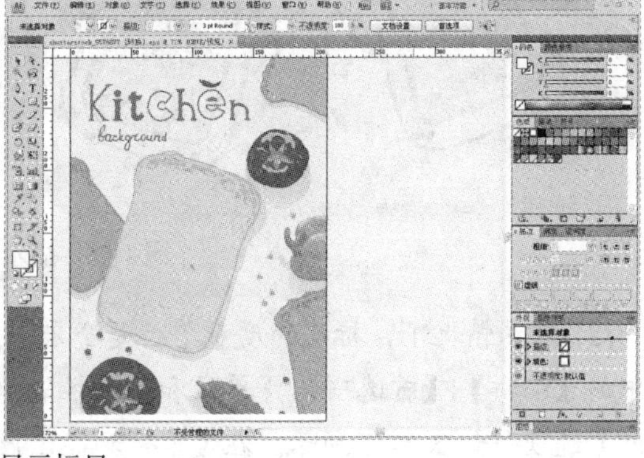

图 1-24　显示标尺

知识点

如果要改变标尺的原点位置，可将鼠标放置在垂直和水平标尺的交汇点，拖动出十字线至合适的位置，释放鼠标，拖至的位置就是标尺的原点。若要恢复默认标尺原点位置，直接双击左上角即可。

【例 1-2】在 Illustrator 中，对打开的图形文档应用标尺，并设置标尺单位。

(1) 选择菜单栏中的【文件】|【打开】命令，在【打开】对话框中选择图形文档，单击【打开】按钮打开文档，如图 1-25 所示。

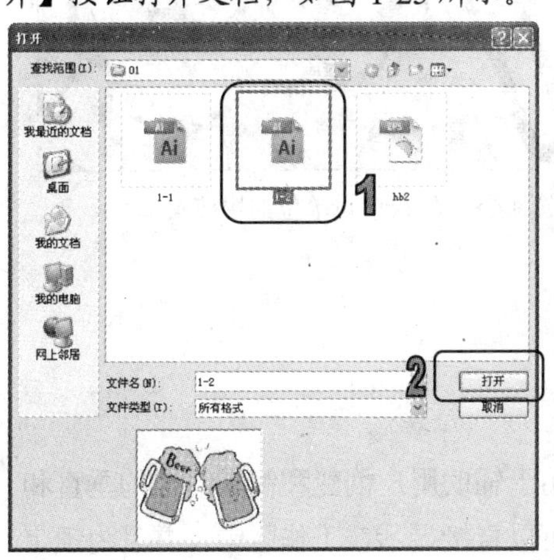

图 1-25　打开图形文档

(2) 选择菜单栏中的【视图】|【显示标尺】命令，或者按下 Ctrl+R 键，即可在工作界面中显示标尺，如图 1-26 所示。显示标尺后，选择【视图】|【隐藏标尺】命令，或者再次按下 Ctrl+R 键，即可将工作界面中所显示的标尺隐藏起来。

图 1-26　显示和隐藏标尺

(3) 默认情况下，标尺的度量单位是毫米。如果需要修改标尺的度量单位，可以选择菜单栏中的【编辑】|【首选项】|【单位和显示性能】命令，打开【首选项】对话框的【单位和显示性能】选项，如图 1-27 所示。在【单位和显示性能】选项的【常规】下拉列表中，选择所需的度量单位后单击【确定】按钮即可。用户还可以在标尺的任意区域上单击鼠标右键，然后在弹出的快捷菜单中选择所需标尺的度量单位即可，如图 1-28 所示。

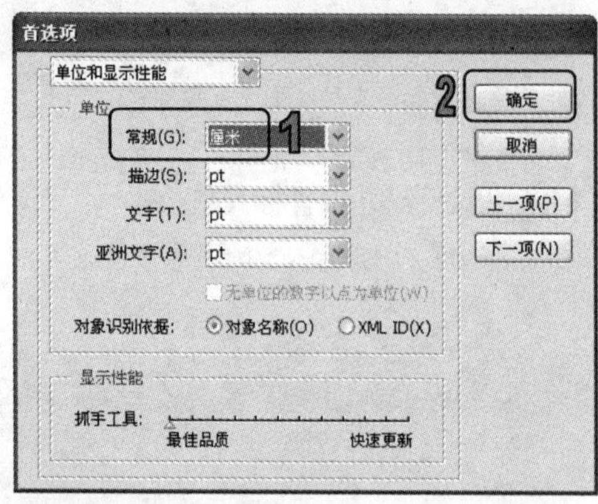

图 1-27　【首选项】对话框的【单位和显示性能】选项　　图 1-28　标尺度量单位的快捷菜单

1.5.2　参考线

在 Illustrator CS4 中，参考线指的是放置在工作区中用于辅助用户创建和编辑对象的垂直和水平直线。在默认情况下，用户自由创建的各种参考线可以直接显示在工作区中，并且为锁定状态，但是用户也可以根据需要将其隐藏或解锁。另外，在默认情况下，用户将对象移至参考线附近时，该对象将自动与参考线对齐。

1. 创建参考线

要创建参考线，只需将光标放置在水平或垂直标尺上，按住鼠标从标尺上拖动出参考线到图像上，如图 1-29 所示。用户可以在【首选项】|【参考线和网格】选项中，设置参考线的颜色和样式。

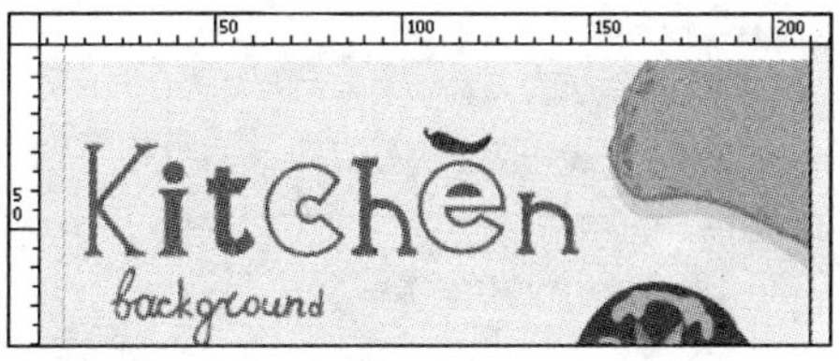

图 1-29　创建参考线

2. 创建自定义参考线

用户可以选择【视图】|【参考线】|【建立参考线】命令，将选中的路径直接转换为参考线。这种方式可以更加灵活地帮助用户准确地绘制图形。

【例 1-3】 在 Illustrator 中设置参考线，并创建、应用参考线进行相关操作。

(1) 选择菜单栏中的【文件】|【打开】命令，在【打开】对话框中选择图形文档，单击【打开】按钮打开文档，如图 1-30 所示。

图 1-30　打开图形文档

(2) 选择菜单栏中的【编辑】|【首选项】|【参考线和网格】命令，在打开的对话框参考线选项区域中，单击【颜色】下拉列表，选择【淡红色】为参考线颜色，如图 1-31 所示，单击【确定】按钮关闭对话框，应用设置。

(3) 按下 Ctrl+R 键，在工作界面中显示标尺，在水平标尺或垂直标尺中按下鼠标左键并拖动，从标尺中拖动出参考线，然后在工作区的适当位置释放鼠标，即可在工作区中创建出水平或垂直参考线，如图 1-32 所示。

(4) 选择【工具】面板中的【矩形】工具，根据参考线按住鼠标左键在文档中拖动绘制一个矩形，如图 1-33 所示。

(5) 然后选择【工具】面板中的【选择】工具选中绘制的矩形，选择【视图】|【参考线】|【建立参考线】命令，即可将选中的路径对象转换为参考线；也可以在选中的路径对象上单击鼠标右键，在弹出的快捷菜单中选择【建立参考线】命令，如图 1-34 所示。

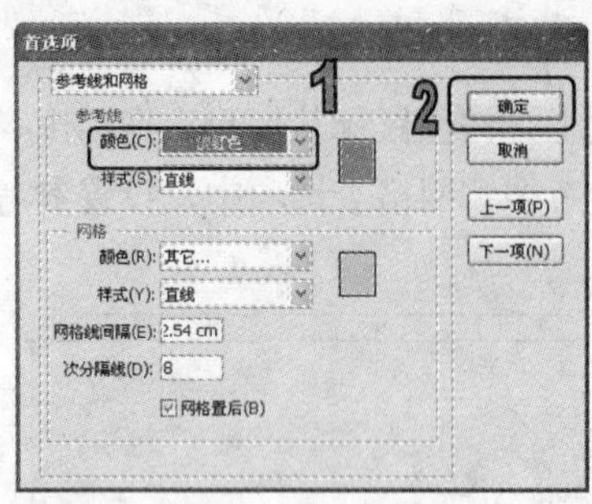

图 1-31 设置参考线颜色

提示

【颜色】下拉列表：在该下拉列表中，用户可以选择预设的参考线颜色，也可以通过双击其选项右侧的色块，在打开的【颜色】对话框中设置参考线的颜色。

【样式】下拉列表：在该下拉列表中，用户可以将参考线设置为线或点。

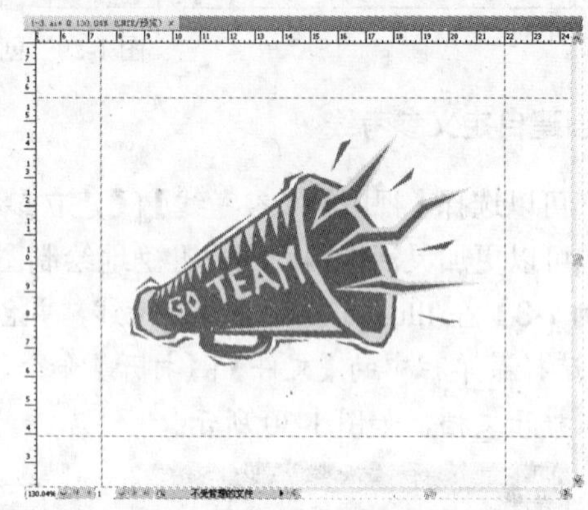

图 1-32 创建水平和垂直参考线

图 1-33 绘制矩形

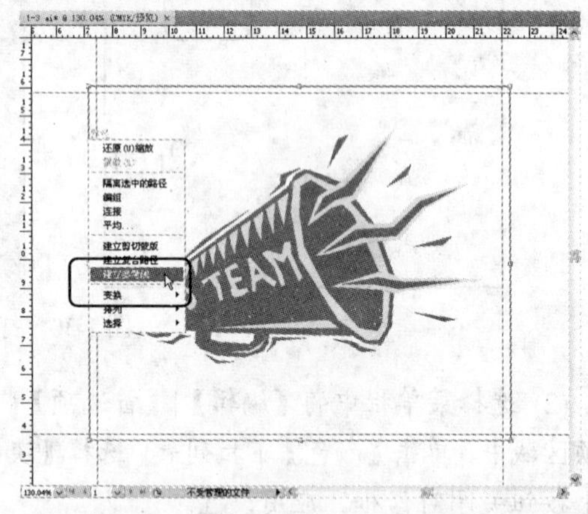

图 1-34 将路径转换为参考线

(6) 选择菜单栏中的【视图】|【参考线】|【锁定参考线】命令锁定全部参考线。如果用户需要调整参考线的位置，可以再次选择【视图】|【参考线】|【锁定参考线】命令解锁参考线。这时用户可以看到该命令前的选中状态的标志立即消失。

(7) 解锁参考线后，使用【工具】面板中的【选择】工具选中先前转换为参考线的路径，然后选择【视图】|【参考线】|【释放参考线】命令，即可将参考线转换为路径对象，并以当前【工具】面板中设置的描边与填色参数属性为基准进行应用。也可以在选中的参考线上单击鼠标右键，在打开的快捷菜单中选择【释放参考线】命令即可，如图 1-35 所示。

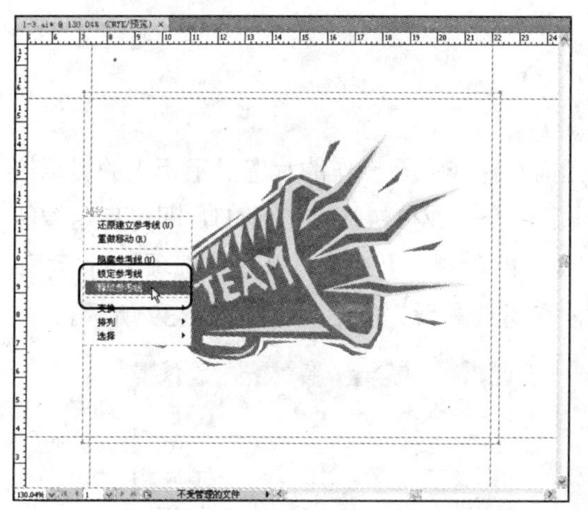

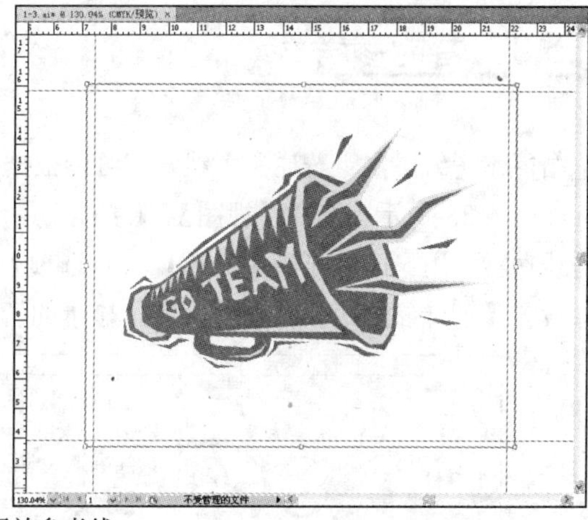

图 1-35　释放参考线

(8) 选择菜单栏中的【窗口】|【画笔库】|【边框】|【边框几何图形】命令，打开【边框_几何图形】面板，并单击选择【三角形】画笔，即可为绘制的矩形添加画笔样式，如图 1-36 所示。

(9) 选择菜单栏中的【视图】|【参考线】|【隐藏参考线】命令，将文档中的参考线进行隐藏，如图 1-37 所示。如果需要重新显示参考线，只需选择【视图】|【参考线】|【显示参考线】命令即可。

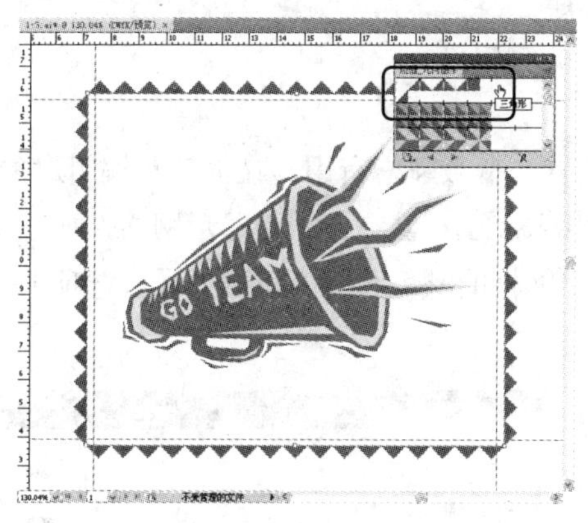

图 1-36　添加画笔样式

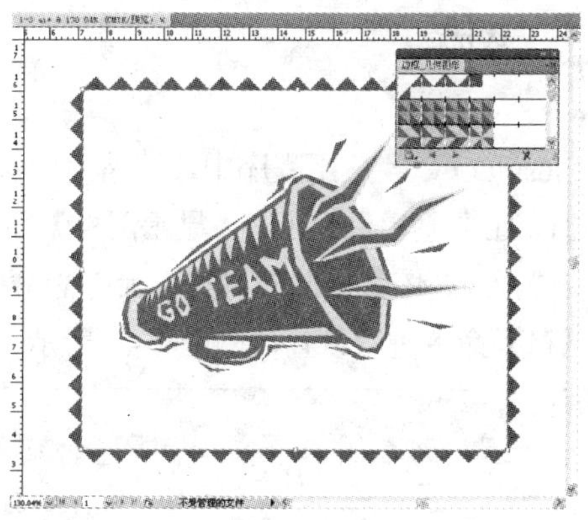

图 1-37　隐藏参考线

3. 释放参考线

释放参考线就是将转换为参考线的路径恢复到原来的路径状态，或者将标尺参考线转化为路径，选择【视图】|【参考线】|【释放参考线】命令即可。

4. 解锁参考线

在默认状态下，文件中的所有参考线都是被锁定的，锁定的参考线不能够被移动。选择【视图】|【参考线】|【锁定参考线】命令，取消命令前的√，即可解除参考线的锁定。重新选择此命令可将参考线重新锁定。

1.5.3 智能参考线

智能参考线不同于普通参考线，它可以根据当前的操作以及操作的状态显示相应的提示信息，如图 1-38 所示。选择【视图】|【智能参考线】命令，或按快捷键 Ctrl+U，即可启用智能参考线功能。用户可以选择【编辑】|【首选项】|【智能参考线】命令打开【首选项】对话框，通过设置【智能参考线】首选项来指定显示的智能参考线和反馈的信息，如图 1-39 所示。

图 1-38 启用智能参考线

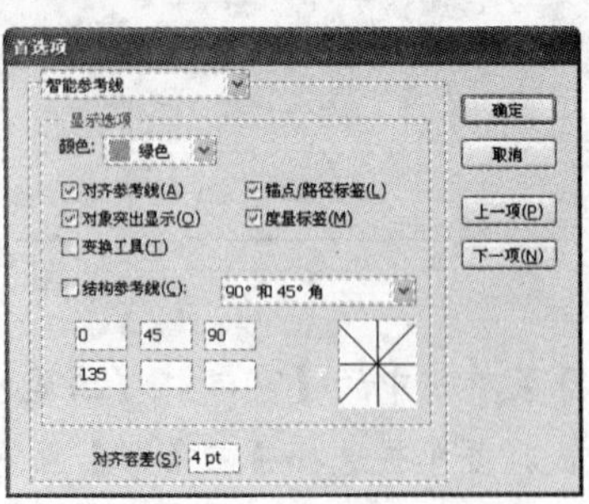

图 1-39 设置智能参考线

1.5.4 网格

在 Illustrator CS4 应用程序中，网格对图像的放置和排版非常有用。在创建和编辑对象时，用户还可以通过选择【视图】|【显示网格】命令，或按 Ctrl+"键在文档中显示网格，如图 1-40 所示，或选择【视图】|【隐藏网格】命令隐藏网格。网格的颜色和间距可通过【首选项】|【参考线和网格】命令进行设置，如图 1-41 所示。

图 1-40 显示网格

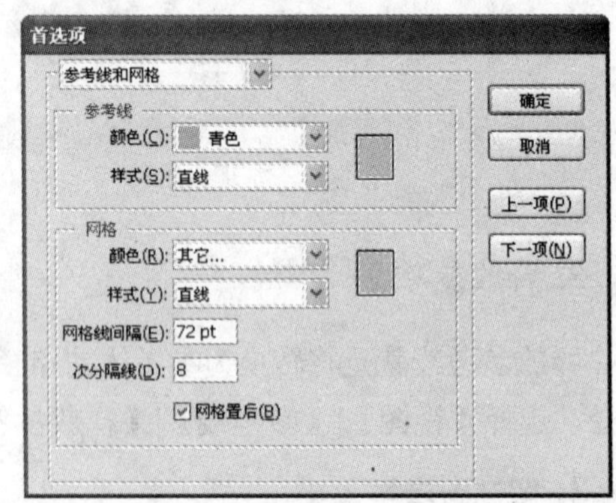

图 1-41 【参考线和网格】选项

【例 1-4】在 Illustrator CS4 中，显示并设置网格。

(1) 选择菜单栏中的【文件】|【打开】命令，在【打开】对话框中选择图形文档，单击【打开】按钮打开文档，如图 1-42 所示。

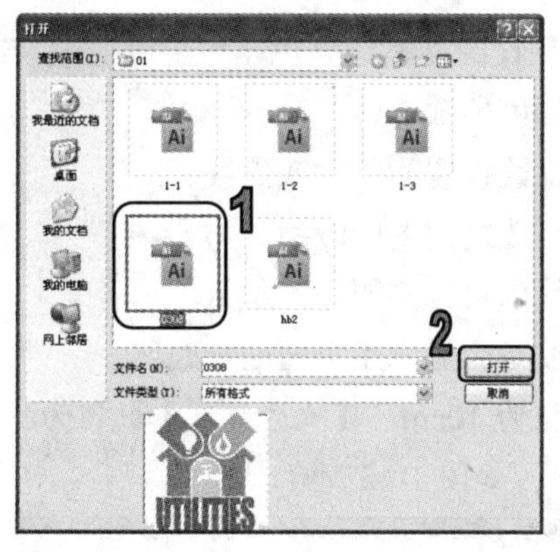

图 1-42 打开图形文档

(2) 选择菜单栏中的【视图】|【显示网格】命令，或者按下 Ctrl+" 键，即可在工作界面中显示网格，如图 1-43 所示。

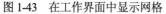

图 1-43 在工作界面中显示网格

提示

在显示网格后，用户通过选择【视图】|【隐藏网格】命令或者按下 Ctrl+" 键，可以将工作界面中所显示的网格隐藏起来。

(3) 选择菜单栏中的【编辑】|【首选项】|【参考线和网格】命令，在打开的【首选项】对话框的【参考线和网格】选项中，设置与调整网格参数。双击网格颜色块，打开【颜色】对话框，在【基本颜色】选项组中选择【淡紫色】，如图 1-44 所示，单击【确定】按钮关闭【颜色】对话框，将网格颜色更改为淡紫色。

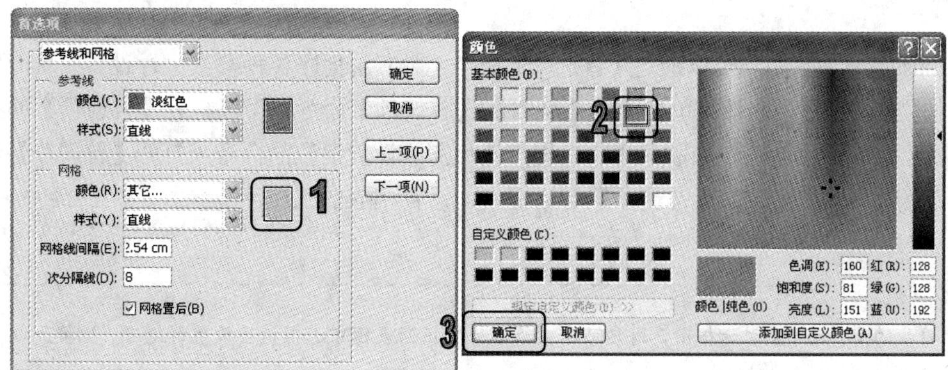

图 1-44 【首选项】对话框的【参考线和网格】选项

- ◉ 【颜色】下拉列表：可以在该下拉列表中选择预设的网格线颜色，也可以通过双击其右侧的色块，在打开的【颜色】对话框中设置颜色参数。
- ◉ 【样式】下拉列表：可以通过该下拉列表将网格线设置为直线或点线。
- ◉ 【网格线间隔】文本框：该文本框用于设置网格线之间的间隔距离。
- ◉ 【次分隔线】文本框：该文本框用于设置网格线内再分割网格的数量。
- ◉ 【网格置后】复选框：该复选框用于设置网格线是否显示于页面的最底层。

(4) 在【首选项】对话框中设置【网格线间隔】数值为 10cm，【次分隔线】数值为 5，然后单击【确定】按钮即可将所设置的参数应用到文件中，如图 1-45 所示。

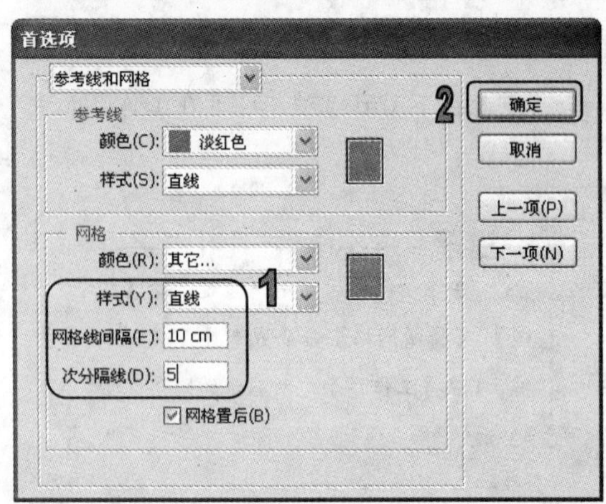

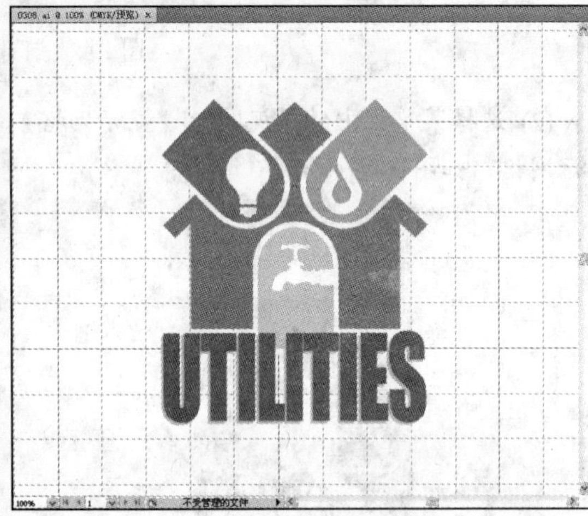

图 1-45　设置网格

提示

选择菜单栏中的【视图】|【对齐网格】命令后，当在创建和编辑对象时，对象能够自动对齐网格，以实现操作的准确性。想要取消对齐网格的效果，只需再次选择【视图】|【对齐网格】命令即可。

1.6　设置首选项

在 Illustrator 中，用户可以通过【首选项】命令，对应用程序各种参数进行设置，从而更加方便快速地应用绘制。选择菜单栏中的【编辑】|【首选项】命令，可以打开【首选项】的级联菜单，如图 1-46 所示。在该级联菜单中，用户选择需要设置参数的命令来打开【首选项】对话框中的相应选项。在打开的【首选项】对话框中，设置相应的工作环境参数。

提示

在打开的【首选项】对话框中，用户可以在第 1 行下拉列表框中选择需要设置的选项，切换到相应的设置界面，也可以单击【上一项】按钮或【下一项】按钮进行切换。

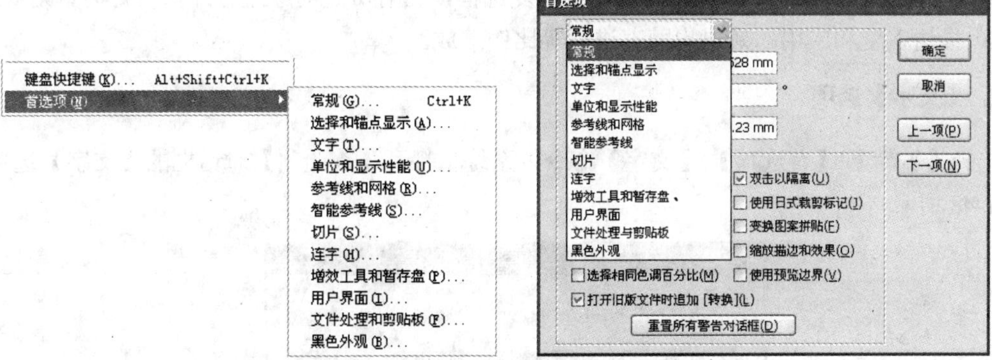

图 1-46　【首选项】命令的级联菜单

1. 【常规】

选择【编辑】|【首选项】|【常规】命令，或按 Ctrl+K 键，打开【首选项】对话框中的【常规】选项，如图 1-47 所示。

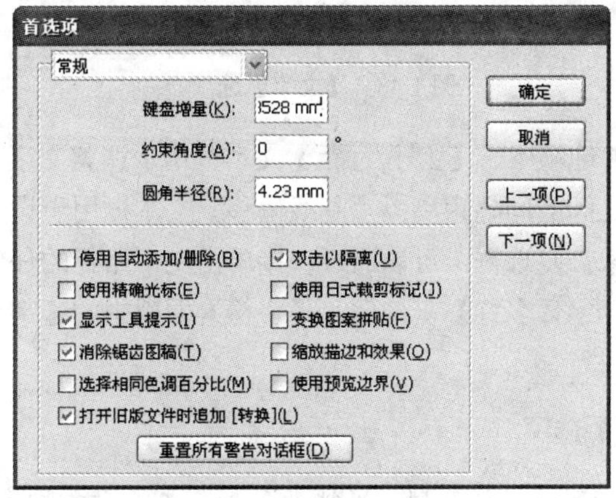

图 1-47　【常规】选项

在该对话框的【常规】选项中，【键盘增量】文本框用于设置使用键盘方向键移动对象时的距离大小，例如该文本框中默认的数值为 0.3528mm，该数值表示选择对象后按下键盘上的任意方向键一次，当前对象在工作区中将移动 0.3528mm 的距离。【约束角度】文本框用于设置页面工作区中所创建图形的角度，例如输入 30°，那么所绘制的任何图形均按照倾斜 30°进行创建。【圆角半径】文本框用于设置【工具】面板中的【圆角矩形】工具绘制图形的圆角半径。【常规】选项中各主要复选框的作用分别如下。

- 【停用自动添加/删除】复选框：选中该复选框，当使用【钢笔】工具绘制路径时，自动切换为【添加】节点工具或【删除节点】工具的功能将被取消。
- 【使用精确光标】复选框：该复选框用于控制【工具】面板中图形绘制工具的光标形状。选中该复选框，图形绘制类工具的光标将变成交叉线形状×，这样将有助于绘制操作的精确定位。

◎ 【缩放描边和效果】复选框：选中该复选框，当对所选对象进行缩放变形时，对象的描边宽度和应用的效果也随着进行等比例缩放。

2. 【文字】选项

选择【编辑】|【首选项】|【文字】命令，系统将打开【首选项】对话框的【文字】选项，如图 1-48 所示。

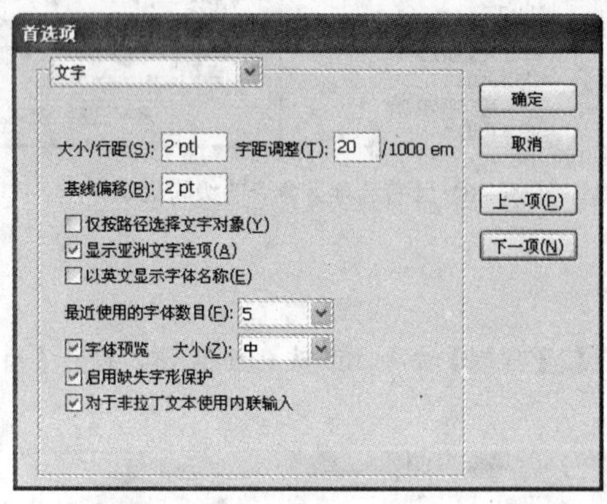

图 1-48 【文字】选项

在该对话框的【文字】选项中，【大小/行距】文本框用于调整文字之间的行距；【字距调整】文本框用于设置文字之间的间隔距离；【基线偏移】文本框用于设置文字基线的位置。选中【仅按路径选择文字对象】复选框，可以通过直接单击文字路径的任何位置来选择该路径上的文字；选中【以英文显示字体名称】复选框，【字符】面板中的【字体类型】下拉列表框中的字体名称将以英文方式进行显示。

3. 【单位和显示性能】选项

选择【编辑】|【首选项】|【单位和显示性能】命令，打开【首选项】对话框中的【单位和显示性能】选项，如图 1-49 所示。

在该对话框中的【单位和显示性能】选项中，通过【常规】下拉列表框可以设置尺寸的度量单位；通过【描边】下拉列表框可以设置描边宽度的度量单位；通过【亚洲文字】下拉列表框可以设置文字字号的度量单位，用户可以根据需要设置所需参数的度量单位。

在【显示性能】选项区域，用户可以设置当使用【抓手】工具移动视图显示时视图显示的效果。当设置该选项为较高显示品质时，将会造成屏幕刷新速度变慢。

4. 【增效工具和暂存盘】选项

选择【编辑】|【首选项】|【增效工具和暂存盘】命令，打开【首选项】对话框中的【增效工具和暂存盘】选项，如图 1-50 所示。该选项主要用于设置 Illustrator CS4 中第三方开发的程序的磁盘位置以及暂存盘磁盘位置。

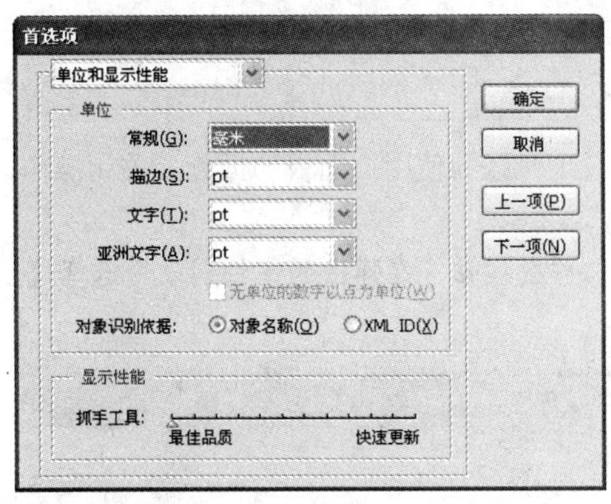

图 1-49　【单位和显示性能】选项

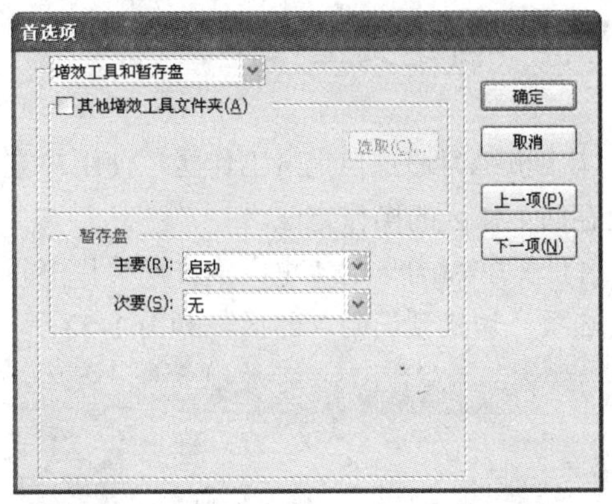

图 1-50　【增效工具和暂存盘】选项

在【首选项】对话框的【增效工具和暂存盘】选项中，用户可以勾选【其他增效工具文件夹】复选框后，单击【选取】按钮，在打开的【新建的其他增效工具文件夹】对话框中设置增效工具文件夹的名称与位置。在【暂存盘】选项区域中，用户可以设置系统的主要和次要暂存盘存放位置。不过，需要注意的是，最好不要将系统盘 C 作为第一启动盘，这样可以避免因频繁地读写硬盘数据而影响操作系统的运行效率。暂存盘的作用是当 Illustrator CS4 处理较大的图形文件时，将暂存盘设置的磁盘空间作为缓存，以存放数据信息。

5. 【用户界面】选项

选择【编辑】|【首选项】|【用户界面】命令，打开【首选项】对话框中的【用户界面】选项，该选项用于设置用户界面的颜色深浅，用户可以根据个人喜好进行设置。通过拖动【亮度】滑块来调整用户界面的颜色亮度的深浅，如图 1-51 所示。

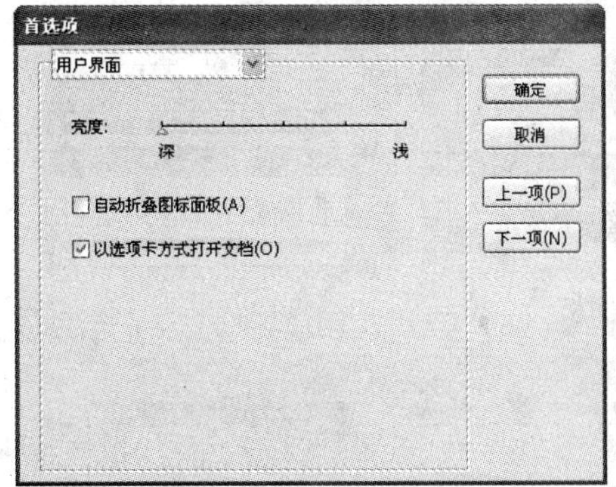

图 1-51　【用户界面】选项

1.7　上机练习

本章上机练习通过自定义工作区和自定首选项的操作，可以使用户掌握基本的工作区操作方法。

1.7.1 自定义工作区

本上机练习通过自定义工作区，使用户掌握预设工作区的使用，面板的拆分、关闭操作，以及存储工作区的操作方法。

(1) 在 Illustrator CS4 中，单击菜单栏中的切换工作区按钮，在弹出的下拉列表中选择【上色】选项，切换预设的工作区，如图 1-52 所示。

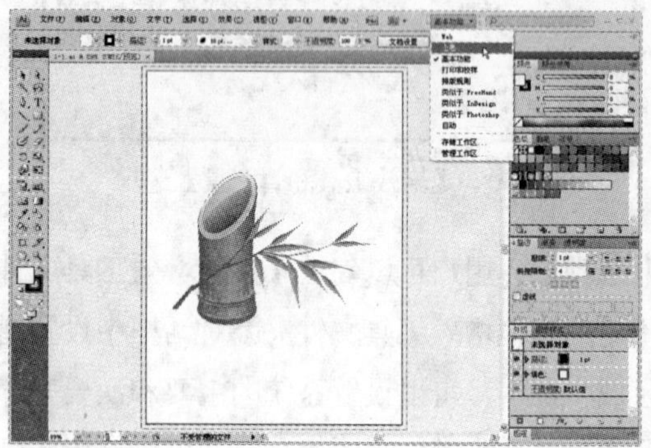
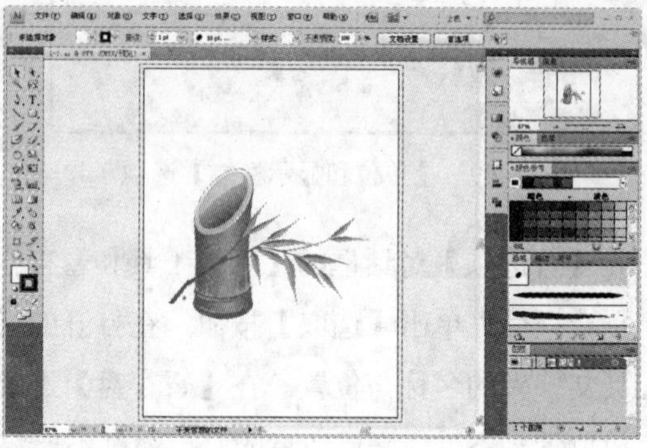

图 1-52 切换工作区

(2) 在面板组中，选中【颜色参考】面板标签，按住鼠标将其拖动出面板组，如图 1-53 所示。

(3) 单击【颜色参考】面板右上角的⊠按钮，关闭【颜色参考】面板。单击折叠面板组右上角的【展开面板】按钮◀◀，打开折叠面板组，如图 1-54 所示。

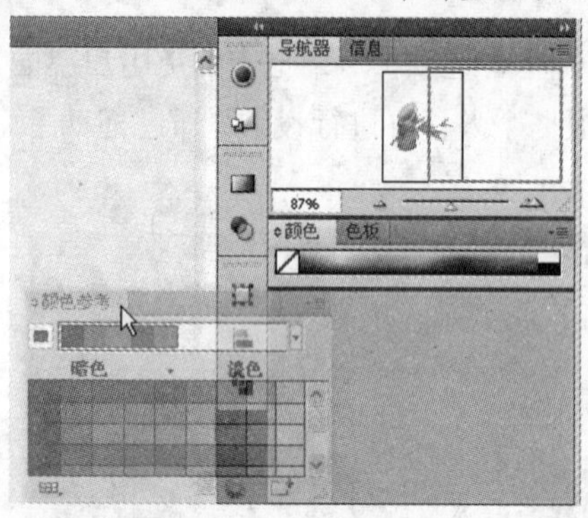

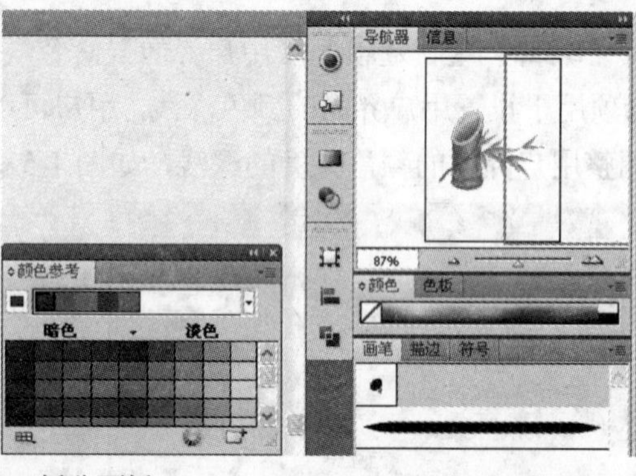

图 1-53 拆分面板

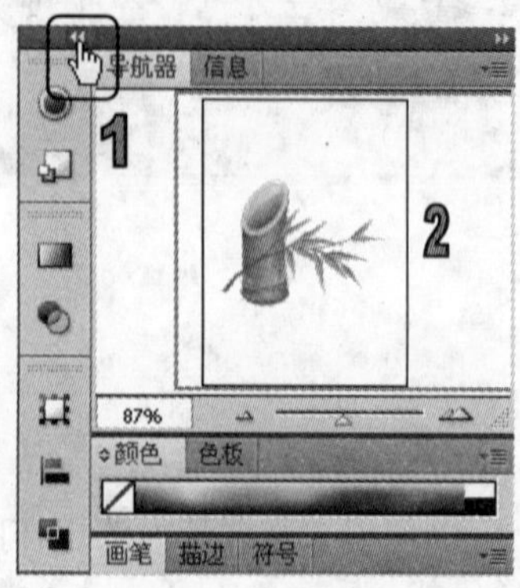

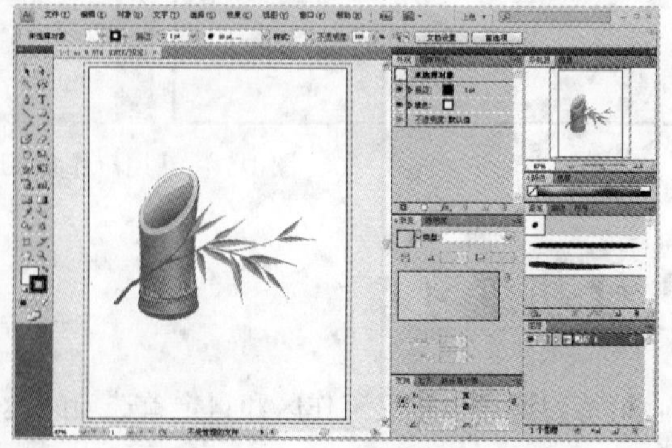

图 1-54 展开面板

(4) 选择【窗口】|【工作区】|【存储工作区】命令，打开【存储工作区】对话框。在对话框的【名称】文本框中，输入【自定义工作区】，然后单击【确定】按钮存储工作区，如图 1-55 所示。存储后的工作区名称将出现在预设工作区列表中。

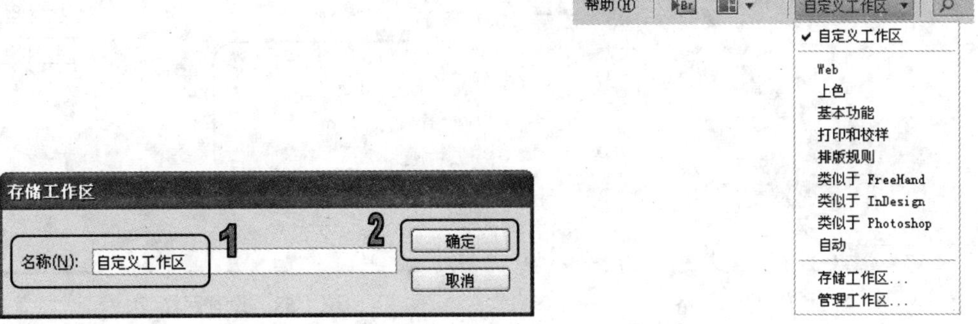

图 1-55　存储工作区

1.7.2　自定义首选项

本上机练习通过自定义首选项，可以使用户掌握网格、标尺的应用，以及首选项的设置操作方法等。

(1) 在 Illustrator CS4 中，打开一幅图形文档，并按 Ctrl+R 键在工作区中显示标尺，如图 1-56 所示。

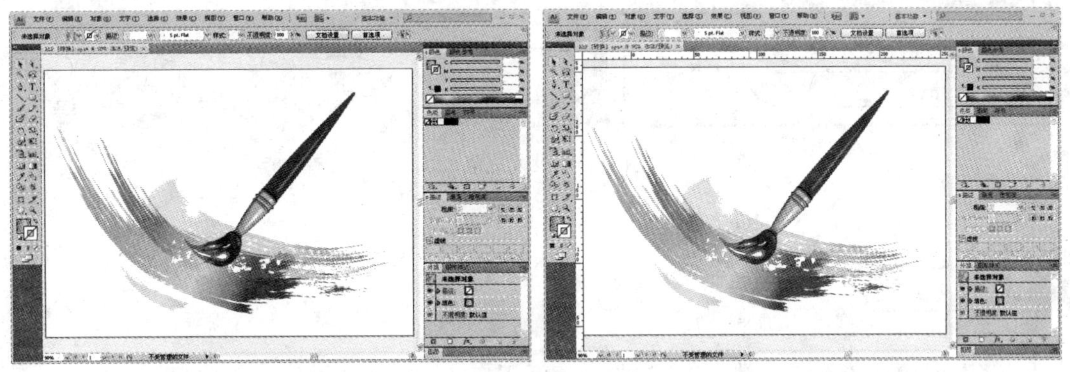

图 1-56　打开文档

(2) 选择【视图】|【显示网格】命令，在页面中显示网格，如图 1-57 所示。

(3) 选择【编辑】|【首选项】|【参考线和网格】命令，打开【首选项】对话框。在对话框的【网格】选项组的【颜色】下拉列表中选择【淡红色】，设置【网格线间隔】数值为 50mm，【次分隔线】数值为 5，如图 1-58 所示。

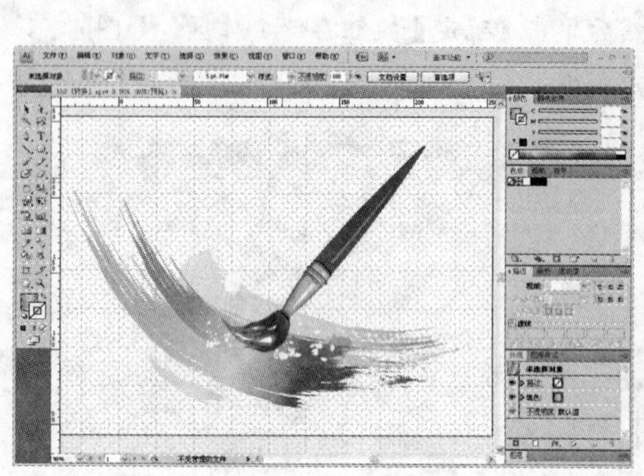

图 1-57　显示网格

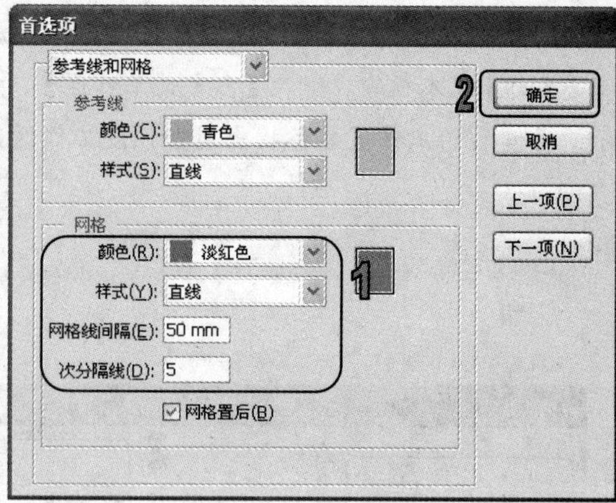

图 1-58　设置网格

(4) 在【首选项】对话框的首选项下拉列表中选择【单位和显示性能】选项，在【常规】下拉列表中选择【厘米】选项，单击【对象名称】单选按钮，设置抓手工具为【最佳品质】，然后单击【确定】按钮应用首选项设置，如图 1-59 所示。

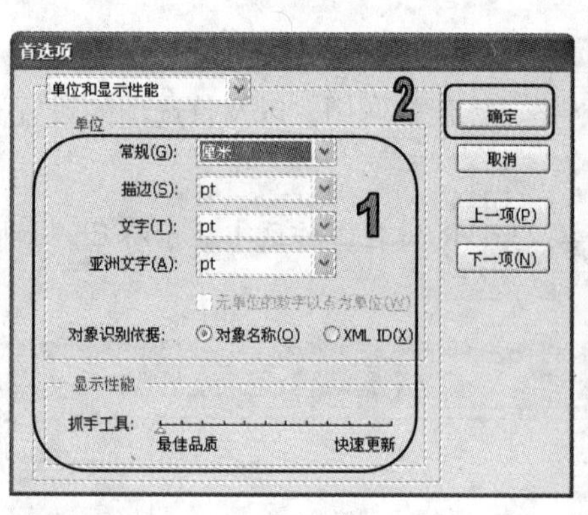

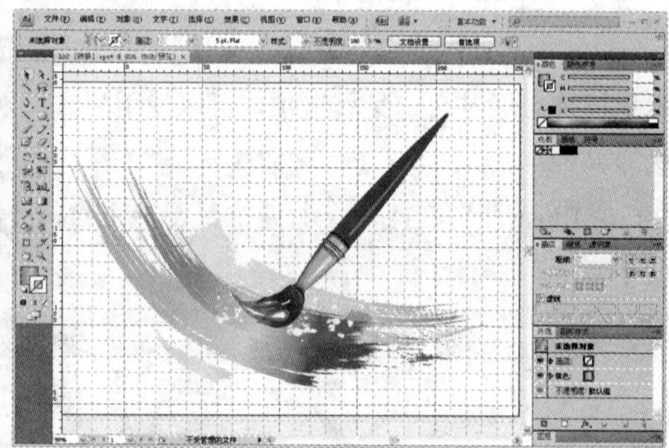

图 1-59　设置单位

1.8　习题

1. 在 Illustrator CS4 中，根据个人需要自定义工作区。
2. 在 Illustrator CS4 中，根据个人需要自定义首选项参数。

第2章 文档的基本操作

学习目标

用户在学习使用 Illustrator CS4 绘制图形之前，首先需要了解关于 Illustrator CS4 文件和视图的基本操作，如文件的新建、打开、保存、关闭、置入、导出以及页面的设置等操作。熟练掌握了这些基本操作后，可以帮助用户更好地进行设计与制作。

本章重点

- 新建文档
- 编辑文档
- 打开、保存和关闭文档
- 置入与导出文件

2.1 新建文档

启动 Illustrator CS4 应用程序后，工作区内不会自动新建文档，用户需要根据设计要求新建文档。在启动 Illustrator CS4 后，首先出现如图 2-1 所示的欢迎屏幕，从中选择需要创建的文档类型，然后在打开的【新建文档】对话框中进行参数设置，即可创建新文档。

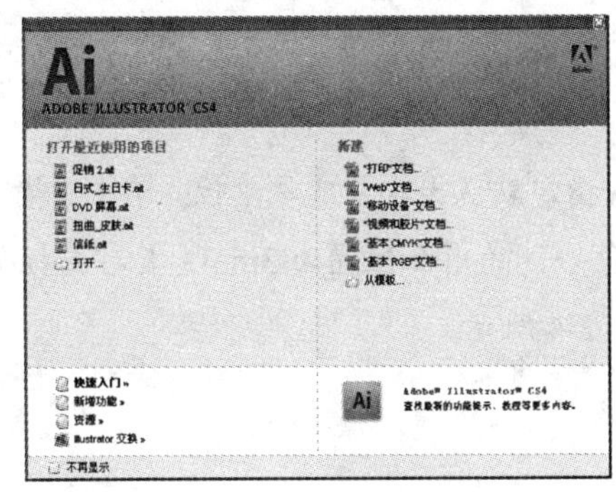

图 2-1　欢迎屏幕

提示

如果不想在每次启动应用程序后都出现欢迎屏幕，只需要选中欢迎界面左下角的【不再显示】复选框即可。取消欢迎屏幕后，可以通过选择【帮助】|【欢迎屏幕】命令再次启用。

2.1.1 创建自定义文档

用户可以在启动软件后，选择菜单栏中的【文件】|【新建】命令，打开【新建文档】对话框并进行参数设置，即可创建新文档。

【例 2-1】启动 Illustrator CS4 应用程序，使用【新建】命令创建新文档。

(1) 启动 Illustrator CS4 应用程序，选择菜单栏中的【文件】|【新建】命令，打开【新建文档】对话框，如图 2-2 所示。

(2) 在对话框中的【名称】文本框中输入【宣传单页】。在【画板数量】数值框中输入 4，然后单击【按行设置网格】按钮，如图 2-3 所示。【间距】数值为指定画板之间的默认间距。此设置同时应用于水平间距和垂直间距。

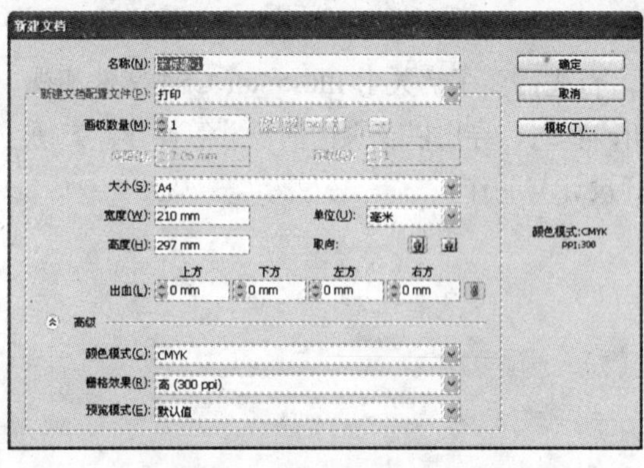

图 2-2　打开【新建文档】对话框

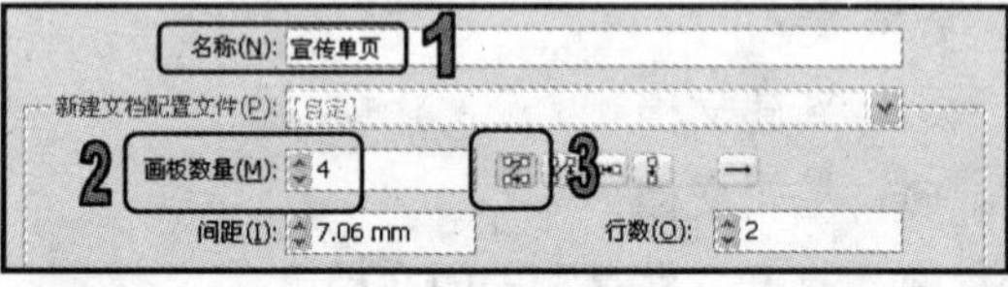

图 2-3　设置画板

知识点

【画板数量】右侧的按钮用来指定文档画板在屏幕上的排列顺序。单击【按行设置网格】按钮在指定数目的行中排列多个画板。从【行】菜单中选择行数。如果采用默认值，则会使用指定数目的画板创建尽可能方正的外观。单击【按列设置网格】按钮在指定数目的列中排列多个画板。从【列】菜单中选择列数。如果采用默认值，则会使用指定数目的画板创建尽可能方正的外观。单击【按行排列】按钮将画板排列成一个直行。单击【按列排列】按钮将画板排列成一个直列。单击【更改为从右到左布局】按钮按指定的行或列格式排列多个画板，按从右到左的顺序显示它们。

(3) 在【大小】下拉列表中选择A4 为所有画板指定默认大小、度量单位。单击【横向】按钮设置文档布局。在【出血】数值框中指定画板每一侧的出血位置为 3mm。要对画板每边使用不同的出血数值，可单击按钮断开链接，如图 2-4 所示。

(4) 在【颜色模式】下拉列表中选择 CMYK 颜色模式，在【栅格效果】下拉列表中选择【高(300ppi)】，如图 2-5 所示。

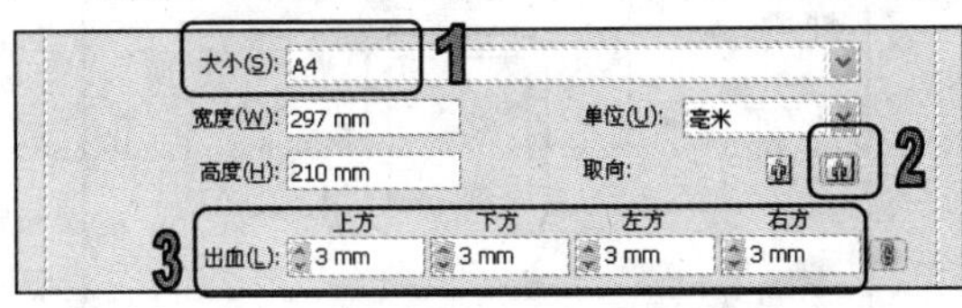

图 2-4　设置布局

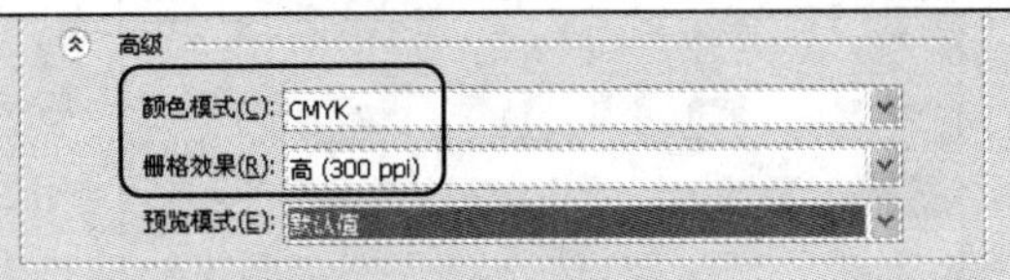

图 2-5　设置颜色模式

(5) 在【新建文档】对话框中单击【确定】按钮，即可按照设置在工作区中创建文档，如图 2-6 所示。

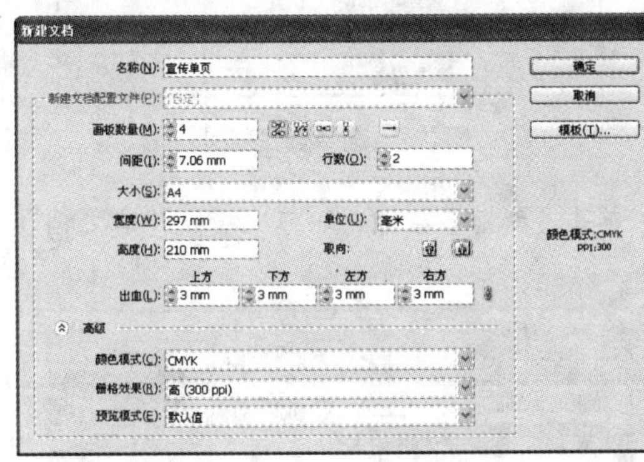

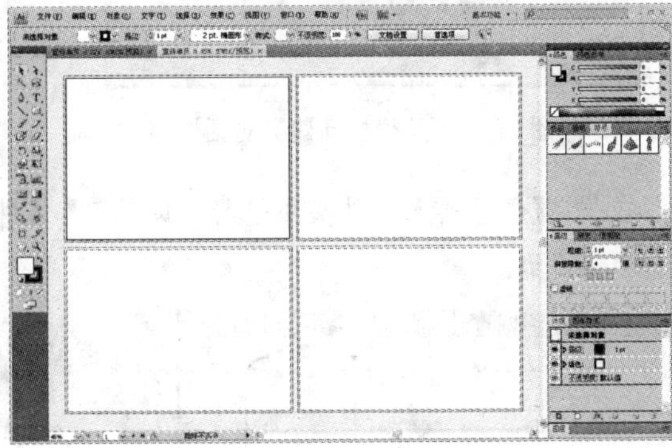

图 2-6　创建新建文档

提示

在【新建文档】对话框中，用户还可以通过单击【模板】按钮，打开【从模板新建】对话框，选择预置的模板样式新建文档。

2.1.2　从模板创建文档

用户可以通过从模板新建文档。选择菜单栏中的【文件】|【从模板新建】命令，即可通过【从模板新建】对话框创建新文档。

【例 2-2】 启动 Illustrator CS4 应用程序，并从模板新建文档。

(1) 启动 Illustrator CS4 应用程序，选择菜单栏中的【文件】|【从模板新建】命令，打开【从模板新建】对话框，如图 2-7 所示。

(2) 在【查找范围】中选择【模板】文件夹下的【俱乐部】文件夹，并在【文件类型】下拉列表中选择*.AI 格式，如图 2-8 所示。

图 2-7 【从模板新建】对话框

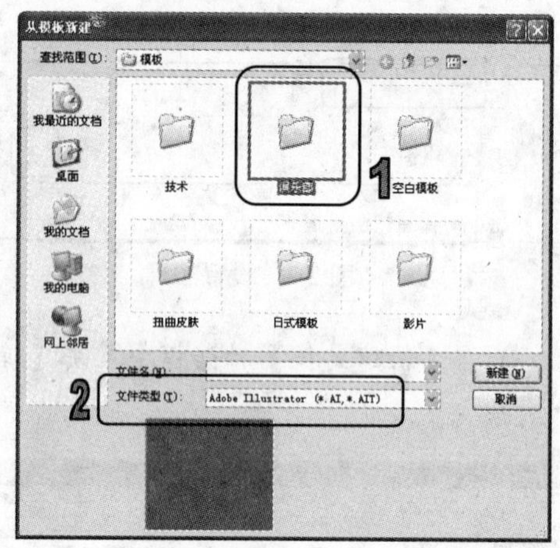
图 2-8 选择查找范围

(3) 在【俱乐部】文件夹中选择【促销 2】文件，单击【新建】按钮，即可从模板新建文档，如图 2-9 所示。

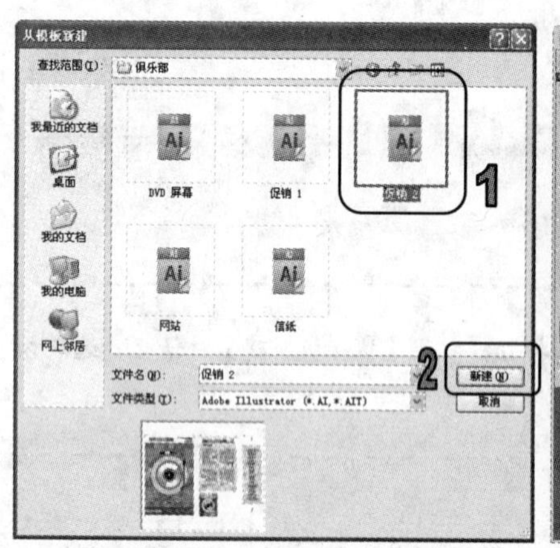

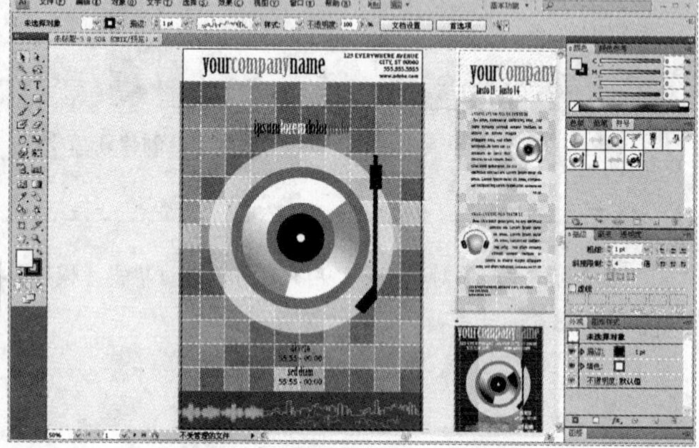
图 2-9 新建文档

2.2 编辑文档

在创建文档后，用户可以对文档的尺寸、出血、颜色模式等基本参数进行编辑修改。

选择【文件】|【文档设置】命令，或单击控制面板中的【文档设置】按钮 文档设置 ，可以打开【文档设置】对话框，如图 2-10 所示。单击对话框中的【编辑画板】按钮，可以重新设置文档基本参数，设置完成后按 Esc 键退出画板编辑状态。

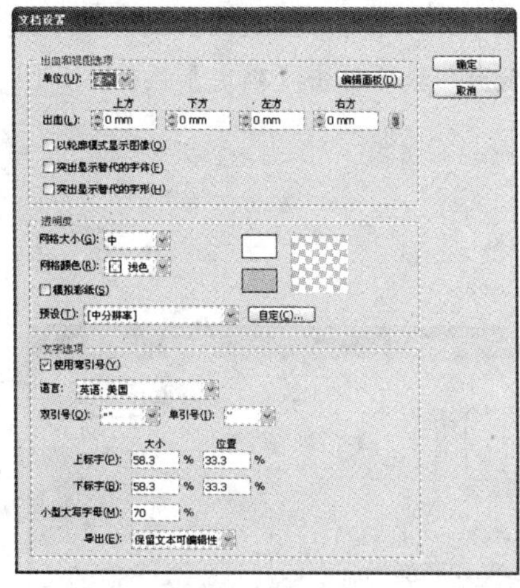

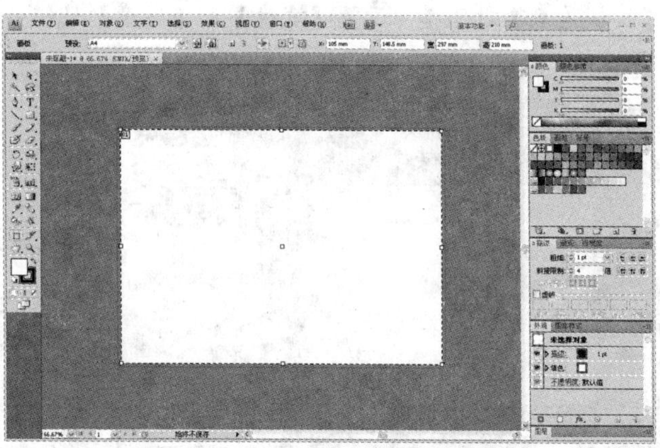

图 2-10　设置文档

选择【文件】|【文档颜色模式】命令，可以将文档的颜色在 CMYK、RGB 模式之间进行切换。

【例 2-3】在 Illustrator 中修改新建文档的画板。

(1) 选择菜单栏中的【文件】|【新建】命令，打开【新建文档】对话框。在对话框的【大小】下拉列表中选择 640 × 480 选项，然后单击【确定】按钮创建新文档，如图 2-11 所示。

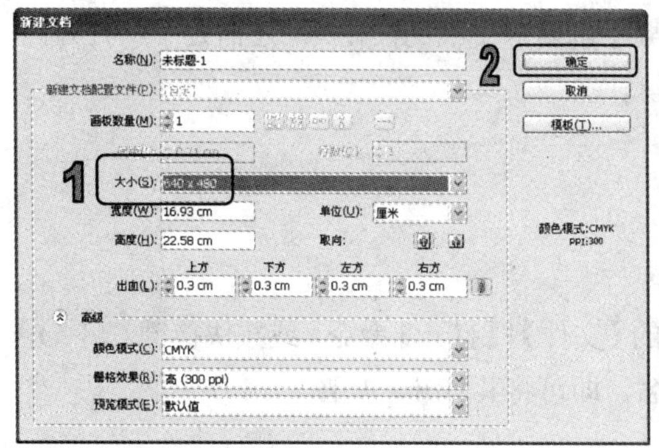

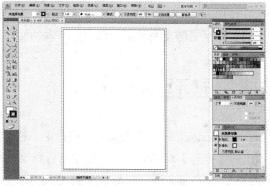

图 2-11　新建文档

(2) 在控制面板中单击【文档设置】按钮，打开【文档设置】对话框。在对话框中单击【编辑画板】按钮，进入画板编辑状态，如图 2-12 所示。

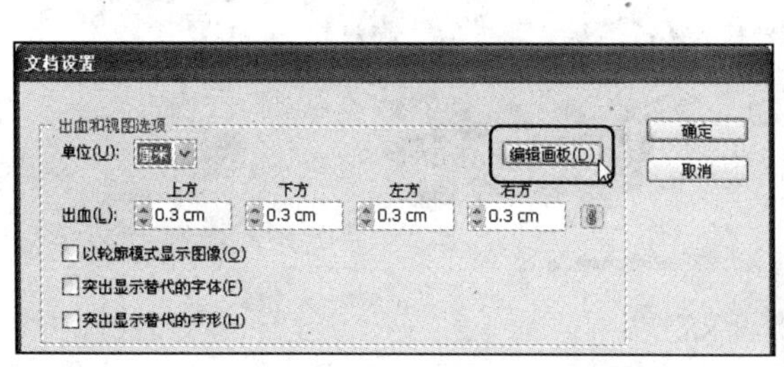

图 2-12　进入画板编辑状态

(3) 单击控制面板中的【横向】按钮，改变文档方向。再单击【画板选项】按钮，打开【画板选项】对话框。设置【宽度】和【高度】数值为 15cm，然后单击【确定】按钮，如图 2-13 所示。设置完成后，按 Esc 键退出画板编辑状态。

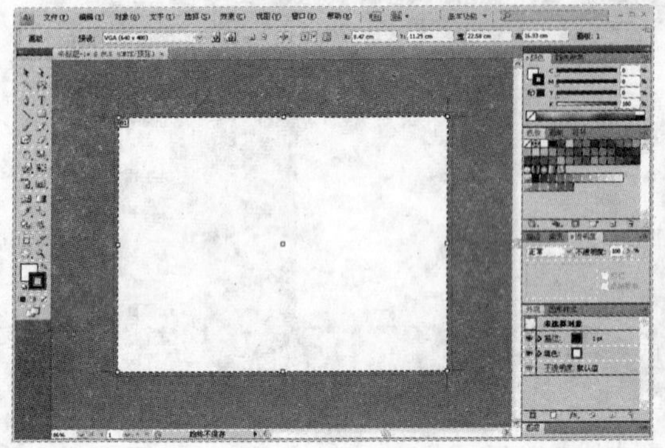

图 2-13　编辑画板

2.3　打开、保存和关闭文档

在使用 Illustrator CS4 开始绘制操作前，除了要了解新建文档的操作外，还需要了解打开已有文档、保存文档及关闭文档等一些基本的文件操作。

2.3.1　打开已有文档

在 Illustrator CS4 中打开文档，选择菜单栏中的【文件】|【打开】命令，或按快捷键 Ctrl+O，在弹出的【打开】对话框中双击需要打开的文件名，即可将其打开，如图 2-14 所示。

图 2-14　打开文档

2.3.2 存储文档

要存储文档可以执行菜单栏中的【文件】|【存储】、【存储为】、【存储副本】或【存储为模板】命令。【存储】命令用于保存操作结束前未进行过保存的文档。如果对打开的文件进行编辑修改后，而保存时不想覆盖原文档，此时可以选择【存储为】命令对文档进行另存。

【例 2-4】在 Illustrator CS4 中，使用【存储为】命令将修改过的文档进行另存。

(1) 选择菜单栏中的【文件】|【打开】命令，在【打开】对话框中选择图形文档，并双击打开，如图 2-15 所示。

(2) 选择【工具】面板中的【选择】工具，在打开的文档中框选全部对象，按住 Ctrl+Alt 键拖动选中对象，将其进行复制，如图 2-16 所示。

图 2-15 打开文档

图 2-16 复制对象

(3) 选择菜单栏中的【文件】|【存储为】命令，打开【存储为】对话框。在【保存在】下拉列表框中选择【本地磁盘(E:)】下的【Illustrator 实例】文件夹保存，如图 2-17(左图)所示。在【文件名】文本框中，将文件名称更改为【2-4】，保存类型选择 Adobe Illustrator(*.AI)。设置完成后，单击【保存】按钮，弹出【Illustrator 选项】对话框，这里使用默认设置，再单击【确定】按钮，即可将修改后的文档另存。此时，文档名称将更改为【2-4】。

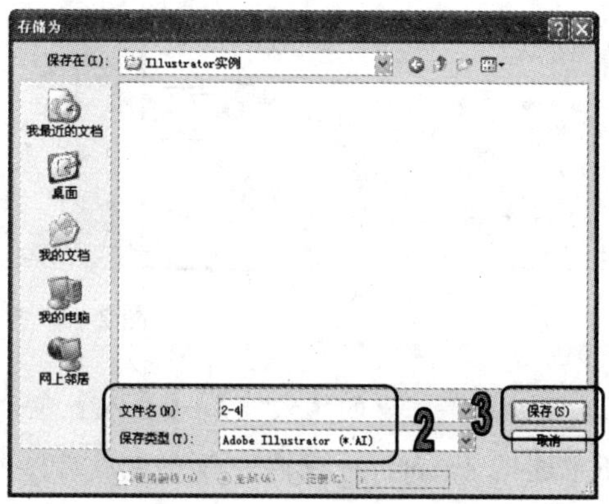

图 2-17 另存文档

2.3.3 关闭文档

在 Illustrator CS4 中要关闭文档有 3 种方法，一是选择菜单栏中的【文件】|【关闭】命令；二是按快捷键 Ctrl+W；三是可以直接单击文档窗口右上角的【关闭】按钮☒。

2.4 置入与导出文件

Illustrator CS4 具有良好的兼容性，利用 Illustrator 的【置入】与【导出】功能，可以置入多种格式的图形图像文件为 Illustrator 所用，也可以将 Illustrator 的文件以其他图形的图像格式导出为其他软件所用。

2.4.1 置入文件

菜单栏中的【文件】|【置入】命令主要用于置入【打开】命令不能打开的图形图像文件。此命令可以将 20 多种格式的图形图像文件置入到 Illustrator 软件中，文件还可以以嵌入或链接的形式被置入，也可以作为模板文件置入。

【例 2-5】在 Illustrator 中，置入 JPEG 格式文件。

(1) 选择菜单栏中的【文件】|【打开】命令，打开【打开】对话框。在【打开】对话框中，选择 02 文件夹中的图像文档，单击【打开】按钮关闭对话框打开文档，如图 2-18 所示。

图 2-18 打开图像文档

(2) 选择菜单栏中的【文件】|【置入】命令，即弹出如图 2-19 所示的【置入】对话框。在对话框中选择 sweets.jpg 文件，设置完成后，单击【置入】按钮，即可将选取的文件置入到页面中。

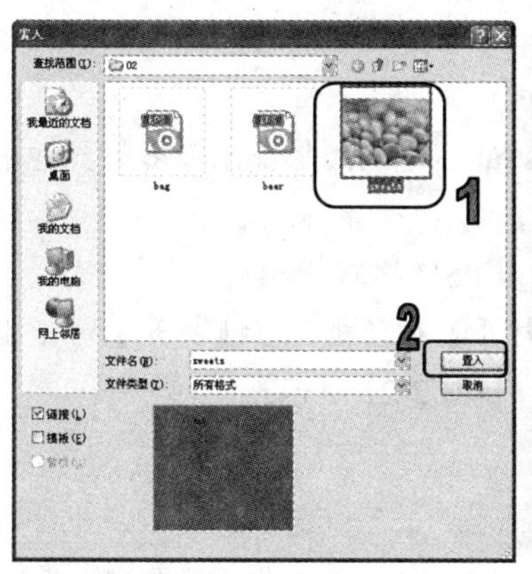

图 2-19　置入文档

- 【链接】复选框：选中此复选框，被置入的图形或图像文件与 Illustrator 文档保持独立，最终形成的文档不会太大，当链接的原文件被修改或编辑时，置入的链接文件也会自动修改更新。若取消勾选【链接】复选框，置入的文件会嵌入到 Illustrator 文档中，该文件的信息将完全包含在 Illustrator 文档中，形成一个较大的文件，并且当链接的文件被编辑或修改时，置入的文件不会自动更新。默认状态下，此选项处于被选中状态。
- 【模板】复选框：选中此复选框，将置入的图形或图像创建为一个新的模板图层，并用图形或图像的文件名称为该模板命名。
- 【替换】复选框：如果在置入图形或图像文件之前，页面中具有被选取的图形或图像，选中此复选框，可以用新置入的图形或图像替换被选取的原图形或图像。页面中如没有被选取的对象，此选项不可用。

(3) 选择菜单栏中的【对象】|【排列】|【置于底层】命令，将置入图像放置到最底层；或在图像上单击右键，在弹出的快捷菜单中选择【排列】|【置于底层】命令，即可将置入图像放置到最底层，如图 2-20 所示。

(4) 将光标放置在置入图像边框上，当光标变为双向箭头时，可以拖动放大图像，如图 2-21 所示。设置完成后，单击控制面板上的【嵌入】按钮，即可将图像嵌入到文档中。

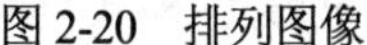

图 2-20　排列图像

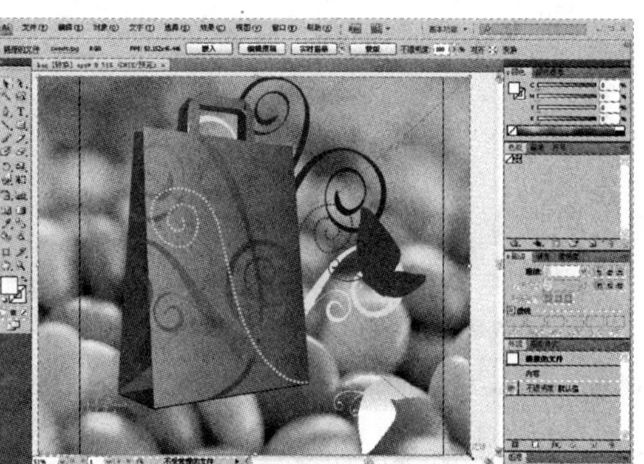

图 2-21　放大图像

2.4.2 导出文件

使用菜单栏中的【文件】|【导出】命令，可以将 Illustrator 中的图形输出成多种其他格式的文件，以便于在其他软件中进行编辑处理。

【例 2-6】在 Illustrator 中选择打开的文档，并将文档以 PSD 格式导出。

(1) 选择菜单栏中的【文件】|【打开】命令，打开【打开】对话框。在【打开】对话框中选择 02 文件夹下的 Fast_food5 文档，单击【打开】按钮，如图 2-22 所示。

图 2-22 打开图像文档

(2) 选择菜单栏中的【文件】|【导出】命令，即弹出【导出】对话框。在【导出】对话框中的【保存在】下拉列表中选择导出文件的位置。在【文件名】文本框中重新输入文件名称。在【保存类型】下拉列表框中选择*.PSD 格式，如图 2-23 所示，然后单击【保存】按钮。

(3) 弹出如图 2-24 所示的【Photoshop 导出选项】对话框，选项设置完成后，单击【确定】按钮，即完成图形的输出操作。启动 Photoshop 软件，按照导出的文件路径就可以打开导出的图形文件。

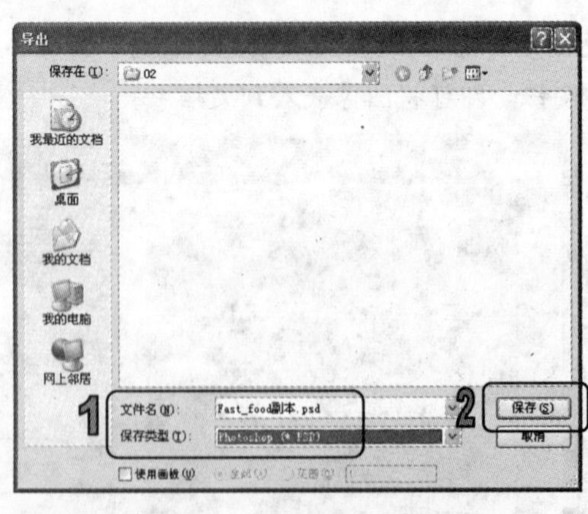

图 2-23 设置【导出】对话框

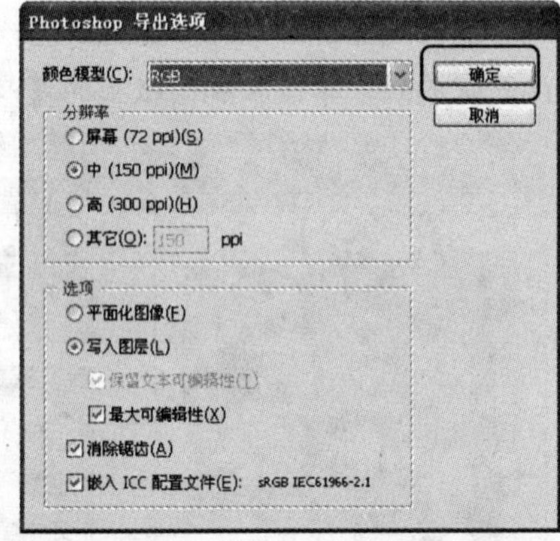

图 2-24 设置【PSD 导出选项】对话框

⊙ 【颜色模型】选项：在此下拉列表中可以设置输出文件的颜色模式，其中包括 RGB、CMYK 和灰度 3 种。

◎ 【分辨率】选项：在此选项组中可以设置输出文件的分辨率，来决定输出后图形文件的清晰度。

◎ 【写入图层】单选按钮：单击此单选按钮，输出的文件将保留图形在 Illustrator 软件中原有的图层。

◎ 【消除锯齿】复选框：选中此复选框，输出的图形边缘较为清晰，不会出现粗糙的锯齿效果。

2.5　上机练习

本章上机练习主要练习如何打开文档，置入图像文件并存储文档的操作方法。使用户掌握文档的基本操作。

(1) 在 Illustrator CS4 中，选择【文件】|【打开】命令，打开【打开】对话框。在对话框中选中需要打开的图形文档，单击【打开】按钮，如图 2-25 所示。

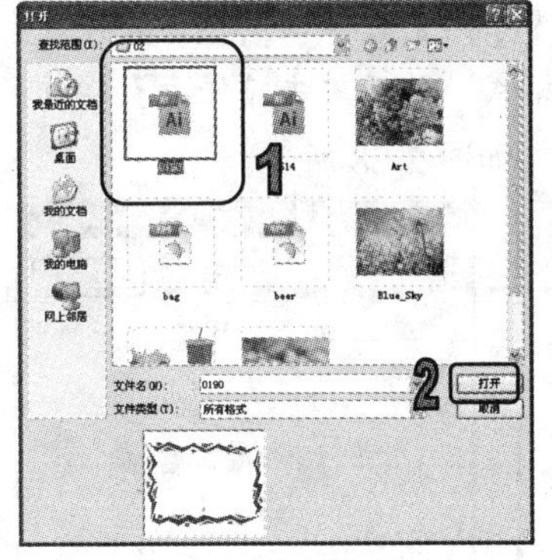

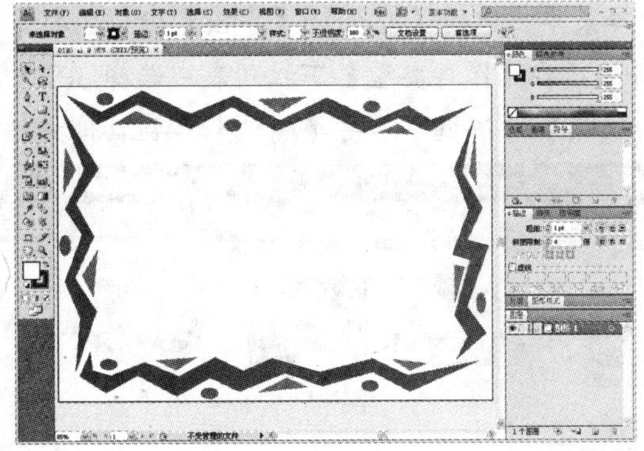

图 2-25　打开文档

(2) 选择菜单栏中的【文件】|【置入】命令，即弹出【置入】对话框。在对话框中选择位图文件，设置完成后，单击【置入】按钮，即可将选取的文件置入到页面中，如图 2-26 所示。

图 2-26　置入图像

(3) 选择菜单栏中的【对象】|【排列】|【置于底层】命令，将置入图像放置到最底层；或在图像上单击右键，在弹出的快捷菜单中选择【排列】|【置于底层】命令，即可将置入图像放置到最底层，并放大图像，如图 2-27 所示。

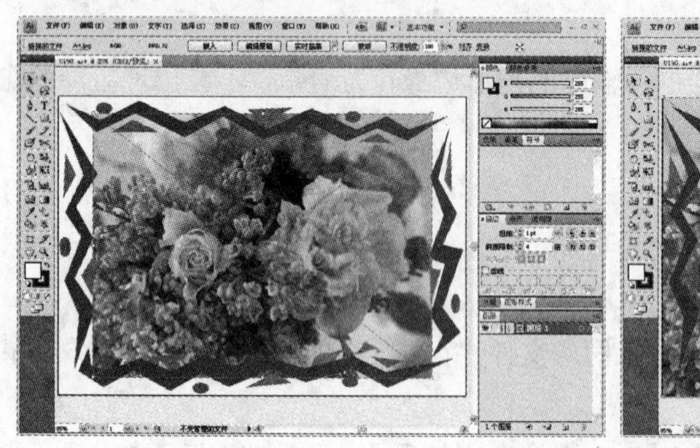

图 2-27 调整图像

(4) 选择菜单栏中的【文件】|【导出】命令，打开【导出】对话框。在【文件名】文本框中输入文件名，在【保存类型】下拉列表中选择 JPEG 格式，然后单击【保存】按钮。在弹出的【JPEG 选项】对话框中单击【确定】按钮存储文档，如图 2-28 所示。

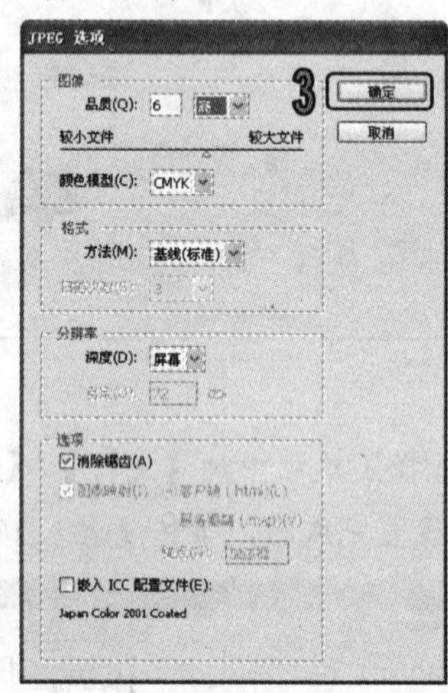

图 2-28 存储文档

2.6 习题

1. 创建一个文件名称为【新建文档】的图形文件，以【厘米】为度量单位、高为 26cm、宽为 18.4cm、取向为【横向】、颜色模式为 CMYK，然后再更改它的高为 18.4cm、宽为 13cm、取向为【纵向】。

2. 在创建的图形文件中，置入一个 BMP 图像文件，然后将其导出为 AutoCAD 交换文件格式的图像文件。

第3章 图形绘制

学习目标

绘图是 Illustrator 中重要的功能之一。Illustrator CS4 为用户提供了多种功能的图形绘制工具，通过使用这些工具能够方便快捷地绘制出直线段、弧形线段、矩形、椭圆形等各种规则或不规则的矢量图形。熟练掌握这些工具的应用方法后，对后面章节中的图形绘制及编辑操作有很大的帮助。

本章重点

- 路径和锚点
- 绘制简单线条
- 绘制基本图形
- 编辑路径

3.1 路径和锚点

路径是 Illustrator 绘制图形的重要组成部分。无论多么复杂的图形，都是由路径组成的。用户可以通过创建和编辑路径，绘制出自己满意的图形。

路径是由锚点、线段、控制柄和控制点组成的，如图 3-1 所示。用户可以根据需要对不同部分进行编辑来改变路径的形状。

- 锚点：是指各线段两端的方块控制点，它可以决定路径的改变方向。锚点可分为【角点】和【平滑点】两种。
- 线段：是指两个锚点之间的路径部分，所有的路径都以锚点起始和结束。线段分为直线段和曲线段两种。
- 控制柄：在绘制曲线路径的过程中，锚点的两端会出现带有锚点控制点的直线，也就是控制柄。使用【直接选取】工具在已绘制好的曲线路径上单击选取锚点，则锚点的两端会出现控制柄，通过移动控制柄上的控制点可以调整曲线的弯曲程度。

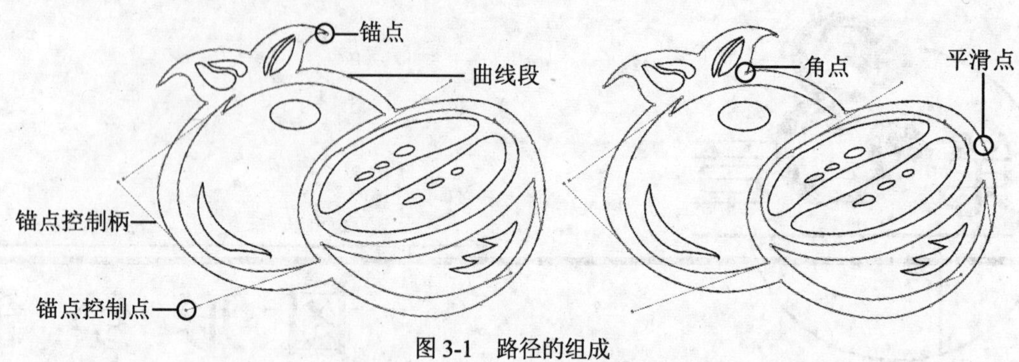

图 3-1 路径的组成

路径分为闭合路径和开放路径两种。开放路径的起点和终点互不相连；闭合路径的锚点是连续的，如图 3-2 所示。

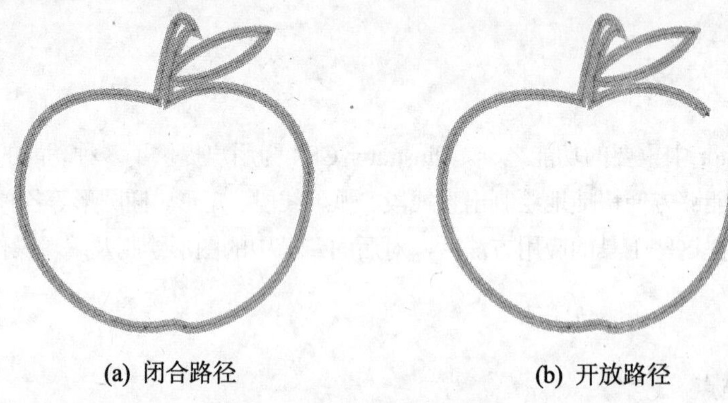

(a) 闭合路径　　(b) 开放路径

图 3-2 闭合路径和开放路径

3.2 绘制简单线条

在 Illustrator CS4 中，线形工具组是比较常用的绘图工具之一。线形工具组包括【直线段】工具、【弧线】工具、【螺旋线】工具、【矩形网格】工具和【极坐标网格】工具。下面将依次介绍这些工具的基本操作方法。

3.2.1 【直线段】工具

使用【直线段】工具可直接绘制各种方向的直线。想要在文档中绘制直线线段，可以在【工具】面板中选择【直线段】工具，然后在文档中按下鼠标左键，并向需要绘制直线的方向拖动鼠标，拖动至合适的位置时释放鼠标左键，即可绘制出一条直线线段，如图 3-3 所示。

此外，用户也可以通过对话框来绘制直线。选择【直线段】工具，在线段开始的位置单击，将打开【直线段工具选项】对话框，如图 3-4 所示。对话框中的【长度】数值框用于设定直线的长度，【角度】数值框用于设定直线和水平轴的夹角。选中【线段填色】复选框，将会以当前填色对生成的线段进行填色。

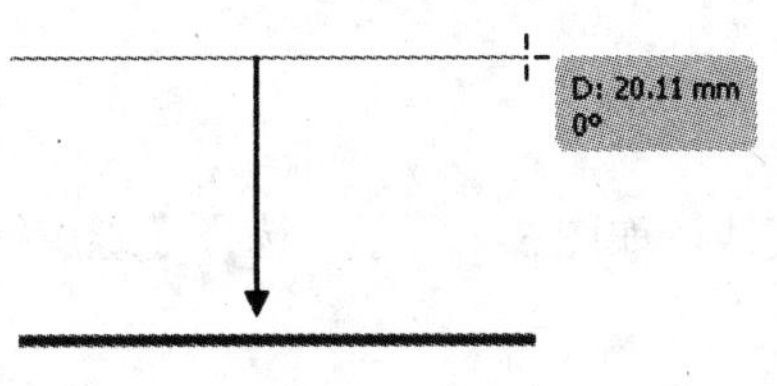

图 3-3 绘制直线

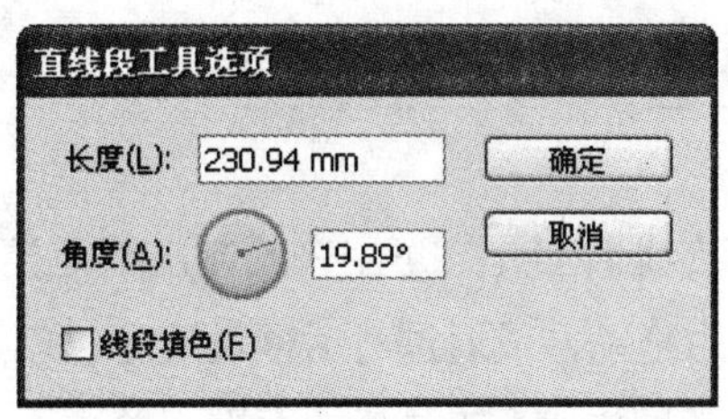

图 3-4 【直线段工具选项】对话框

3.2.2 【弧形】工具

【弧形】工具可用来绘制各种曲度和长短的弧线，如图 3-5 所示。选择【弧形】工具后在页面中拖动，或通过对话框设置可以创建弧线。

知识点

【弧形】工具在使用的过程中，按住鼠标拖动的同时可翻转弧线；拖动旋转鼠标的过程中按住 Shift 键，可以得到 X 轴、Y 轴长度相等的弧线；按住键盘上 C 键可以在开放路径和闭合路径之间切换；按住键盘上的 F 键可以改变弧线的方向；按住键盘上的 X 键可在【凹】和【凸】曲线之间切换；在拖动鼠标过程中，按住键盘上的空格键，可随鼠标拖动移动弧线的位置；在按住鼠标拖动的过程中，按键盘上向上箭头键可增加弧线的曲度半径，按向下箭头键可减少弧线的曲度半径。

使用【弧形】工具在页面中单击，打开【弧线段工具选项】对话框，如图 3-6 所示。在对话框中，可以设置弧线的长度、类型、基线轴以及斜率的大小。其中【X 轴长度】和【Y 轴长度】数值是指形成弧线两个不同坐标轴的长度；【类型】选项是指弧线的类型，包括【开放】和【闭合】弧线；【基线轴】可用来设定弧线是以 X 轴还是以 Y 轴为中心；【斜率】用于设置弧线的曲度，它包括凹、凸两种表现方法；选中【弧线填色】复选框时，将会以当前填色对生成的线段进行填色。

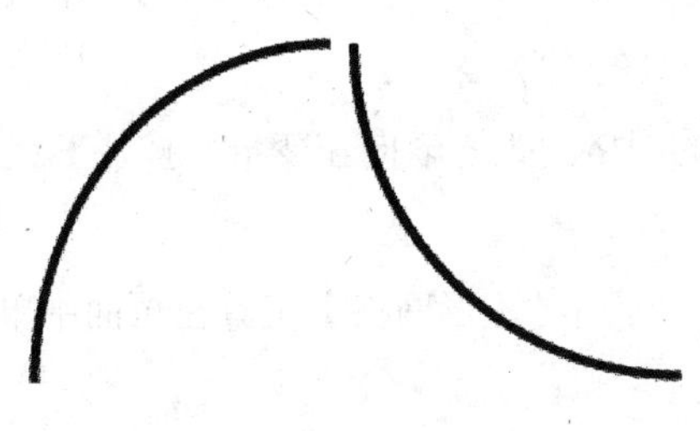

图 3-5 绘制弧线

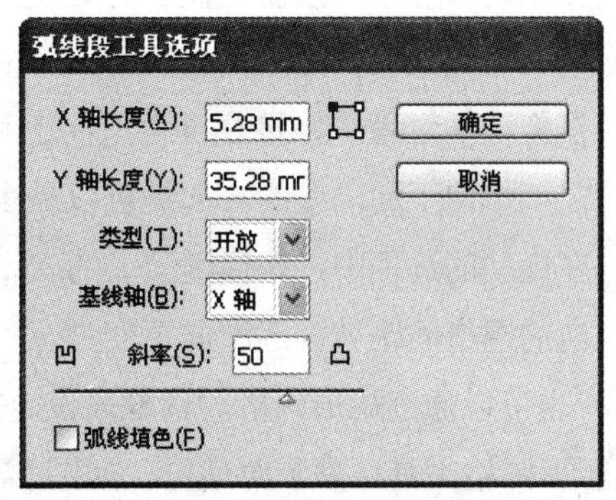

图 3-6 【弧线段工具选项】对话框

3.2.3 【螺旋线】工具

【螺旋线】工具可用来绘制出不同类型的螺旋线，如图 3-7 所示。选择【螺旋线】工具后在页面中拖动，或通过对话框设置可以创建螺旋线。

选择【螺旋线】工具后在页面中单击，打开【螺旋线】对话框，如图 3-8 所示。在对话框中，【半径】数值用于设定从中央到外侧最后一个点的距离；【衰减】数值用来控制涡形之间相差的比例，百分比越小，涡形之间的差距越小；【段数】可调节螺旋内路径片段的数量；在【样式】选项中可选择顺时针或逆时针涡形。

图 3-7　绘制螺旋线

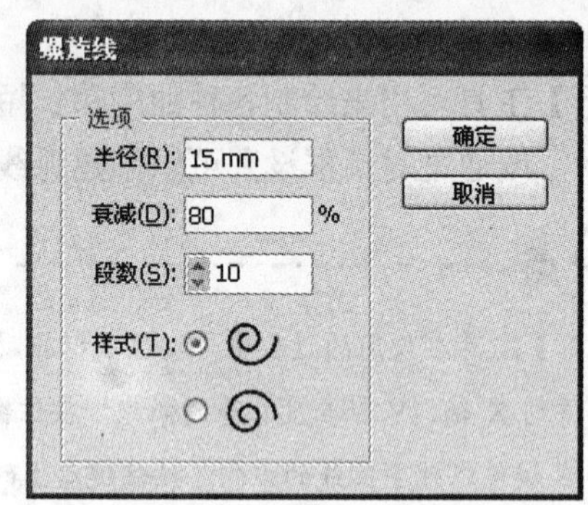

图 3-8　【螺旋线】对话框

3.2.4 【矩形网格】工具

【矩形网格】工具用于在文档页面中快速地绘制网格图形。使用【矩形网格】工具在页面中单击，并拖动鼠标生成矩形网格，在拖动网格时，配合键盘快捷键可以更自由地创建网格。

- 在拖动过程中，按住键盘上的 C 键，竖向的网格间距逐渐向右变窄；按住 V 键，横向的网格间距就会逐渐向上变窄。
- 在拖动的过程中，按住键盘上向上和向右的方向键可以增加竖向和横向的网格线；反之，按向下和向左的方向键可以减少竖向和横向的网格线。
- 在拖动的过程中，按住键盘上的 X 键，竖向的网格间距逐渐向左变窄；按住 F 键，横向的网格间距就会逐渐向下变窄。

用户也可以通过矩形网格对话框来设定矩形网格。使用【矩形网格】工具在页面中单击，弹出【矩形网格工具选项】对话框，如图 3-9 所示。

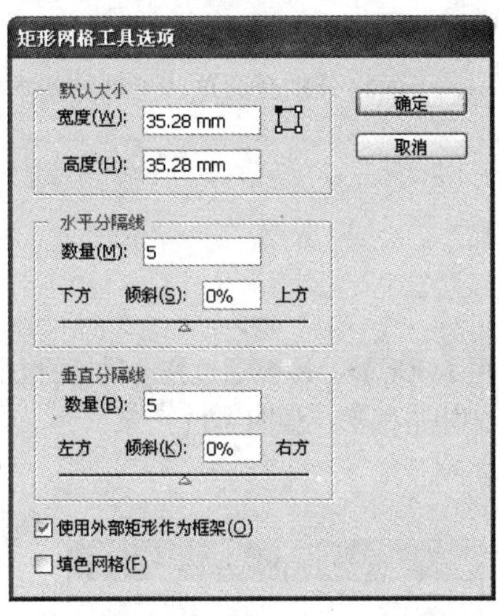

图 3-9 【矩形网格工具选项】对话框

提示

【矩形网格工具选项】对话框中【宽度】和【高度】用来指定矩形网格的宽度和高度，通过▢可以用鼠标选择基准点的位置。【数量】是指矩形网格内行、列的数量；【倾斜】表示行、列的位置。当数值为 0%时，线和线之间的距离均等；当数值大于 0%时，就会变成向上(右)的行间距逐渐变窄的网格；反之，当数值小于 0%时，就会变成向下(左)的行间距逐渐变窄的网格。

3.2.5 【极坐标网格】工具

【极坐标网格】工具⊛可以在文档页面中绘制具有同心圆的放射线效果。选择【弧形】工具后在页面中拖动，或通过对话框设置可以创建弧线，如图 3-10 所示。其设置方法与【矩形网格】工具相似。

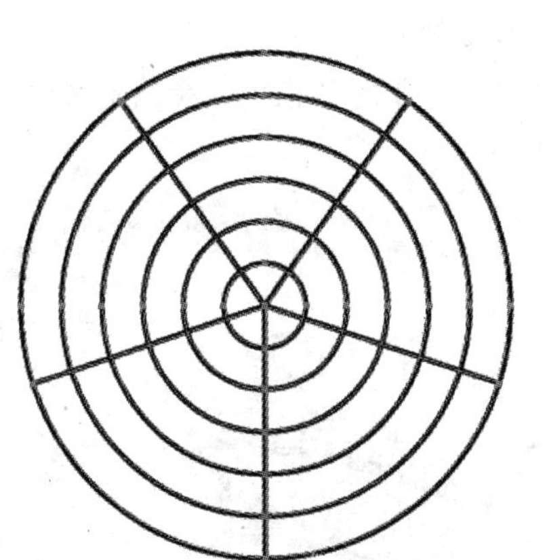

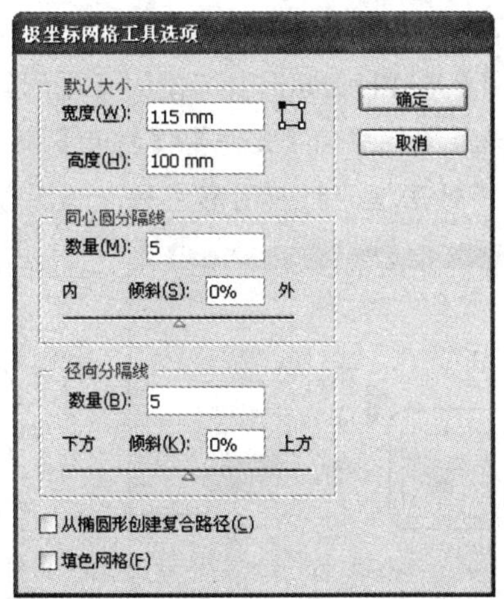

图 3-10 绘制极坐标网格

3.3 绘制基本图形

使用 Illustrator CS4 的基本图形绘制工具组中的工具，可以在文档中绘制多种几何形状的矢

量图形。该工具组中的工具包括【矩形】工具、【圆角矩形】工具、【椭圆】工具、【多边形】工具、【星形】工具和【光晕】工具。下面将分别介绍这些工具的基本使用方法。

3.3.1 【矩形】工具

矩形图形是比较常用的基本图形之一，用户可以使用【矩形】工具通过拖动鼠标的方法绘制矩形图形，也可以通过【矩形】对话框来精确地绘制矩形图形，如图 3-11 所示。

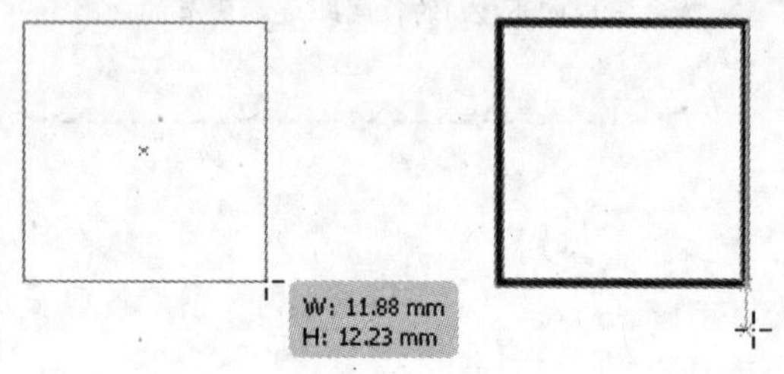

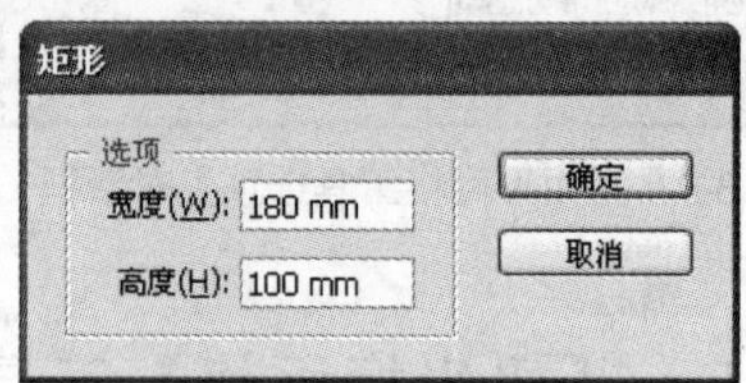

图 3-11 绘制矩形

提示

按住 Alt 键，【矩形】工具将以单击点为起始点绘制矩形。按住 shift 键，使用【矩形】工具可以绘制正方形。

【例 3-1】在 Illustrator 中，使用【矩形】工具绘制矩形。

(1) 选择菜单栏中的【文件】|【打开】命令，在【打开】对话框中选择图形文件，单击【打开】按钮关闭对话框，打开图形文档，如图 3-12 所示。

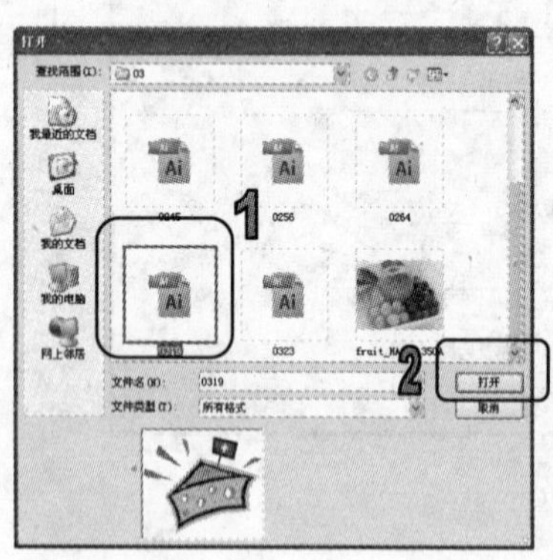

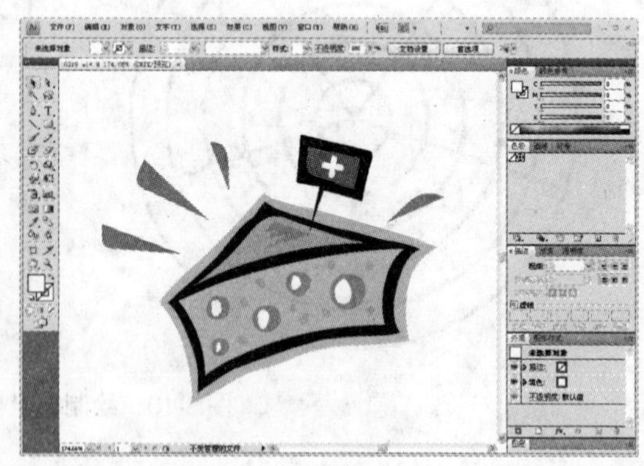

图 3-12 打开图形文档

(2) 选择【矩形】工具，在文档中单击鼠标左键，打开【矩形】对话框。然后在该对话框中设置相关的参数，以实现精确地绘制矩形，设置完成后，单击【确定】按钮即可在单击的位置生成矩形图形，如图 3-13 所示。

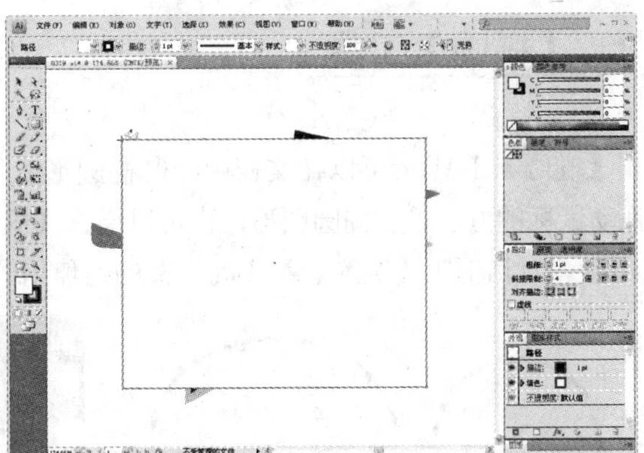

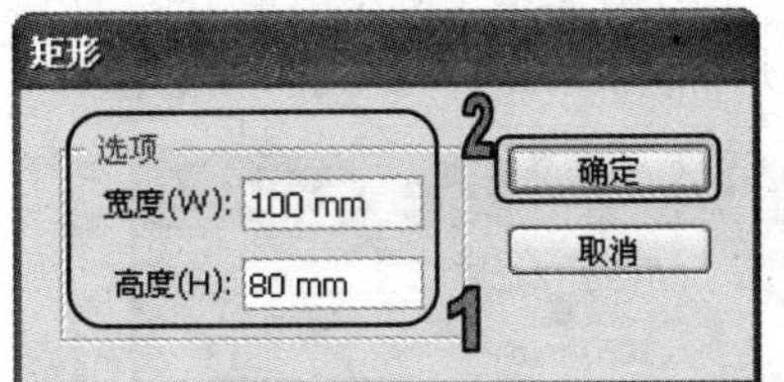

图 3-13　使用对话框精确绘制矩形话框精确绘制矩形

(3) 选择工具面板中的【选择】工具，选中绘制的矩形，在【颜色】面板中设置填充颜色，然后单击右键，在弹出的菜单中选择【排列】|【置于底层】命令，将矩形放置在最底层，如图 3-14 所示。

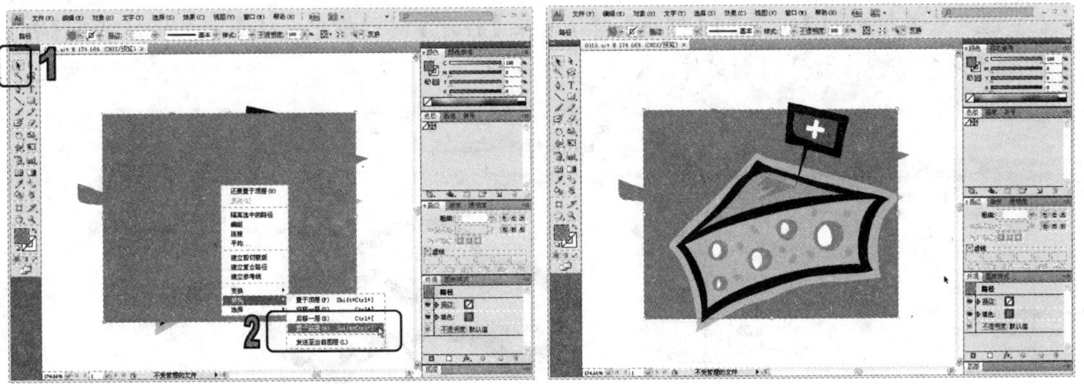

图 3-14　排列图形

3.3.2 【圆角矩形】工具

在 Illustrator CS4 中，用户不仅可以绘制直角矩形图形，还可以绘制带有圆角的矩形图形。圆角矩形的绘制方法与矩形的绘制方法基本相同，如图 3-15 所示。使用【圆角矩形】工具在页面中单击，弹出【圆角矩形】对话框，【圆角半径】数值框用于设置圆角的弧度。如果使用拖动的方法在页面中直接绘制矩形，那么将默认使用上一次设置的圆角半径数值。

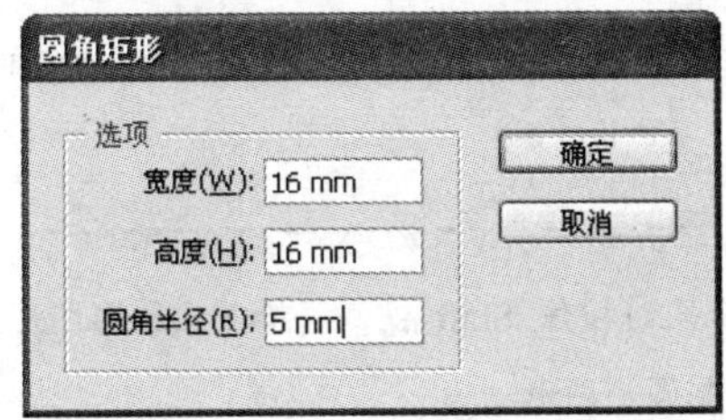

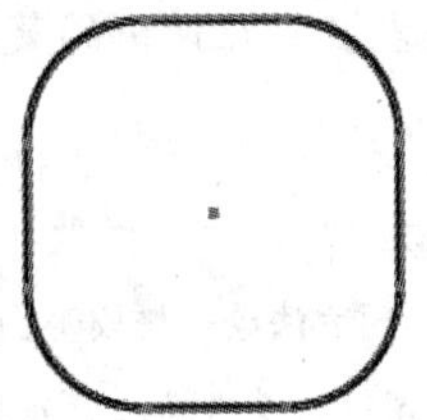

图 3-15　绘制圆角矩形

3.3.3 【椭圆】工具

使用【椭圆】工具可以在文档中绘制椭圆形或者圆形图形。用户可以使用【椭圆】工具通过拖动鼠标的方法绘制椭圆图形，也可以通过【椭圆】对话框来精确地绘制椭圆图形，如图 3-16 所示。对话框中【宽度】和【高度】的数值指的是椭圆形的两个不同直径的值。

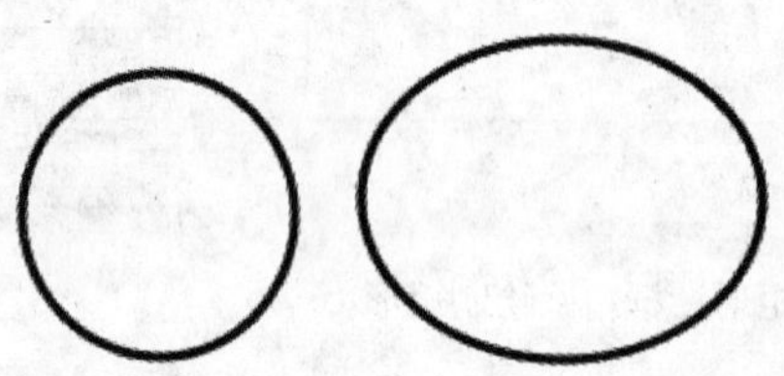

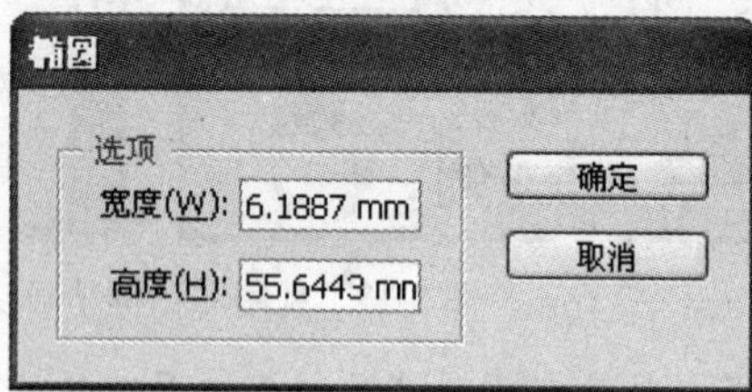

图 3-16 绘制椭圆形

【例 3-2】在 Illustrator 中，使用【椭圆】工具绘制椭圆形。

(1) 选择菜单栏中的【文件】|【打开】命令，在【打开】对话框中选择图形文件，单击【打开】按钮关闭对话框，打开图形文件，如图 3-17 所示。

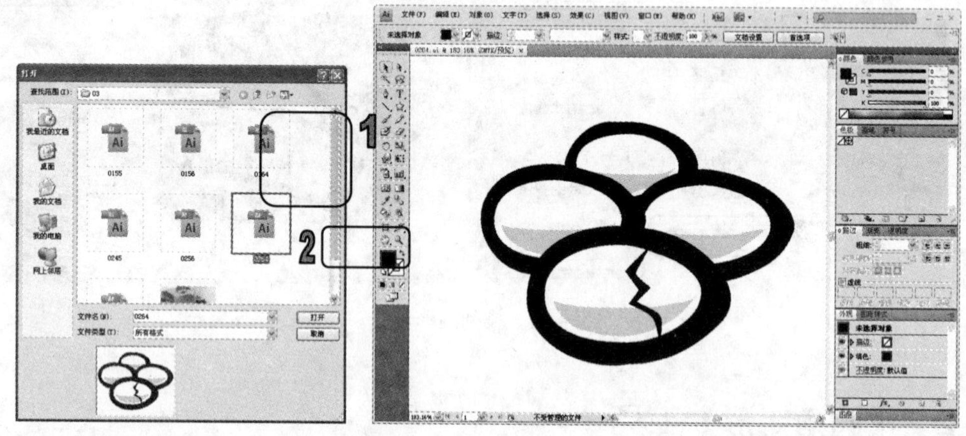

图 3-17 打开图形文档

(2) 选择【工具】面板中的【椭圆】工具，然后在文档中需要绘制图形的位置处单击，打开【椭圆】对话框。在该对话框的【宽度】和【高度】文本框中设置椭圆的宽度和高度。设置完成后，单击【确定】按钮，即可在单击的位置处生成椭圆形图形，如图 3-18 所示。

(3) 选择【工具】面板中的【选择】工具，选中绘制的椭圆形，在【颜色】面板中设置填充颜色，然后单击右键，在弹出的菜单中选择【排列】|【置于底层】命令，将椭圆形放置在最底层，如图 3-19 所示。

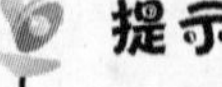

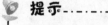

提示

当使用拖动鼠标的方法绘制椭圆形图形时，如果同时按住 Shift 键，将绘制出圆形图形；如果同时按住 Alt+Shift 组合键，系统以单击的位置处为中心点绘制圆形图形。

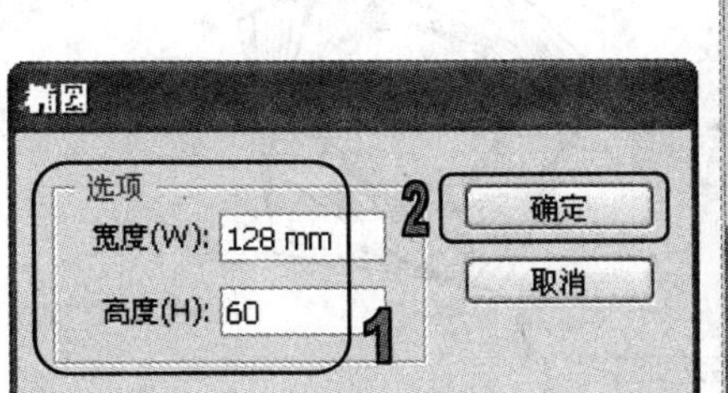

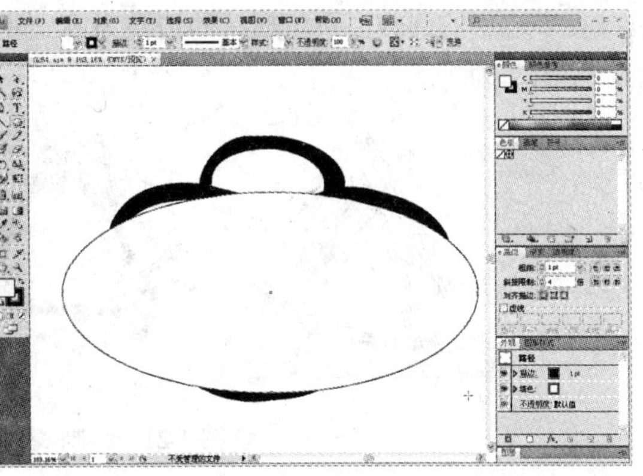

图 3-18 使用对话框精确绘制

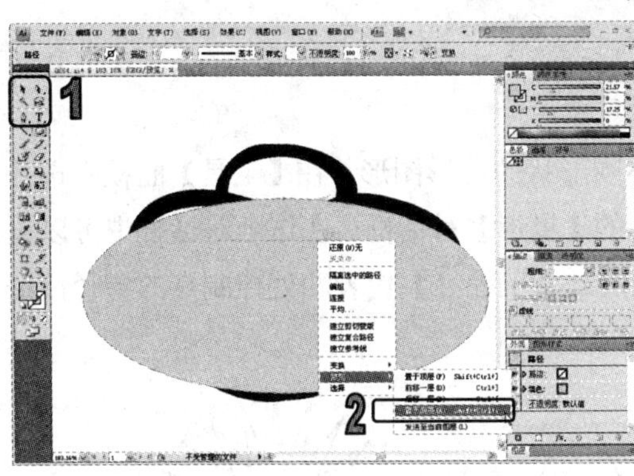

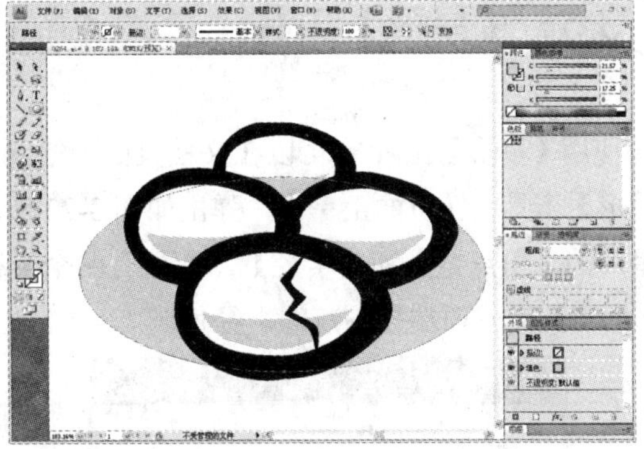

图 3-19 排列图层

3.3.4 【多边形】工具

使用【多边形】工具可以绘制任意边数的多边形图形。在 Illustrator CS4 中，通过使用【工具】面板中的【多边形】工具所绘制出来的多边形图形都是规则的正多边形图形，如图 3-20 所示。

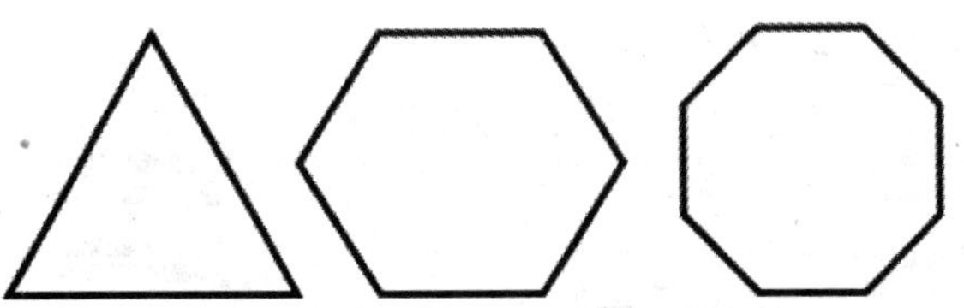

图 3-20 绘制多边形

提示

在【多边形】对话框中可以设置【边数】和【半径】，半径是指多边形的中心点到角点的距离，同时鼠标单击点为多边形的中心点。最多边数为 1000，最少边数为 3，半径数值的设定范围为 0~288.995cm。

在按住鼠标拖动绘制的过程中，按键盘上的向上方向键可增加多边形的边数；按向下方向

键可以减少多边形的边数。系统默认的边数为 6。如果绘制时，按住键盘上~键可以绘制出多个多边形，如图 3-21 所示。

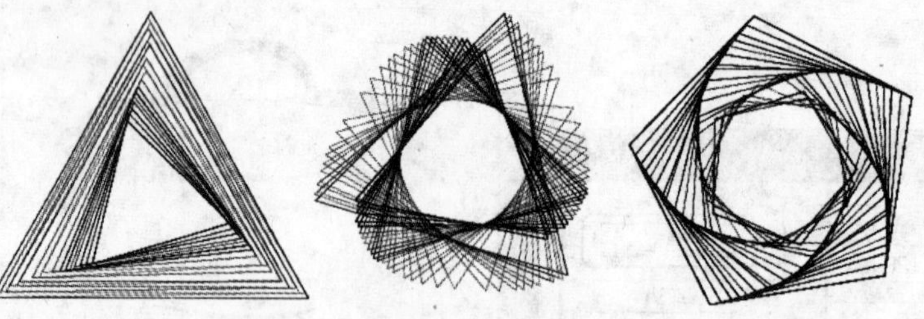

图 3-21　绘制多个多边形

3.3.5 【星形】工具

使用【星形】工具可以在文档页面中绘制不同形状的星形图形。在【工具】面板中选择【星形】工具，在页面上单击，弹出如图 3-22 所示的【星形】对话框。在这个对话框中可以设置星形的【角点数】和【半径】。此处有两个半径值，【半径 1】代表凹处控制点的半径值，【半径 2】代表顶端控制点的半径值。

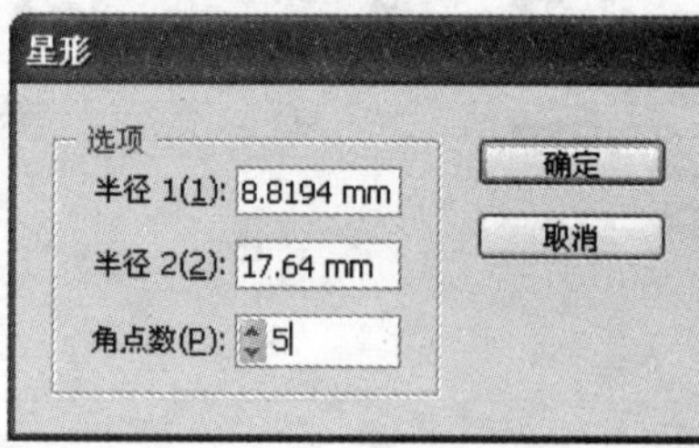

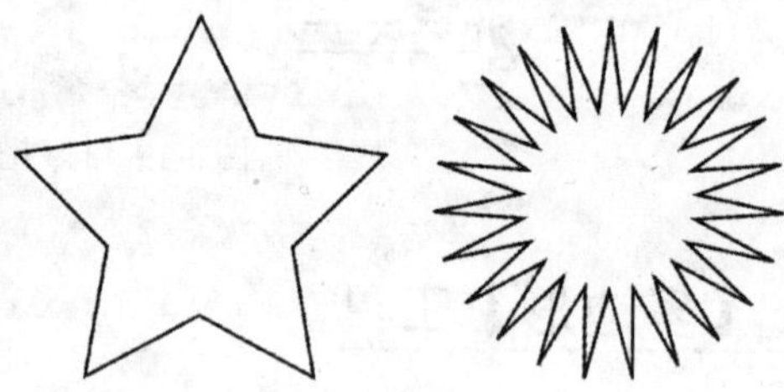

图 3-22　绘制星形

【例 3-3】在 Illustrator 中，使用【星形】工具绘制多角星。

(1) 选择菜单栏中的【文件】|【打开】命令，在【打开】对话框中选择图形文件，单击【打开】按钮关闭对话框，打开图形文件，如图 3-23 所示。

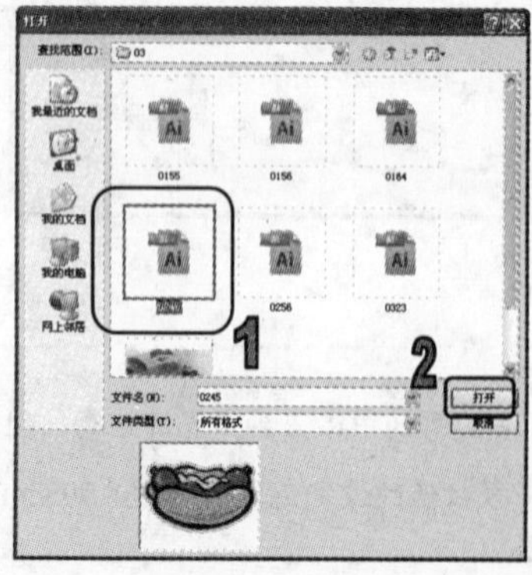

图 3-23　打开图形文档

(2) 在工具面板中选择【星形】工具，然后在文档中单击鼠标左键，打开【星形】对话框。在打开的对话框中，设置星形半径以及角点数，设置完成后单击【确定】按钮，在单击处精确绘制，如图 3-24 所示。该对话框的【半径 1】和【半径 2】文本框中，用户可以分别设置星形的内切圆和外切圆的半径；在【角点数】文本框中，用户可以设置星形的尖角数。

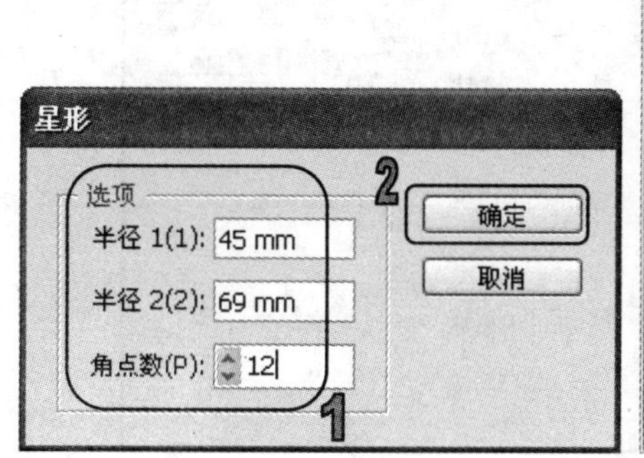

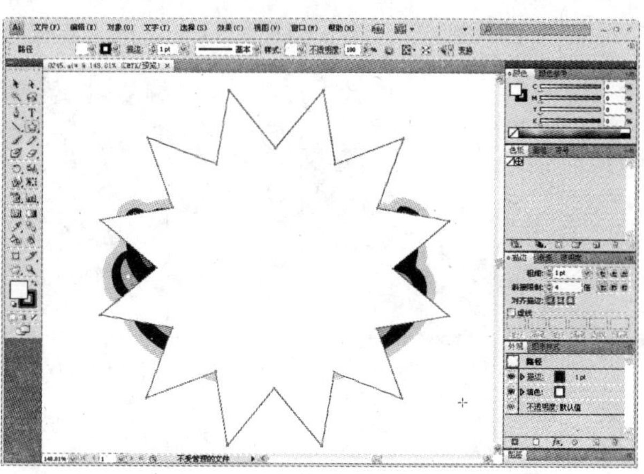

图 3-24　使用对话框精确绘制

(3) 选择工具面板中的【选择】工具，选中绘制的星形，在【颜色】面板中将填充颜色设置为黄色，然后在图形上单击右键，在弹出的菜单中选择【排列】|【置于底层】命令，将星形放置在最底层，如图 3-25 所示。

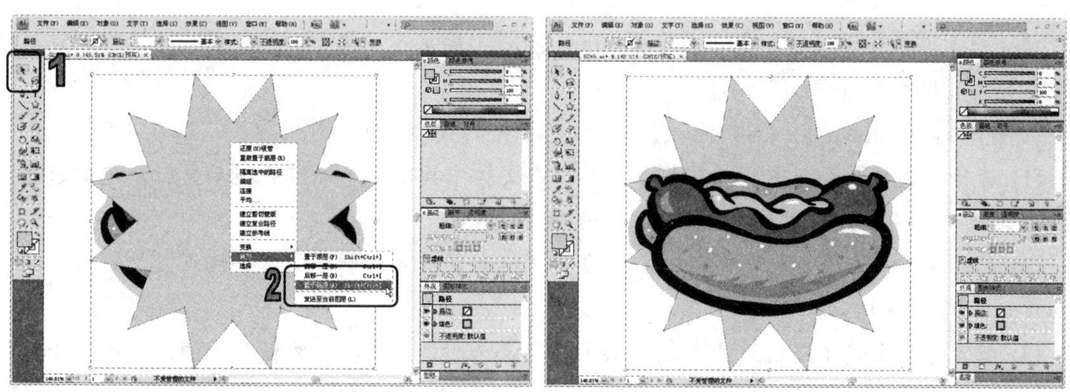

图 3-25　排列图层

提示

当使用拖动光标的方法绘制星形图形时，如果同时按住 Ctrl 键，可以在保持星形的内切圆半径不变的情况下，改变星形图形的外切圆半径大小；如果同时按住 Alt 键，可以在保持星形的内切圆和外切圆的半径数值不变的情况下，通过按下↑或↓键调整星形的尖角数。

3.3.6 【光晕】工具

通过使用 Illustrator CS4【工具】面板中的【光晕】工具，用户可以在文档中绘制出具有光晕效果的图形，如图 3-26 所示。该图形具有明亮的居中点、晕轮、射线和光圈，如果在其他图形对象上应用该图形，将获得类似镜头眩光的特殊效果。

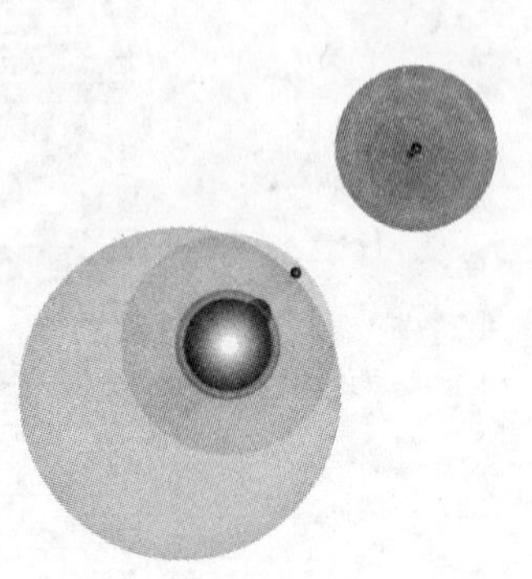

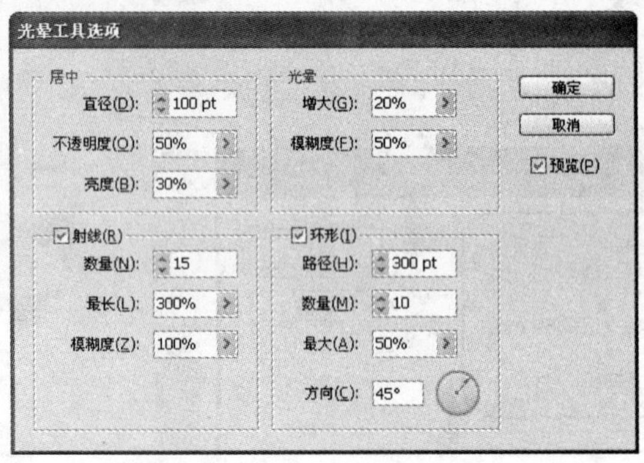

图 3-26　绘制光晕

3.4 使用【钢笔】工具

【工具】面板中的【钢笔】工具是 Illustrator 中最基本、最重要的矢量绘图工具，它可以绘制直线、曲线和任意的复杂图形。

【例 3-4】在 Illustrator CS4 中，使用【钢笔】工具绘制图形。

(1) 选择【工具】面板中的【钢笔】工具，在文档中按下鼠标左键并拖动鼠标，确定起始节点。此时节点两边将出现两个控制点，如图 3-27 所示。

(2) 移动光标，在需要添加锚点处单击左键并拖动鼠标可以创建第二个锚点，控制线段的弯曲度，如图 3-28 所示。

(3) 将光标移至起始锚点的位置，当光标显示为时，单击鼠标左键封闭图形，如图 3-29 所示。

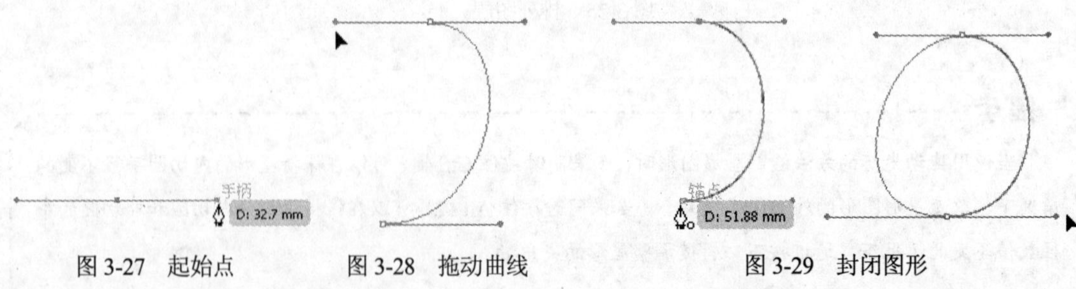

图 3-27　起始点　　图 3-28　拖动曲线　　图 3-29　封闭图形

3.5 使用【铅笔】工具

通过使用【铅笔】工具，既可以在文档中绘制开放路径的图形，也可以绘制闭合路径的图形，并且 Illustrator CS4 将会根据用户手绘的轨迹自动创建路径。在实际应用中，【铅笔】工具常被应用于草图的勾画等绘制操作中。双击【铅笔】工具，可以打开如图 3-30 所示的【铅笔工具选项】对话框，以控制【铅笔】工具的绘制效果。

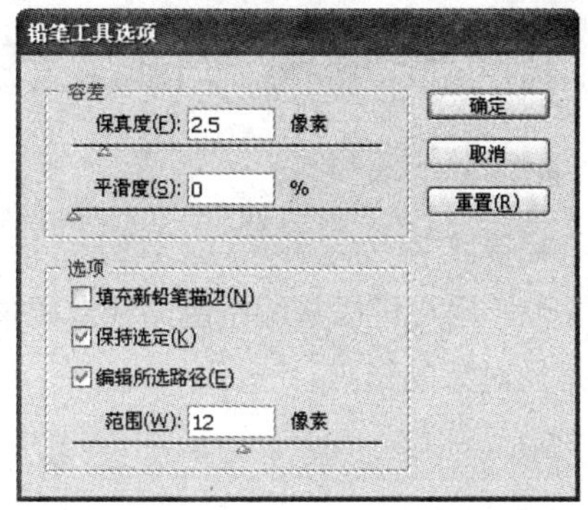

图 3-30 设置【铅笔工具选项】对话框的参数

在【铅笔工具选项】对话框中，各个主要选项参数的作用分别如下：

- 【保真度】选项：用于控制自动创建的路径曲线与光标绘制的轨迹的偏离程度。数值越低，自动创建的路径曲线将越偏离光标绘制的轨迹；数值越高，自动创建的路径曲线将越接近鼠标绘制的轨迹。用户可以直接在其文本框内输入数值，也可以通过拖动滑块设置参数数值。
- 【平滑度】选项：用于控制自动创建的路径曲线的平滑程度。数值越高，自动创建的路径曲线越平滑。用户可以直接在其文本框内输入数值，也可以通过拖动滑块设置参数数值。
- 【保持选定】复选框：选中该复选框，可以在曲线绘制完成后，保持自动创建的路径曲线为选择状态。
- 【编辑所选路径】复选框：选中该复选框，可以在曲线完成绘制后，能够接着再对自动创建的路径曲线进行绘制。其下方的【范围】文本框用于设置可以继续绘制操作的像素距离范围。只要在该像素值范围内进行绘制，可以连接原创建路径进行绘制。

3.6 编辑路径

在 Illustrator CS4 中，用户可以通过多种方法选择路径图形后，对路径的锚点进行添加、删除或是转换锚点，还可以对路径进行平滑、擦除、分割、对齐与连接、改变路径图形外观等编辑操作。

3.6.1 选择锚点和路径段

一般路径绘制完成后，用户需要对所绘制的路径进行调整与编辑操作。但是，在调整与编辑路径之前，用户还需先通过选择类工具选中需要操作的路径对象，这样才能有针对性地调整与编辑路径对象。下面将介绍这些选择类工具及其操作方法。

1. 使用【选择】工具

通过使用【工具】面板中的【选择】工具，用户可以直接单击选中整条路径，也可以通过选择路径上的任意一个锚点从而选中整条路径。

2. 使用【直接选择】工具

通过使用【工具】面板中的【直接选择】工具，用户可以从编组的路径对象中直接单击选中其中任意的路径对象，并且还可以单独选中路径对象的锚点。

3. 使用【编组选择】工具

将鼠标移动到【工具】面板中的【直接选择】工具图标上，按下鼠标左键不放，然后即可在打开的工具组中选择【编组选择】工具。通过使用该工具，用户可以在包含多个编组对象的复合编组对象中，选择任意一个路径对象。其操作非常简单，只要单击需要选择的路径对象，即可在复合编组对象中将其选中。想要选择该路径对象所在的整个编组对象，只需双击该复合编组对象中的路径对象即可。与【直接选择】工具所不同的是，【编组选择】工具不能单独选择路径对象的锚点。

4. 使用【套索】工具

在 Illustrator CS4 中，用户除了可以使用以上介绍的选择类工具之外，还可以使用【工具】面板中的【套索】工具进行选择操作。通过使用【套索】工具，可以在工作区中任意选择一个或多个路径对象。

3.6.2 添加和删除锚点

用户可以在绘制路径时添加或删除锚点，也可以在编辑路径时在任何路径上添加或删除锚点。添加锚点，用户可以更好地控制路径的形状，还可以协助其他的编辑工具调整路径的形状。通过删除锚点，用户可以删除路径中不需要的锚点，以减少路径形状的复杂程度。

【例 3-5】在 Illustrator CS4 中，添加、删除路径中的锚点。

(1) 在打开的图形文档中，使用【选择】工具选中需要添加锚点的路径。

(2) 在【工具】面板中选择【添加锚点】工具。移动光标到需要添加锚点的位置单击，即可在路径上添加锚点，如图 3-31 所示。

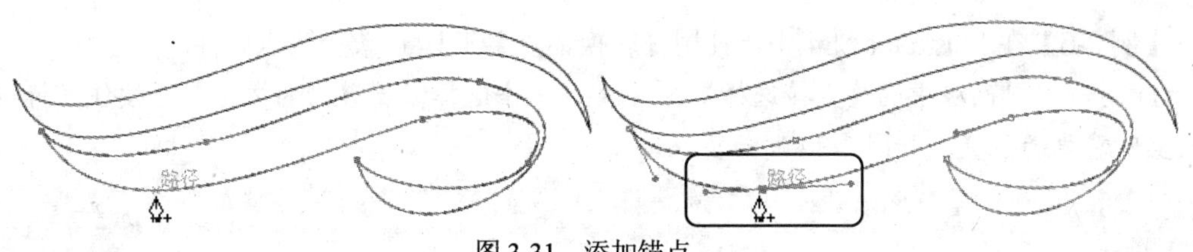

图 3-31 添加锚点

(3) 在【工具】面板中选择【删除锚点】工具。移动光标到需要删除锚点的位置单击，即可在路径上删除该锚点，如图 3-32 所示。

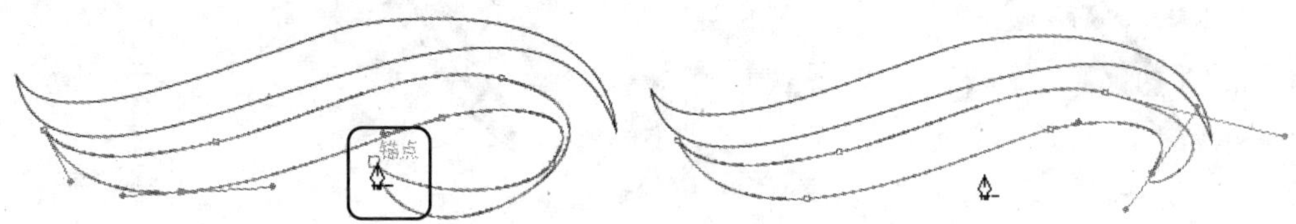

图 3-32 删除锚点

知识点

按 P 键切换到【钢笔】工具，当光标变为 状态时，在路径上单击即可添加锚点。将光标靠近锚点，当光标变为 状态时，在需要删除的锚点上单击即可删除锚点。使用【对象】|【路径】|【添加锚点】命令也可以在曲线上添加锚点。选择【对象】|【路径】|【移去锚点】命令也可以删除路径上的锚点。

在绘制图形对象时，无意间单击【钢笔】工具后又选取另外的工具，会产生孤立的游离锚点。游离的锚点会让线稿变得复杂，甚至减慢打印速度。要删除这些游离点，可以选择【选择】|【对象】|【游离点】命令，选中所有游离点。再选择【对象】|【路径】|【清理】命令，将打开如图 3-33 所示的【清理】对话框，选中【游离点】复选框，单击【确定】按钮将删除所有的游离点。

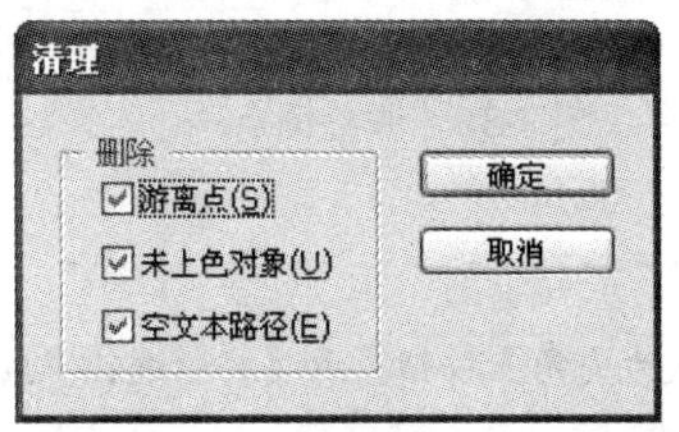

图 3-33 【清理】对话框

提示

选择游离点后，用户也可以直接按键盘上的 Delete 键删除游离点。

3.6.3 转换锚点

在 Illustrator 中，用户不仅可以通过使用【直接选择】工具 移动锚点改变路径的形状，而且通过使用钢笔工具组中的【转换锚点】工具 ，用户可以很方便地将角点转换为平滑点，或将平滑点转换为角点。

【例 3-6】在 Illustrator CS4 中，使用【转换锚点】工具改变锚点属性。

(1) 选择工具面板中的【直接选择】工具，单击选择需要移动的锚点，并按住鼠标拖动锚点至所需要的位置，如图 3-34 所示。

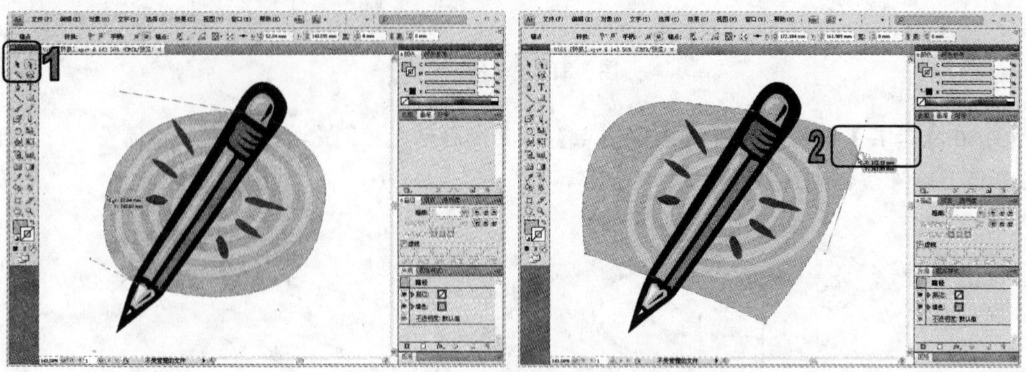

图 3-34　移动锚点

(2) 选择工具面板中的【转换锚点】工具，接着在路径线段中需要操作的平滑点上单击，即可将平滑点转换成角点，如图 3-35 所示。

(3) 选择工具面板中的【转换锚点】工具，接着在路径线段中需要操作的角点上，按下鼠标左键并拖动，然后调整线段弧度至合适的位置后释放鼠标左键即可，如图 3-36 所示。

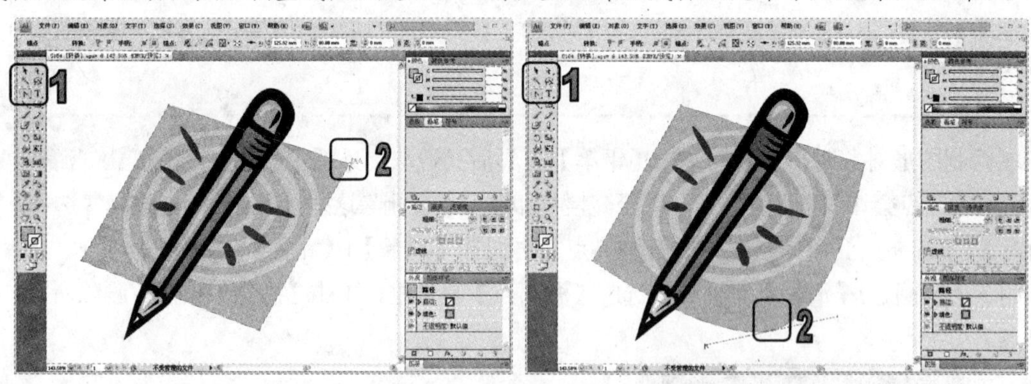

图 3-35　转换锚点属性　　图 3-36　调整锚点

知识点

选中一个锚点后，通过单击控制面板中的【将所选锚点转换为尖角】按钮和【将所选锚点转换为平滑】按钮可以将其在角点和平滑点之间转换。

3.6.4　连接锚点

通过连接端点可以将开放路径的两个端点连接起来形成闭合路径，也可以连接两条开放路径的任意两个端点，将它们连接在一起。要想连接端点，先选择需要连接的端点，再使用控制面板上【连接所有终点】按钮，或单击鼠标右键，在弹出的快捷菜单栏中选择【连接】命令

将端点进行连接。

3.6.5　简化锚点

在 Illustrator CS4 中，对于锚点比较多的复杂路径，可以使用【对象】|【简化】命令来简化锚点，删除多余的锚点，但不改变路径的基本形状。

【例 3-7】在 Illustrator CS4 中，简化路径中的锚点。

(1) 使用【直接选择】工具选取路径，如图 3-37 所示。

(2) 选择【对象】|【路径】|【简化】命令，打开【简化】对话框，在对话框中选中【预览】复选框，如图 3-38 所示。

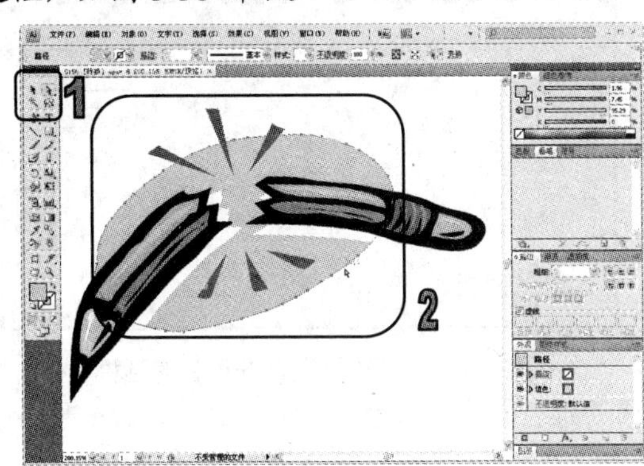

图 3-37　选取路径

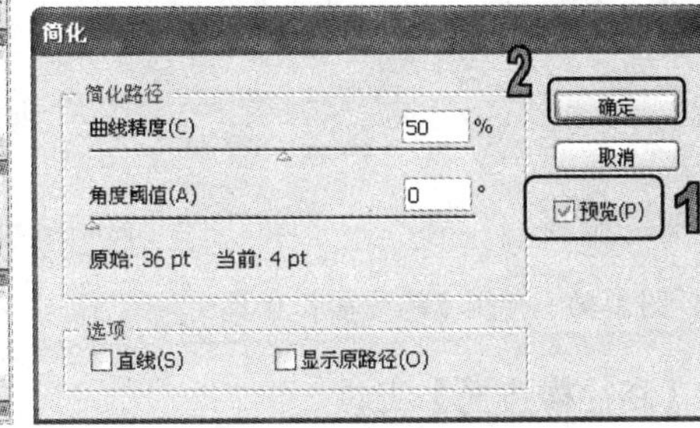

图 3-38　打开【简化】对话框

(3) 在对话框中调整【曲线精度】滑块，然后单击【确定】按钮，应用简化路径，如图 3-39 所示。

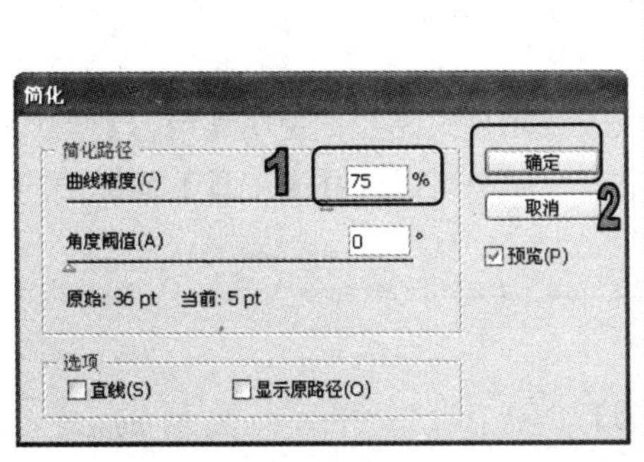

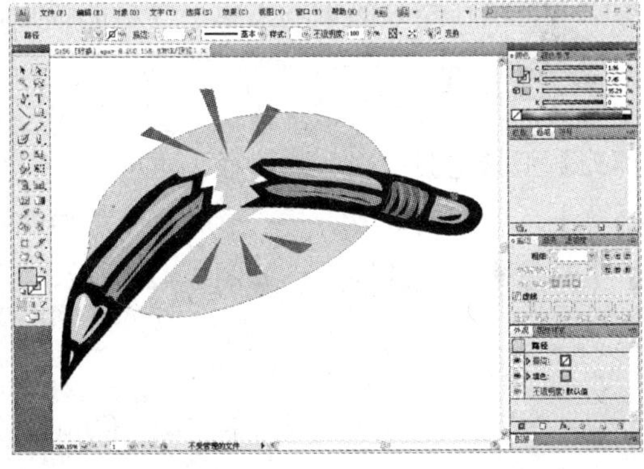

图 3-39　简化路径

- 【曲线精度】选项：用于指定路径的弯曲度，数值越大，路径越平滑，锚点也越多。
- 【角度阈值】选项：用于指定路径的角度阈值，数值越大，角度越平滑。
- 【直线】选项：选中该复选框后，所有的曲线将会变成直线。
- 【显示原路径】选项：选中该复选框后，将会在调整过程中显示原图的轮廓线。

3.6.6 分割路径和图形

选择【工具】面板中的【橡皮擦】工具、【剪刀】工具和【美工刀】工具可以用来分隔开放式或闭合式路径。

1. 【橡皮擦】工具

用户通过使用【橡皮擦】工具可擦除图稿的任何区域，被抹去的边缘将自动闭合，并保持平滑过渡，如图 3-40 所示。双击【工具】面板中的【橡皮擦】工具，可以打开如图 3-41 所示的【橡皮擦工具选项】对话框，在对话框中设置【橡皮擦】工具的角度、圆度和直径。

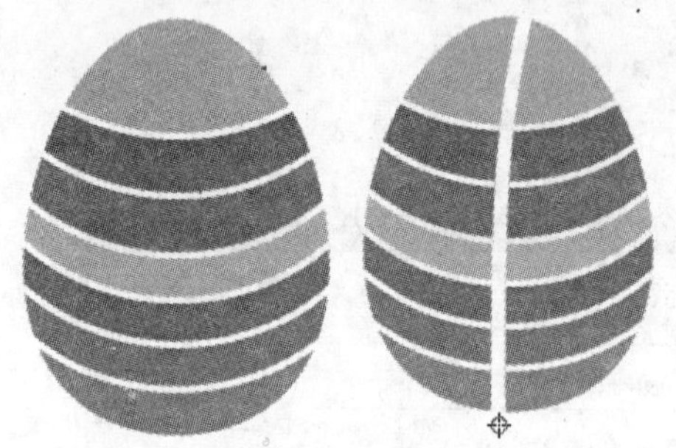
图 3-40 使用【橡皮擦】工具

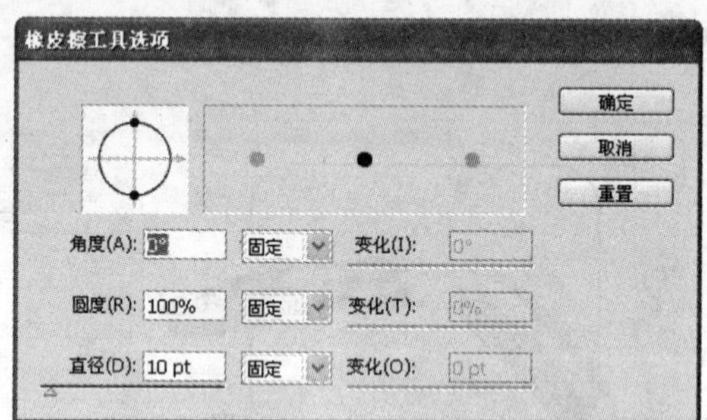

图 3-41 【橡皮擦工具选项】对话框

2. 【路径橡皮擦】工具

【路径橡皮擦】工具也是一种路径修饰工具，通过使用它能够擦除开放路径或闭合路径的任意一部分，但不能在文本或渐变网格上使用。

在【工具】面板中选择【路径橡皮擦】工具，然后沿着要擦除的路径拖动【路径橡皮擦】工具。擦除后自动在路径的末端生成一个新的锚点，并且路径处于被选中的状态。

3. 【剪刀】工具

【剪刀】工具主要用来剪断路径，可应用于开放式或闭合式路径。使用【剪刀】工具在路径任意处单击，单击处即被断开，形成两个重叠的锚点。用户可以选择【工具】面板中的【直接选择】工具分离重叠的锚点，如图 3-42 所示。

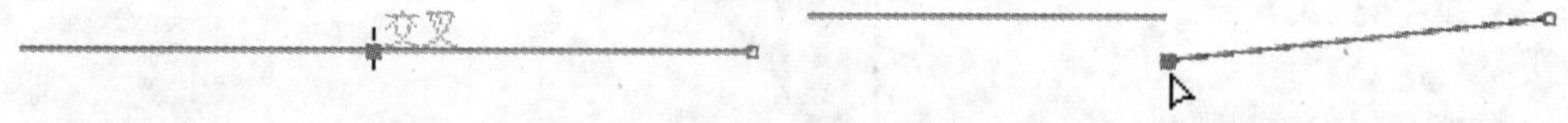

图 3-42 使用【剪刀】工具

4. 【美工刀】工具

【美工刀】工具可以将闭合路径切割成两个独立的闭合路径，该工具不能应用于开放路径。使用【美工刀】工具在图形上拖动，拖动的轨迹就是美工刀的形状，如果拖动的长度大于图形的填充范围，那么得到两个以上的闭合路径。如果拖动的长度小于图形的填充范围，那么得到的路径是一个闭合路径，与原来的路径相比，这个路径的锚点数有所增加。

【例 3-8】在 Illustrator CS4 中，使用【工具】面板中的【美工刀】命令，分割路径图形。

(1) 选择菜单栏中的【文件】|【打开】命令，在【打开】对话框中选择图形文档，单击【打开】按钮打开，如图 3-43 所示。

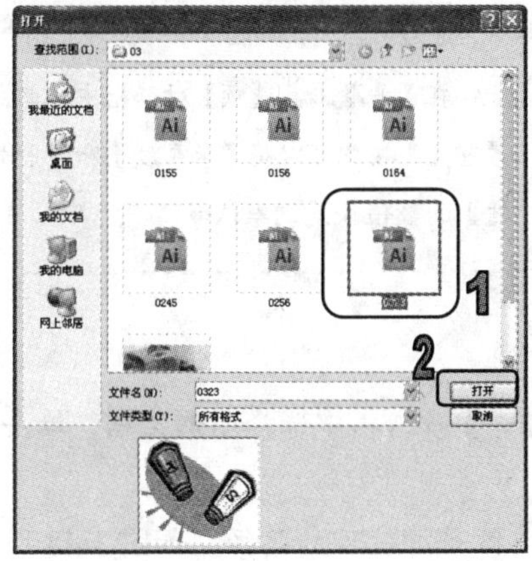

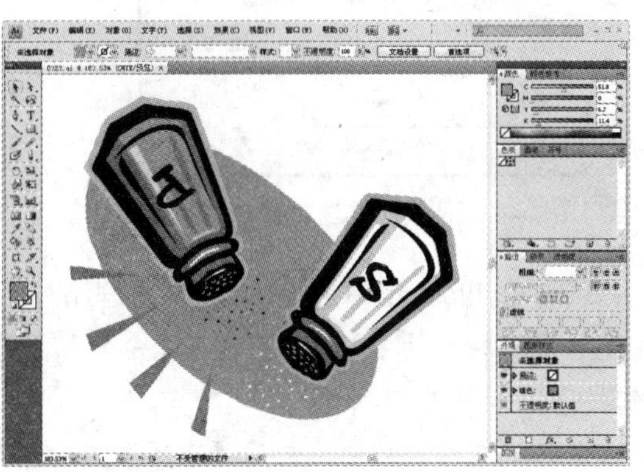

图 3-43 打开图形文档

(2) 选择【工具】面板中的【美工刀】工具，在要切割的闭合路径上按下并拖动鼠标，画出切割线，如图 3-44 所示。

(3) 释放鼠标，按住 Ctrl 键，光标变为【直接选择】工具，在空白处单击，取消路径图形的选中状态，然后选择图形被裁切部分进行移动，可以看到闭合路径被切割成为两个独立的部分，如图 3-45 所示。

图 3-44 绘制切割线

图 3-45 分离对象

提示

如果使用【美工刀】工具裁切的范围内不止一个图形，这个范围内的所有图形都被裁切。

3.6.7 平滑路径

【平滑】工具是一种路径修饰工具，可以使路径快速平滑，同时尽可能地保持路径的原来

形状。双击【工具】面板中的【平滑】工具，打开如图 3-46 所示【平滑工具选项】对话框。在对话框中，可以设置【平滑】工具的【保真度】、【平滑度】。【保真度】和【平滑度】的数值越大，对路径的改变就越大；值越小，对路径的改变就越小。

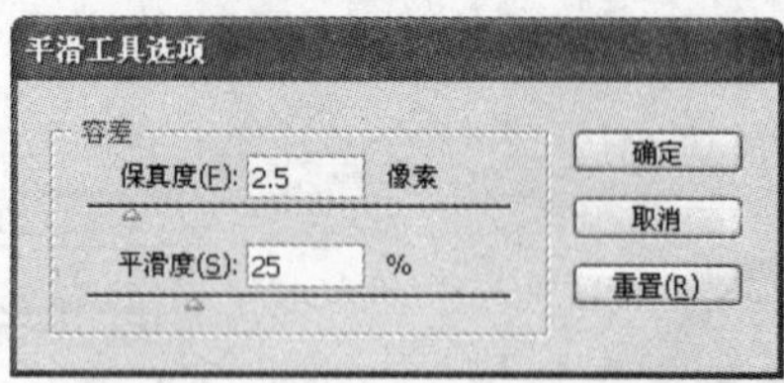

图 3-46 【平滑工具选项】对话框

提示

在【平滑工具选项】对话框中，单击【重置】按钮可以将【保真度】和【平滑度】的数值恢复到默认数值。

【例 3-9】在 Illustrator CS4 中，平滑处理路径。

(1) 选择菜单栏中的【文件】|【打开】命令，在【打开】对话框中选择图形文档，单击【打开】按钮打开，如图 3-47 所示。

(2) 在打开的图形文档中，使用【选择】工具选中要做平滑处理的路径，如图 3-48 所示。

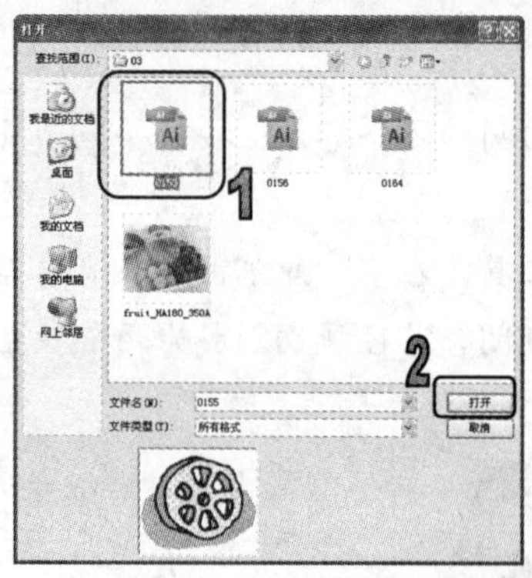

图 3-47 打开文档

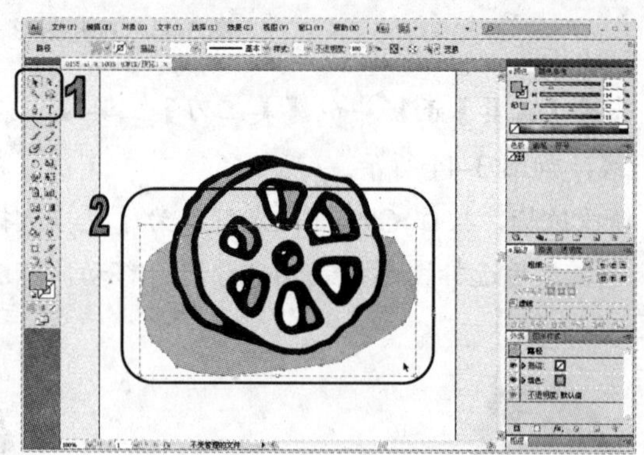

图 3-48 选中路径

(3) 选择【工具】面板中的【平滑】工具，可以双击【工具】面板中的【平滑】工具，系统将打开如图 3-49 所示的【平滑工具选项】对话框。在该对话框中，通过设置【保真度】和【平滑度】文本框中的数值，然后单击【确定】按钮可以调整【平滑】工具的操作效果。

(4) 在路径对象中需要平滑处理的位置外侧按下鼠标左键并由外向内拖动，然后释放左键，即可对路径对象进行平滑处理，如图 3-50 所示。

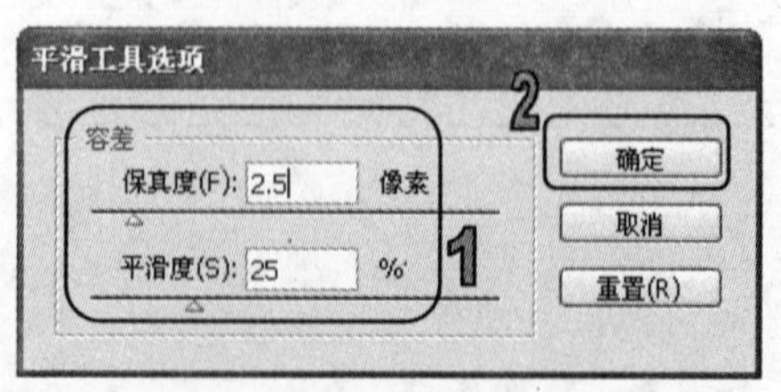

图 3-49 设置【平滑】工具

图 3-50 平滑路径

3.6.8 偏移路径

在 Illustrator CS4 中，可以通过对路径进行偏移操作来生成新的封闭图形。

【例 3-10】在 Illustrator CS4 中，偏移路径。

(1) 在打开的图形文档中，使用【选择】工具选中路径，如图 3-51 所示。

(2) 选择【对象】|【路径】|【偏移路径】命令，打开【位移路径】对话框，设置【位移】数值为 3mm，如图 3-52 所示。

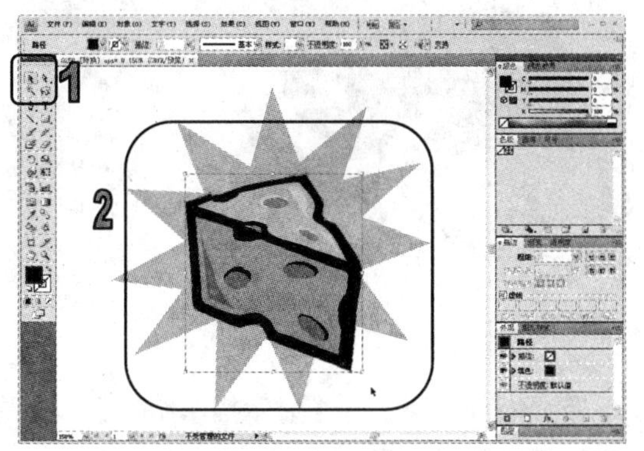

图 3-51 选中路径

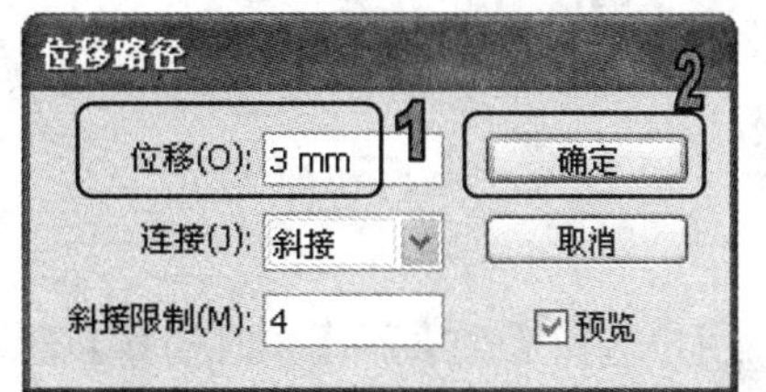

图 3-52 位移路径

(3) 设置完后，单击【确定】按钮偏移路径，并在【颜色】面板中将填充颜色设置为白色，如图 3-53 所示。

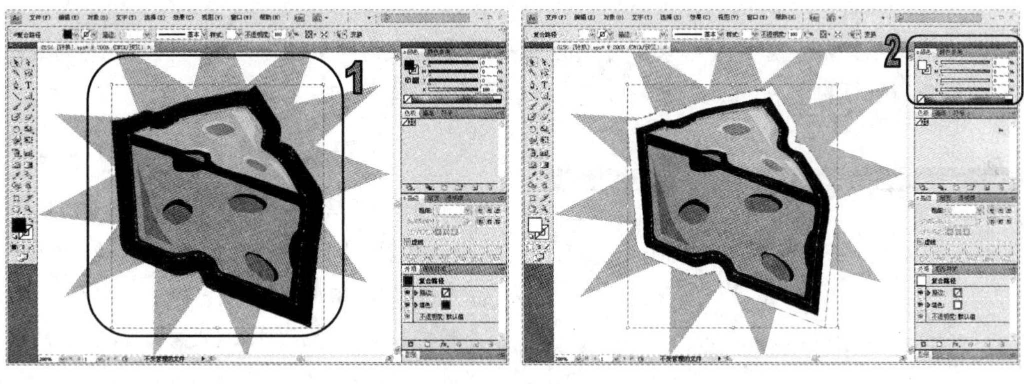

图 3-53 设置路径

3.7 实时描摹

使用实时描摹功能可以根据现有的图像绘制新的图形。描摹图稿的方法是打开或将文件置入到 Illustrator 中，然后使用【实时描摹】命令描摹图稿。通过控制细节级别和填色描摹的方式，得到满意的描摹效果。

3.7.1 描摹位图图像

当置入位图图像后，选中图像，选择【对象】|【实时描摹】|【建立】命令，或单击控制面板中的【实时描摹】按钮 实时描摹 ，图像将以默认的预设进行描摹。如图 3-54 所示。

图 3-54 描摹位图

用户选择【对象】|【实时描摹】命令中的【不显示描摹结果】、【显示描摹结果】、【显示轮廓】和【显示描摹轮廓】命令，可以更改描摹对象的显示效果。

3.7.2 设置描摹选项

选中描摹结果后，选择【对象】|【实时描摹】|【描摹选项】命令，或直接单击控制面板中的【描摹选项对话框】按钮，弹出【描摹选项】对话框，如图 3-55 所示。

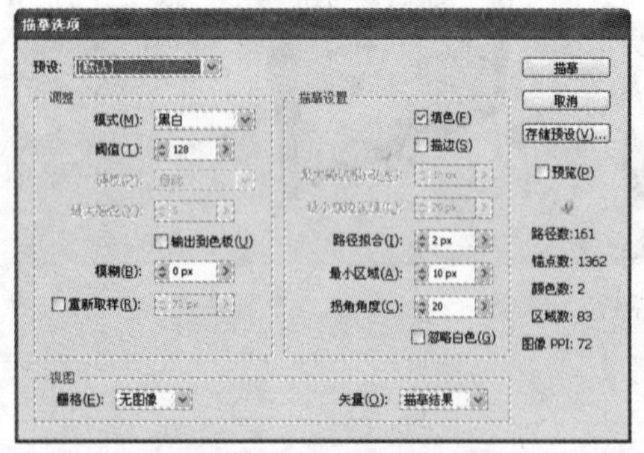

图 3-55 【描摹选项】对话框

知识点

在对话框中，【预设】下拉列表指定描摹预设。【模式】下拉列表指定描摹结果的颜色模式。包括彩色、灰度、黑白 3 种模式。【阈值】数值框指定用于从原始图像生成黑白描摹结果的值。所有比阈值亮的像素转换为白色，而所有比阈值暗的像素转换为黑色。该选项仅在【模式】设置为【黑白】选项时可用。【调板】选项用于指定从原始图像生成颜色或灰度描摹的面板。

【例 3-11】 在 Illustrator CS4 中，描摹位图图像。

(1) 启动 Illustrator CS4 应用程序，选择【文件】|【置入】命令，打开【置入】对话框，选择图像文件置入，如图 3-56 所示。

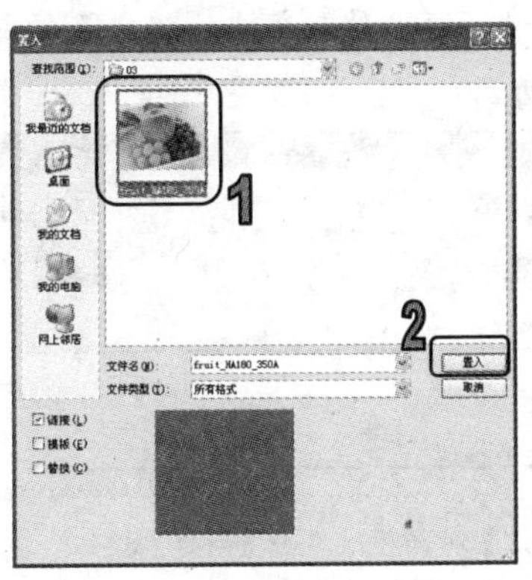

图 3-56　置入图像

(2) 选择【对象】|【实时描摹】|【建立】命令，或单击控制面板中的【实时描摹】按钮 实时描摹 ，图像将以默认的预设进行描摹。单击控制面板中的【描摹选项】对话框按钮，打开【描摹选项】对话框，如图 3-57 所示。

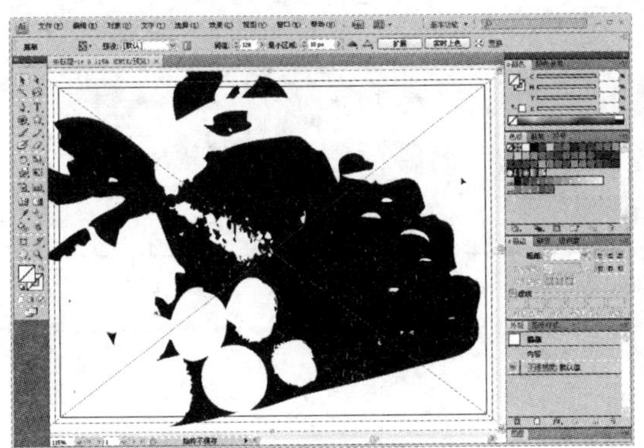

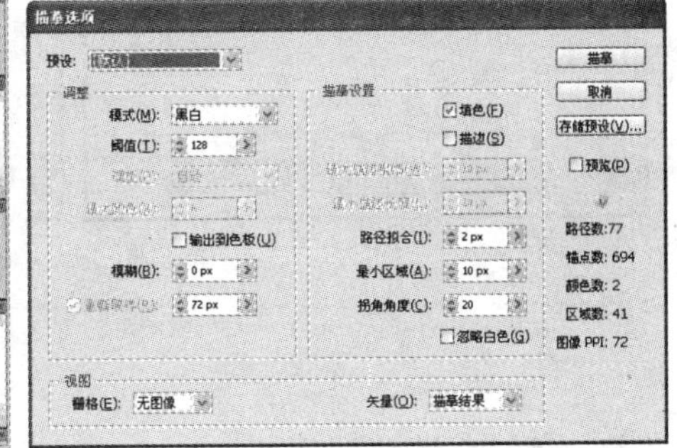

图 3-57　建立描摹

(3) 选中【预览】复选框，在【模式】下拉列表中选择【彩色】选项，【最大颜色】数值设置为 8，如图 3-58 所示。

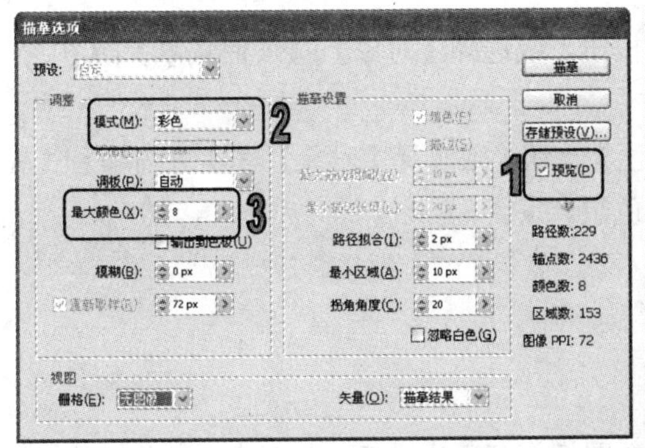

图 3-58　设置描摹

(4) 单击【存储预设】按钮，打开【存储描摹预设】对话框，然后单击【确定】按钮。再单击【描摹选项】对话框中的【描摹】按钮。如图 3-59 所示。

图 3-59　存储描摹

知识点

用户还可以选择【编辑】|【描摹预设】命令，打开【描摹预设】对话框。单击【新建】按钮，在打开的【描摹选项】对话框中设置预设的描摹选项，单击【完成】按钮来创建描摹预设。如图 3-60 所示。

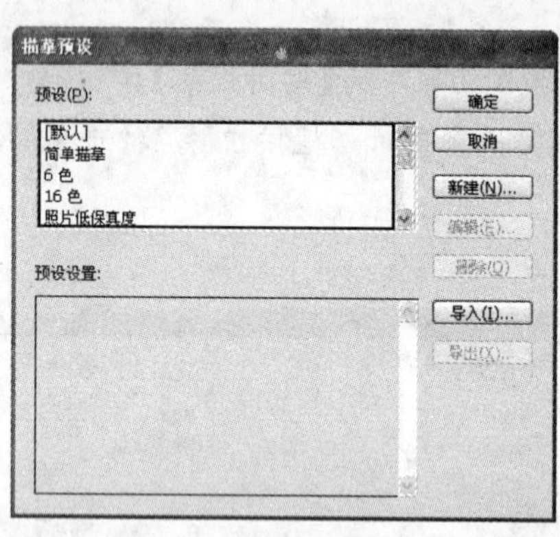

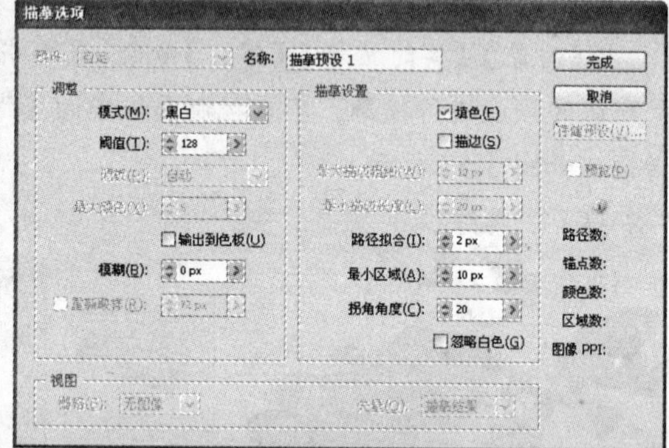

图 3-60　创建描摹预设

3.7.3　转换描摹对象

当对描摹结果满意后，可将描摹转换为路径或实时上色对象。转换描摹对象后，不能再使用调整描摹选项。

选择描摹结果，单击控制面板中的【扩展】按钮，或选择【对象】|【实时描摹】|【扩展】命令，将得到一个编组的对象。

选择描摹结果，单击控制面板中的【实时上色】按钮，或选择【对象】|【实时描摹】|【转换为实时上色】命令，将描摹结果转换为实时上色组。

3.7.4　释放描摹对象

用户如果想要放弃描摹结果，保留原始置入的图像，可释放描摹对象。选中描摹对象，选择【对象】|【实时描摹】|【释放】命令即可。

3.8 上机练习

本章的上机练习主要练习制作手机图标，使用户更好地掌握图形绘制、编辑的基本操作方法和技巧。

(1) 新建图形文件，选择【视图】|【显示网格】命令显示网格，并选择【视图】|【对齐网格】命令，如图 3-61 所示。

(2) 选择【工具】面板中的【钢笔】工具，依据网格线在图形文档中绘制如图 3-62 所示的图形。

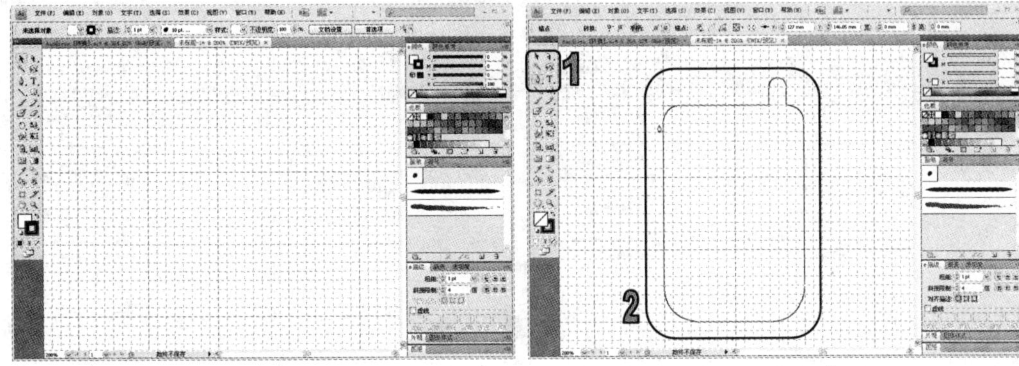

图 3-61　新建文件　　　　图 3-62　绘制图形

(3) 选择【直接选择】工具框选锚点，然后移动调整图形形状，如图 3-63 所示。

(4) 选择【工具】面板中的【钢笔】工具，依据网格线在图形文档中绘制如图 3-64 所示的图形。

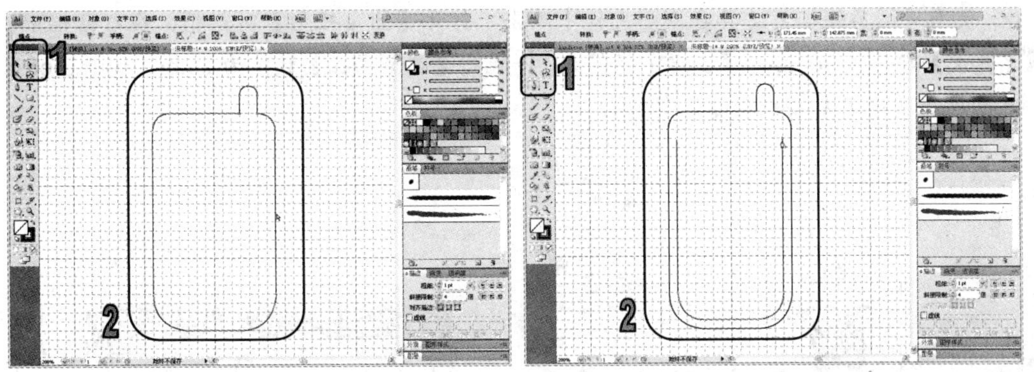

图 3-63　调整图形　　　　图 3-64　绘制图形

(5) 选择【工具】面板中的【钢笔】工具，依据网格线在图形文档中绘制如图 3-65 所示的图形。

(6) 选择【视图】|【对齐网格】命令，选择【工具】面板中的【椭圆】工具，依据网格线按住 Alt+Shift 键在图形文档中绘制如图 3-66 所示的图形。并在【工具】面板中，单击【互换填色和描边】按钮，切换填充和描边。

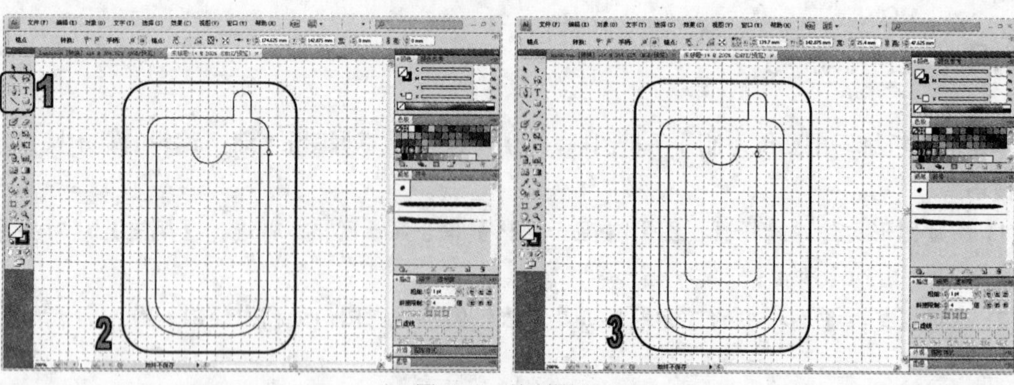

图 3-65 绘制图形

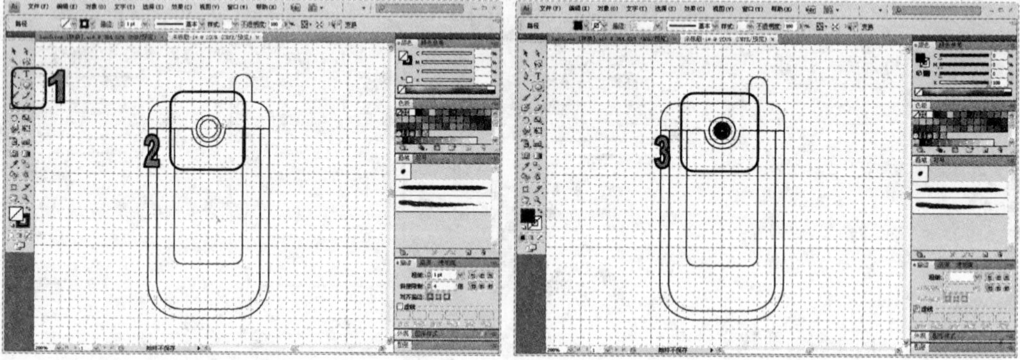

图 3-66 绘制图形

(7) 选择【工具】面板中的【圆角矩形】工具，依据网格线按住 Alt+Shift 键在图形文档中绘制如图 3-67 所示的图形。

(8) 使用【圆角矩形】工具在图形文件中单击，打开【圆角矩形】对话框。在对话框中，设置【宽度】数值为 16mm，【高度】数值为 11mm，【圆角半径】数值为 2mm，如图 3-68 所示，然后单击【确定】按钮创建圆角矩形。

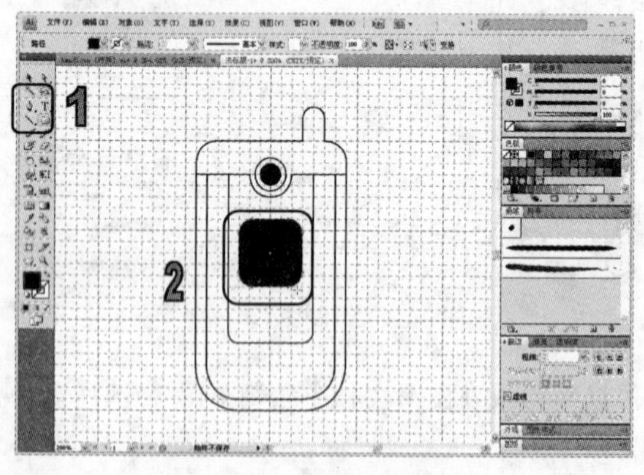

图 3-67 绘制图形

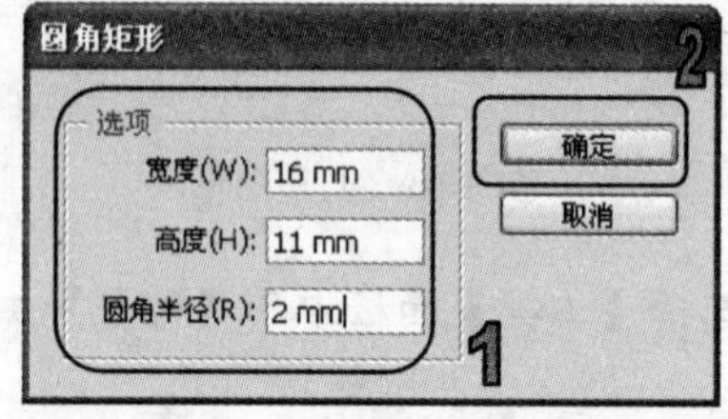

图 3-68 设置圆角矩形参数

(9) 选择【直接选择】工具移动圆角矩形。在【工具】面板中将描边颜色设置为黑色，然后选择【直线】工具，按住 Shift 键绘制直线，如图 3-69 所示。

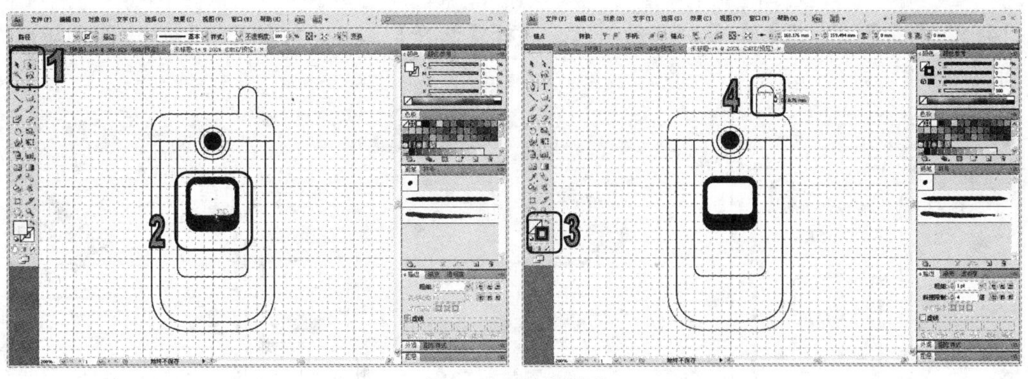

图 3-69 调整图形

(10) 选中路径，并在【工具】面板中单击【默认填色和描边】按钮填充选中的路径，如图 3-70 所示。

(11) 选择【对象】|【路径】|【偏移路径】命令，打开【位移路径】对话框，设置【位移】数值为 2mm，如图 3-71 所示。

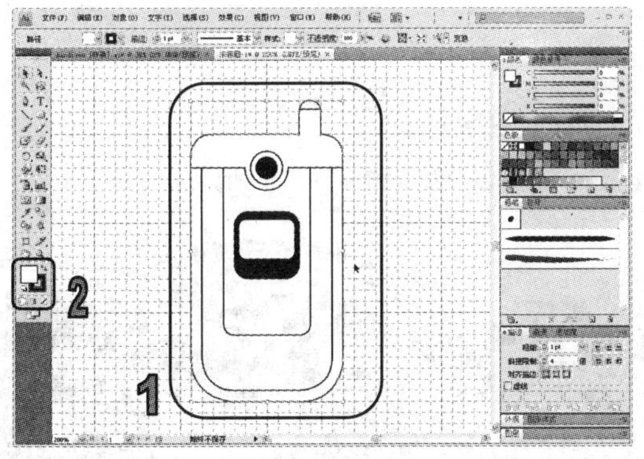

图 3-70 填充图形

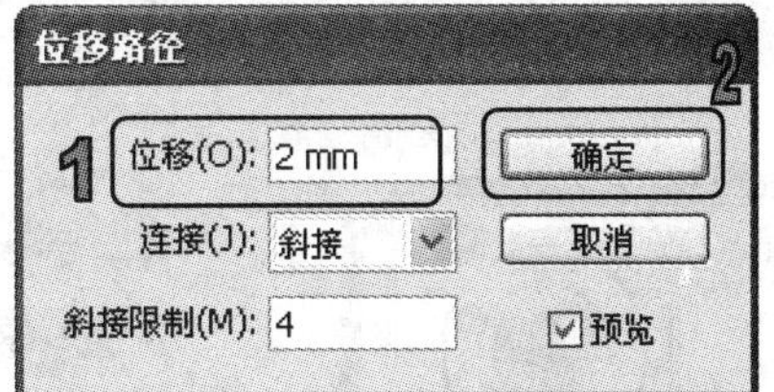

图 3-71 偏移路径

(12) 设置完后，单击【确定】按钮偏移路径，并在【颜色】面板中将填充颜色设置为黑色，如图 3-72 所示。

(13) 选择【选择】工具，选中绘制的线条，在【描边】面板中，设置【粗细】为 2pt，如图 3-73 所示。

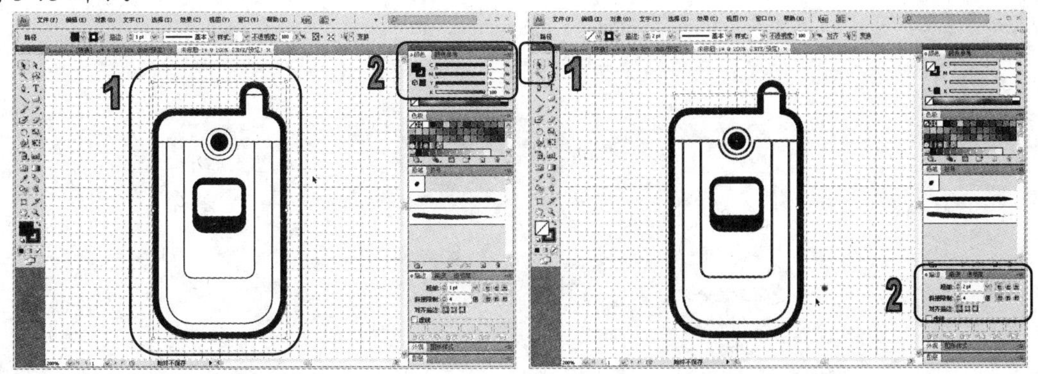

图 3-72 填充颜色　　图 3-73 设置描边

(14) 选择【直接选择】工具，移动锚点。选择【选择】工具，按住 Ctrl 键选中圆角矩形，放大图形，如图 3-74 所示。

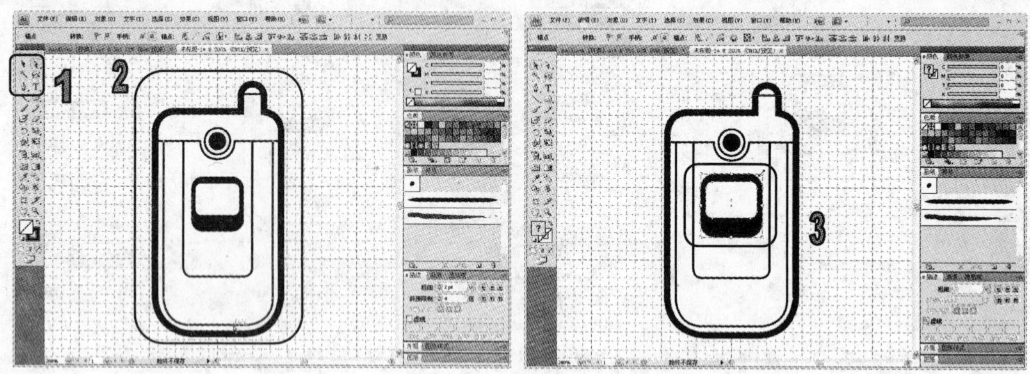

图 3-74　调整图形

3.9　习题

1. 新建图形文档，并在文档中绘制如图 3-75 所示的图标。
2. 在文档中置入位图图像，并应用实时描摹，描摹图像，如图 3-76 所示。

图 3-75　绘制图标

图 3-76　描摹图像

第4章 颜色控制及图形填充

学习目标

当图形对象在 Illustrator CS4 中绘制完毕后，用户可以对图形对象进行填充、描边等设置，以完善图形效果。本章将主要介绍如何对路径图形的填色和描边进行修饰，以及与之相关的各种面板的使用方法等。

本章重点

- 选择颜色
- 使用渐变
- 使用网格
- 填充图案

4.1 填充与描边的设定

在 Illustrator CS4 中绘制路径后，用户可以通过多种方式为其设置填充、描边的颜色，以及描边的样式效果。

4.1.1 关于填充和描边

在 Illustrator 中，用户可以使用【工具】面板中的颜色控制区，如图 4-1 所示，或通过【颜色】面板中的填充和描边颜色选框设置绘制对象的填充和描边，如图 4-2 所示。

填色是指对象中的颜色、图案或渐变。填色可以应用于开放和封闭的对象，以及【实时上色】组的表面。

描边是对象、路径或实时上色组边缘的可视轮廓。用户可以控制描边的宽度和颜色。也可以创建虚线描边，或使用画笔创建风格化为描边。

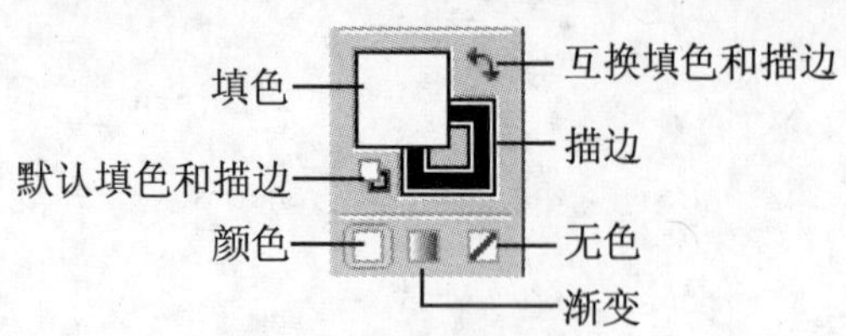

图 4-1 颜色控制区

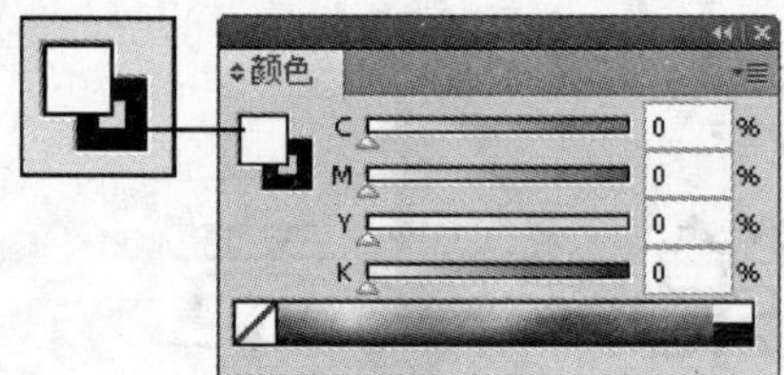

图 4-2 颜色选框

4.1.2 使用【描边】面板

使用【描边】面板可以控制绘制线条是实线还是虚线；控制虚线次序、描边粗细、描边对齐方式、斜接限制以及线条连接和线条端点的样式。 选择菜单栏中的【窗口】|【描边】命令，即可打开【描边】面板，如图 4-3 所示。

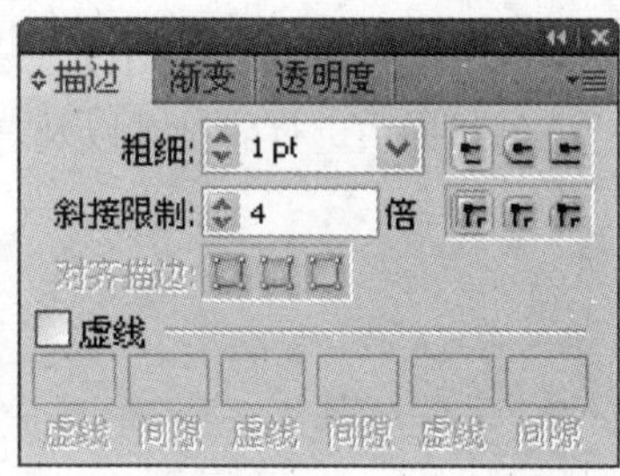

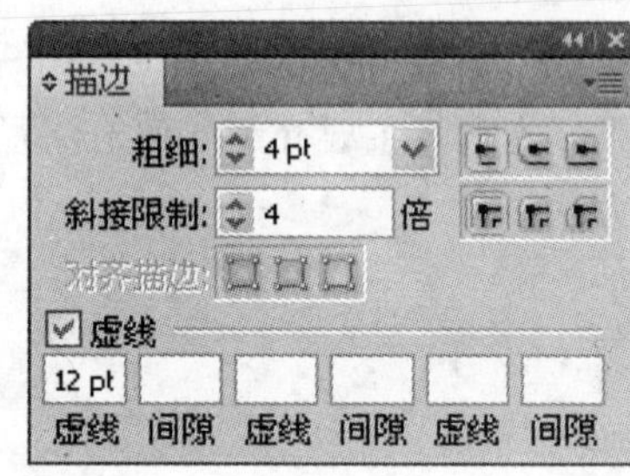

图 4-3 【描边】面板

- 【粗细】数值框：用来改变线条的粗细。【粗细】数值框右侧有 3 个按钮，分别表示 3 种不同的端点。是平头端点，是圆头端点，是方头端点。
- 【斜接限制】数值框：用来控制斜接的角度。【斜接限制】数值框右侧有 3 个按钮，分别用于表示不同的拐角连接状态，为斜接连接、为圆角连接和为斜角连接。
- 【对齐描边】选项：它有 3 个选项，可以使描边居中对齐、使描边内侧对齐或使描边外侧对齐选项来控制路径上描边的位置。
- 【虚线】复选框：通过选中该复选框可以创建各种虚线描边效果。

4.2 选择颜色

在 Illustrator CS4 中，提供了多种选择颜色的方式。用户除了使用【工具】面板中的颜色控制区选择设置颜色外，还可以使用【拾色器】对话框、【颜色】和【色板】面板选择设置填充图形对象的颜色。

4.2.1　使用【拾色器】对话框

在 Illustrator 中，双击【工具】面板下方的【填色】或【描边】图标都可以打开【拾色器】对话框。在【拾色器】对话框中可以基于 HSB、RGB、CMYK 等颜色模型指定颜色，如图 4-4 所示。

在【拾色器】对话框中左侧的主颜色框中单击鼠标可选取颜色，该颜色会显示在右侧上方颜色方框内，同时右侧文本框的数值会随之改变。用户也可以在右侧的颜色文本框中直接输入数值，或拖动主颜色框右侧颜色滑竿的滑块来改变主颜色框中的主色调。

单击【拾色器】对话框中的【颜色色板】按钮，可以显示颜色色板选项，如图 4-5 所示。在其中可以直接单击选择色板设置填充或描边颜色。单击【颜色模型】按钮可以返回选择颜色状态。

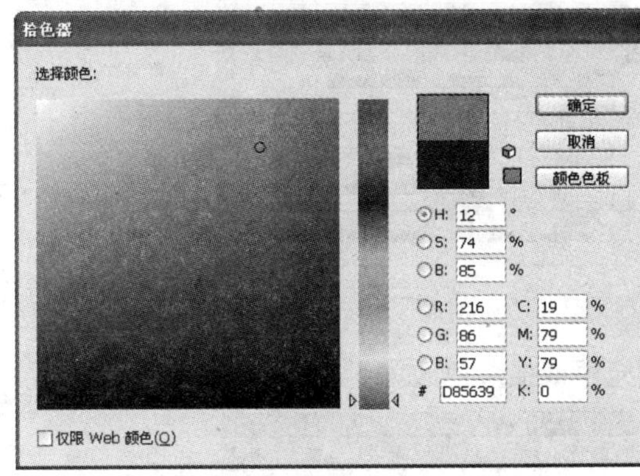

图 4-4　选择颜色

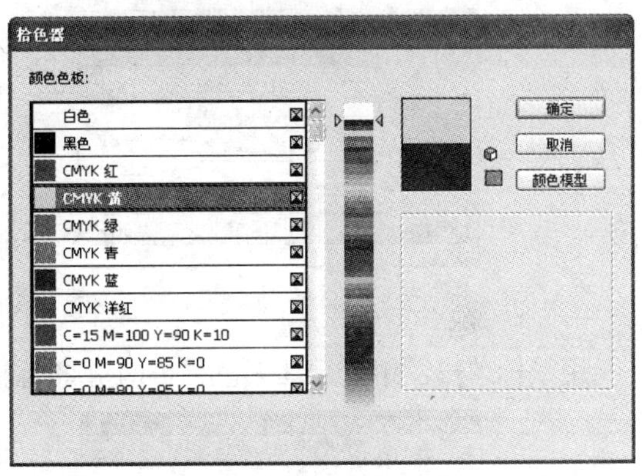

图 4-5　选择颜色色板

4.2.2　使用【颜色】面板

【颜色】面板是 Illustrator 中重要的常用面板，使用【颜色】面板可以将颜色应用于对象的填色和描边，可以编辑和混合颜色。【颜色】面板还可以使用不同颜色模式显示颜色值。选择菜单栏中的【窗口】|【颜色】命令，即可打开如图 4-6 所示的【颜色】面板。

图 4-6　【颜色】面板

填充色块和描边框的颜色用于显示当前填充色和边线色。单击填充色块或描边框，可以切换当前编辑颜色。拖动颜色滑块或在颜色数值框内输入数值，填充色或描边色会随之发生变化。如图 4-7 所示。

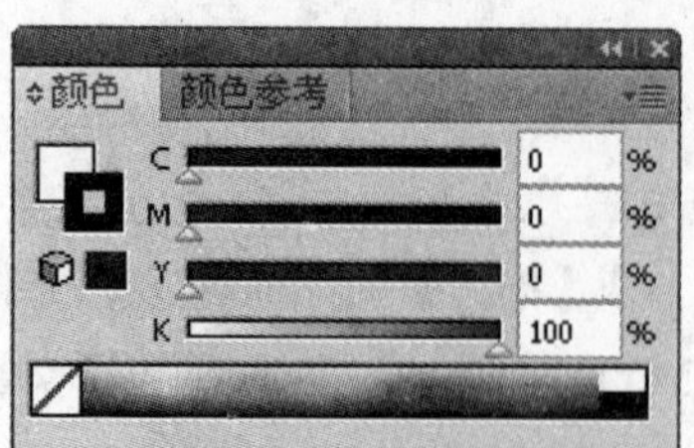

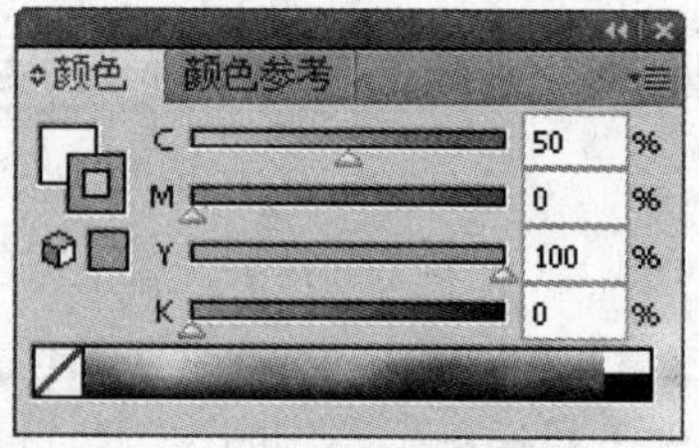

图 4-7　拖动颜色滑块

当将鼠标移至色谱条上时，光标变为吸管形状，这时按住鼠标并在色谱条上移动，滑块和数值框内的数字会随之变化，如图 4-8 所示，同时填充色或描边色也会不断发生变化。释放鼠标后，即可以将当前的颜色设置为当前填充色或描边色。

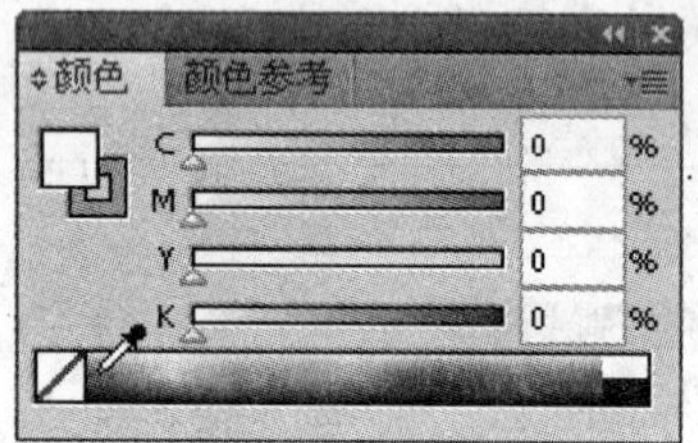

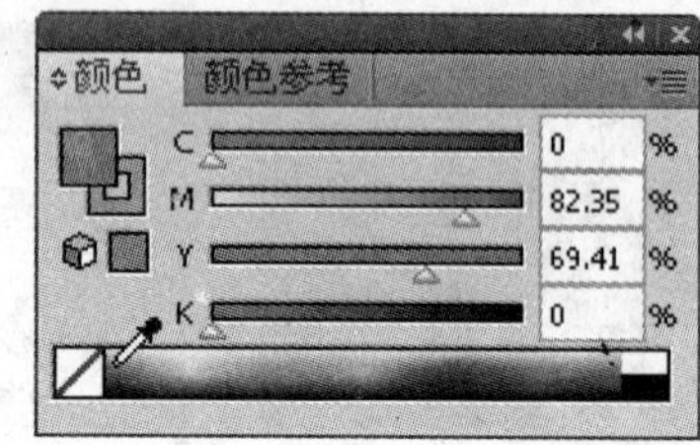

图 4-8　使用吸管工具

用鼠标单击图中所示的无色框，即可将当前填充色或描边色改为无色，如图 4-9 所示。

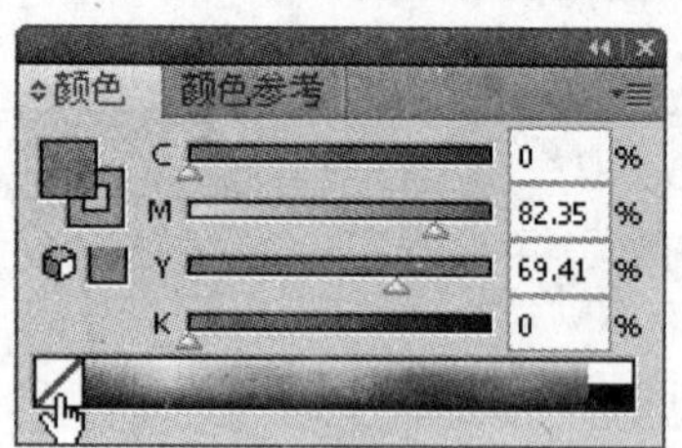

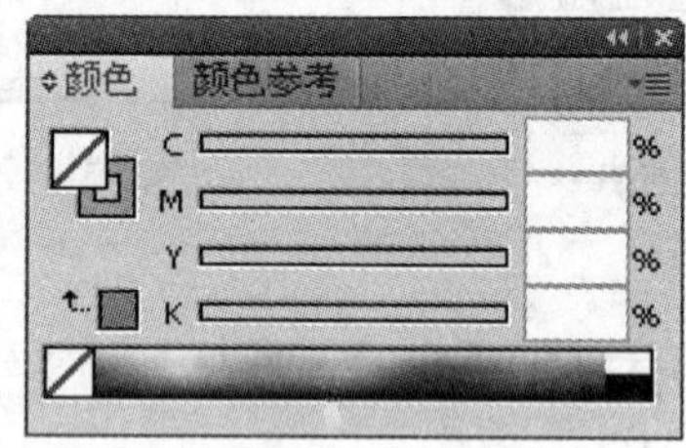

图 4-9　设置无色

若单击图 4-10 中所示光标处的颜色框，可将当前填充色或描边色恢复为最后一次设置的颜色。

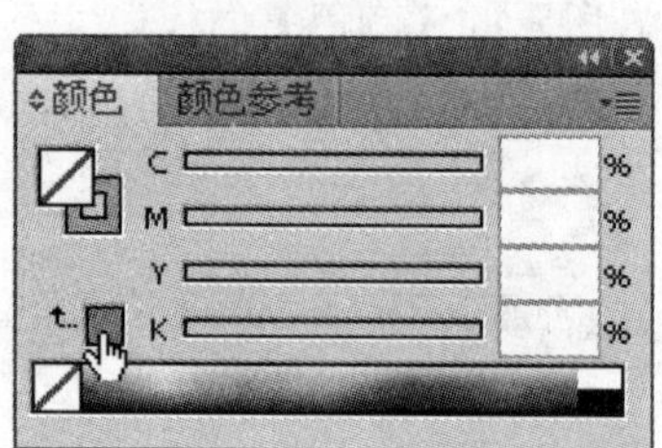

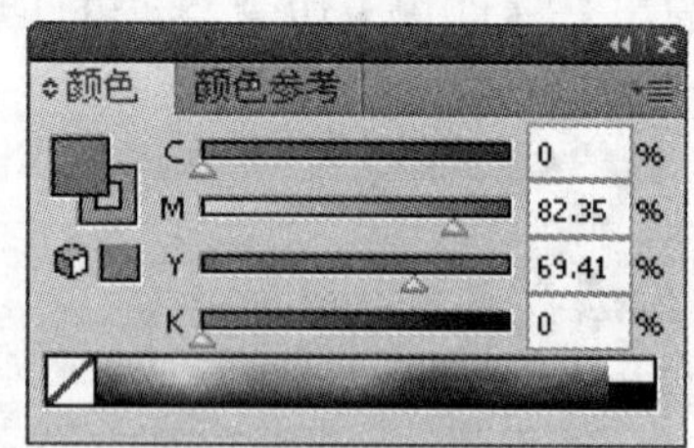

图 4-10　使用最后设置的颜色

4.2.3　使用【色板】面板

选择【窗口】|【色板】命令，打开如图 4-11 所示的【色板】面板。【色板】面板主要用

于存储颜色，并且还能存储渐变色、图案等。存储在【色板】面板中的颜色、渐变色、图案均以正方形显示，即色板的形式显示。利用【色板】面板可以应用、创建、编辑和删除色板。在【色板】面板扩展菜单中的命令可以更改色板的显示状态，如图 4-12 所示。

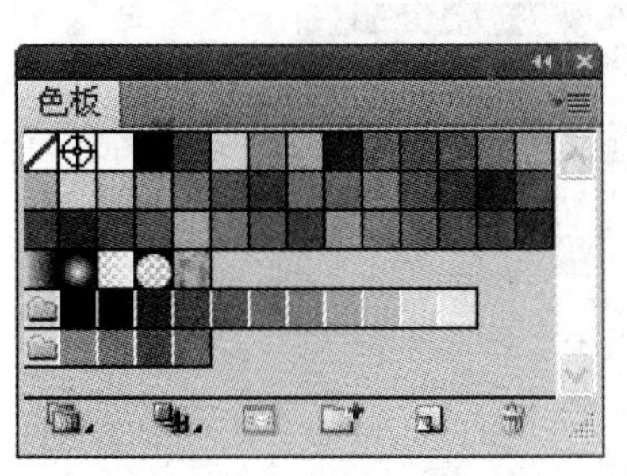

图 4-11　【色板】面板

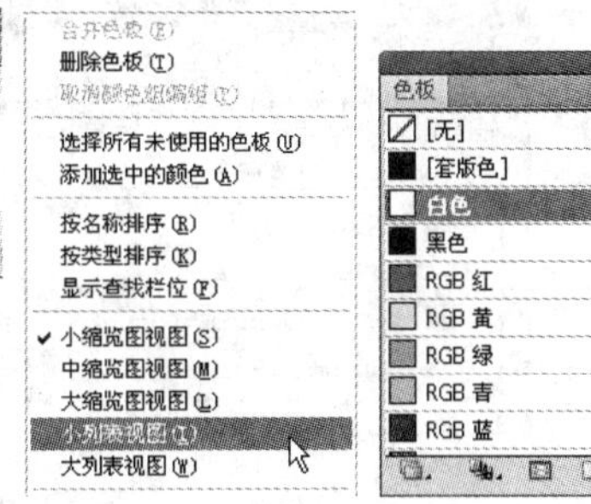

图 4-12　更改缩览图显示

- ◉ 【“色板库”菜单】按钮：用于显示色板库扩展菜单。
- ◉ 【显示“色板类型”菜单】按钮：用于显示色板类型菜单。
- ◉ 【色板选项】按钮：用于显示色板选项对话框。
- ◉ 【新建颜色组】按钮：用于新建一个颜色组。
- ◉ 【新建色板】按钮：用于新建和复制色板。
- ◉ 【删除色板】按钮：用于删除当前选择的色板。

1. 添加色板

在 Illustrator 中，用户可以将自己定义的颜色、渐变或图案创建为色样，存储到【色板】面板中。

【例 4-1】在 Illustrator 中，创建自定义的颜色、渐变和图案色样。

(1) 在【色板】面板中，单击面板右上角的小三角按钮，在打开的下拉菜单中选择【创建新色板】命令，如图 4-13 所示。

(2) 在打开的【新建色板】对话框中，新色样的默认颜色为【颜色】面板中的当前颜色，如图 4-14 所示。

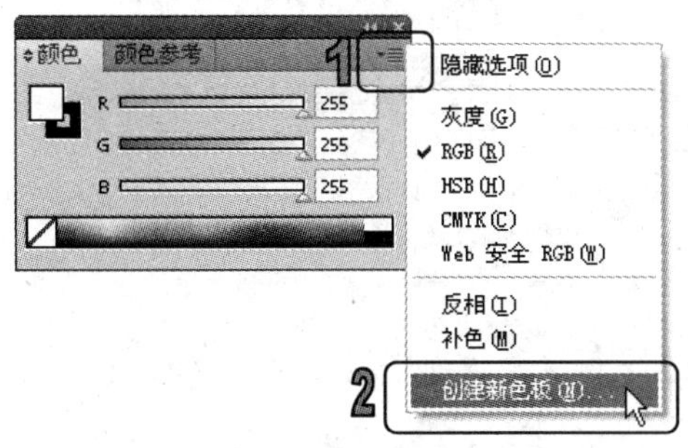

图 4-13　【创建新色板】命令

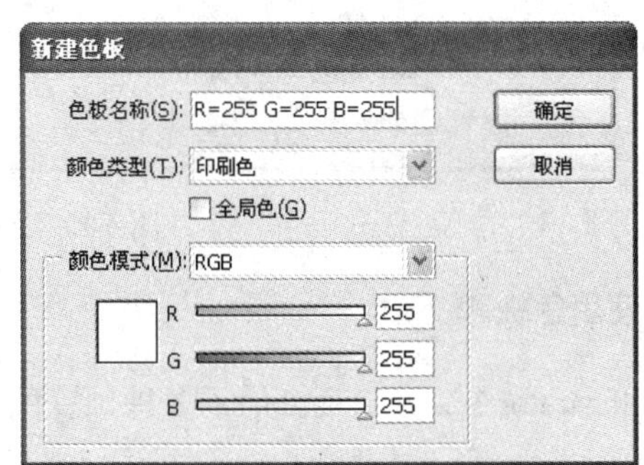

图 4-14　【新建色板】对话框

(3) 在【新建色板】对话框中，设置【色板名称】为【西瓜红】，【颜色模式】为 RGB，RGB=230，45，55，单击【确定】按钮关闭对话框，将设置的色板添加到面板中，如图 4-15 所示。

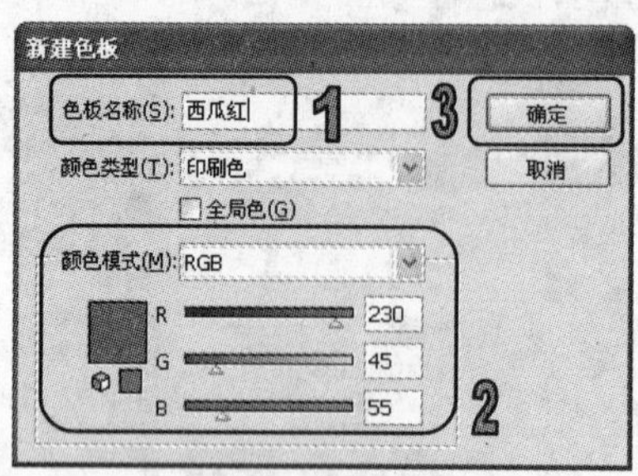

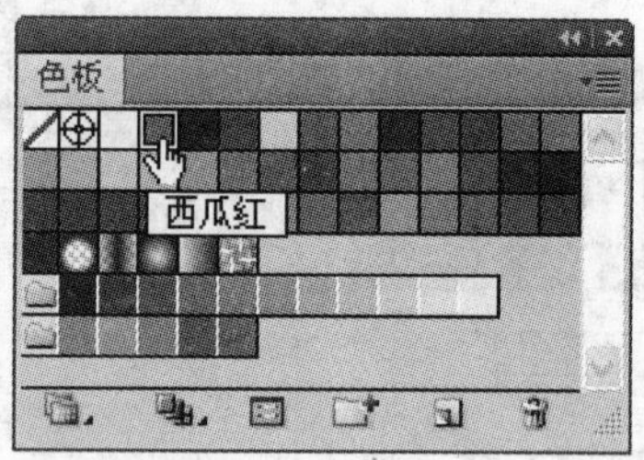

图 4-15 添加色板

(4) 在文档中，使用【选择】工具选中绘制的图形，在【色板】面板中，单击【新建颜色组】按钮，如图 4-16 所示。

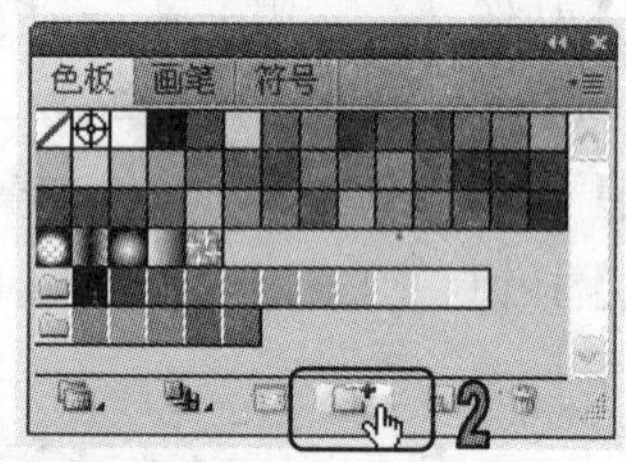

图 4-16 新建颜色组

(5) 在打开的【新建颜色组】对话框中，设置【名称】为【颜色组 1】，在【创建自：】选项区中单击【选定的图稿】单选按钮，然后单击【确定】按钮，即可创建新颜色组，如图 4-17 所示。

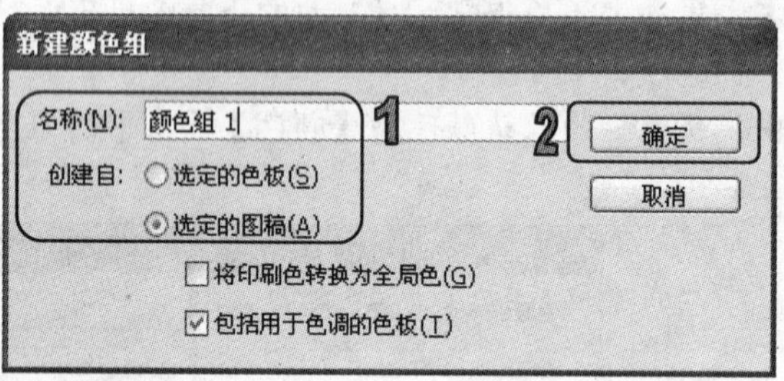

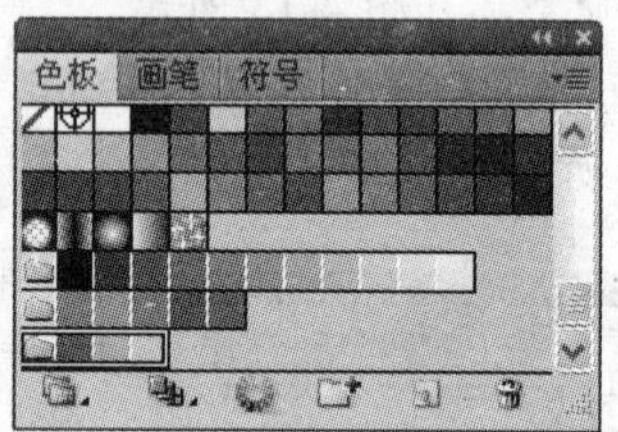

图 4-17 创建新颜色组

2. 使用色板库

在 Illustrator CS4 中，还提供了多种预置色板库，每个色板库中均含有大量的颜色可提供用户使用。

【例 4-2】在 Illustrator 中，使用色板库并将色板库中的颜色添加至【色板】面板中。

(1) 选择【色板】面板扩展菜单中的【打开色板库】命令，在显示的子菜单中包含了系统提供的所有色板库，用户可以根据需要选择合适的色板库，打开相应的色板库，如图 4-18 所示。

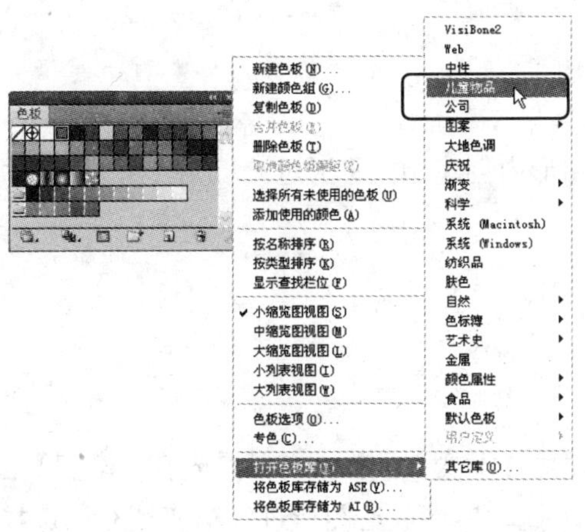

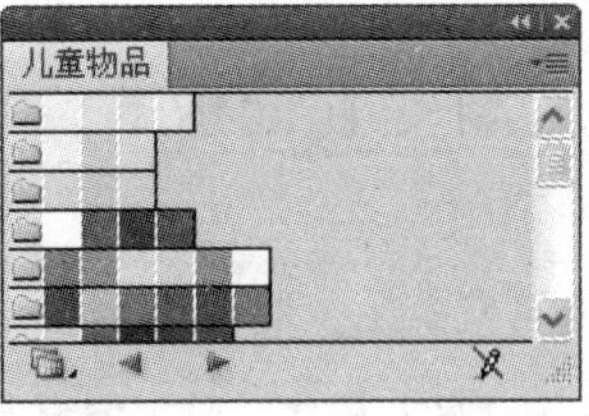

图 4-18　打开色板库

(2) 在打开的下方有一个 按钮，表示其中的色样为只读。单击选中色板，选择面板扩展菜单中的【添加到色板】命令，或者直接将其拖动到【色板】面板中，即可将色板库中的色板添加到【色板】面板中。如图 4-19 所示。

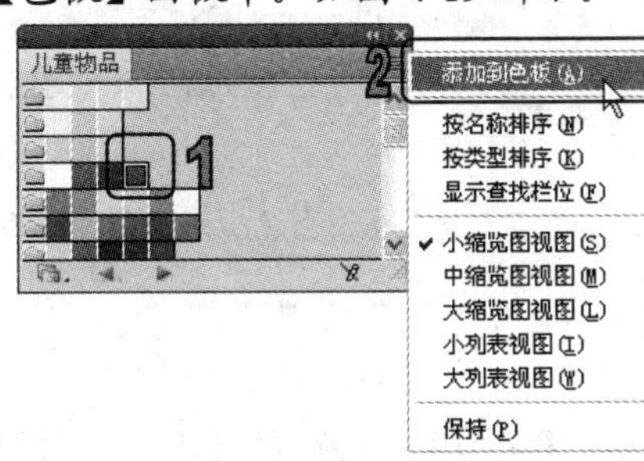

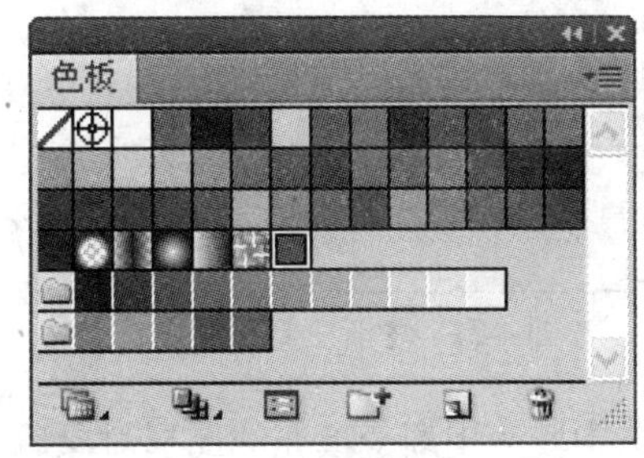

图 4-19　添加色板

(3) 双击【色板】面板中刚添加的色板，即可打开【色板选项】对话框。在对话框中设置【色板名称】为【玫红】，如图 4-20 所示，单击【确定】按钮即可应用对色板的修改。

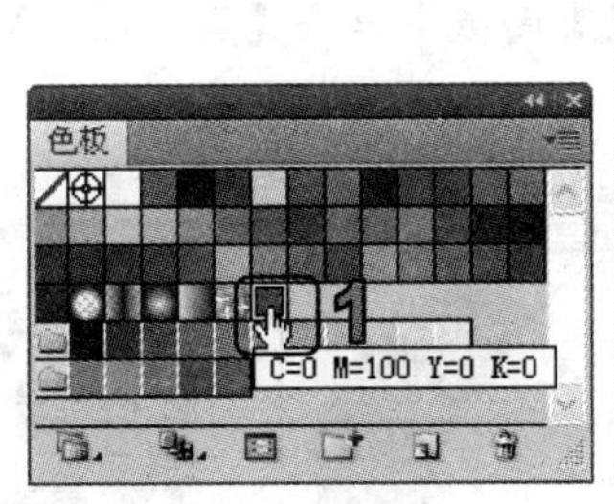

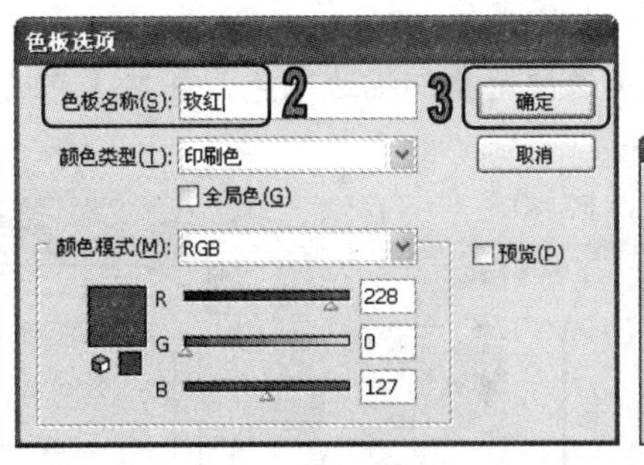

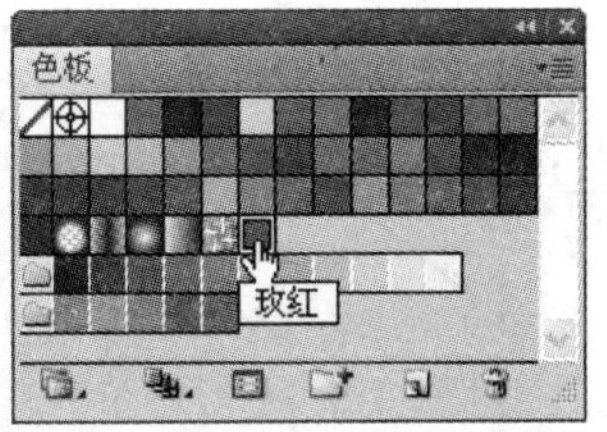

图 4-20　修改色板

提示

按住 Shift 键，在色板库中选择多个色板，然后将其拖入到【色板】面板中，或者选择面板扩展菜单中的【添加到色板】命令，即可将色板库中多个色板添加到【色板】面板中。

4.3 使用渐变

使用【渐变】工具可以在一个或多个图形内创建颜色平滑过渡填充。用户可以将渐变存储为色板，从而便于将渐变应用于多个对象。

4.3.1 【渐变】面板

在使用【渐变】工具时通常需要配合使用【渐变】面板，并且是先在【渐变】面板中设定所需要渐变后，再用【渐变】工具在画面中拖动鼠标以给图形进行渐变填充。选择【窗口】|【渐变】命令，可以打开【渐变】面板，如图 4-21 所示。

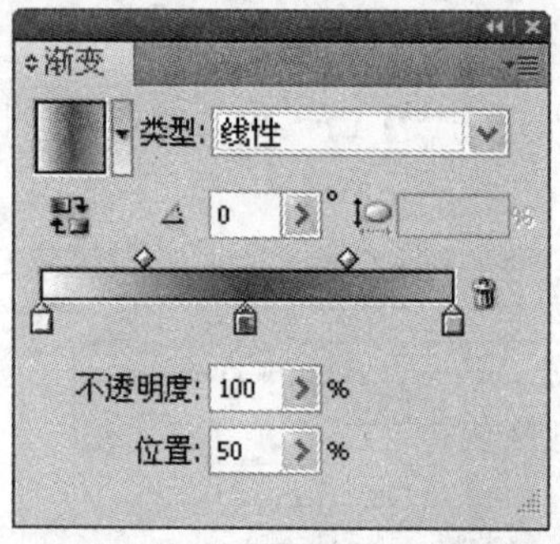

图 4-21 【渐变】面板

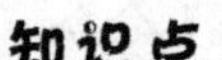

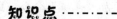

知识点

在 Illustrator CS4 中，提供了线性渐变和径向渐变两种渐变形式。线性渐变是从图形的一端到另一端的渐变效果。径向渐变是从图形中心到四周的渐变效果。

用户在选中要应用渐变填充的图形对象后，单击【色板】面板中的【黑白径向】或【黑白线性】色板即可应用渐变填充。

【例 4-3】在 Illustrator 中，使用【渐变】面板填充图形对象。

(1) 在新建文档中，使用【钢笔】工具绘制图形。并使用【选择】工具选中图形，如图 4-22 所示。

(2) 在【工具】面板中取消选中对象的描边颜色，并在【色板】面板中单击【黑白径向】色板填充图形。如图 4-23 所示。

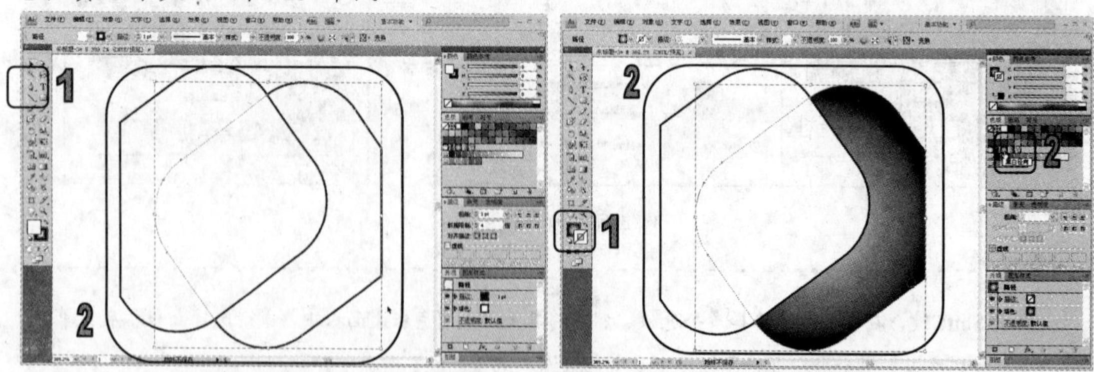

图 4-22 绘制、选中图形　　　　图 4-23 填充渐变

(3) 打开【渐变】面板，在面板中设置【长宽比】数值为 50%，如图 4-24 所示。

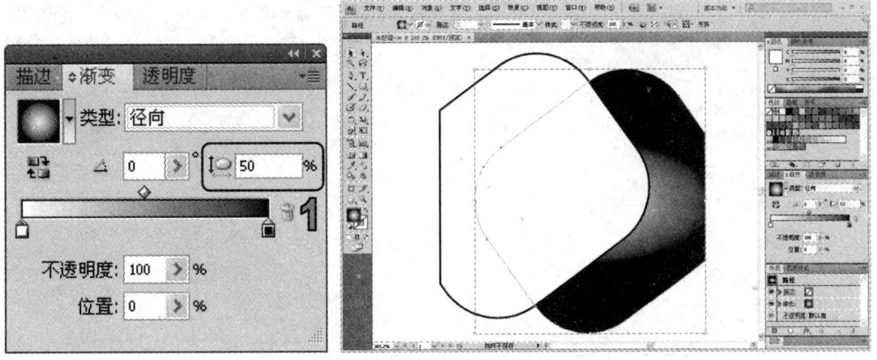

图 4-24　设置渐变

(4) 双击【渐变】面板中的起始颜色滑块，在弹出的面板中设置颜色。双击【渐变】面板中的终止颜色滑块，在弹出的面板中设置颜色。如图 4-25 所示。

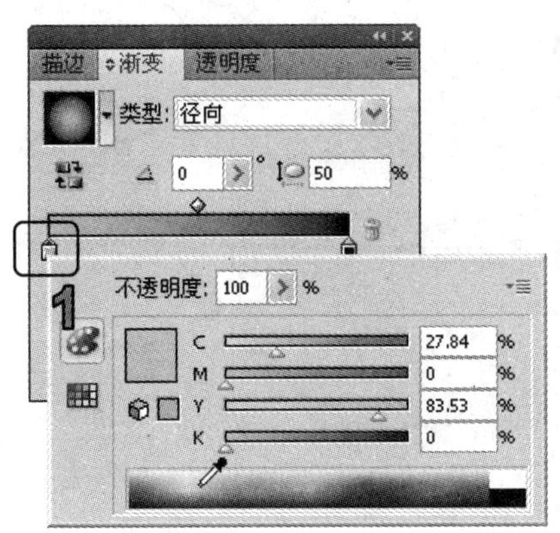

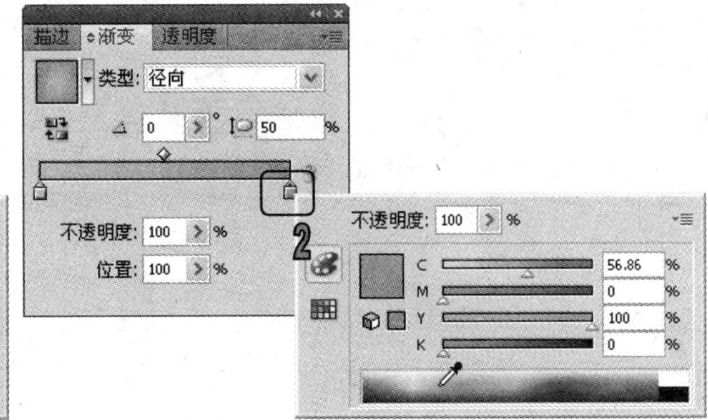

图 4-25　设置渐变颜色

知识点

在设置【渐变】面板中的颜色时，还可以直接将【色板】面板中的色块拖动到【渐变】面板中的颜色滑块上释放即可，如图 4-26 所示。

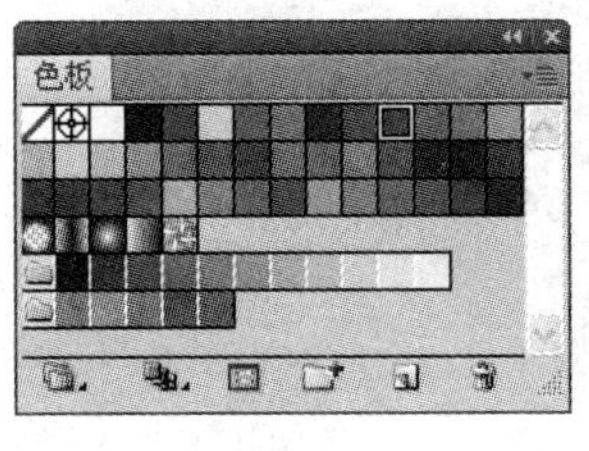

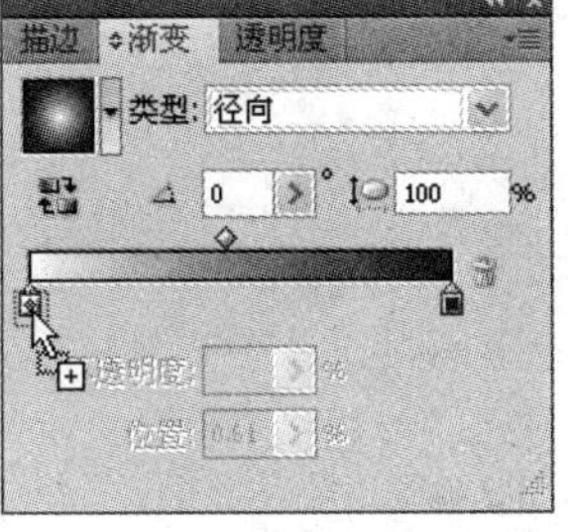

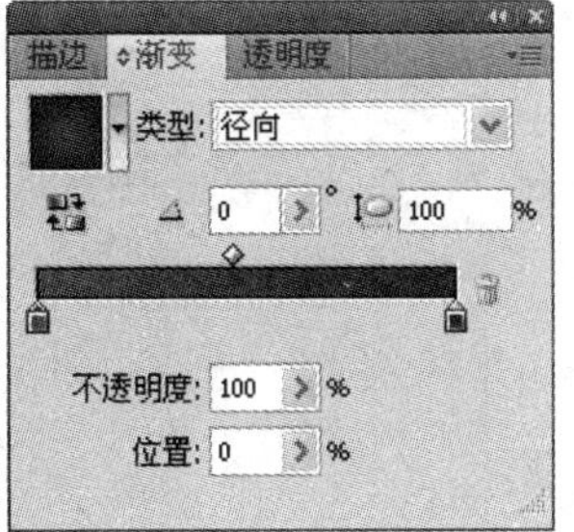

图 4-26　设置渐变颜色

(5) 在【渐变】面板中，拖动渐变条中心点位置滑块，调整渐变的中心位置，如图 4-27 所示。

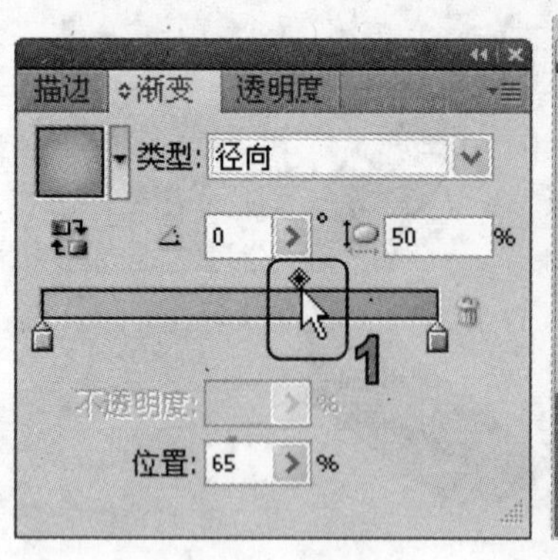

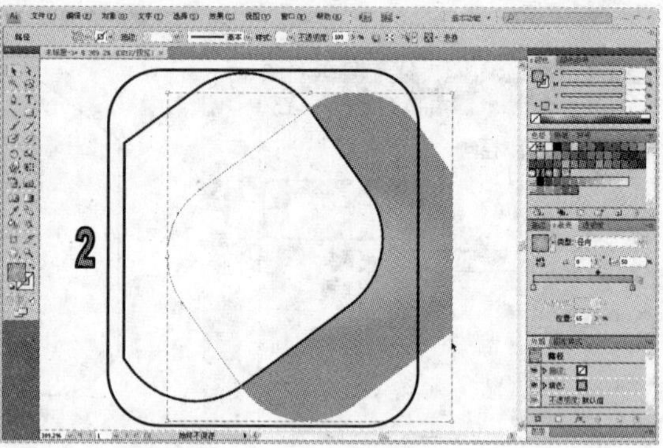

图 4-27　调整渐变

(6) 使用【选择】工具选中另一图形，取消描边颜色，在【色板】面板中单击【黑白线性】色板填充图形。如图 4-28 所示。

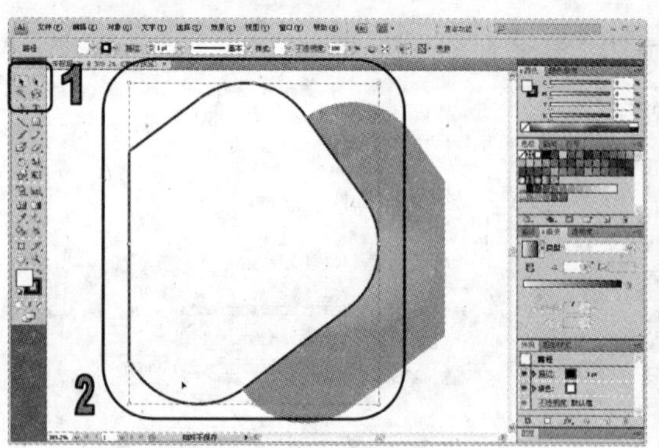

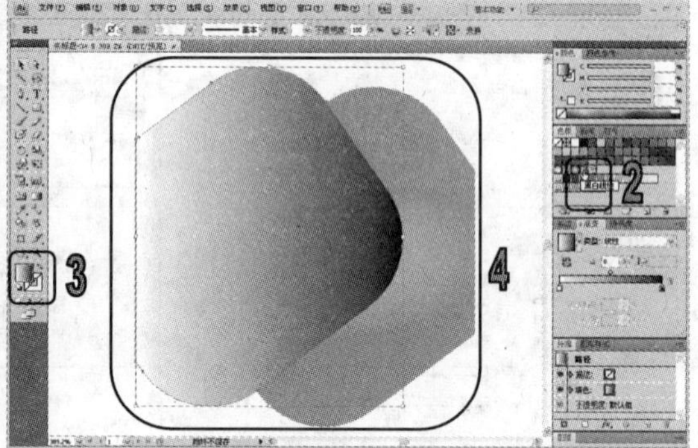

图 4-28　填充渐变

(7) 在【渐变】面板中，设置【角度】数值为-120°，如图 4-29 所示。

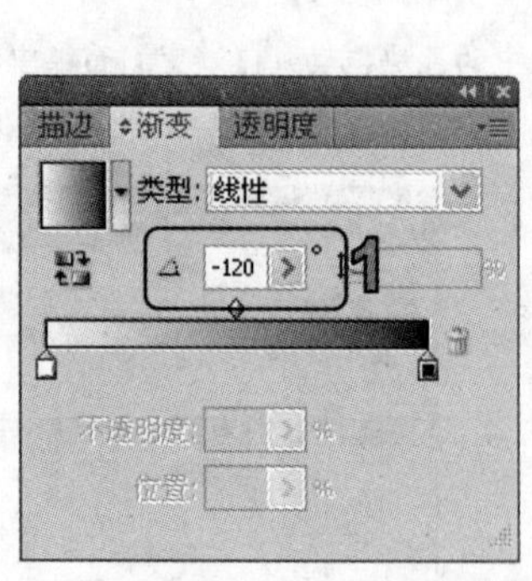

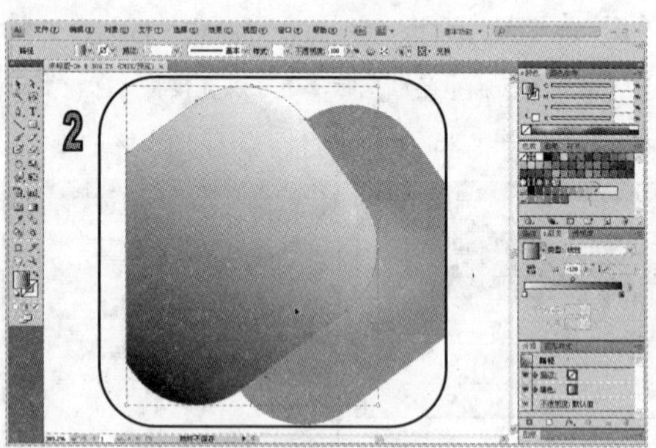

图 4-29　设置渐变

(8) 双击【渐变】面板中的起始颜色滑块，在弹出的面板中设置颜色。双击【渐变】面板中的终止颜色滑块，在弹出的面板中设置颜色。如图 4-30 所示。

(9) 在【渐变】面板中，拖动渐变条上中心点位置滑块，调整渐变的中心位置，如图 4-31 所示。

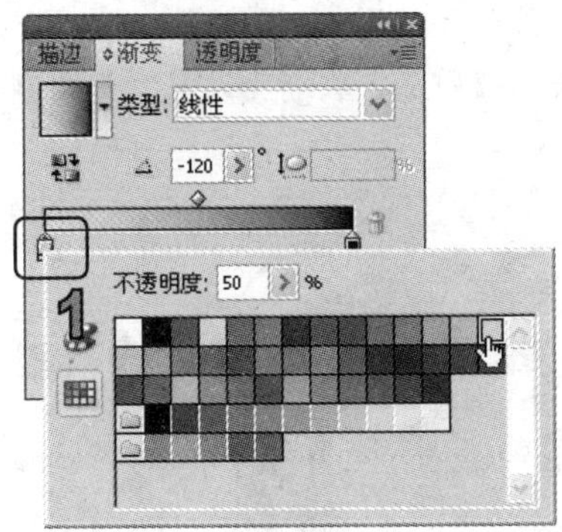

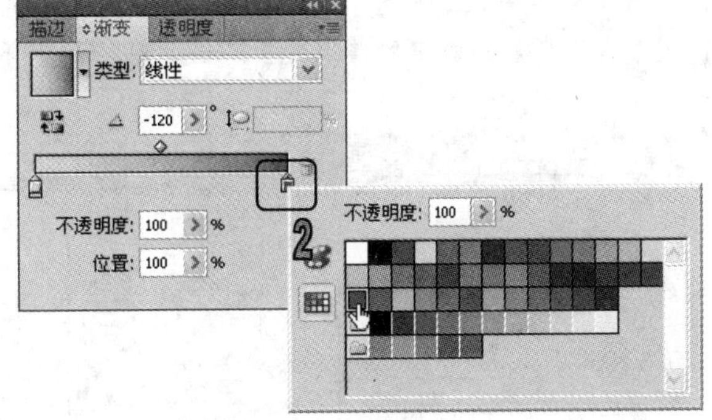

图 4-30　设置渐变颜色

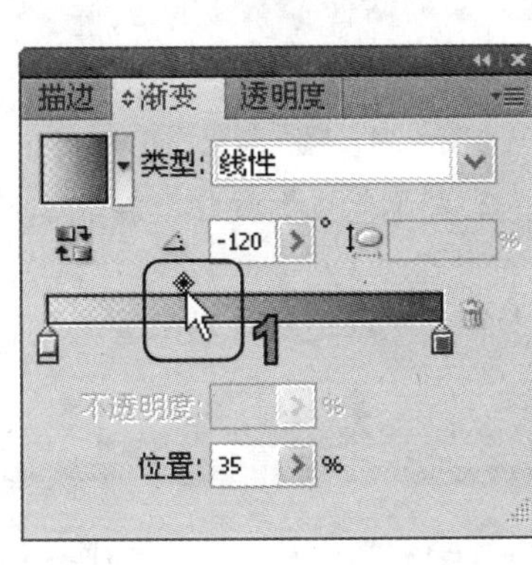

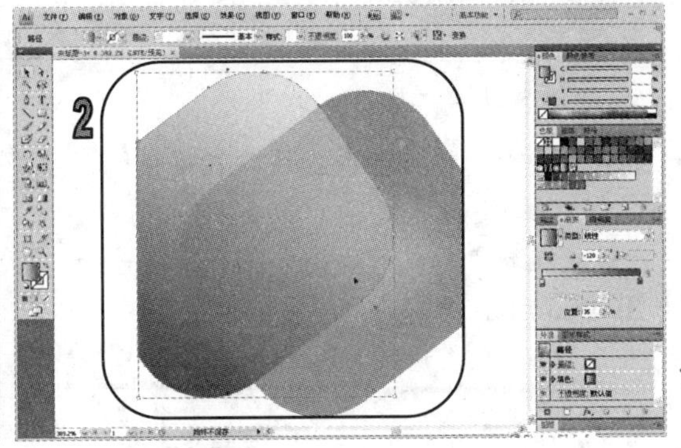

图 4-31　设置渐变

(10) 在【渐变】面板中设置好渐变后，在【色板】面板中单击【新建色板】按钮，打开【新建色板】对话框。在对话框中设置【色板名称】为【红-黄】，单击【确定】按钮即可将渐变色板添加到面板中，如图 4-32 所示。

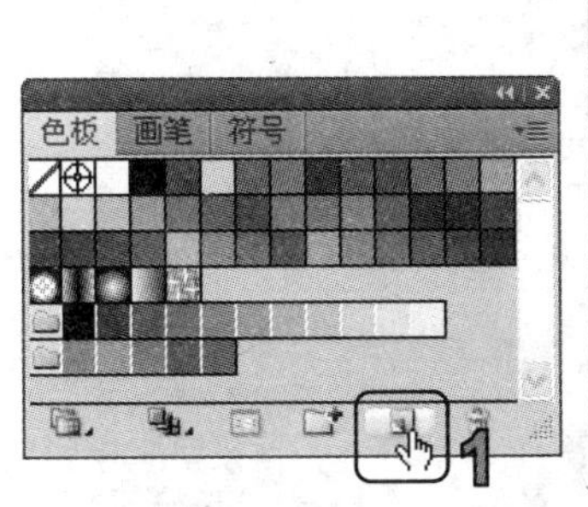

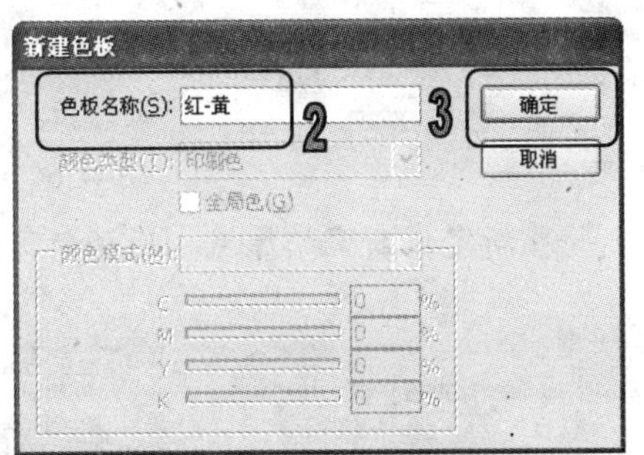

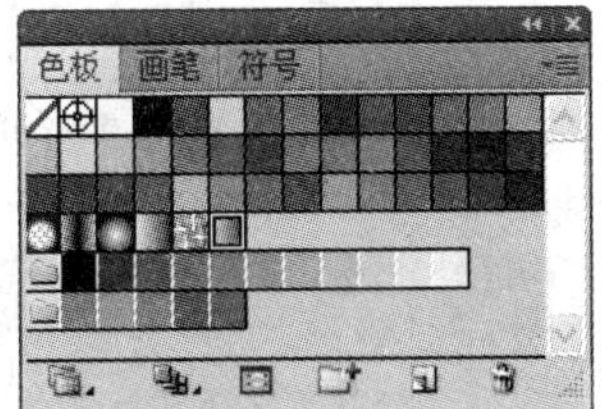

图 4-32　添加渐变色板

4.3.2　【渐变】工具

在 Illustrator CS4 中，除了使用【渐变】面板可以设置渐变填充外，还可以使用【渐变】工具更加灵活地添加或编辑渐变。

【例 4-4】在 Illustrator 中，使用【渐变】工具填充图形对象。

(1) 在图形文档中绘制图形，并使用【选择】工具选中图形，如图 4-33 所示。

(2) 选择【工具】面板中的【渐变】工具，在图形中单击，应用上一次渐变设置。如图 4-34 所示。

图 4-33 绘制、选中图形

图 4-34 填充渐变

(3) 双击渐变条上的终止颜色滑块，在弹出的面板中，单击【色板】按钮，在显示的色板中单击 Red 色板，如图 4-35 所示。

(4) 将光标放在渐变条或滑块上，当光标显示为 状态时，可以通过拖动来重新定位渐变的角度。如图 4-36 所示。

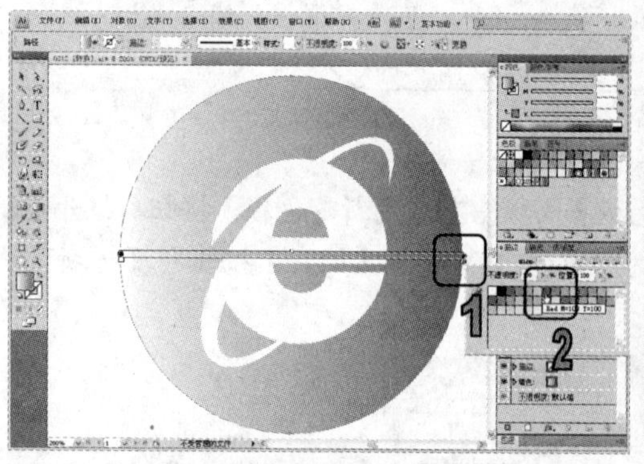

图 4-35 设置渐变

图 4-36 定位渐变角度

(5) 拖动渐变条的圆形端，将重新定位渐变的原点。拖动渐变条的方形端可以扩大或减小渐变的范围。如图 4-37 所示。

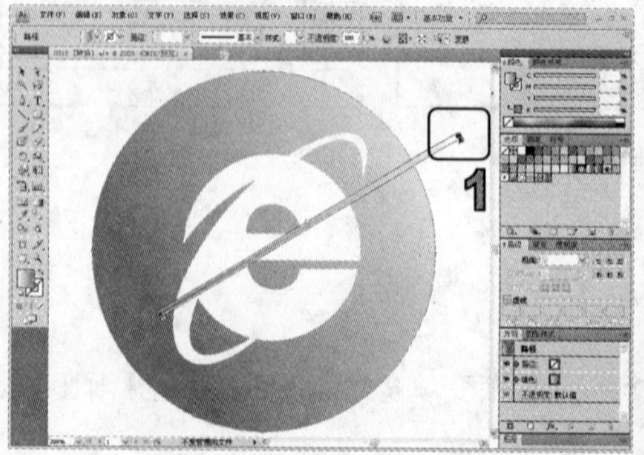

图 4-37 设置渐变

4.4 使用网格

在 Illustrator CS4 中，网格对象是一个单一的多色对象。其中颜色能够向不同的方向流动，并且从一点到另一点形成平滑过渡。通过在图形对象上创建精细的网格和每一点的颜色设置，可以精确地控制网格对象的色彩。

【例 4-5】在 Illustrator 中，使用【网格】工具填充图形对象。

(1) 在图形文档中，使用【钢笔】工具绘制如图 4-38 所示的图形对象。

(2) 使用【选择】工具选中一个图形对象，在【色板】面板中单击【黑白线性】色板，并取消描边颜色，如图 4-39 所示。

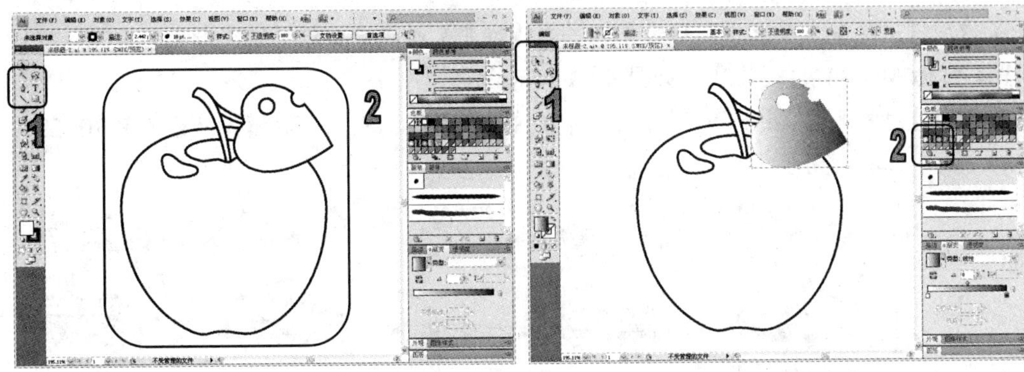

图 4-38　绘制图形　　　　图 4-39　填充渐变

(3) 在【渐变】面板中，设置渐变颜色为 RGB=0，123，55 至 RGB=133，182，38，中心点位置为 21%，【角度】数值为-115°，如图 4-40 所示。

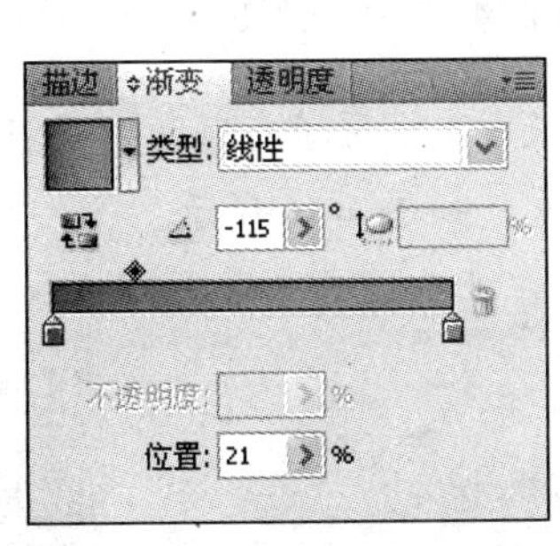

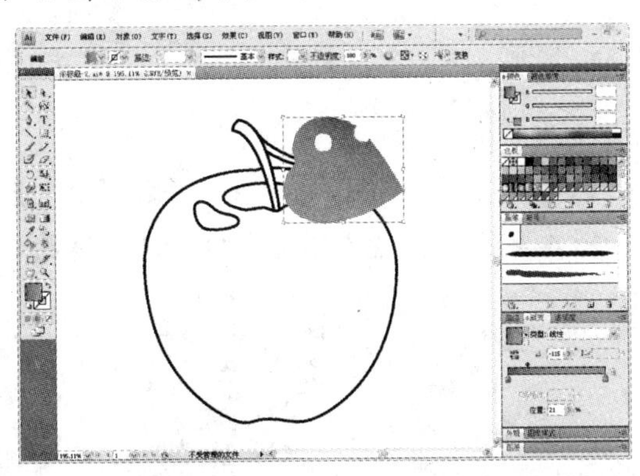

图 4-40　设置渐变

(4) 使用【选择】工具选中图形对象，并在【渐变】面板中，设置渐变颜色为 RGB=90，106，35 至 RGB=160，113，22 至 RGB=245，160，0 ，如图 4-41 所示。

(5) 使用【选择】工具选中图形对象，并在【渐变】面板中，设置渐变颜色为 RGB=245，160，0 至 RGB=133，182，38，如图 4-42 所示。

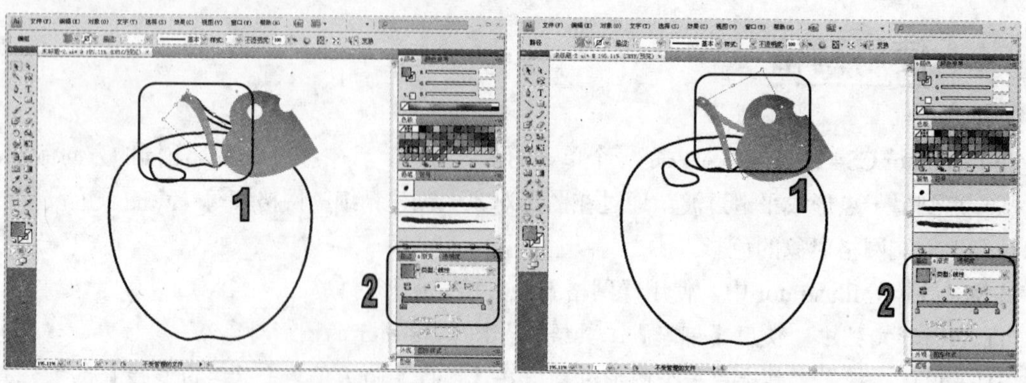

图 4-41　填充渐变　　　　图 4-42　填充渐变

(6) 使用【选择】工具选中图形对象，并在【渐变】面板中，设置渐变颜色为 RGB=223，229，104 至 RGB=133，182，38，如图 4-43 所示。

(7) 使用【选择】工具选中图形对象，并在【颜色】面板中，设置填充颜色为 RGB=221，228，89，如图 4-44 所示。

图 4-43　填充渐变　　　　图 4-44　填充颜色

(8) 使用【选择】工具选中图形对象，并在【颜色】面板中，设置填充颜色为 RGB=242，244，192，如图 4-45 所示。选中图形，按 Ctrl+2 键锁定对象，如图 4-46 所示。

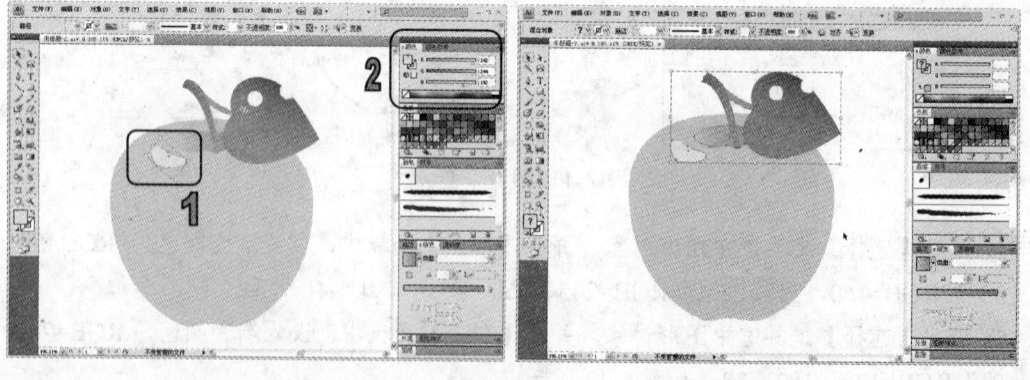

图 4-45　填充颜色　　　　图 4-46　锁定对象

(9) 选择【工具】面板中的【网格】工具，移动鼠标至图形上，单击添加网格点，选择【直接选择】工具调整网格点的位置，如图 4-47 所示。

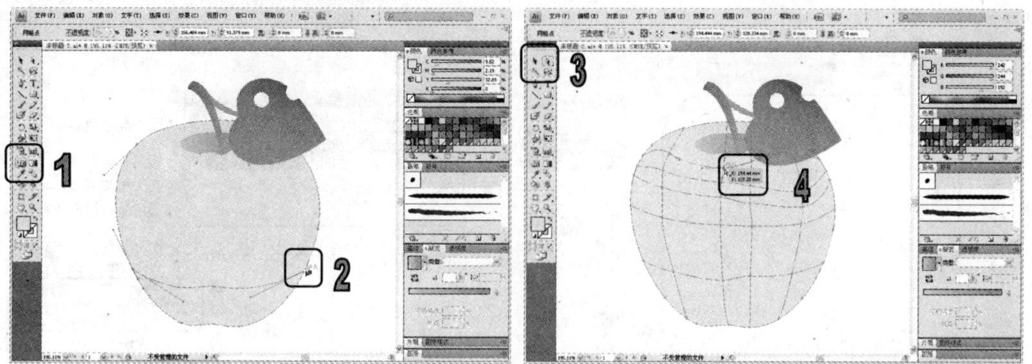

图 4-47 添加网格

(10) 使用【选择】工具选中网格点，并使用【颜色】面板设置颜色，如图 4-48 所示。

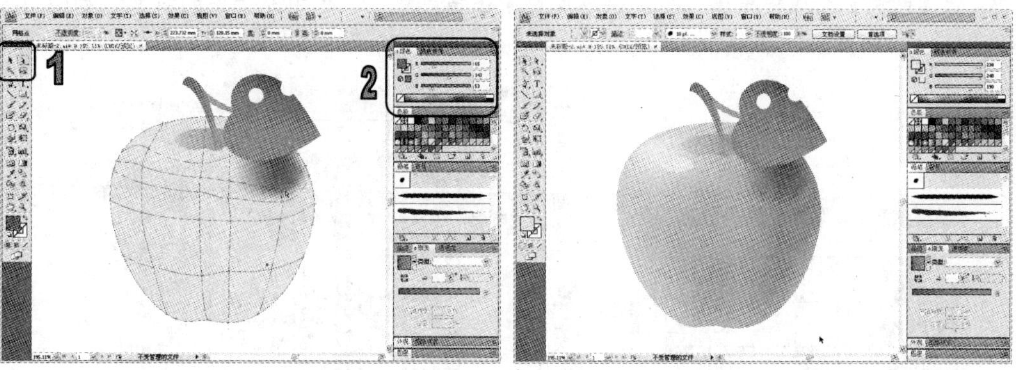

图 4-48 设置颜色

4.5 填充图案

Illustrator 提供了很多图案，用户可以通过【色板】面板来使用这些图案填充对象。同时，用户还可以自定义现有的图案，或使用绘制工具创建自定义图案。

4.5.1 使用图案

在 Illustrator CS4 中，图案可用于轮廓和填充，也可以用于填充文本。但要使用图案填充文本时，要先将文本转换为路径。

【例 4-6】在 Illustrator 中，使用图案填充图形。

(1) 在图形文档中使用【钢笔】工具绘制图形，并使用【选择】工具选中需要填充图案的图形，如图 4-49 所示。

(2) 选择【窗口】|【色板库】|【图案】|【装饰】|【装饰_几何图形 1】命令，打开图案色板库。单击色板库右上角的扩展菜单按钮，在弹出的菜单中选择【大缩览图视图】命令，如图 4-50 所示。

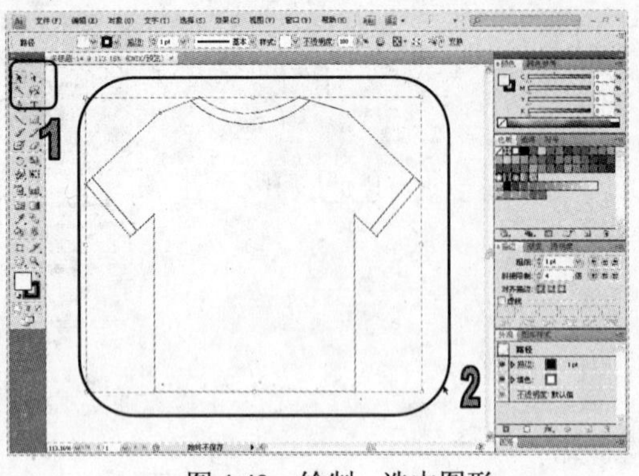

图 4-49　绘制、选中图形

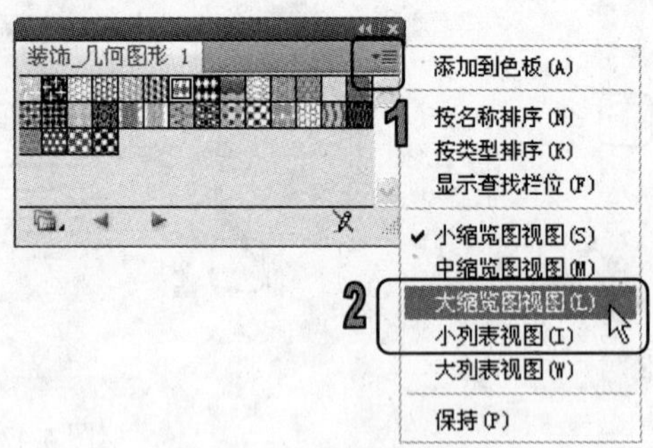

图 4-50　打开图案色板库

(3) 从【色板】面板中单击【菱形杂凑颜色】图案色板，即可填充选中的对象，如图 4-51 所示。

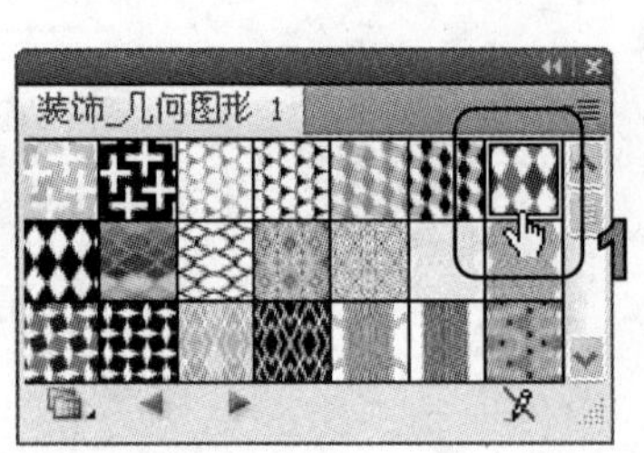

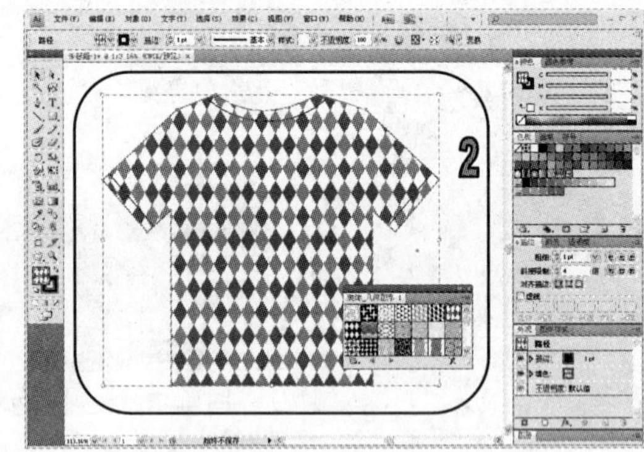

图 4-51　填充图案

提示

在【工具】面板中单击【轮廓】选框，然后从【色板】面板中选择一个【图案】色板，即可填充对象轮廓。

4.5.2　创建图案

在 Illustrator CS4 中，除了系统提供的图案外，还可以创建自定义的图案，并将其添加到图案色板中。

【例 4-7】在 Illustrator 中，创建自定义图案。

(1) 选择【文件】|【打开】命令，使用【选择】工具来选择组成的图案，如图 4-52 所示。

计算机 基础与实训教材系列

(2) 选择【编辑】|【定义图案】命令，在打开的【新建色板】对话框中的【色板名称】文本框中输入新建图案的名称，然后单击【确定】按钮。该图案将显示在【色板】面板中，如图 4-53 所示。

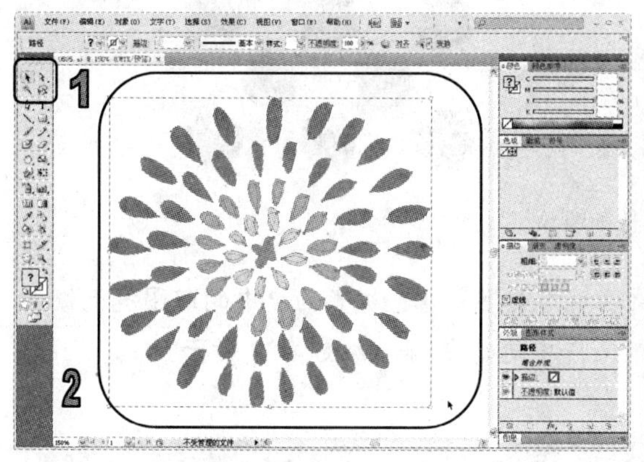

图 4-52 选中图形

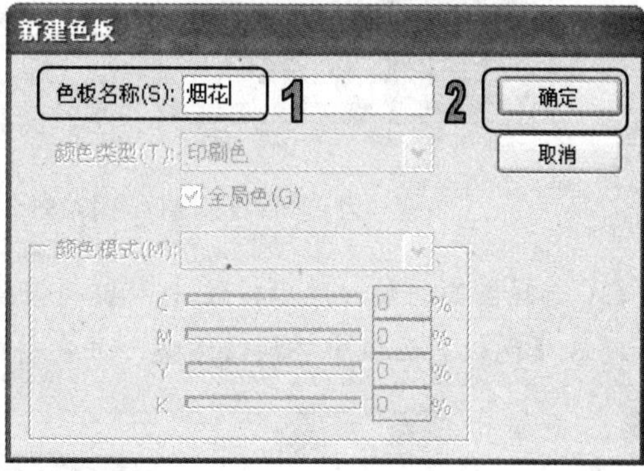

图 4-53 新建色板

提示

用户也可以使用【选择】工具选中对象后，直接将对象拖动到【色板】面板中直接创建图案色板。如图 4-54 所示。

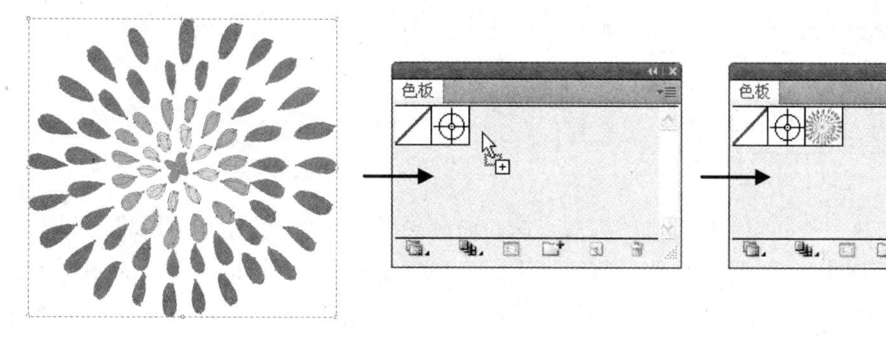

图 4-54 创建图案色板

4.5.3 编辑图案

除了创建自定义图案外，用户还可以对已有的图案色板进行编辑、修改、替换等操作。

【例 4-8】在 Illustrator 中，编辑已创建的图案。

(1) 确保图稿中未选择任何对象。在【色板】面板中，选择要修改的图案色板。将图案色板拖动至绘图窗口中，如图 4-55 所示。

(2) 单击鼠标右键在弹出的菜单中选择【取消编组】命令，然后使用【选择】工具选中图形对象，并再调整颜色，编辑图案拼贴，如图 4-56 所示。

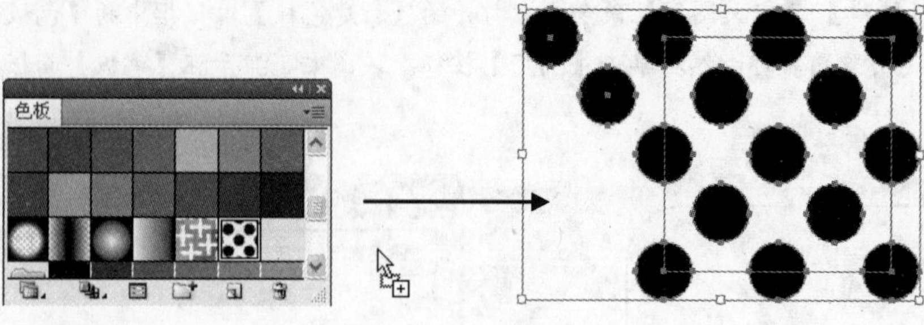

图 4-55　选中图案

(3) 选择图案拼贴，然后按住 Alt 键将修改后的图案拖到【色板】面板中的旧图案色板上面。将在【色板】面板中替换该图案，并在当前文件中进行更新，如图 4-57 所示。

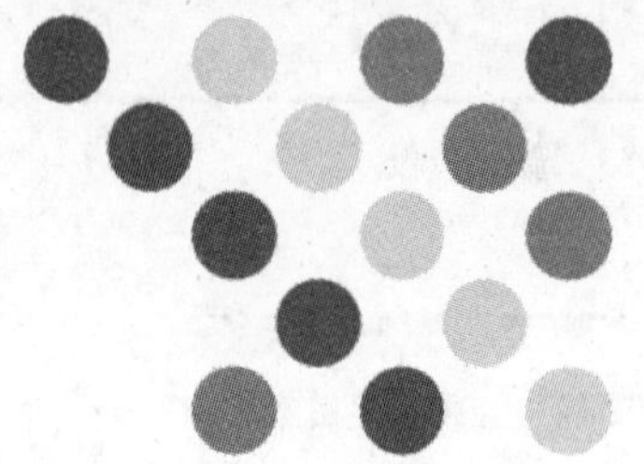

图 4-56　编辑图案

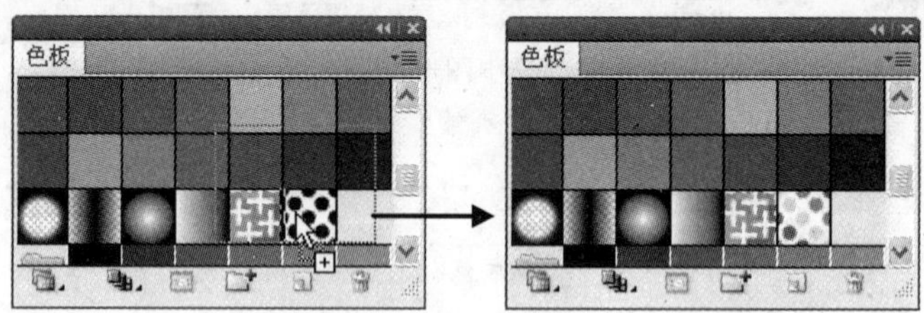

图 4-57　更新图案

4.6　实时上色

【实时上色】是一种创建彩色图画的直观方法。通过采用这种方法，用户可以将绘制的全部路径视为在同一平面上。实际上，路径将绘画平面分割成几个区域，可以对其中的任何区域进行着色，而不论该区域的边界是由单条路径还是由多条路径段确定的。这样看来，为对象上色就简单的如同在填色簿上填色一样简单。

4.6.1　创建实时上色组

要使用【实时上色】工具为图形对象的表面和边缘上色，首先要创建实时上色组。在页面中选中图形对象后，在【工具】面板中选择【实时上色】工具在图形上单击，或选择【对象】|【实时上色】|【建立】命令，即可创建实时上色组。在【色板】面板中选择颜色，使用【实时上色工具】可以随心所欲地填色。

【例 4-9】在 Illustrator 中，使用【实时上色】工具填充图形对象。

(1) 在图形文档中，绘制如图 4-58 所示的图形对象。

(2) 选择【工具】面板中的【选择】工具选中全部路径，然后选择【对象】|【实时上色】|【建立】建立实时上色组，如图 4-59 所示。

图 4-58　绘制图形

图 4-59　建立实时上色组

(3) 双击【工具】面板中的【实时上色】工具，打开【实时上色工具选项】对话框，如图 4-60 所示。该对话框用于指定实时上色工具的工作方式，即选择只对填充进行上色或只对描边进行上色；以及当工具移动到表面和边缘上时如何对其进行突出显示。

(4) 使用【实时上色】工具移动至需要填充对象表面上时，它将变为半填充的油漆桶形状，并且突出显示填充内侧周围的线条。单击需要填充对象，以对其进行填充，如图 4-61 所示。

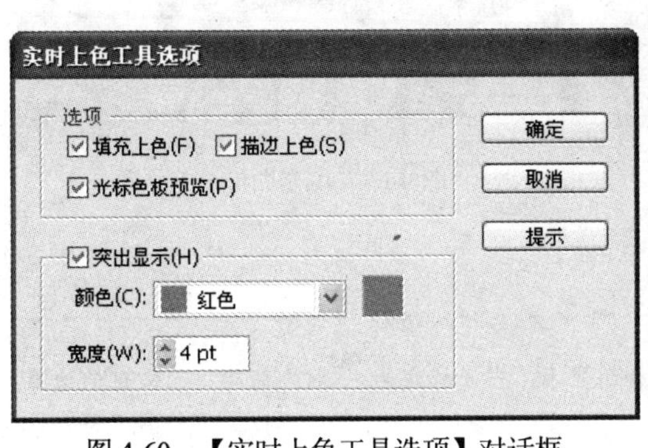

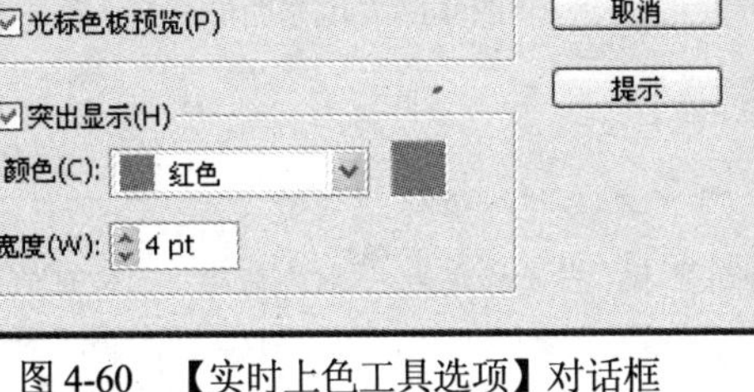

图 4-60　【实时上色工具选项】对话框

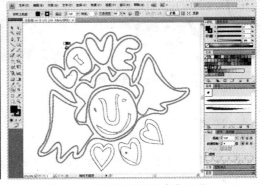

图 4-61　使用【实时上色】工具

- 勾选【填充上色】选项，可以对实时上色组的各表面上色。
- 勾选【描边上色】选项，可以对实时上色组的各边缘上色。
- 勾选【光标色板预览】选项，可以在【色板】面板中选择颜色时显示。实时上色工具指针显示为三种颜色色板：选定填充或描边颜色以及【色板】面板中紧靠该颜色左侧和右侧的颜色。
- 勾选【突出显示】选项，可以勾画出光标当前所在表面或边缘的轮廓。用粗线突出显示表面，细线突出显示边缘。
- 【颜色】下拉列表，用于设置突出显示线的颜色。用户可以从菜单中选择颜色，也可以单击色板以指定自定颜色。
- 【宽度】选项，用于指定突出显示轮廓线的粗细。

知识点

在使用【实时上色】工具时，工具指针显示为一种或三种颜色方块，它们表示选定填充或描边颜色；如果使用色板库中的颜色，则表示库中所选颜色及两边相邻颜色。通过按向左或向右箭头键，可以访问相邻的颜色以及这些颜色旁边的颜色。

(5) 使用步骤(4)的操作方法填充图形，并使用键盘上的左、右方向箭头键来切换需要填充的颜色，如图 4-62 所示。

(6) 在【颜色】面板中设置填充颜色，然后使用【实时上色】工具移动至需要填充对象表面上时，单击可根据设置填充图形，如图 4-63 所示。

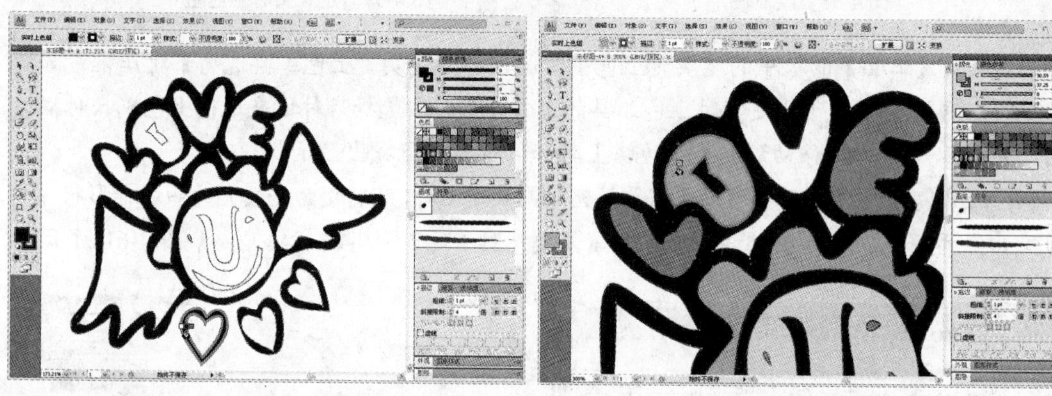

图 4-62　填充颜色　　图 4-63　填充图形

知识点

要对边缘进行上色，可将光标靠近边缘，路径呈加粗显示，当光标变为状态时单击，即可为边缘路径上色。

4.6.2　编辑实时上色组

在创建实时上色组后，还可以在实时上色组中添加路径，调整路径形状。

【例 4-10】在 Illustrator 中，编辑实时上色组。

(1) 选中实时上色组和路径，单击控制面板中的【合并实时上色】按钮，或选择【对象】|【实时上色】|【合并】命令，将路径添加到实时上色组中。如图 4-64 所示。

(2) 在【颜色】面板中设置填充颜色，然后使用【实时上色】工具移动至需要填充对象表面上时，单击可根据设置填充图形，如图 4-65 所示。

(3) 选择【直接选择】工具调整形状位置，如图 4-66 所示。

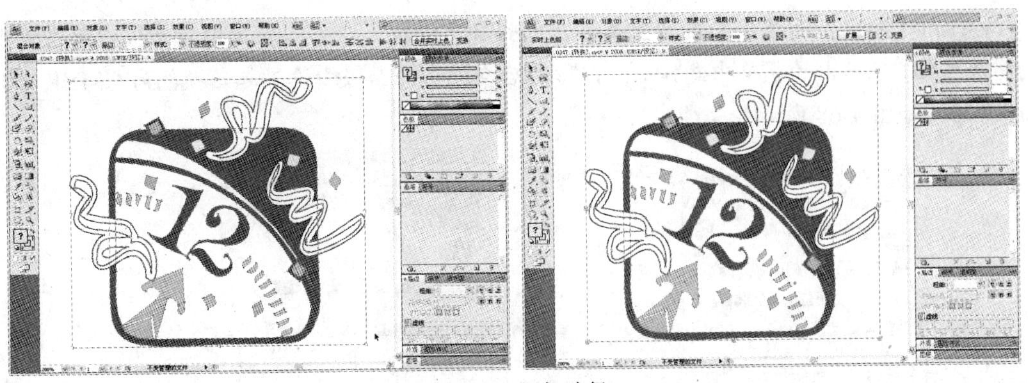

图 4-64　添加路径

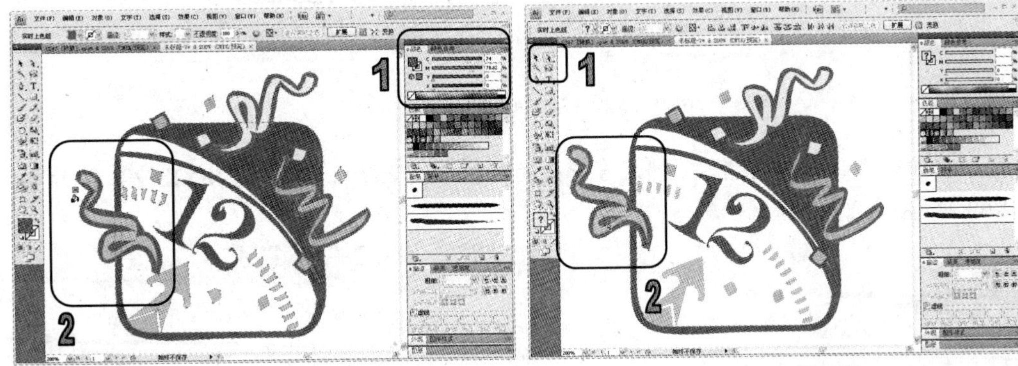

图 4-65　填充颜色　　图 4-66　调整形状

4.7　上机练习

本章的上机练习主要练习制作网络按钮，使用户更好地掌握图形对象的颜色设置与填充等的基本操作方法和技巧。

(1) 在图形文档中，选择【圆角矩形】工具在图形文件中单击，打开【圆角矩形】对话框。在对话框中设置【宽度】数值为 98mm，【高度】数值为 16mm，【圆角半径】数值为 8mm，然后单击【确定】按钮，如图 4-67 所示。

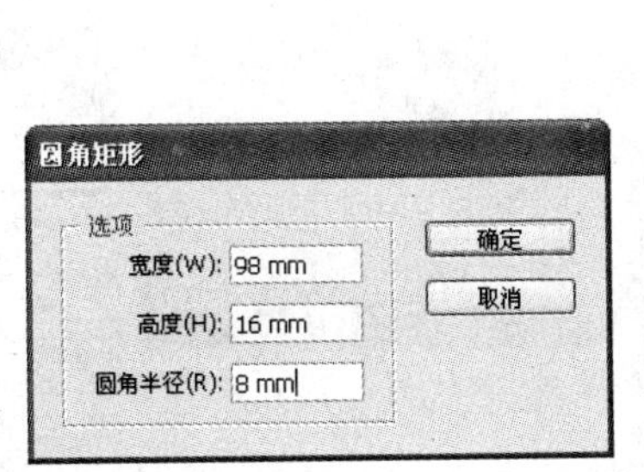

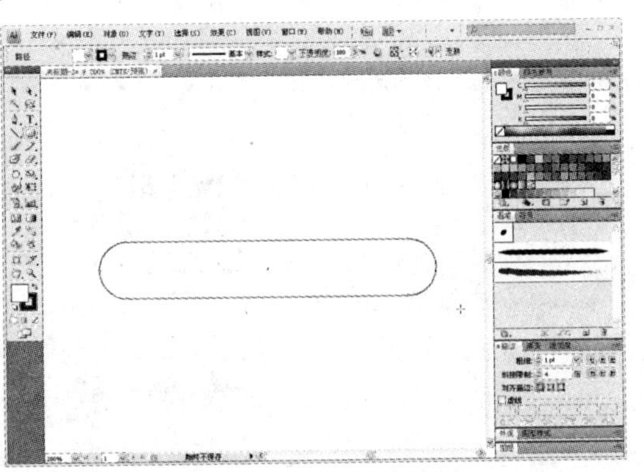

图 4-67　绘制圆角矩形

(2) 打开【渐变】面板，单击渐变条，在起始颜色滑块上双击，在弹出的面板中单击右上角的扩展按钮，在弹出的菜单中选择 CMYK，然后在弹出的面板中设置起始颜色为 CMYK=60，0，100，0，如图 4-68 所示。

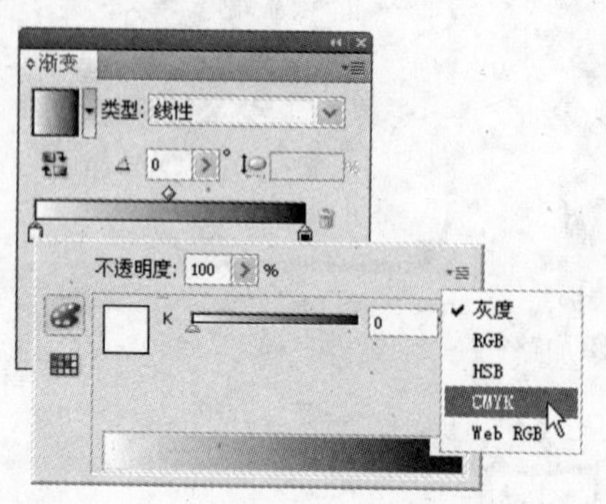

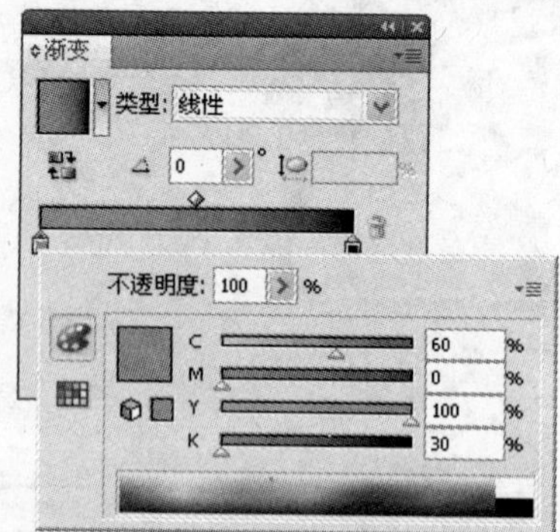

图 4-68　填充渐变

(3) 双击渐变条终止颜色滑块，然后在弹出的面板中设置终止颜色为 CMYK=20，0，60，0，如图 4-69 所示。

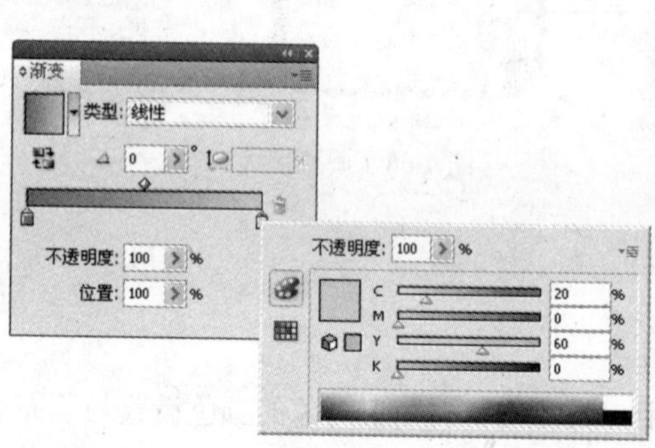

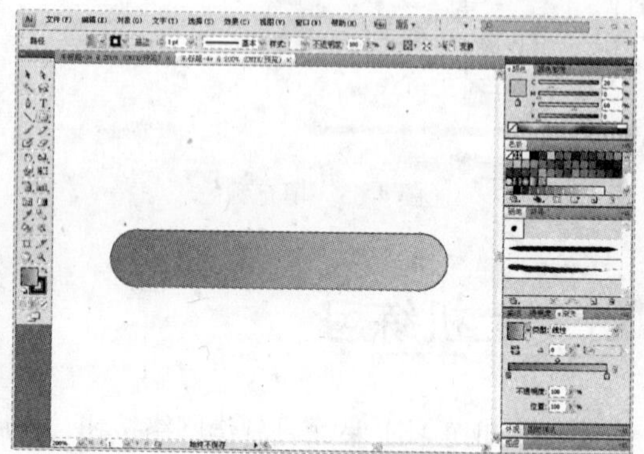

图 4-69　填充渐变

(4) 在【工具】面板中取消描边颜色，并选中【渐变】工具，在图形上调整渐变方向，如图 4-70 所示。

(5) 选择【工具】面板中的【钢笔】工具，绘制如图 4-71 所示的图形对象。

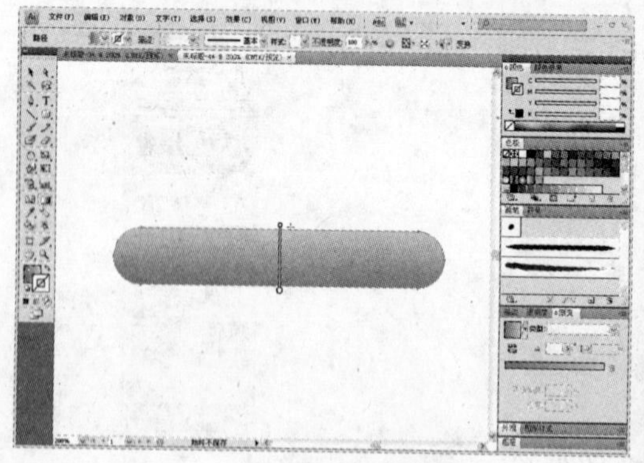

图 4-70　调整渐变

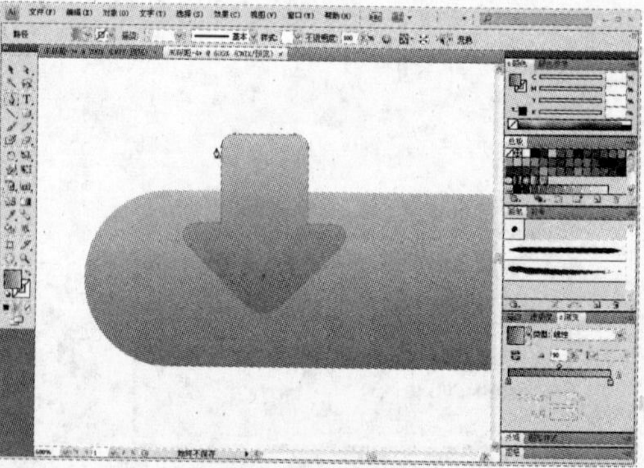

图 4-71　绘制图形

(6) 选择【对象】|【路径】|【偏移路径】命令，打开【位移路径】对话框，设置【位移】数值为 1.2mm，并在【颜色】面板中设置填充色为白色，如图 4-72 所示。

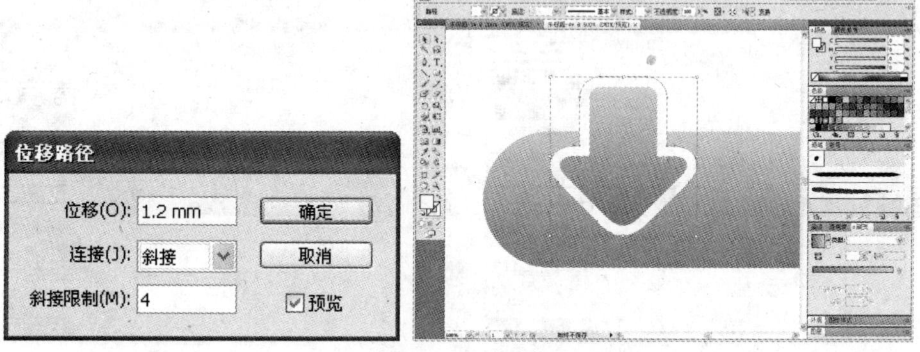

图 4-72 位移路径

(7) 选择【椭圆】工具绘制椭圆形，并在【颜色】面板中设置颜色为 CMYK=60，0，100，0，如图 4-73 所示。

图 4-73 绘制图形

(8) 选择【选择】工具选中绘制的椭圆形，按 Ctrl+[键两次排列图形，如图 4-74 所示。

(9) 选择【文字】工具，并在控制面板中设置字体、字体大小，然后输入文字，如图 4-75 所示。

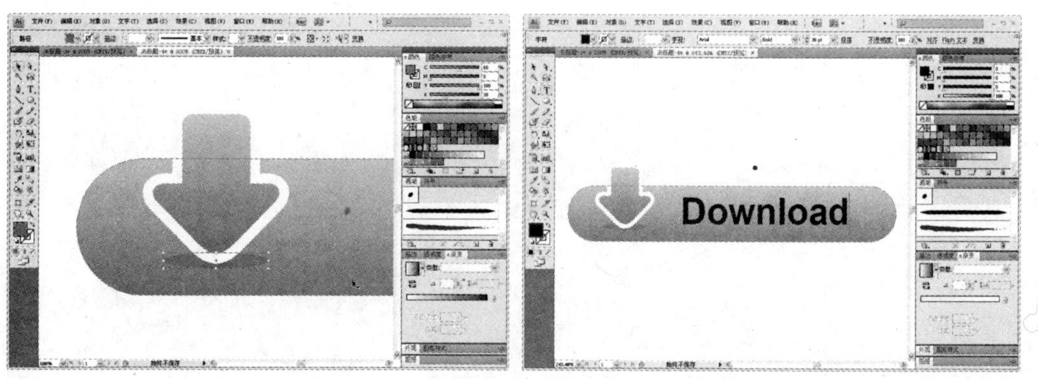

图 4-74 排列图形　　　图 4-75 输入文字

(10) 选择【选择】工具，在【颜色】面板中设置字体颜色。按 Ctrl+C 键复制字体，按 Ctrl+F 键粘贴，并按方向键向下移动复制的字体，如图 4-76 所示。

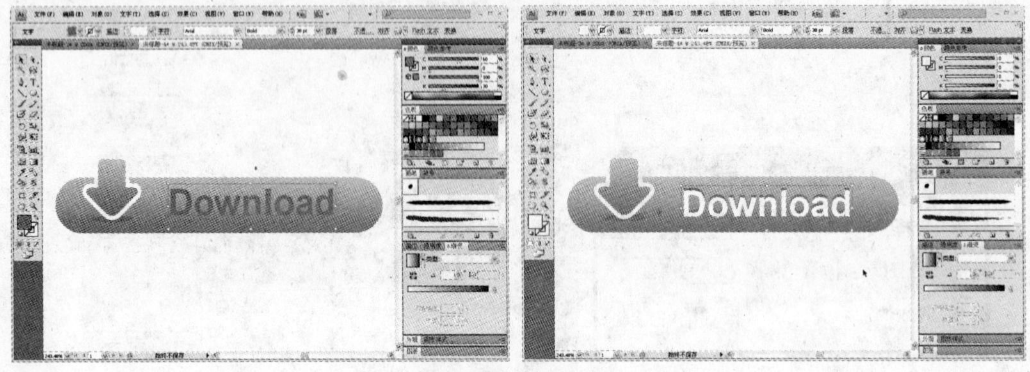

图 4-76　复制字体

4.8　习题

1. 使用【钢笔】工具绘制如图 4-77 所示的图形，并填充图案。
2. 使用【钢笔】工具绘制图形，并运用【实时上色】工具填充颜色，如图 4-78 所示。

图 4-77　填充图案　　图 4-78　使用【实时上色】工具

第5章 编辑图形

学习目标

Illustrator CS4 中提供了很多方便对象编辑操作的功能和命令。用户可以根据需要选择、显示、隐藏、组合对象，以及调整、排列、对齐与分布对象等，还可以通过相应的命令对对象进行各种变换操作。

本章重点

- 选择对象
- 排列对象
- 对齐与分布对象
- 变换操作
- 组合对象

5.1 选择对象

在 Illustrator CS4 中做任何操作前都必须先选择对象，以指定后续操作所针对的对象。Illustrator CS4 的【工具】面板中，提供了 5 个选择工具，分别代表不同的功能，并且在不同的情况下使用。

- 【选择】工具：使用【选择】工具在路径或图形的任何一处单击鼠标，就可以将整个路径或图形选中。
- 【直接选择】工具：使用【直接选择】工具可以选取、修改成组对象中的一个对象、路径上任何一个单独的锚点或某一路径上的线段。
- 【编组选择】工具：使用【编组选择】工具可以选择编组对象中的一个图形对象。

【魔棒】工具：使用【魔棒】工具可以选择具有相同或相近的填充色、描边色、边线宽度、透明度或混合模式的对象。

【套索】工具：使用【套索】工具可以通过自由拖动的方式选取多个物体、锚点或者路径。

除此之外，用户还可以使用如图 5-1 所示的【选择】菜单下的不同选择命令，选择所需的对象。

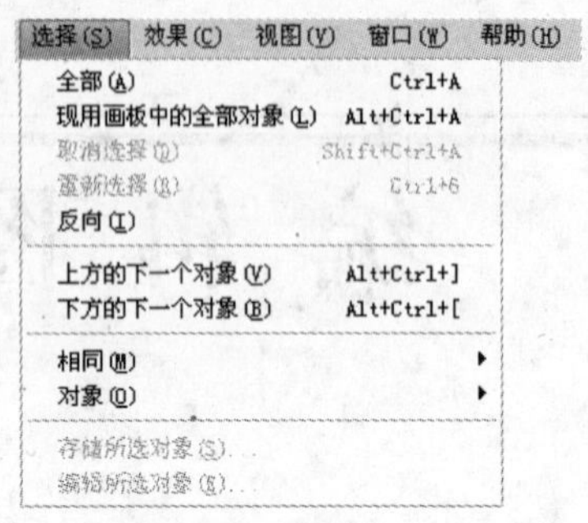

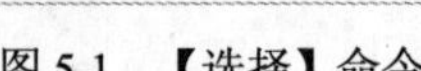
图 5-1 【选择】命令

> **提示**
>
> 【相同】命令中子菜单命令可以选择具有相同属性的物体。【对象】命令中子菜单命令可以选择页面中相同的物体。

【全部】命令：用于全选页面内的对象。

【取消选择】命令：用于取消对页面内对象的选择。

【重新选择】命令：用于选择执行取消选择命令前的被选择的对象。

【反向】命令：用于选择当前被选择对象以外的对象。

【上方的下一个对象】命令：当物体被堆叠时，可以通过该命令来选择对象紧邻的上方的对象。

【下方的下一个对象】命令：当物体被堆叠时，可以通过该命令来选择对象紧邻的下方的对象。

5.2 显示和隐藏对象

在处理复杂图形的文档时，用户可以根据需要对操作对象进行隐藏和显示，以减少干扰因素。选择【对象】|【显示全部】命令可以显示全部对象。选择【对象】|【隐藏】命令可以在选择了需要隐藏对象后将其隐藏。

【例 5-1】在 Illustrator 中，隐藏和显示选定的对象。

(1) 选择菜单栏中的【文件】|【打开】命令，在【打开】对话框中选择打开图形文档，并选择【窗口】|【图层】命令，显示【图层】面板，如图 5-2 所示。

(2) 在图形文档中，使用【选择】工具选中一个路径图形，然后选择菜单栏中的【对象】|【隐藏】|【所选对象】命令，或在【图层】面板中单击图层中可视按钮，即可隐藏所选对象，如图 5-3 所示。

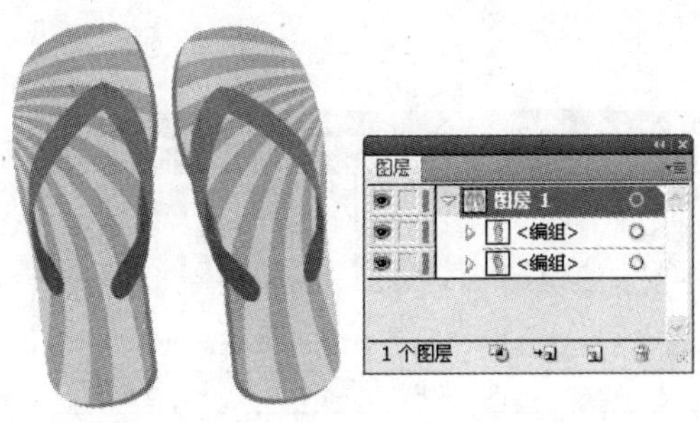

图 5-2 打开图形文档并显示【图层】面板

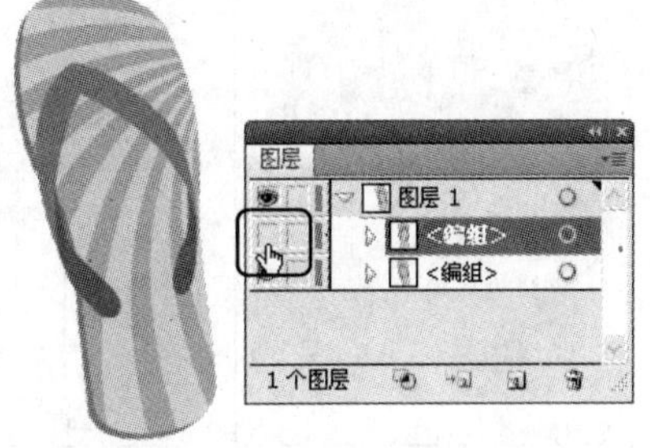

图 5-3 隐藏图形对象

(3) 选择菜单栏中的【对象】|【显示全部】命令，即可将所有隐藏的对象显示出来。

5.3 锁定和解锁对象

在 Illustrator CS4 中，锁定对象可以使该对象避免修改或移动，尤其是在进行复杂的图形绘制时，可以避免误操作，从而提高工作效率。

在页面中选中需要锁定的对象，选择【对象】|【锁定】命令，或按快捷键 Ctrl+2 可以锁定对象。当对象被锁定后，不能再使用选择工具进行选定操作，也不能移动、编辑对象。

如果需要对锁定的对象再次进行修改、编辑操作，必须将其解锁。选择【对象】|【全部解锁】命令，或按快捷键 Ctrl+Alt+2 即可解锁对象。

5.4 创建、取消编组

在编辑过程中，为了一些图形对象操作方便可进行编组、分类等操作，这样在绘制复杂图形时避免了一些选择操作失误。当需要对编组中的对象进行单独编辑时，还可以对该组对象取消编组操作。

使用【选择】工具选定多个对象，选择【对象】|【编组】命令，或按快捷键 Ctrl+G 即可将选择的对象创建成组。当多个对象编组后，可以使用【选择】工具选定编组对象进行整体移动、删除、复制等操作。也可以使用【编组选择】工具选定编组中的单个对象进行单独移动、删除、复制等操作。从不同图层中选择对象进行编组，编组后的对象将都处于同一图层中。

要取消编组对象，只要在选择编组对象后，选择【对象】|【取消编组】命令，或按 Shift+Ctrl+G 键即可。

【例 5-2】在 Illustrator 中，对选定的多个对象进行编组。

(1) 在图形文档中，使用【选择】工具，选中需要群组的对象，然后选择菜单栏中【对象】|【编组】命令，或按快捷键 Ctrl+G 将选中对象进行编组，如图 5-4 所示。

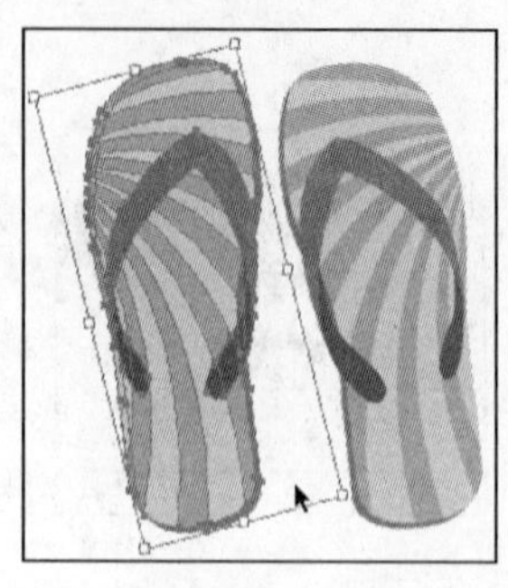

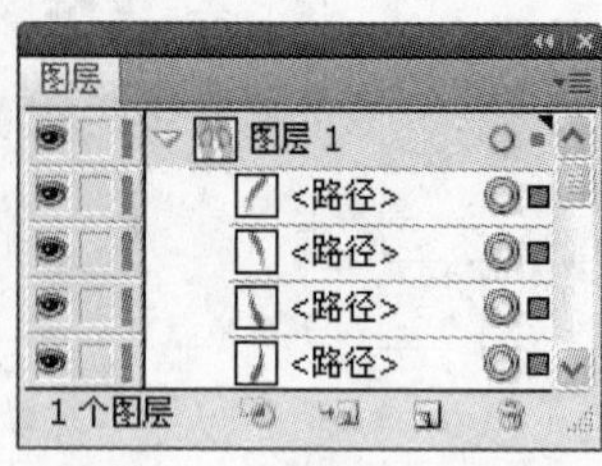

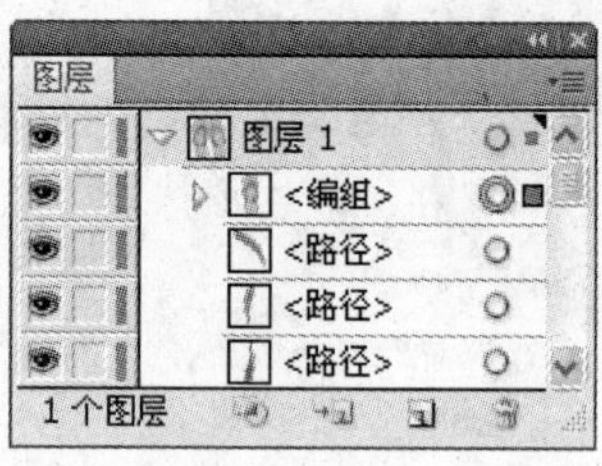

图 5-4　编组选中对象

(2) 双击【图层】面板中的【<编组>】名称，打开【选项】对话框，在【名称】文本框中输入“左侧”，然后单击【确定】按钮即可更改该编组名称，如图 5-5 所示。

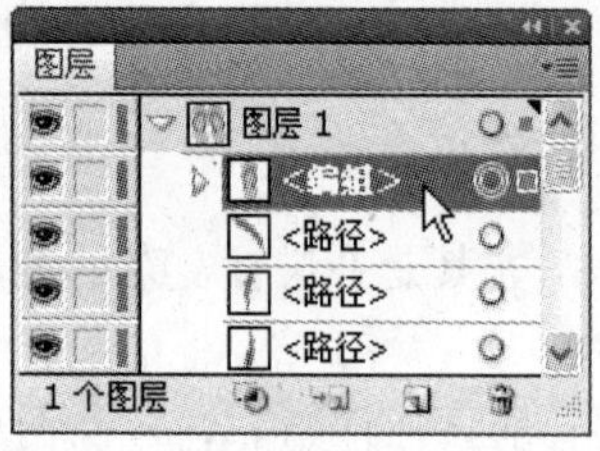

图 5-5　设置编组

5.5　复制对象

绘制图形时，经常需要复制对象以便获得多个相同的对象。在 Illustrator CS4 中，选中需要复制的对象，选择【编辑】|【复制】命令，然后再选择【编辑】|【粘贴】命令，或【贴在前面】命令，或【贴在后面】命令，即可创建对象副本。

用户除了使用菜单命令外，还可以使用键盘快捷键复制和粘贴对象。按 Ctrl+C 键可以复制对象；按 Ctrl+V 键可以粘贴对象；按 Ctrl+F 键可以粘贴在对象前面；按 Ctrl+B 键可以粘贴在对象后面。用户还可以在选中对象后，按住 Ctrl+Alt 键可以移动复制对象，如图 5-6 所示。

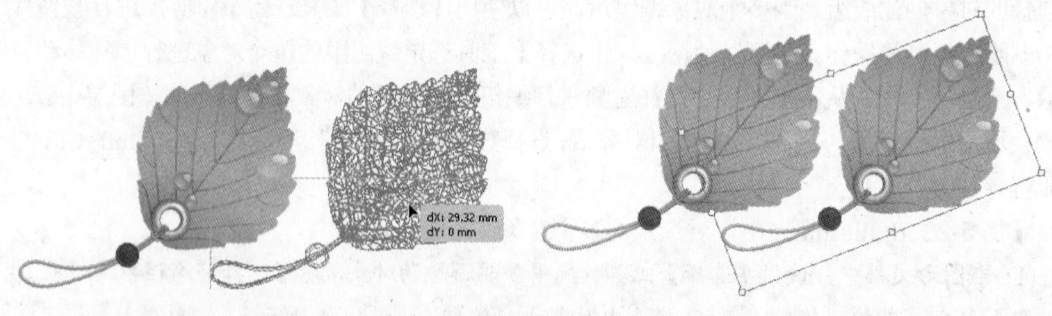

图 5-6　复制对象

5.6 排列对象

当文档窗口中的图形对象很多时，便会出现重叠或相交等情况，此时就会涉及调整对象之间的顺序排列问题。不同的排列顺序会出现不同的画面效果。用户可以选择【对象】|【排列】命令下的子菜单来改变对象的前后排列叠放顺序。需要注意的是，【排列】命令只针对同一图层内所有图形对象的排列顺序。

- 【置于顶层】命令：可将所选图形放置在所有图形的最前面。
- 【前移一层】命令：可将所选的图形前移一层。
- 【后移一层】命令：可将所选的图形后移一层。
- 【置于底层】命令：可将所选的图形放置在所有图形的最后面。

【例 5-3】在打开的图形文档中排列选中的图形对象。

(1) 在打开的图形文件中，使用【选择】工具选中对象。

(2) 单击鼠标右键，在弹出的菜单中选择【排列】|【前移一层】命令，重新排列图形对象的叠放顺序，如图 5-7 所示。

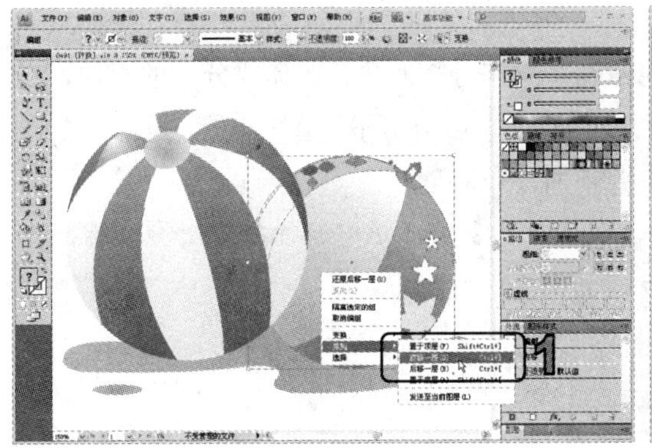

图 5-7 排列对象

提示

在实际操作过程中，用户可以在选中图形对象后，单击鼠标右键，在弹出的快捷菜单中选择【排列】命令，或直接通过键盘快捷键排列图形对象。按 Shift+Ctrl+]键可以将所选对象置于顶层；按 Ctrl+]键可将所选对象前移一层；按 Ctrl+[键可将所选对象后移一层；按 Shift+Ctrl+[键可将所选对象置于底层。

5.7 对齐与分布对象

在 Illustrator 中，用户还可以准确地排列、分布对象。在选择需要对齐与分布的对象后，选择【窗口】|【对齐】命令，即可打开如图 5-8 所示的【对齐】面板。通过单击相应按钮，即可以左、右、顶端或底端边缘为基准对象进行对齐与分布。

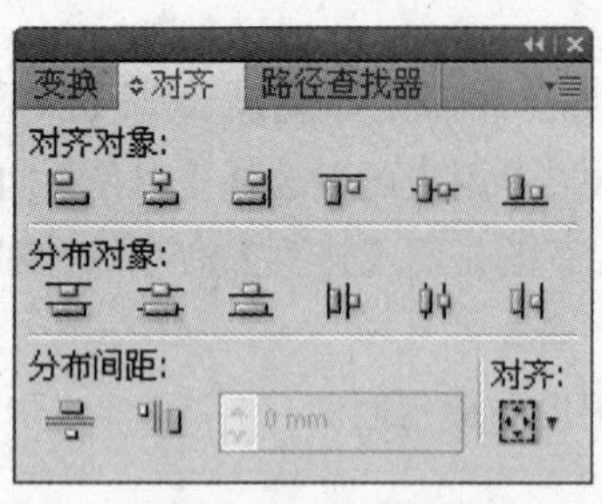

图 5-8 【对齐】面板

知识点

用来对齐的基准对象是有创建的顺序或选择顺序决定的。如果框选对象，则会使用最后创建的对象为基准。如果通过多次选择单个对象来选择对齐对象组，则最后选定的对象将成为对齐其他对象的基准。

面板中，对齐对象选项中共有 6 个按钮，分别是【水平左对齐】按钮、【水平居中对齐】按钮、【水平右对齐】按钮、【垂直顶对齐】按钮、【垂直居中对齐】按钮、【垂直底对齐】按钮。

分布对象选项中也共有 6 个按钮，分别是【垂直顶分布】按钮、【垂直居中分布】按钮、【垂直底分布】按钮、【水平左分布】按钮、【水平居中分布】按钮、【水平右分布】按钮。

在 Illustrator 中，用户还可以用对象路径之间精确距离来分布对象。选择要分布的对象，在【对齐】面板中的【分布间距】数值框中输入要在对象之间显示的间距量。

【例 5-4】在 Illustrator 中，使用【对齐】面板排列分布对象。

(1) 选择菜单栏中的【文件】|【打开】命令，在【打开】对话框中选择打开图形文档，并选择【窗口】|【对齐】命令，显示【对齐】面板，如图 5-9 所示。

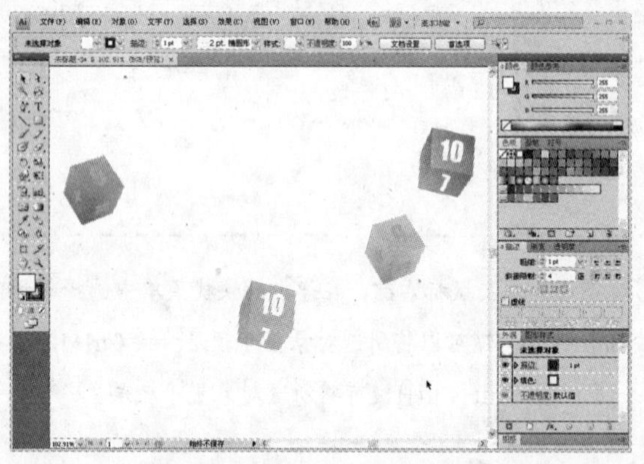

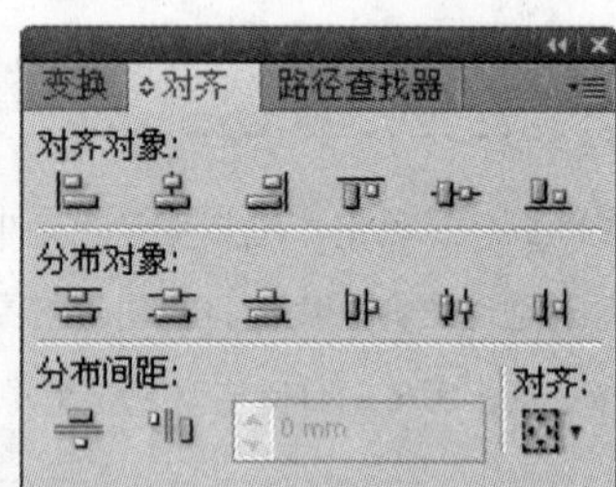

图 5-9 打开图形文档并显示【对齐】面板

(2) 选择【工具】面板中的【选择】工具，框选全部图形，然后在【对齐】面板中单击【垂直居中对齐】按钮，即可将选中的图形对象垂直居中对齐，如图 5-10 所示。

(3) 接着在【对齐】面板中单击【水平居中分布】按钮，即可将图形对象水平居中分布，如图 5-11 所示。

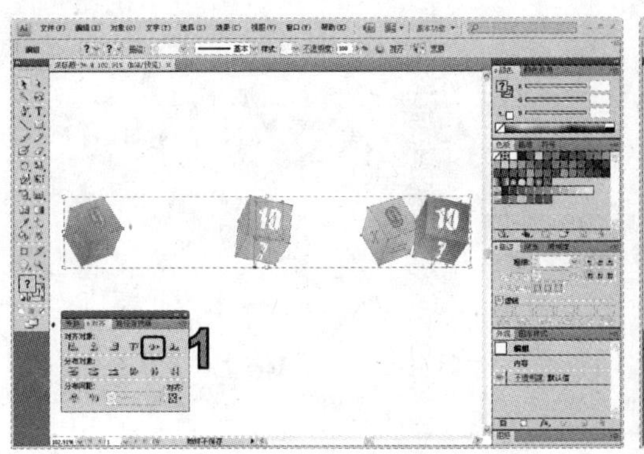

图 5-10 垂直居中对齐

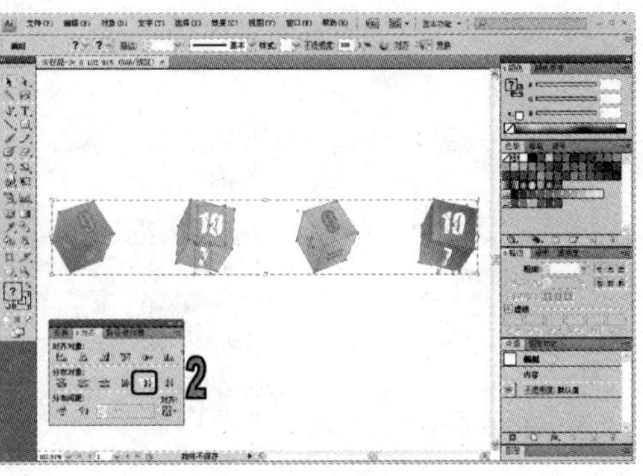

图 5-11 水平居中分布

5.8 变换操作

Illustrator 中的常见变换操作有移动、旋转、缩放、对称、倾斜和变换。用户可以通过变换命令、工具以及相关的面板对选中的对象进行变换操作。

5.8.1 使用【变换】面板

使用【变换】面板可以移动、缩放、旋转和倾斜图形。选择【窗口】|【变换】命令，可以打开如图 5-12 所示的【变换】面板。

图 5-12 【变换】面板

> **知识点**
>
> 面板左侧的图标表示图形外框。选择图形外框上不同的点，它后面的 X，Y 数值表示图形相应点的位置。同时，选中的点将成为后面变形操作的中心点。

对话框中的【宽】、【高】数值框里的数值分别表示图形的宽度和高度，改变这两个数值框中的数值，图形的大小也会随之发生变化。面板底部的两个数值框分别表示旋转角度值和倾斜的角度值，在这两个数值框中输入数值，可以旋转和倾斜选中的图形对象。

【例 5-5】在 Illustrator 中，使用【变换】面板调整图形对象。

(1) 选中对象后，再选择菜单栏中的【窗口】|【变换】命令，显示【变换】面板。

(2) 在【变换】面板中，单击面板中的参考点定位器上的一个白色方框，使对象围绕其他参考点旋转，并在【角度】选项中输入旋转角度-30°，如图 5-13 所示。

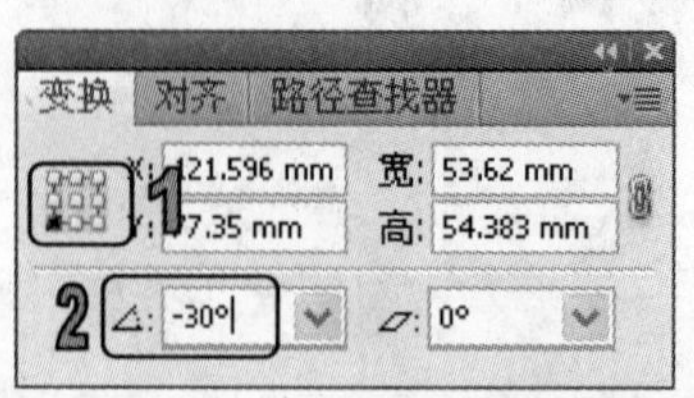

图 5-13　使用【变换】面板

(3) 在【变换】面板中，单击锁定比例按钮 保持对象的比例。单击参考点定位器 上的白色方框，可更改缩放参考点。然后在【宽度】和【高度】数值框中输入新数值，即可缩放对象，如图 5-14 所示。

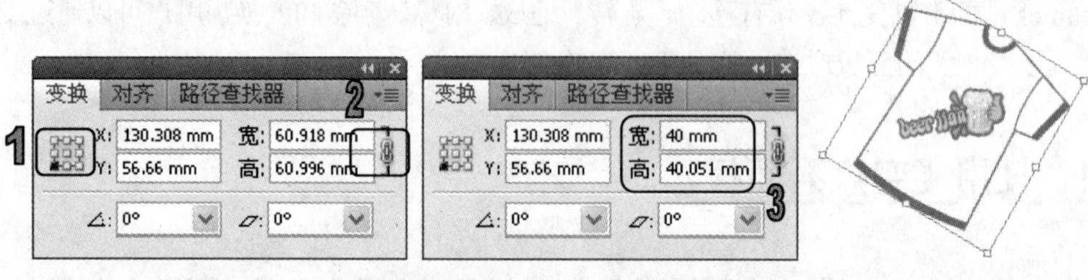

图 5-14　使用【变换】面板缩放对象

(4) 在【变换】面板的【倾斜】文本框中输入一个数值，即可倾斜对象，如图 5-15 所示。

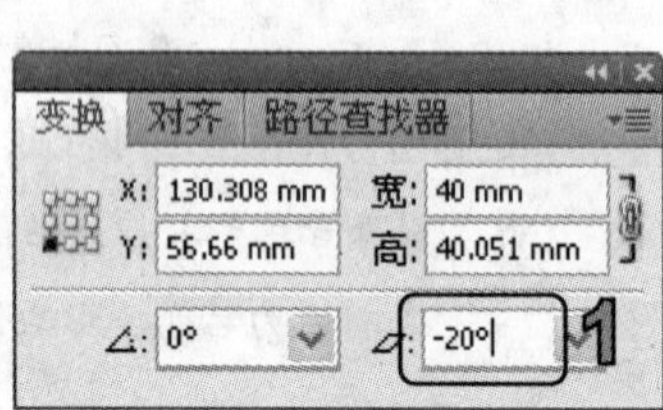

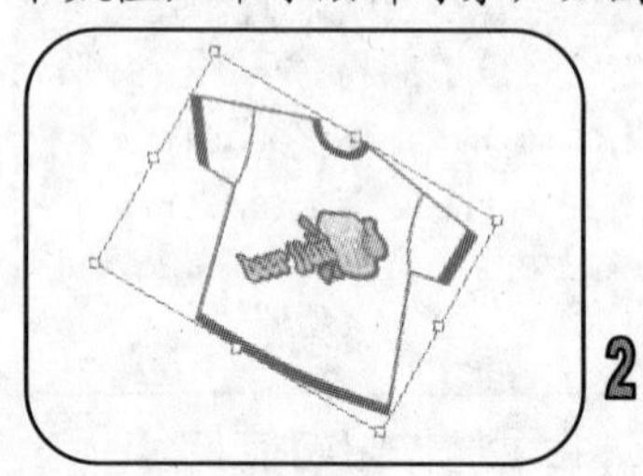

图 5-15　使用【变换】面板倾斜对象

5.8.2　移动对象

在 Illustrator 中，用户可以使用【工具】面板中的【选择】工具 ，直接选中并移动对象。还可以使用【对象】|【变换】|【移动】命令，打开【移动】对话框，准确设置移动对象的位置、距离和角度，而且可以复制选中的对象。

【例5-6】在Illustrator中，准确移动并复制选中图形对象。

(1) 使用【工具】面板中的【选择】工具，单击选中图形对象。并在图形对象上单击鼠标右键，在弹出的菜单中选择【变换】|【移动】命令，如图5-16所示。

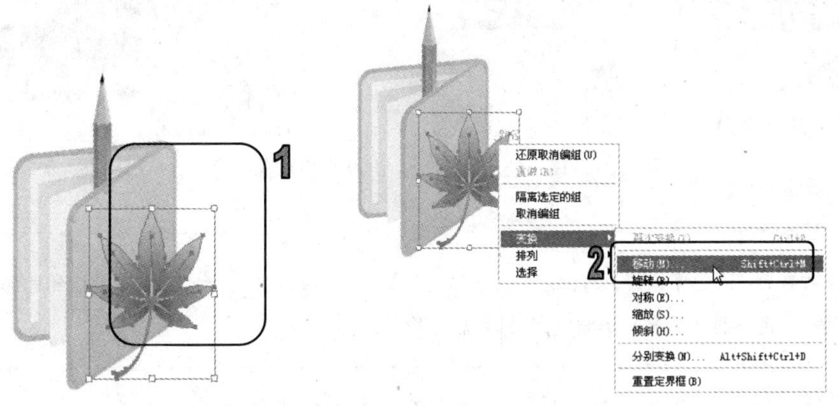

图5-16 打开图形文档并选择【移动】命令

(2) 在打开的【移动】对话框中，设置【距离】为10mm，角度为30°，然后单击【复制】按钮，即可将选中的对象移动并复制，如图5-17所示。

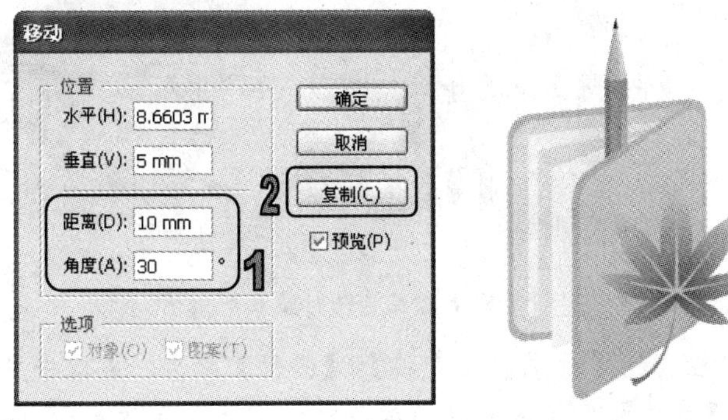

图5-17 移动并复制

5.8.3 旋转对象

在Illustrator中，用户可以直接使用【旋转】工具旋转对象，还可以通过使用【对象】|【变换】|【旋转】命令，或双击【旋转】工具，打开【旋转】对话框，准确设置旋转选中对象的角度，并且可以复制选中对象。

【例5-7】在Illustrator中，使用工具或命令旋转选中图形对象。

(1) 在【工具】面板中选择【选择】工具，单击选中需要旋转的对象，然后将光标移动到对象的定界框手柄上，待光标变为弯曲的双向箭头形状↰时，拖动鼠标即可旋转对象，如图5-18所示。

图 5-18　使用【选择】工具旋转对象

知识点

在选择对象后，选择【工具】面板中的【自由变换】工具。将光标定位在定界框的外部，移动光标，使其靠近定界框，待光标形状变为之后再拖动鼠标旋转对象。

(2) 使用【选择】工具选中对象后，选择【工具】面板中的【旋转】工具，然后单击文档窗口中的任意一点，以重新定位参考点，将光标从参考点移开，并拖动光标作圆周运动，如图 5-19 所示。

图 5-19　使用【旋转】工具旋转对象

(3) 选择对象后，选择菜单栏中的【对象】|【变换】|【旋转】命令，或双击【旋转】工具打开【旋转】对话框，在【角度】文本框中输入旋转角度-30°。输入负角度可顺时针旋转对象；输入正角度可逆时针旋转对象。然后单击【确定】按钮旋转对象，或单击【复制】按钮以旋转并复制对象，如图 5-20 所示。

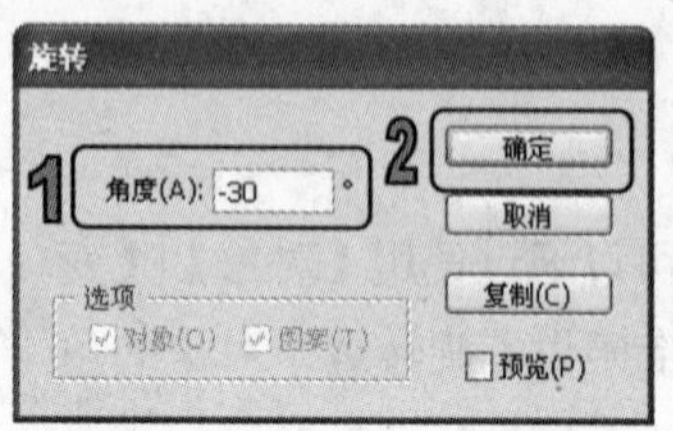

图 5-20　设置【旋转】对话框

提示

如果对象包含图案填充，同时勾选【图案】复选框以旋转图案。如果只想旋转图案，而不想旋转对象，取消选择【对象】复选框。

5.8.4　缩放对象

使用【比例缩放】工具，用户不但可以在水平或垂直方向放大和缩小对象，还可以同时

在两个方向上对对象进行整体缩放。也可以使用【对象】|【变换】|【缩放】命令，或双击【比例缩放】工具，打开【比例缩放】对话框，准确设置选中对象的缩放。

【例 5-8】在 Illustrator 中，使用工具或命令缩放选中图形对象。

(1) 选择菜单栏中的【文件】|【打开】命令，在【打开】对话框中选择打开的图形文档，如图 5-21 所示。

(2) 默认情况下，描边和效果不能随对象一起缩放。要缩放描边和效果，选择菜单栏中的【编辑】|【首选项】|【常规】命令，在打开的【首选项】对话框中勾选【缩放描边和效果】复选框，如图 5-22 所示。

图 5-21　打开图形文档

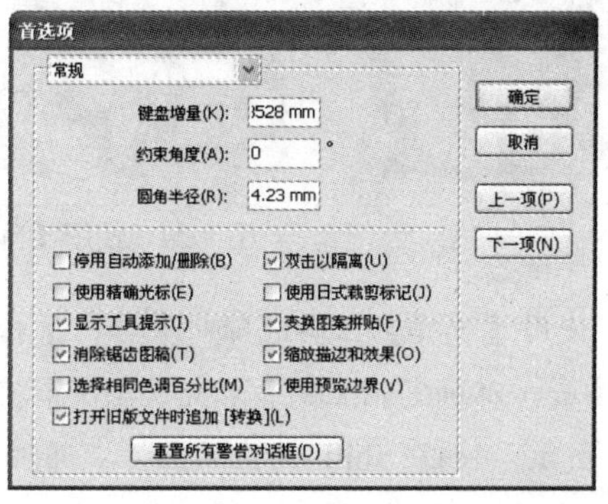

图 5-22　设置首选项

(3) 选择【工具】面板中的【选择】工具，单击选中图形对象，然后选择【缩放】工具，使用鼠标单击文档窗口中要作为参考点的位置，然后将光标在文档中拖动，即可对图形对象进行缩放，如图 5-23 所示。若要在对象进行缩放时保持对象的比例，在对角拖动时按住 Shift 键。若要沿单一轴缩放对象，在垂直或水平拖动时按住 Shift 键。

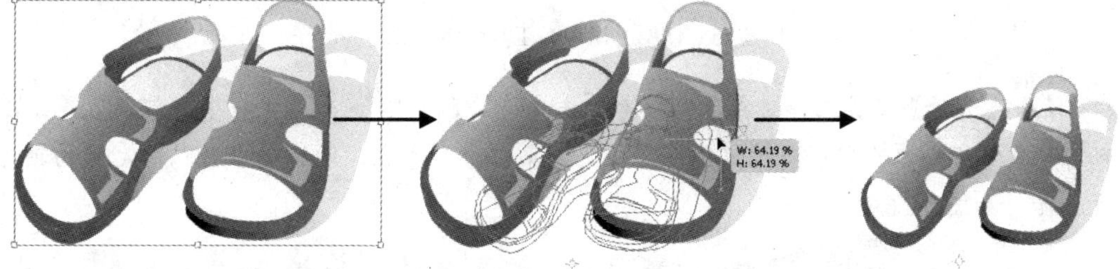

图 5-23　使用【缩放】工具缩放

5.8.5 镜像对象

使用【镜像】工具可按镜像轴旋转选中对象。还可以选择【对象】|【变换】|【对称】命令，或双击【镜像】工具打开【镜像】对话框，准确地翻转选中对象。

【例 5-9】在 Illustrator 中，使用工具和命令翻转对象。

(1) 选择菜单栏中的【文件】|【打开】命令，在【打开】对话框中选择打开图形文档。

(2) 选择【工具】面板中的【选择】工具，单击选中图形对象，然后选择【自由变换】工具，拖动定界框的手柄，使其越过对面的边缘或手柄，直至对象位于所需的镜像位置，如图 5-24 所示。若要维持对象的比例，在拖动角手柄越过对面的手柄时，按住 Shift 键。

图 5-24　使用【自由变换】工具翻转对象

(3) 使用【选择】工具选择对象后，选择【工具】面板中的【镜像】工具，在文档中任何位置单击，以确定轴上的参考点。当光标变为黑色箭头时，即可拖动对象进行翻转操作，如图 5-25 所示。按住 Shift 键拖动鼠标，可限制角度保持 45°。当镜像轮廓到达所需位置时，释放鼠标左键即可。

图 5-25　使用【镜像】工具翻转对象

(4) 使用【选择】工具选择对象后，接着单击【镜像】工具，在文档中任何位置单击以确定轴上的参考点，再次单击以确定不可见轴上的第二个参考点，所选对象会以所定义的轴为轴进行翻转，如图 5-26 所示。

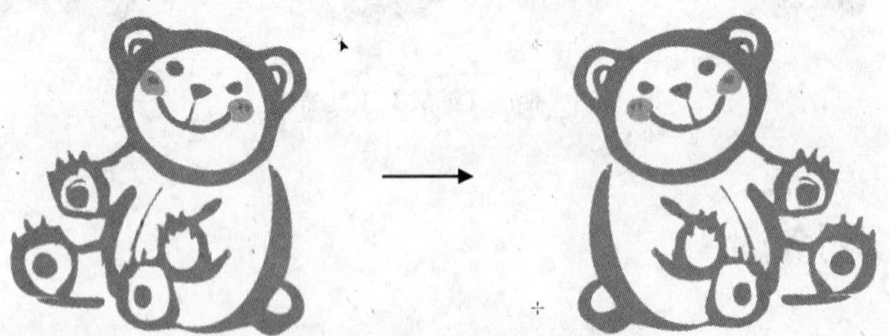

图 5-26　按定义轴翻转对象

(5) 使用【选择】工具选择对象后，单击鼠标右键在弹出的菜单中选择【变换】|【对称】命令，在打开的【镜像】对话框中，单击【垂直】单选按钮，输入角度为 90°，然后单击【复

制】按钮，即可将所选对象进行翻转并复制，如图 5-27 所示。

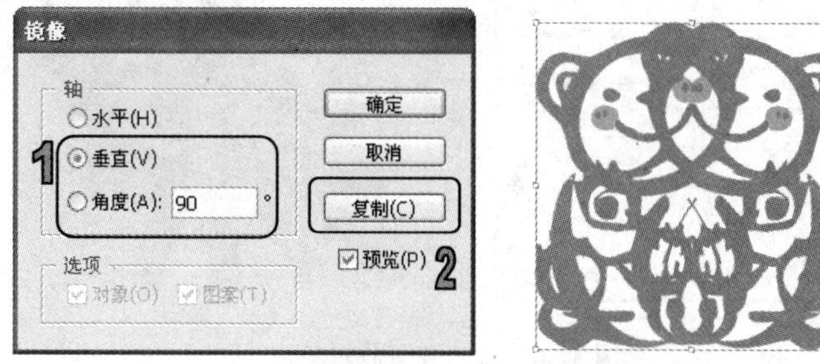

图 5-27 使用【对称】命令翻转并复制对象

5.8.6 倾斜对象

使用【倾斜】工具可沿水平或垂直轴，或相对于特定轴的特定角度来倾斜或偏移对象。还可以选择【对象】|【变换】|【倾斜】命令，或双击【倾斜】工具打开【倾斜】对话框，准确地选中倾斜对象。

【例 5-10】在 Illustrator 中，使用工具或命令倾斜对象。

(1) 选择菜单栏中的【文件】|【打开】命令，在【打开】对话框中选择打开图形文档。

(2) 使用【选择】工具选择对象，接着选择【工具】面板中的【倾斜】工具，在文档窗口中的任意位置向左或向右拖动，既可沿对象的水平轴倾斜对象，如图 5-28 所示。

图 5-28 垂直轴倾斜

(3) 在文档窗口中的任意位置向上或向下拖动，既可沿对象的垂直轴倾斜对象，如图 5-29 所示。

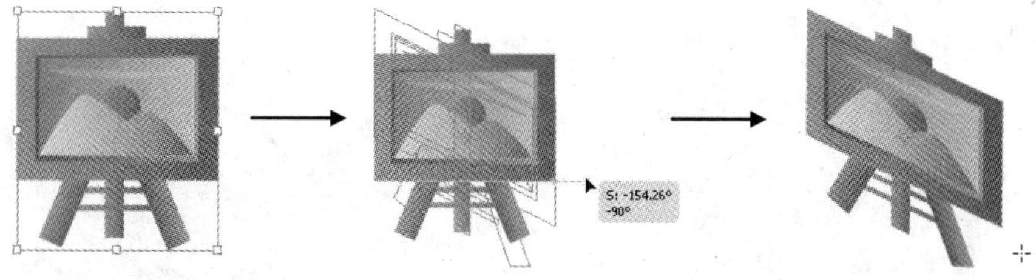

图 5-29 水平轴倾斜

(4) 使用【选择】工具选中对象后，双击【工具】面板中【倾斜】工具，打开【倾斜】对话框。在对话框中设置【倾斜角度】为 30°，单击【水平】单选按钮，然后单击【复制】按钮即可倾斜并复制所选对象，如图 5-30 所示。

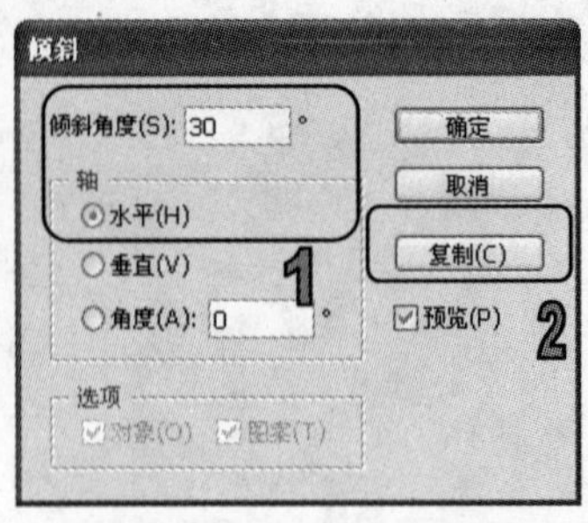

图 5-30 倾斜并复制对象

5.9 变形操作

用户编辑图形时，可以利用变形工具来执行变形、扭曲、收拢、膨胀等变形操作使图形效果更加完善。变形的对象可以是单个的路径图形，也可以是组合的对象。

1. 变形工具

在 Illustrator CS4 中，提供了 7 种变形操作的工具。

【变形】工具：可以对路径图形做弯曲处理，弯曲方向随鼠标拖动而变化，如图 5-31 所示。使用【变形】工具时，可以直接将对象变形，不需要选取对象。

【旋转扭曲】工具：可以使路径图形的形状发生扭转变化，如图 5-32 所示。

图 5-31 使用【变形】工具

图 5-32 使用【旋转扭曲】工具

【缩拢】工具：就可以对图形执行收缩操作，从而使图形产生变形，如图 5-33 所示。

【膨胀】工具：产生的效果与【缩拢】工具正好相反。使用【膨胀】工具可以使路径图形在形状上向外扩张，如图 5-34 所示。

图 5-33 使用【缩拢】工具

图 5-34 使用【膨胀】工具

【扇贝】工具：可以向对象的轮廓添加随机弯曲的细节，如图 5-35(左图)所示。

【晶格化】工具：可以向对象的轮廓添加随机锥化的细节，如图5-35(中图)所示。

【褶皱】工具：可以对图形进行折皱变形操作，使图形产生抖动效果，如图5-35(右图)所示。

图5-35　使用【扇贝】、【晶格化】、【褶皱】工具

2. 变形工具选项

双击任意变形工具，都可以打开变形工具选项的对话框，如图5-36所示。在对话框中，可以调整变形工具画笔的相关参数。

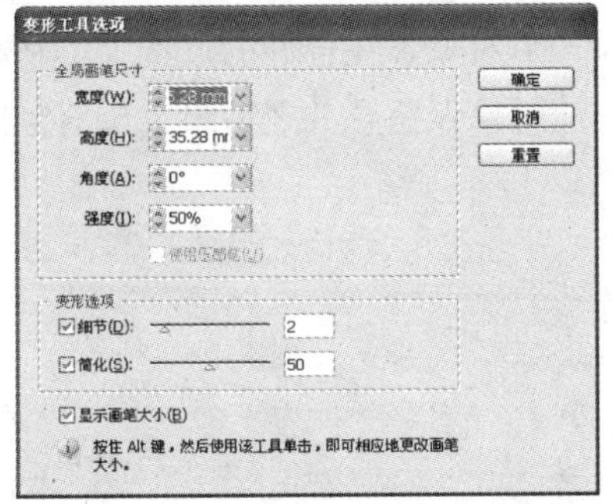

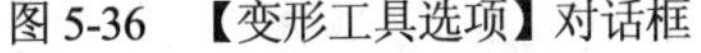

图5-36　【变形工具选项】对话框

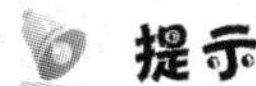

提示

在对话框的底部，选中【显示画笔大小】复选框，可以在页面中显示相应设置的画笔形状。

【宽度】：设置变形工具画笔水平方向的直径。

【高度】：设置变形工具画笔垂直方向的直径。

【角度】：设置变形工具画笔的角度。

【强度】：设置变形工具画笔按压的力度。

【细节】：设置即时变形工具得以应用的精确程度，数值越高表现得越细致。

【简化】：设置即时变形工具得以应用的简单程度。

5.10　组合对象

当在Illustrator中编辑图形对象时，经常会使用【路径查找器】面板。该面板包含了多个功能强大的图形路径编辑工具。通过使用它们，用户可以对多个图形路径进行特定的运算，从而形成各种复杂的图形路径。

如果工作界面中没有显示【路径查找器】面板，用户可以通过选择【窗口】|【路径查找器】命令，打开如图5-37所示的【路径查找器】面板。该面板包含了【形状模式】和【路径查找器】

两个选项区域。用户选择所需操作的对象后，单击该面板上的功能按钮，即可实现所需的图形路径效果。

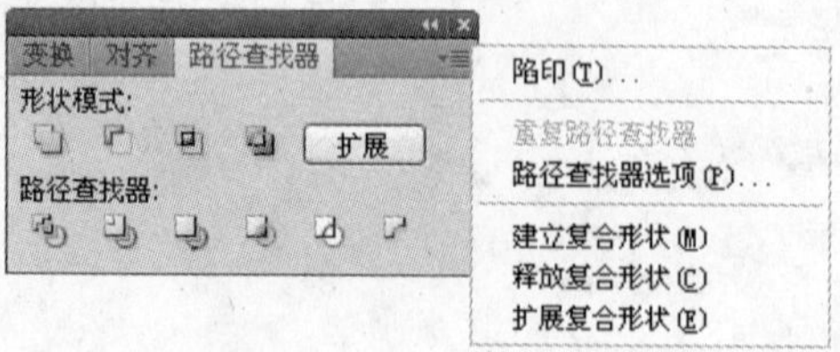

图 5-37 【路径查找器】面板及面板控制菜单

> **提示**
>
> 用户也可以通过单击该面板扩展菜单按钮，在打开的面板菜单中选择相应的命令，即可实现图形路径的编辑效果。

1. 使用【形状模式】按钮

在【形状模式】选项区域中，有【联集】按钮、【减去顶层】按钮、【交集】按钮、【差集】按钮和【扩展】按钮 扩展 5 个功能按钮。使用前面的 4 个功能按钮，用户可以在多个选中图形的路径之间实现不同的运算组合方式。下面将依次介绍各个功能按钮的操作方法和功能作用。

- 【联集】按钮：可以将选定的多个对象合并成一个对象。在合并的过程中，将相互重叠的部分删除，只留下合并的外轮廓。新生成的对象保留合并之前最上层对象的填充色和轮廓色，如图 5-38 所示。

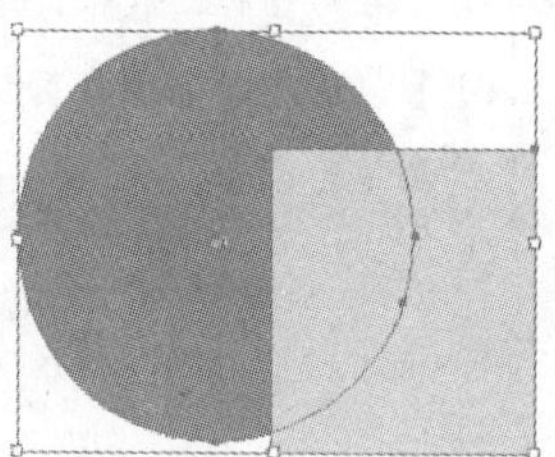
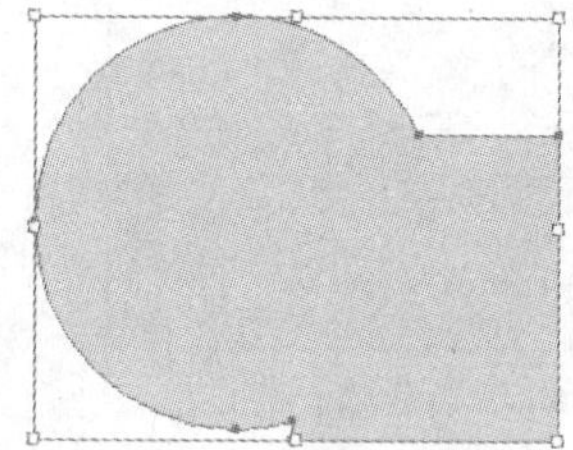

图 5-38 联集

- 【减去顶层】按钮：可以在最上层一个对象的基础上，把与后面所有对象重叠的部分删除，最后显示最上面对象的剩余部分，并且组成一个闭合路径，如图 5-39(左图)所示。
- 【交集】按钮：可以对多个相互交叉重叠的图形进行操作，仅仅保留交叉的部分，而其他部分被删除，如图 5-39(中图)所示。
- 【差集】按钮：【差集】按钮的应用效果与【交集】按钮的应用效果相反。使用这个按钮可以删除选定的两个或多个对象的重合部分，而仅仅留下不相交的部分，如图 5-39(右图)所示。

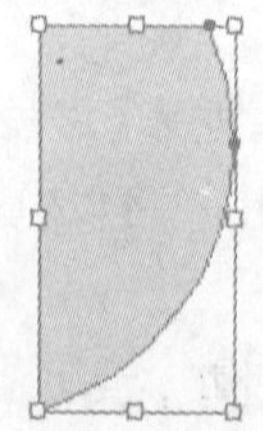
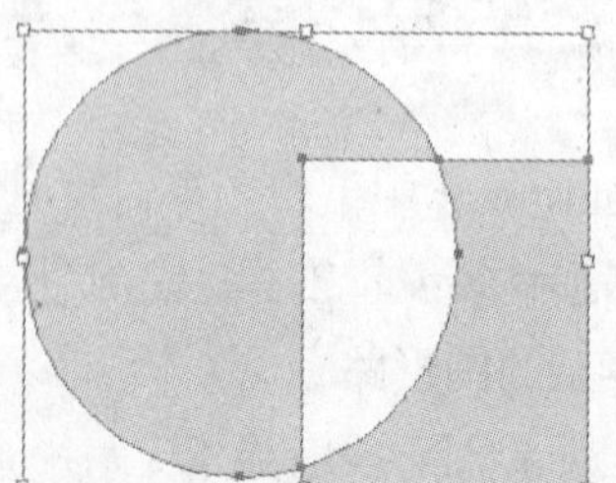

图 5-39 减去顶层、交集、差集

在使用【形状模式】选项组中的命令按钮时，按下 Alt 键，再单击相应的命令按钮，可将得到的复合图形直接进行扩展。

2. 使用【路径查找器】按钮

【路径查找器】选项区域中总共有 6 个功能按钮，它们分别是【分割】按钮、【修边】按钮、【合并】按钮、【裁剪】按钮、【轮廓】按钮和【减去后方对象】按钮。通过使用它们，用户可以运用更多的运算方式对图形形状进行编辑处理。与【形状模式】选项区域中的运算方式不同的是，当执行【路径查找器】选项区域中的运算方式之后，不能通过该面板菜单中的【释放复合形状】命令将图形对象恢复至运算之前的状态。

- 【分割】按钮：可以用来将相互重叠交叉的部分分离，从而生成多个独立的部分。应用分割后，各个部分保留原始的填充或颜色，但是前面对象重叠部分的轮廓线的属性将被取消。生成的独立对象，可以使用【直接选择】工具选中对象。
- 【修边】按钮：主要用于删除被其他路径覆盖的路径，它可以把路径中被其他路径覆盖的部分删除，仅留下使用【修边】按钮前在页面中能够显示出来的路径，并且所有轮廓线的宽度都将被去掉。
- 【合并】按钮：其应用效果根据选中对象填充和轮廓属性的不同而有所不同。如果属性都相同，则所有的对象将组成一个整体，合为一个对象，但对象的轮廓线将被取消。如果对象属性不相同，则相当于应用【裁剪】按钮效果。
- 【裁剪】按钮：可以在选中一些重合对象后，把所有在最前面对象之外的部分裁减掉。
- 【轮廓】按钮：可以把所有对象都转换成轮廓，同时将路径相交的地方断开。
- 【减去后方对象】按钮：可以在最上面一个对象的基础上，把与后面所有对象重叠的部分删除，最后显示最上面对象的剩余部分，并且组成一个闭合路径。

5.11 透明度与混合模式

在 Illustrator CS4 中，用户可以使用【透明度】面板各种不同的方式为对象的填色、描边、对象编组或是图层设置不透明度。可以从 100%的不透明变更为 0%的完全透明，当降低对象的不透明度时，其下方的图形会透过该对象可见。还可以在【透明度】面板中使用【混合模式】选项将选中对象颜色与底层对象的颜色混合。

【例 5-11】在 Illustrator 中，使用【透明度】面板修改图形对象效果。

(1) 选择菜单栏中的【文件】|【打开】命令，在【打开】对话框中选择图形文档，如图 5-40 所示。

(2) 选择【工具】面板中的【选择】工具，选择文档中的图形。并按 Ctrl+C 键复制图形，按 Ctrl+F 键复制粘贴图形对象，并在对象上右击，在弹出的菜单中选择【排列】|【置于顶层】

命令，如图 5-41 所示。

图 5-40　打开图形文档

图 5-41　选中图形

(3) 按 D 键恢复默认的填充和描边色，再使用【钢笔】工具绘制图形，如图 5-42 所示。

(4) 使用【选择】工具选中两个图形，选择【窗口】|【路径查找器】命令，打开【路径查找器】面板，单击【减去顶层】按钮，如图 5-43 所示。

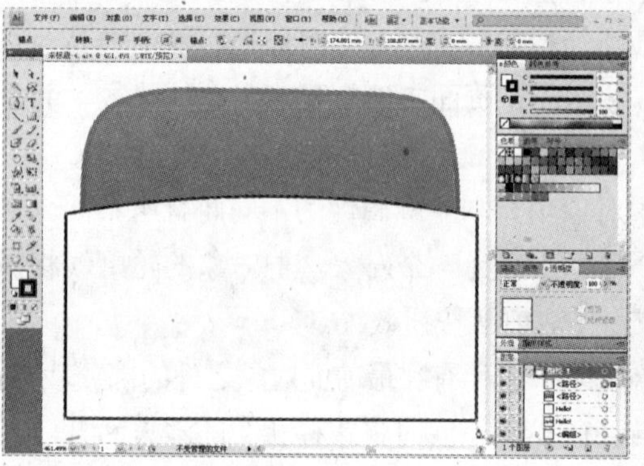

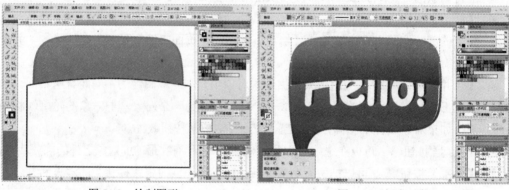

图 5-42　绘制图形

图 5-43　组合对象

(5) 在【色板】面板中单击【线性渐变】色板，在【渐变】面板中，设置【角度】数值为 180°，如图 5-44 所示。

(6) 在【透明度】面板的【不透明度】文本框中输入数值 55，即可降低选中对象的透明度，在【透明度】面板的混合模式下拉列表中选择【滤光】，即可将图形对象进行混合，如图 5-45 所示。

图 5-44　设置渐变

图 5-45　设置透明度

5.12　上机练习

本章上机练习主要练习制作绘制标签，使用户更好地掌握图形对象的选择、变换、复制等基本操作方法和技巧。

(1) 在图形文档中，选择【椭圆】工具，按住Shift键绘制圆形，如图5-46所示。

(2) 使用【选择】工具选中圆形，显示【渐变】面板，在其中填充渐变，并设置【角度】数值为-90°，如图5-47所示。

(3) 右击圆形，在弹出的菜单中选择【变换】|【缩放】命令，打开【比例缩放】对话框。在对话框中，设置【比例缩放】数值为80%，然后单击【复制】按钮。设置复制的圆形的描边颜色为白色，描边粗细为6pt，取消填充颜色，如图5-48所示。

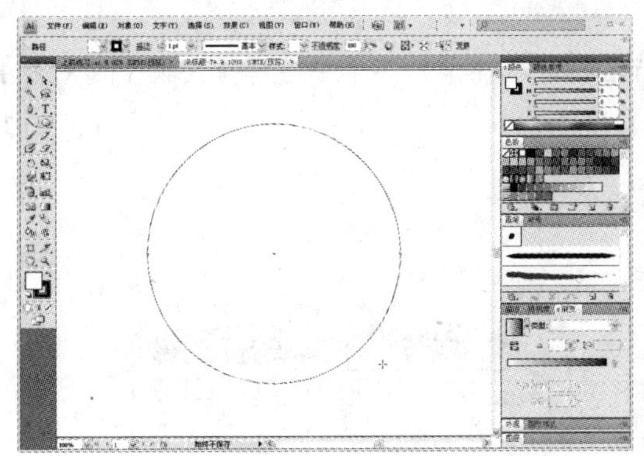

图5-46　绘制图形

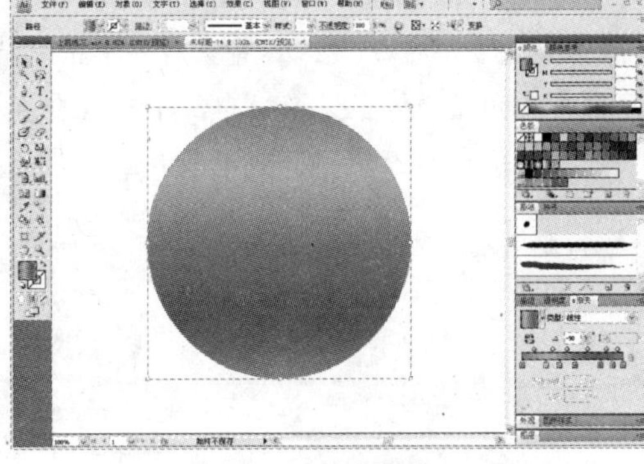

图5-47　填充渐变

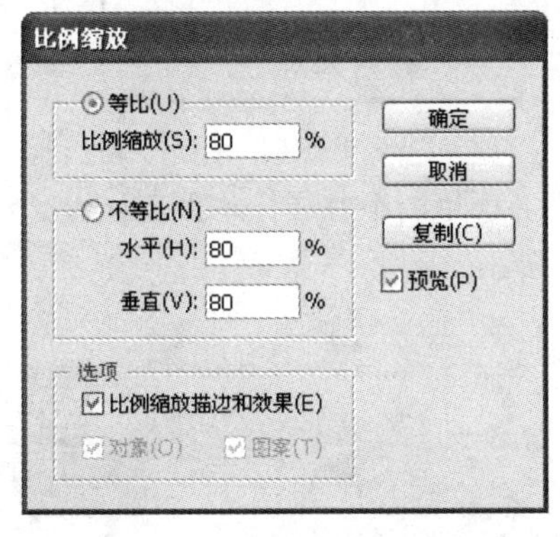

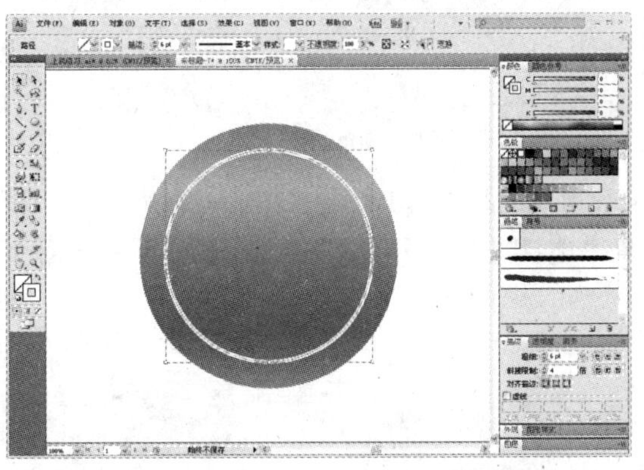

图5-48　复制圆形

(4) 使用【选择】工具选中步骤(1)中绘制的圆形，设置描边颜色为白色，描边粗细为6pt，如图5-49所示。

(5) 按D键恢复默认填充和描边色，选择【钢笔】工具在图形文档中绘制如图5-50所示的图形。

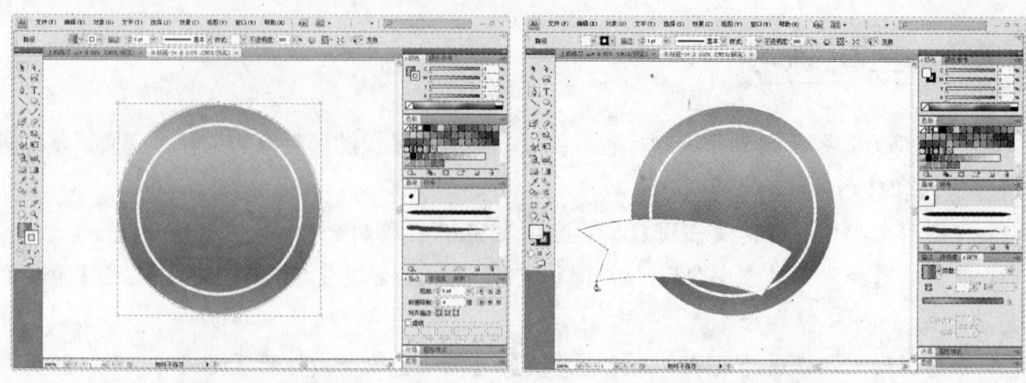

图 5-49　设置图形　　　图 5-50　绘制图形

(6) 使用【选择】工具选中步骤(5)中绘制的图形，并在【渐变】面板中填充渐变，并设置【角度】数值为 14.04°，如图 5-51 所示。

(7) 使用【选择】工具选择对象后，单击鼠标右键，在弹出的菜单中选择【变换】|【对称】命令，在打开的【镜像】对话框中，单击【垂直】单选按钮，输入角度为 90°，单击【复制】按钮，即可将所选对象进行翻转并复制，如图 5-52 所示。

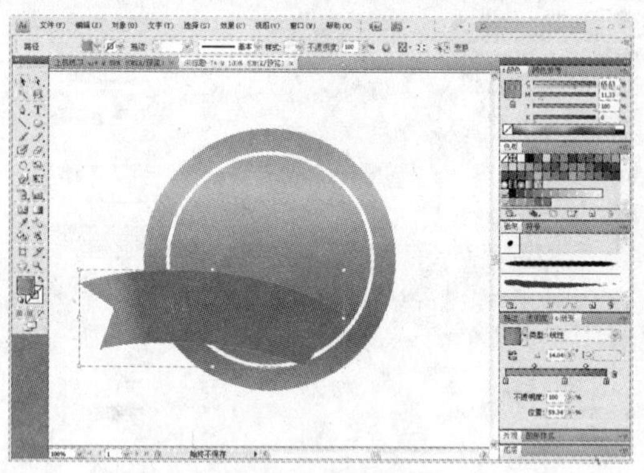

图 5-51　填充渐变

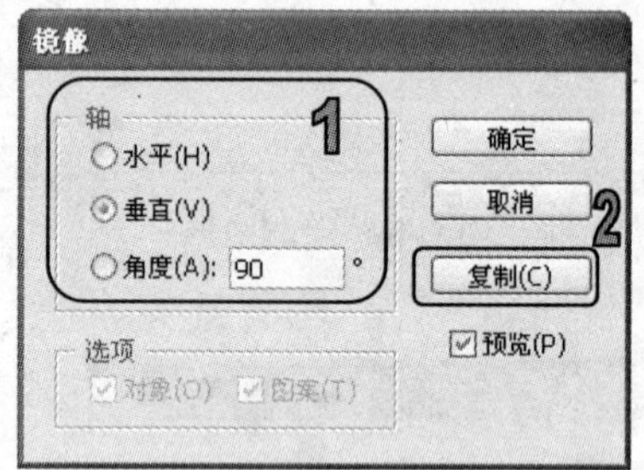

图 5-52　镜像对象

(8) 使用【选择】工具，按住 Shift 键横向移动图形。并选中两个飘带，单击鼠标右键在弹出的菜单中选择【排列】|【置于底层】命令，如图 5-53 所示。

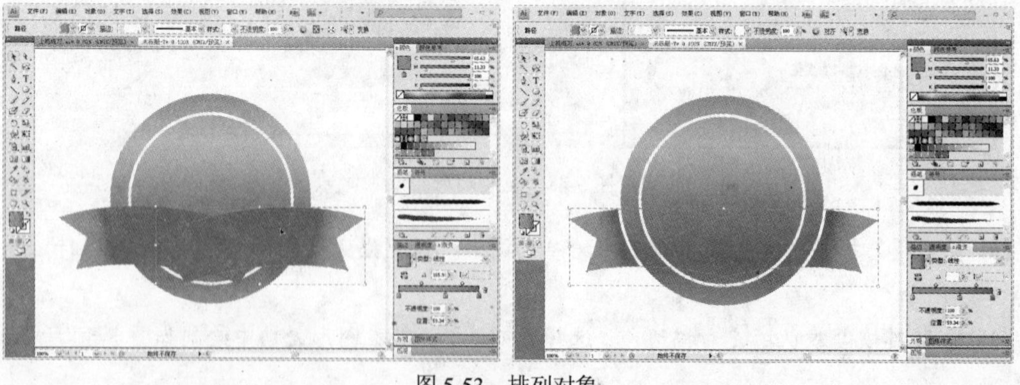

图 5-53　排列对象

(9) 选中步骤(1)中绘制的图形，按 Ctrl+C 键复制，按 Ctrl+F 键粘贴，并单击【工具】面板

中的【默认填色和描边】按钮填充对象，如图 5-54 所示。

(10) 选择【钢笔】工具绘制，在图形文件中绘制如图 5-55 所示的图形。

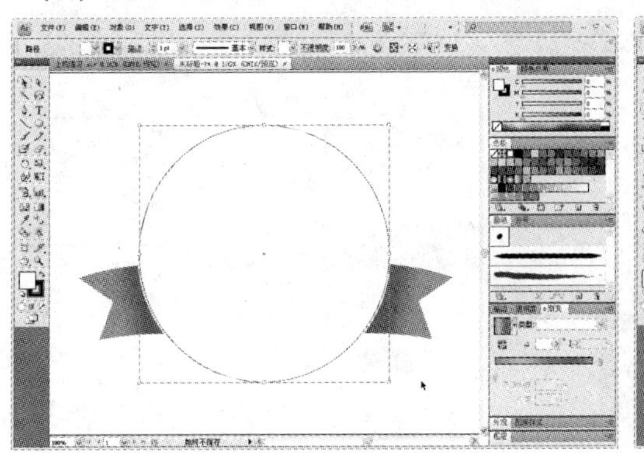

图 5-54　复制对象

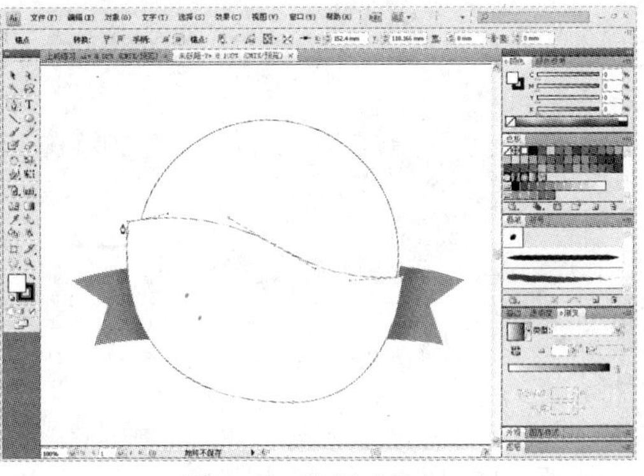

图 5-55　绘制对象

(11) 使用【选择】工具选中步骤(9)、步骤(10)中创建的图形，选择【窗口】|【路径查找器】命令，单击【减去顶层】按钮，如图 5-56 所示。

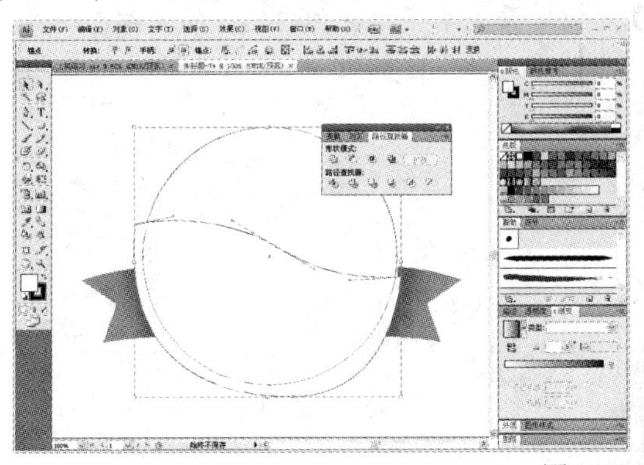

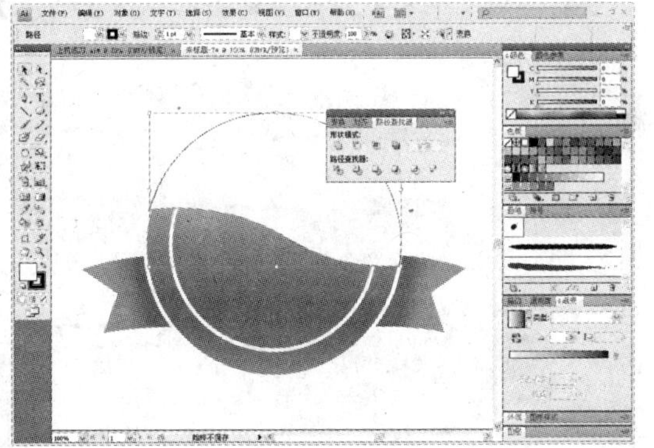

图 5-56　组合图形

(12) 在【渐变】面板中填充渐变，并设置【角度】数值为 90°。右击图形对象，在弹出的菜单中选择【排列】|【后移一层】命令，如图 5-57 所示。

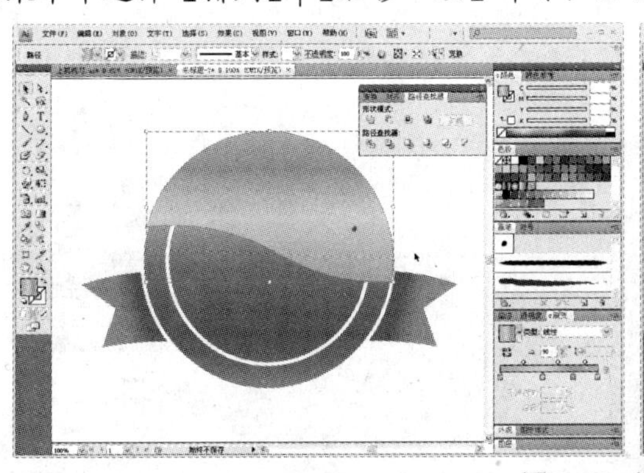

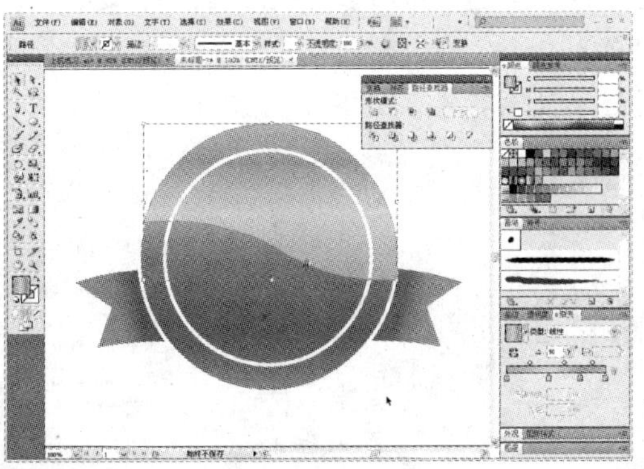

图 5-57　调整对象

(13) 按 D 键恢复默认填充和描边色，选择【钢笔】工具在图形文档中绘制如图 5-58 所示的图形。

(14) 使用【选择】工具选中图形，在【控制】面板中单击【对齐】链接，打开【对齐】面板，单击【水平居中对齐】按钮，如图 5-59 所示。

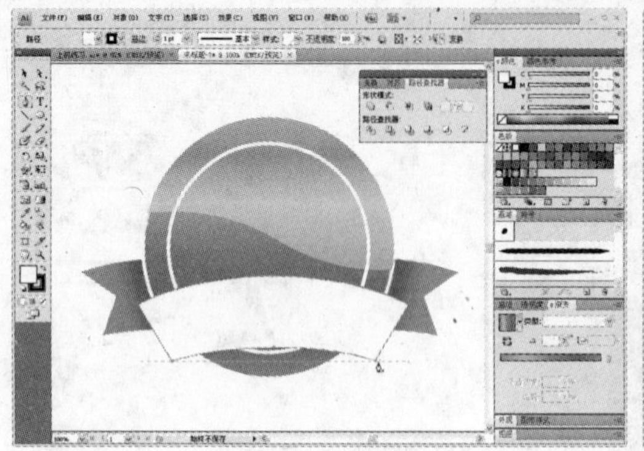

图 5-58　绘制图形

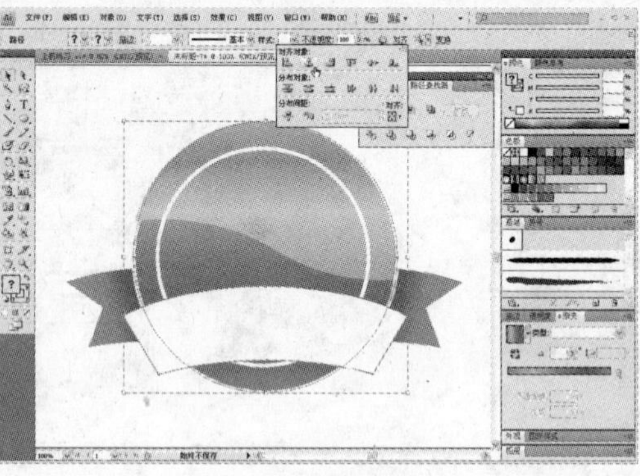

图 5-59　对齐对象

(15) 使用步骤(13)绘制的图形，在【渐变】面板中填充渐变，并设置【角度】数值为-0.7°，如图 5-60 所示。

(16) 使用【钢笔】工具绘制图形，并【颜色】面板中设置填充颜色为白色，描边颜色为无，如图 5-61 所示。

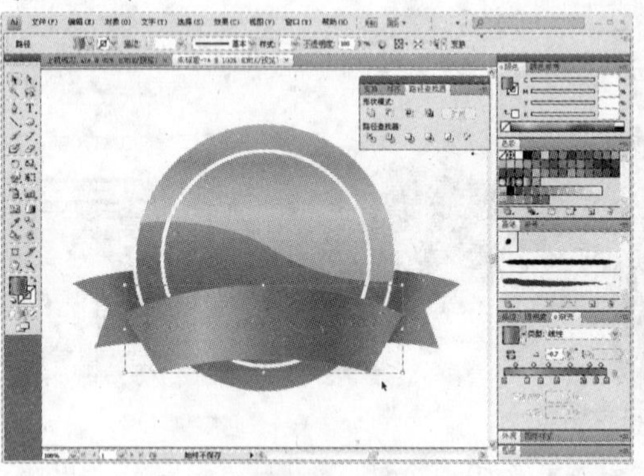

图 5-60　填充渐变

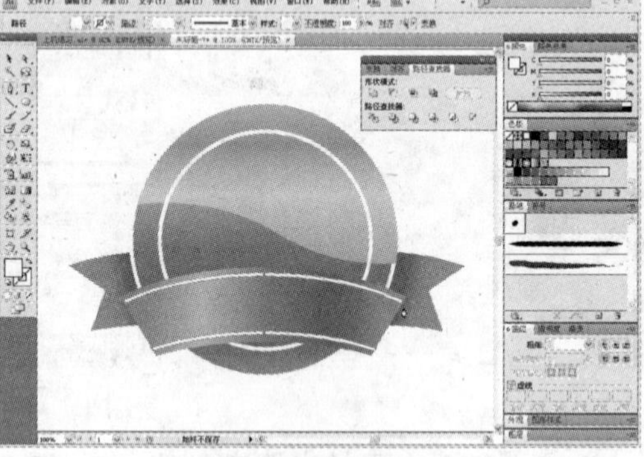

图 5-61　绘制图形

(17) 使用【钢笔】工具绘制图形，选中图形并单击右键，在弹出的菜单中选择【变换】|【对称】命令，在打开的【镜像】对话框中，单击【垂直】单选按钮，再单击【复制】按钮。然后移动复制对象，如图 5-62 所示。

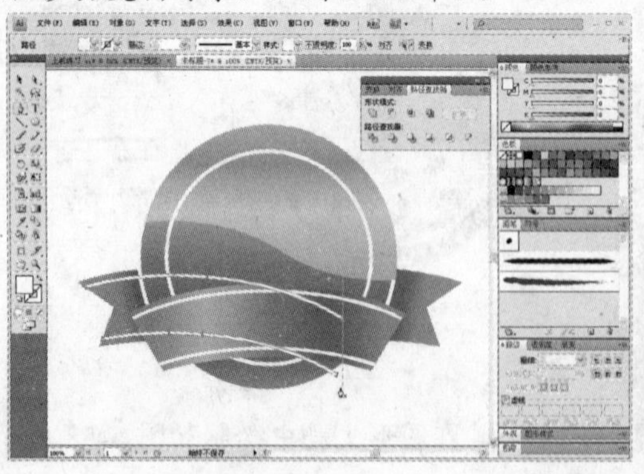

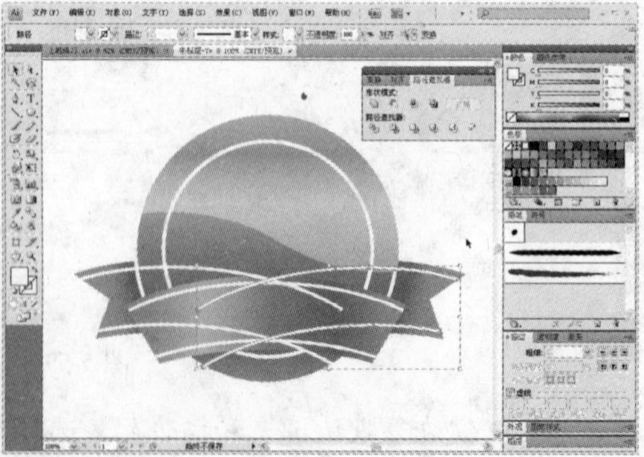

图 5-62　镜像对象

(18) 使用【选择】工具选中对象，并通过 Ctrl+[键排列图形。选择【文字】工具，在【控制】面板中设置字体、字体大小，然后在图形中输入文字，如图 5-63 所示。

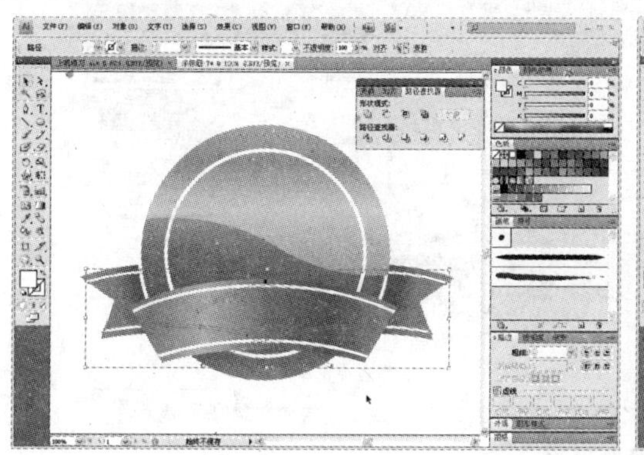

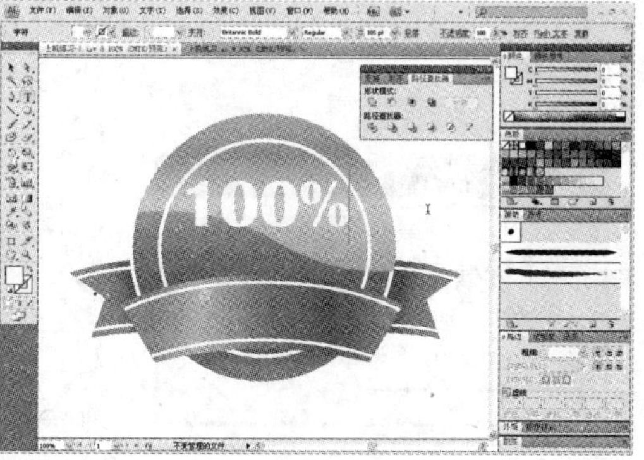

图 5-63 输入文字

(19) 使用【选择】工具选中文字按 Ctrl+C 键复制图形，按 Ctrl+F 键粘贴图形，并在【颜色】面板中设置文字颜色。然后按 Ctrl+[键排列文字，并按键盘上方向键移动文字，如图 5-64 所示。

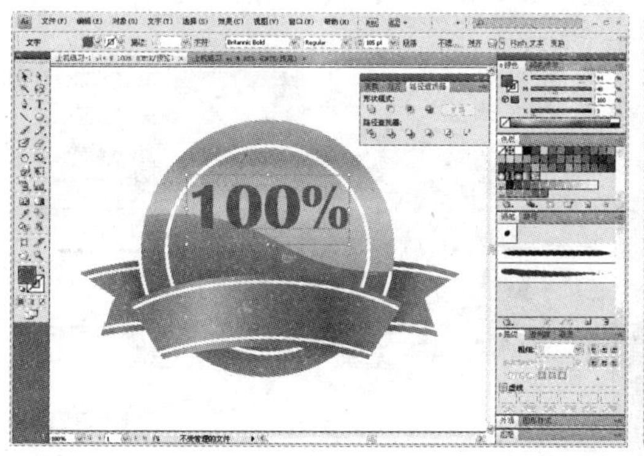

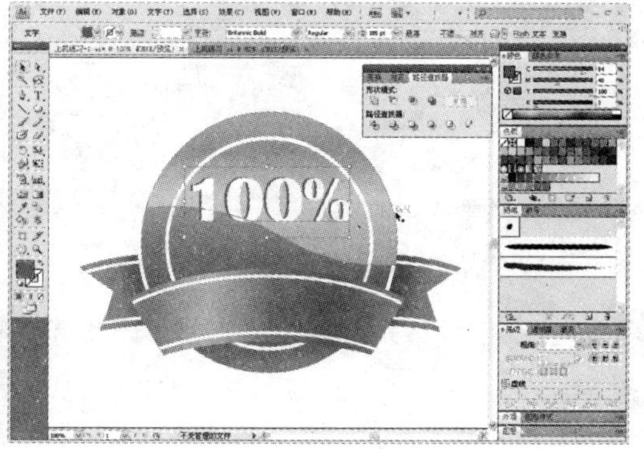

图 5-64 调整文字

(20) 选择【文字】工具，在【控制】面板中设置字体、字体大小，然后在图形中输入文字。并使用步骤(19)的操作方法调整文字，如图 5-65 所示。

图 5-65 输入文字

(21) 选择【星形】工具，在图形文件中单击，打开【星形】对话框。在对话框中，设置【半径 1】数值为 8mm，【半径 2】数值为 4mm，【角点数】数值为 5，然后单击【确定】按钮创

建星形，如图 5-66 所示。

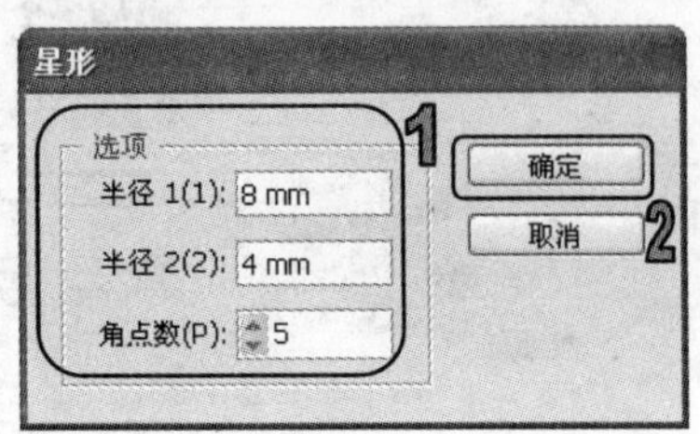

图 5-66　绘制星形

(22) 使用【选择】工具选中星形，并按住 Ctrl+Alt 键复制移动星形，然后配合键盘方向键移动星形，如图 5-67 所示。

图 5-67　复制图形

5.13　习题

1. 绘制一个图形对象，并将其旋转复制得到如图 5-68 所示的效果。
2. 使用多种变形工具，制作如图 5-69 所示特殊效果的相框。

图 5-68　绘制图形

图 5-69　相框效果

第6章 画笔与符号

学习目标

在 Illustrator CS4 中，用户可以通过使用画笔工具绘制出带有各种画笔笔触效果的路径，还可以通过【画笔】面板选择或创建不同的画笔笔触样式。另外，用户还可以使用符号工具方便、快捷地生成很多相似的图形实例，并且也可以通过【符号】面板灵活调整和修饰符号图形。

本章重点

- ◎ 画笔的应用
- ◎ 创建与修改画笔
- ◎ 使用【斑点画笔】工具
- ◎ 符号的应用

6.1 画笔的应用

使用画笔工具可以直接绘制路径并同时应用画笔样式效果，或将画笔样式效果应用到现有的路径上。Illustrator CS4 中提供了多种不同样式的画笔，可以建立各种外观风格的路径。

6.1.1 画笔种类

在 Illustrator 中提供了书法画笔、艺术画笔、图案画笔和散点画笔四种画笔类型。使用这些画笔样式，可以为路径添加特殊的描边效果。

- ◎ 书法画笔：书法画笔的效果类似使用笔尖呈某个角度的蘸水笔，如图 6-1 所示。
- ◎ 艺术画笔：艺术画笔会沿着路径的长度，平均地拉长画笔形状或对象形状，如图 6-2 所示。

图 6-1　书法画笔

图 6-2　艺术画笔

- 图案画笔：图案画笔的效果是沿着路径重复绘制一个拼贴图案，如图 6-3 所示。
- 散点画笔：散点画笔通常可以达到图案画笔相同的效果，但与图案画笔不同的是散点画笔不完全依循路径，如图 6-4 所示。

图 6-3　图案画笔

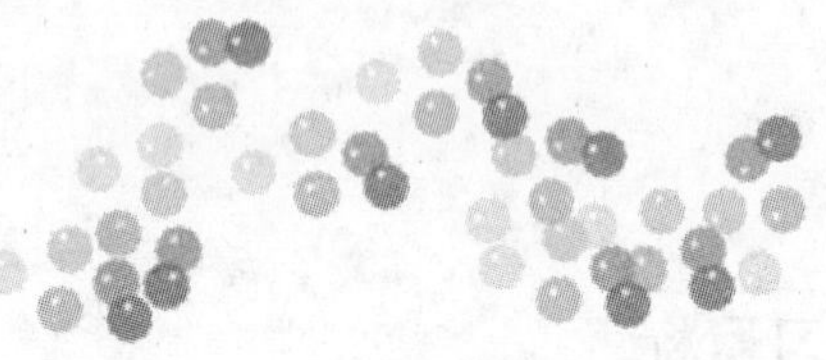

图 6-4　散点画笔

6.1.2　【画笔】面板

在 Illustrator CS4 中，使用【画笔】面板不仅可以选择不同的画笔类型，而且可以自定义画笔以及保存、替换画笔等。选择菜单栏中的【窗口】|【画笔】命令即可打开【画笔】面板，如图 6-5 所示。

在【画笔】面板中显示了系统提供的画笔类型，用户可以通过拖动面板右侧的滚动条浏览所有的画笔类型。在【画笔】面板底部有 5 个按钮，其功能如下。

- 【画笔库菜单】按钮：单击该按钮可以打开画笔库菜单，从中可以选择所需要的画笔类型。
- 【移去画笔描边】按钮：单击该按钮可以将图形中的描边删除。
- 【所选对象的选项】按钮：单击该按钮可以打开画笔选项窗口，通过该窗口可以编辑不同的画笔形状。
- 【新建画笔】按钮：单击该按钮可以打开【新建画笔】对话框，使用该对话框可以创建新的画笔类型。
- 【删除画笔】按钮：单击该按钮可以删除选定的画笔类型。

单击【画笔】面板右上方的面板扩展菜单按钮，可以打开一个菜单，如图 6-6 所示。通过该菜单中的命令，同样可以进行新建、复制、删除画笔等操作。并且可以改变画笔类型的显示，以及面板的显示方式，如图 6-7 所示。

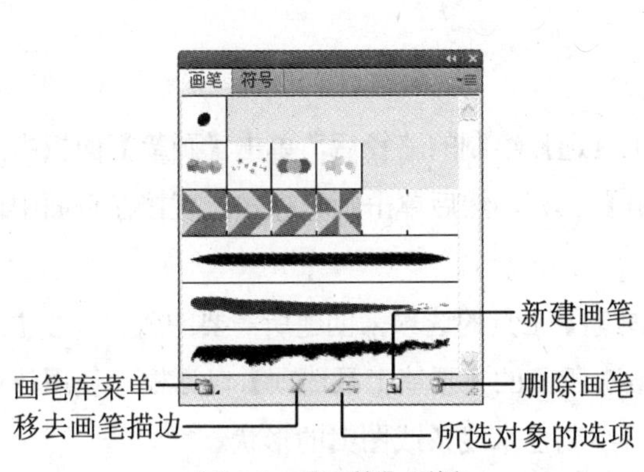

图 6-5　【画笔】面板

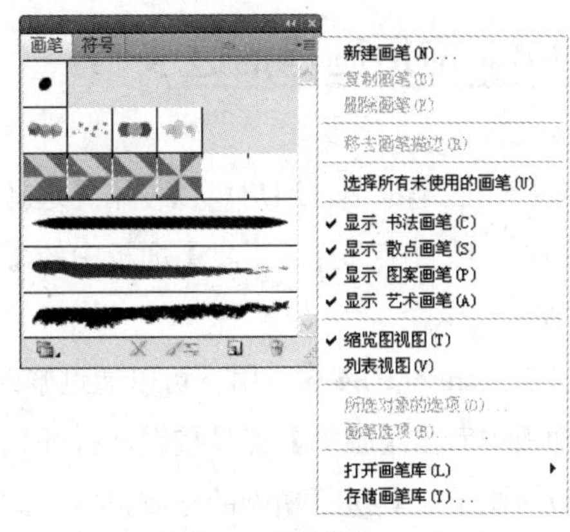

图 6-6　面板菜单

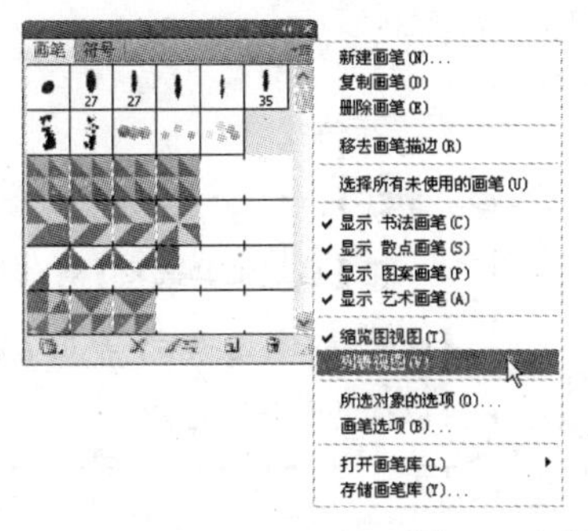

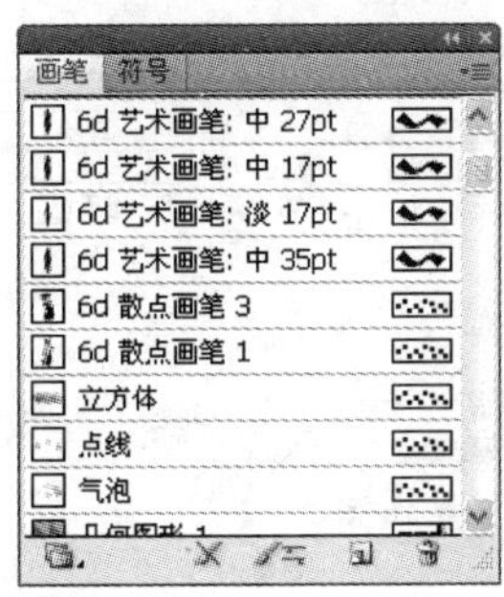

图 6-7　更改面板显示

6.1.3　使用画笔库

画笔库是随 Illustrator 提供的一组预设画笔。用户可以同时打开多个画笔库以浏览其中的内容并选择画笔样式。选择菜单栏中的【窗口】|【画笔库】命令下子菜单可以打开不同的画笔库，也可以使用【画笔】面板菜单来打开画笔库，如图 6-8 所示。

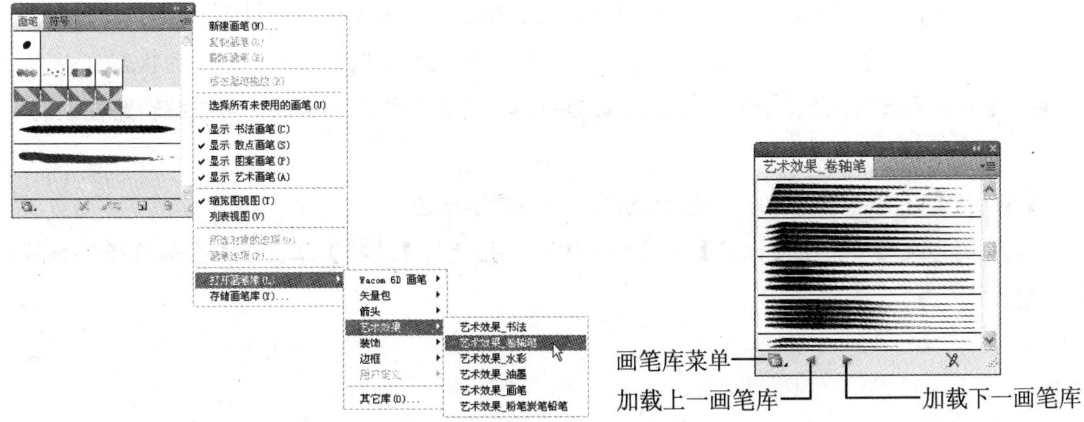

图 6-8　打开画笔库

6.1.4 应用画笔描边

要应用画笔描边，用户可以使用【选择】工具选择绘制的路径后，单击【画笔】面板中的画笔样式，或直接选择【工具】面板中的【画笔】工具，然后单击画笔样式，直接在页面中进行绘制。

在 Illustrator CS4 中，用户可以通过修改【画笔】工具的选项来创建所需要的效果。在【工具】面板中双击【画笔】工具按钮，打开如图 6-9 所示的【画笔工具选项】对话框。使用该窗口可以对画笔工具进行精确的设置，从而改变所绘制艺术线条或图案的形状。

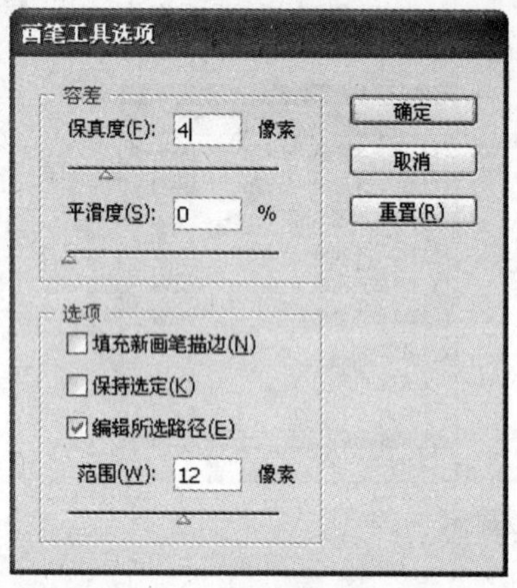

图 6-9 【画笔工具选项】对话框

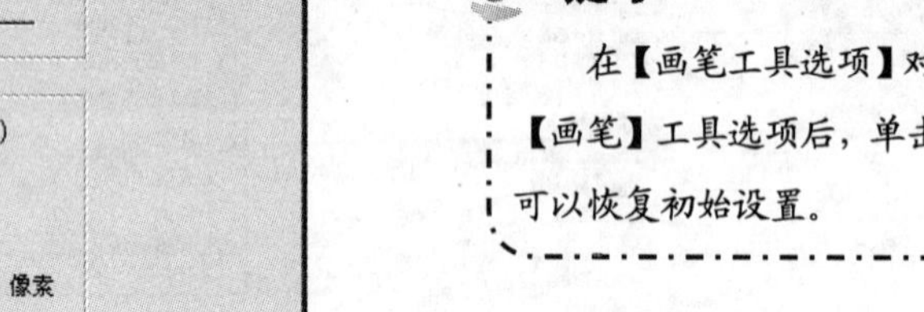

提示

在【画笔工具选项】对话框中，调整【画笔】工具选项后，单击【重置】按钮可以恢复初始设置。

- 【保真度】：用来设定【画笔】工具绘制曲线时，所经过的路径上各点的精确度，度量的单位是像素。保真度的数值越小，所绘制的曲线越粗糙，精度越低。
- 【平滑度】：用来指定【画笔】工具所绘制曲线的光滑程度的参数。平滑度的值越大，所绘曲线越平滑。
- 【填充新画笔描边】复选框：将填色应用于路径。该选项在绘制封闭路径时最有用。
- 【保持选定】复选框：如选中该复选框，则每次绘制的曲线都处于选中的状态。
- 【编辑所选路径】复选框：如选中该复选框，在路径绘制完成后，可以编辑路径上的锚点。

【例 6-1】在 Illustrator 中，为绘制的图形应用画笔描边。

(1) 在图形文档中使用【钢笔】工具绘制图形，并使用【选择】工具选中全部路径，如图 6-10 所示。

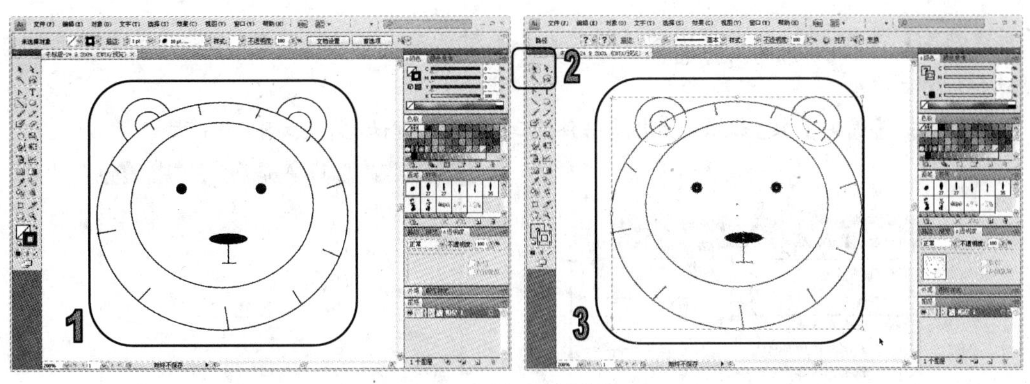

图 6-10　绘制并选中图形

(2) 在【画笔】面板中，单击【书法】画笔样式，将画笔样式应用到路径上，如图 6-11 所示。

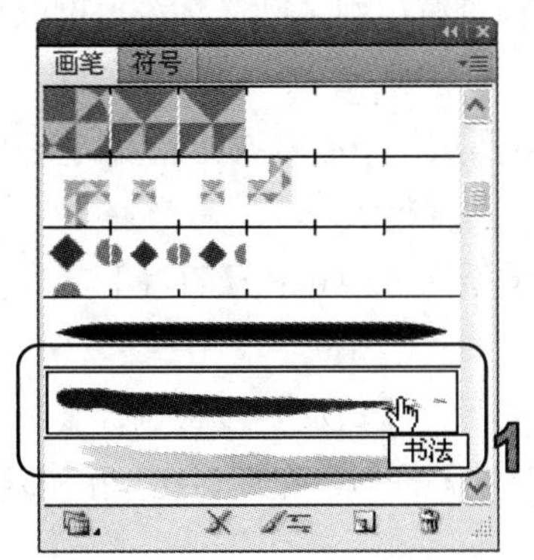

图 6-11　应用画笔描边

6.2 创建与修改画笔

Illustrator 可以创建新画笔和修改当前选择的画笔。所有的画笔必须是由简单的矢量对象所构成，画笔不能包含有渐变、混合、其他画笔描边、网格对象、位图图像、图表、置入文件或蒙版等。

对于艺术画笔和图案画笔，图稿中不能包含文字。若要实现包含文字的画笔描边效果，先将文字创建轮廓，然后使用该轮廓创建画笔。

6.2.1 创建书法画笔

在 Illustrator 中，用户可以创建新的书法画笔，并且可以更改书法画笔绘制时的角度、圆度和直径。

【例 6-2】在 Illustrator 中，创建用户自定义书法画笔。

(1) 选择菜单栏中的【窗口】|【画笔】命令，打开【画笔】面板。在【画笔】面板中单击

【新建画笔】按钮 ，在弹出的【新建画笔】对话框中单击【新建 书法画笔】单选按钮，如图 6-12 所示。

(2) 单击【确定】按钮后，弹出【书法画笔选项】对话框，如图 6-13 所示。

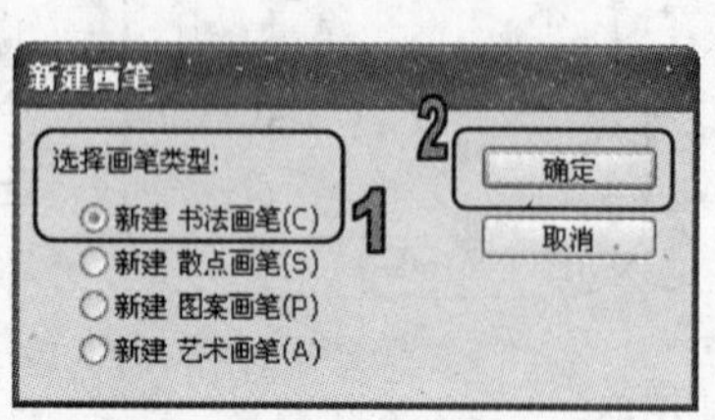

图 6-12 【新建画笔】对话框

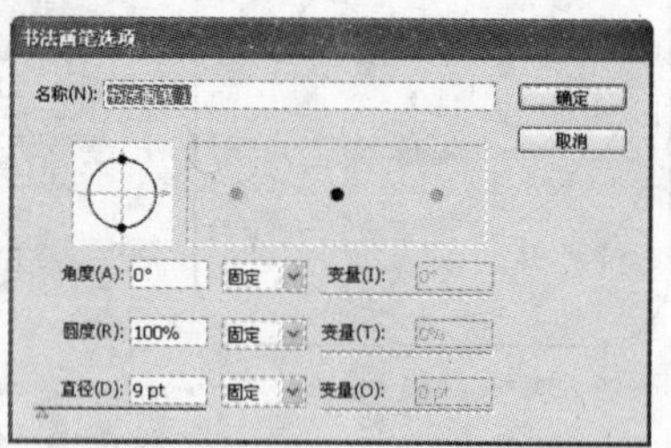

图 6-13 【书法画笔选项】对话框

- ◉ 【角度】：如果要设定旋转的椭圆形角度，可在预览窗口中拖动箭头，也可以直接在角度文本框中输入数值。
- ◉ 【圆度】：如果要设定圆度，可在预览窗口中拖动黑点往中心点或往外以调整其圆度，也可以在【圆度】文本框中输入数值。数值越高，圆度越大。
- ◉ 【直径】：如果要设定直径，可拖动直径滑杆上的滑块，也可在【直径】文本框中输入数值。

(3) 在【书法画笔选项】对话框中，设置【角度】为 60°，【圆度】为 35%、【变量 CT】为 10%，【直径】为 10pt，如图 6-14(左图)所示，单击【确定】按钮，即可创建一个书法画笔，如图 6-14(右图)所示。

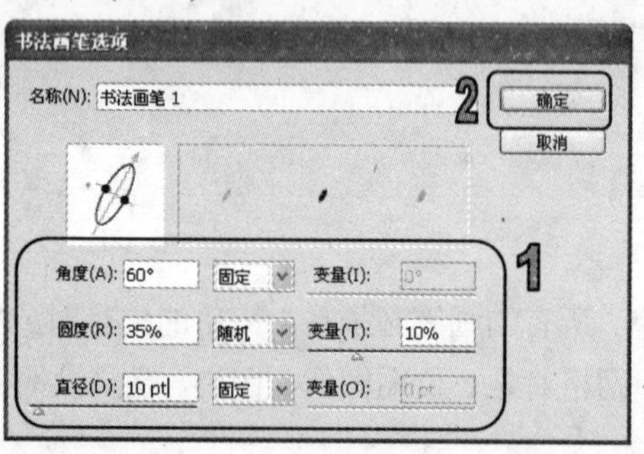

图 6-14 使用【用书法画笔】

6.2.2 创建散点画笔

可以使用一个 Illustrator 图稿来创建散点画笔，也可以变更散点画笔所绘制路径上对象的大小、间距、分散图案和旋转。

【例 6-3】在 Illustrator 中，创建用户自定义散点画笔。

(1) 选择【工具】面板中的【选择】工具，框选全部图形，如图 6-15 所示。

(2) 然后单击【画笔】面板中的【新建画笔】按钮，在弹出的【新建画笔】对话框中单击

【新建 散点画笔】单选按钮，如图 6-16 所示。

图 6-15　选择图形

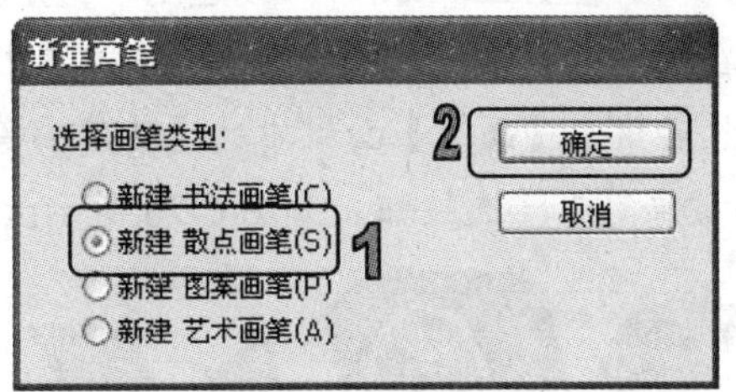

图 6-16　【新建画笔】对话框

(3) 单击【确定】按钮，接着打开 【散点画笔选项】对话框。在【散点画笔选项】对话框的【名称】文本框中输入【草莓图案】，设置【大小】、【间距】、【分布】和【旋转】参数，如图 6-17 所示，然后单击【确定】按钮，即可将设定好的样式定义为散点画笔。

(4) 选择【工具】面板中的【画笔】工具，在文档中拖动，即可得到如图 6-18 所示的效果。

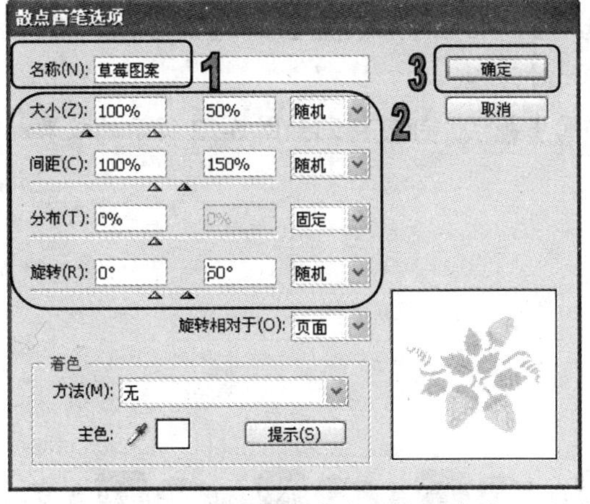

图 6-17　设置【散点画笔】选项

图 6-18　使用散点画笔

- 大小：控制对象的大小。
- 间距：控制对象之间的距离。
- 分布：控制路径两侧对象与路径之间接近的程度。数值越高，对象与路径之间的距离越远。
- 旋转：控制对象的旋转角度。
- 方法：可以在其下拉列表中选择上色方式。

6.2.3　创建图案画笔

如要创建图案画笔，可以使用【色样】面板中的图案色样或文档中的图稿，来定义画笔中的拼贴。利用色样定义图案画笔时，可使用预先加载的图案颜色，或自定义的图案色样。

创建用户自定义的【图案画笔】可以更改图案画笔的大小、间距和方向，另外，还能将新的图稿应用至图案画笔中的任一拼贴上，以重新定义该画笔。

【例 6-4】在 Illustrator 中，创建用户自定义图案画笔。

(1) 在【工具】面板中选择【选择】工具框选图形，如图 6-19 所示。

(2) 然后单击【画笔】面板中的【新建画笔】按钮，在弹出的【新建画笔】对话框中单击【新建图案画笔】单选按钮，如图 6-20 所示。

图 6-19　选择对象

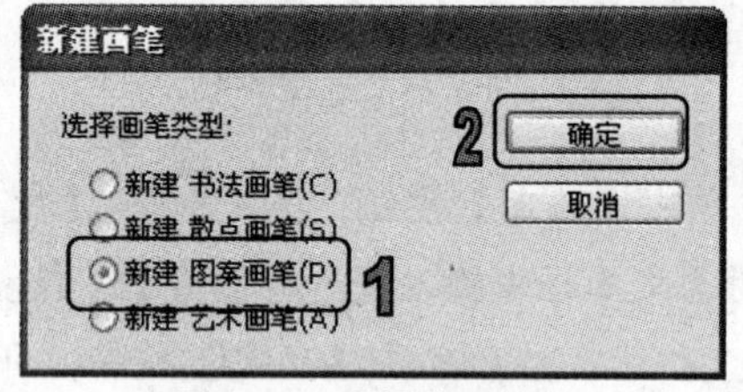

图 6-20　【新建画笔】

(3) 单击【确定】按钮，在打开的【图案画笔选项】对话框中，设置【缩放】为 50%，【间距】为 0%，如图 6-21 所示，单击【确定】按钮关闭对话框。

(4) 选择【工具】面板中的【画笔】工具，在画面中拖动，即可得到如图 6-22 所示的效果。

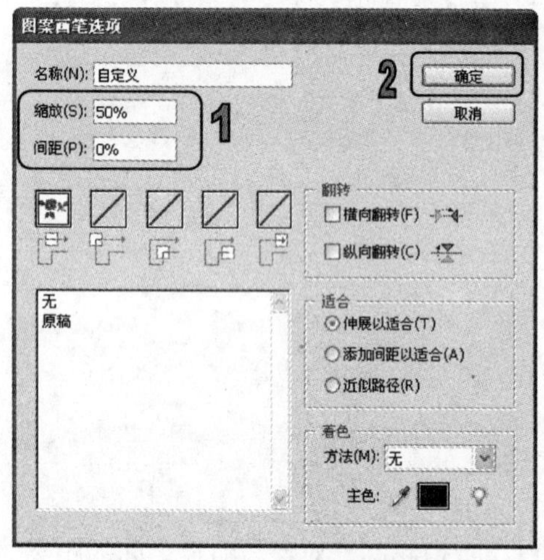

图 6-21　设置【图案画笔选项】

图 6-22　用户图案画笔

6.2.4　创建艺术画笔

在 Illustrator 中，用户可以使用绘制的图稿来创建艺术画笔工具，同时可以指定艺术画笔沿路径排列的方向。

【例 6-5】在 Illustrator 中，创建自定义艺术画笔。

(1) 打开图形文档，并使用【选择】工具选中图形对象。然后单击【画笔】面板中的【新建画笔】按钮，在弹出的【新建画笔】对话框中单击【新建艺术画笔】单选按钮，然后单击【确定】按钮，如图 6-23 所示。

提示

编辑艺术画笔的方法与前面几种画笔的编辑方法基本相同。不同的是艺术画笔选项窗口的右边有一排方向按钮，选择不同的方向按钮可以指定艺术画笔沿路径的排列方向。←指定图稿的左边为描边的终点；→指定图稿的右边为描边的终点；↑指定图稿的顶部为描边的终点；↓指定图稿的底部为描边的终点。

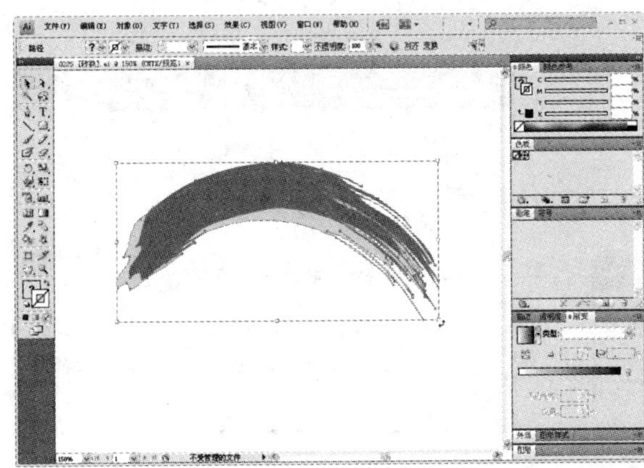

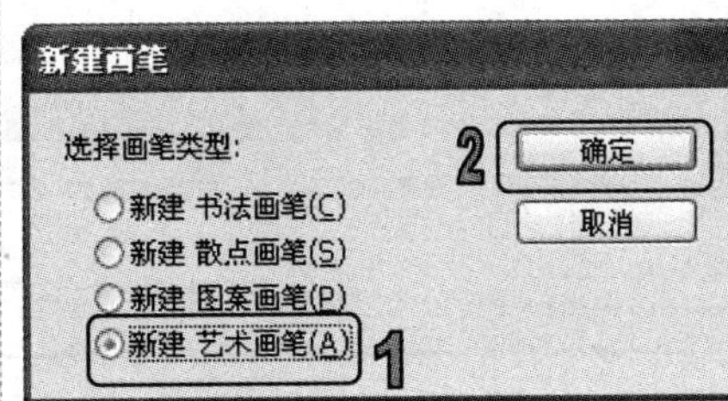

图 6-23　新建艺术画笔

(2) 打开【艺术画笔选项】对话框，在对话框的【名称】文本框中输入【干画笔】，单击【确定】按钮，然后使用【画笔】工具在画面中拖动，即可得到如图 6-24 所示的效果。

- 【宽度】文本框：相对于原宽度调整图稿的宽度。
- 【等比】复选框：在缩放图稿时保留比例。
- 【横向翻转】或【纵向翻转】复选框：可以改变图稿相对于线条的方向。

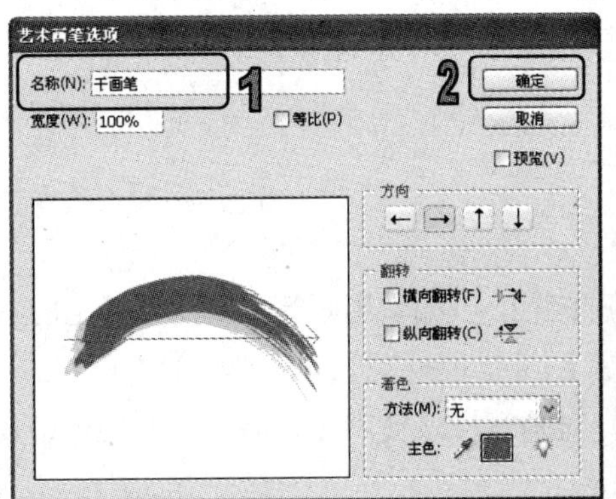

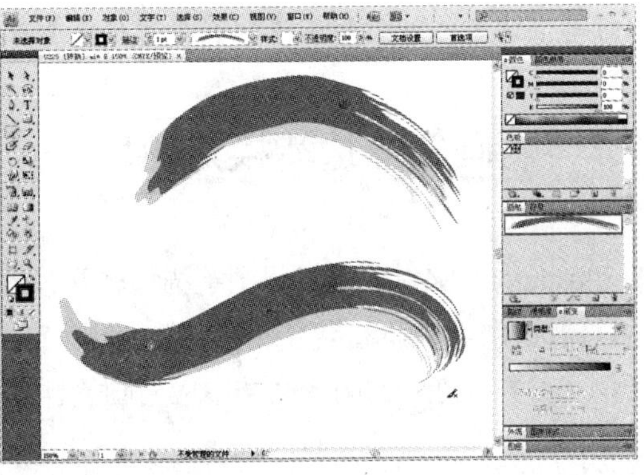

图 6-24　设置艺术画笔选项

6.2.5 修改画笔

若要更改画笔选项，可以通过双击【画笔】面板中的画笔样式打开相应的画笔选项对话框。重新设置好画笔选项后，单击【确定】按钮即可应用。

如果当前页面中包含用修改的画笔绘制的路径，则会弹出【画笔更改警告】对话框，如图 6-25 所示。单击【应用于画笔描边】按钮可更改既有描边。单击【保留描边】按钮可保留既有描边不变，仅将修改的画笔应用于新描边。

如果需要修改用画笔绘制的线条，但不更新对应的画笔样式，可选择该线条，单击【画笔】面板中的【所选对象的选项】按钮。根据需要设置打开的【描边选项】对话框，然后单击【确定】按钮即可。如图 6-26 所示。

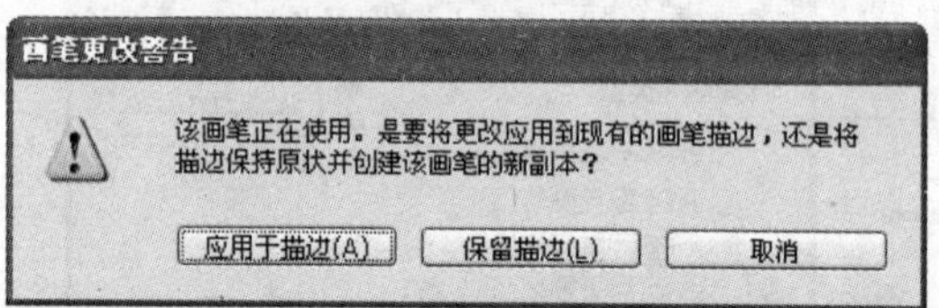

图 6-25 【画笔更改警告】对话框

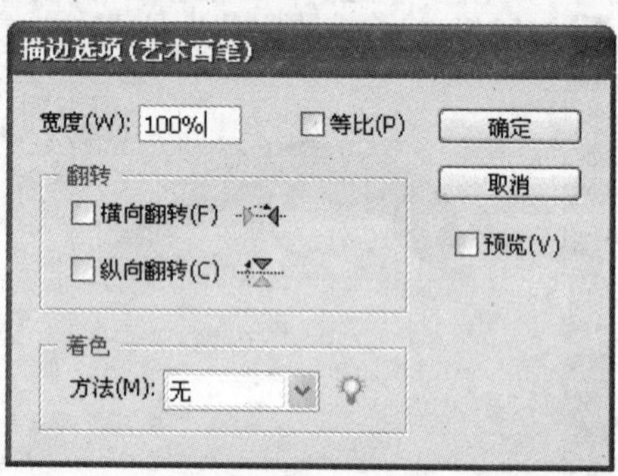

图 6-26 【描边选项(艺术画笔)】对话框

6.2.6 删除画笔描边

应用【画笔】工具绘制图形时，会自动应用【画笔】面板中选中的画笔样式效果。如果无需【画笔】面板中的画笔样式效果，只需选择用画笔绘制的路径，在【画笔】面板菜单中选择【移去画笔描边】，或者单击【移去画笔描边】按钮。

6.2.7 将画笔描边转换为轮廓

在 Illustrator CS4 中，可以将画笔描边转换为轮廓路径，以编辑用画笔绘制的路径上的各个部分。只需选择一条用画笔绘制的路径，选择【对象】|【扩展外观】命令即可。

【例 6-6】在打开的图形文档中应用画笔样式，对画笔样式使用【扩展外观】命令将其转换，并进行编辑。

(1) 选择菜单栏中的【文件】|【打开】命令，打开图形文档，在【工具】面板中选择【选择】工具，在图形文档中选中路径图形，如图 6-27 所示。

(2) 选择菜单栏中的【对象】|【扩展外观】命令，即可将画笔样式转换为外框路径，如图 6-28 所示。

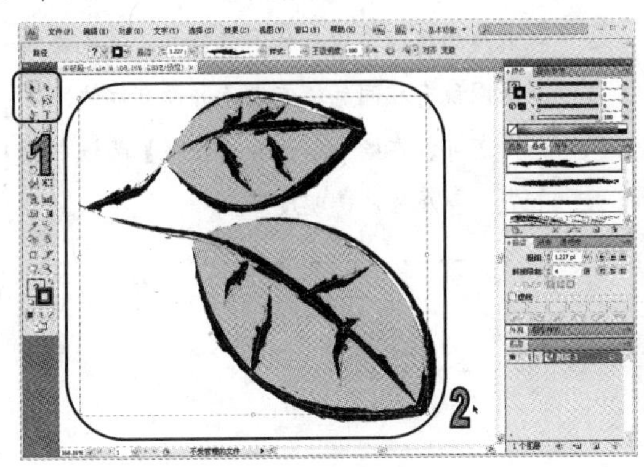

图 6-27　打开图形文档

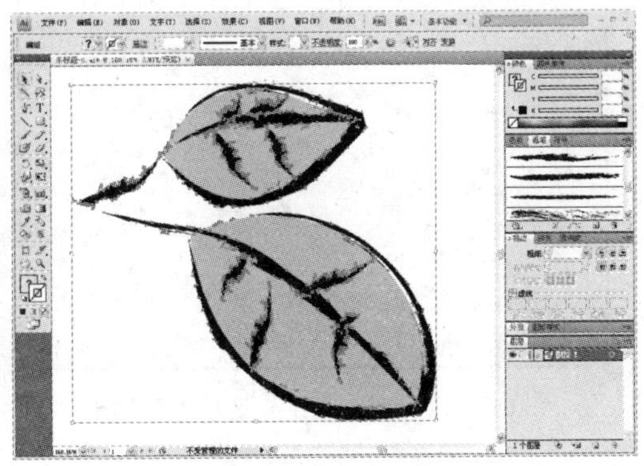

图 6-28　扩展外观

(3) 选择【窗口】|【路径查找器】命令，打开【路径查找器】面板，单击【联集】按钮，如图 6-29 所示。

(4) 在【渐变】面板中，设置渐变颜色 CMYK=55，85，100，30 至 CMYK=45，40，100，0，最终效果如图 6-30 所示。

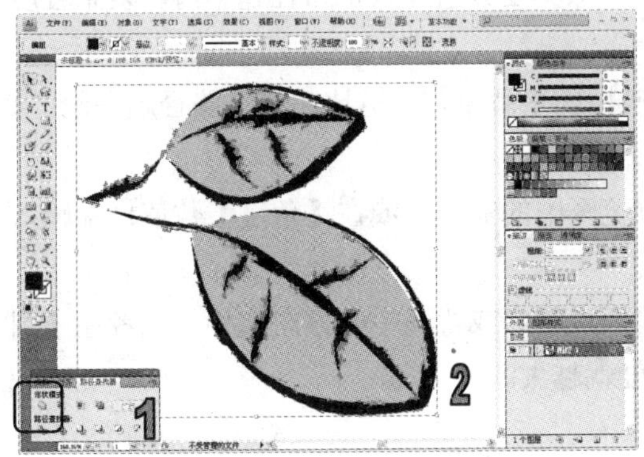

图 6-29　组合图形

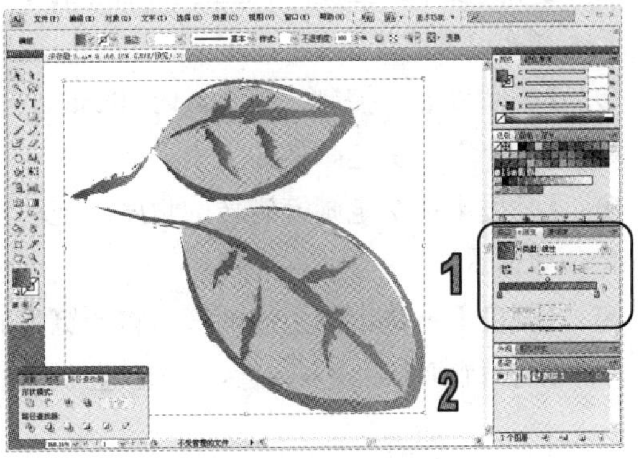

图 6-30　更改颜色

6.3　使用【斑点画笔】工具

使用【斑点画笔】工具可以绘制填充的形状，以便与具有相同颜色的其他形状进行交叉和合并。双击【工具】面板中的【斑点画笔】工具，可以打开【斑点画笔工具选项】对话框，如图 6-31 所示。

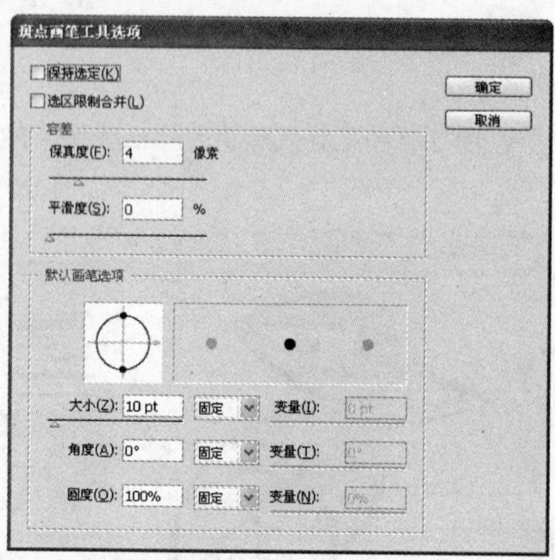

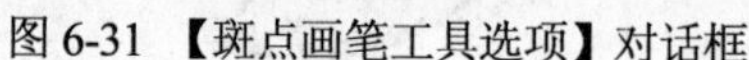
图 6-31 【斑点画笔工具选项】对话框

知识点

【斑点画笔】工具创建有填充、无描边的路径。如果希望将【斑点画笔】工具创建的路径与现有的图稿合并，首先要确保图稿有相同的填充颜色并没有描边。用户还可以在绘制前，在【外观】面板中设置上色属性、透明度等。

- 【保持选定】：指定绘制合并路径时，所有路径都将被选中，并且在绘制过程中保持被选中状态。该选项在查看包含在合并路径中的全部路径时非常有用。选择该选项后，【选区限制合并】选项将被停用。
- 【选区限制合并】：指定如果选择了图稿，则【斑点画笔】只可与选定的图稿合并。如果没有选择图稿，则【斑点画笔】可以与任何匹配的图稿合并。
- 【保真度】：控制路径上添加锚点的距离。保真度数值越大，路径越平滑，复杂程度越小。
- 【平滑度】：控制使用工具时 Illustrator 应用的平滑量。百分比越高，路径越平滑。
- 【大小】：决定画笔的大小。
- 【角度】：决定画笔旋转的角度。拖动预览区中的箭头，或在【角度】数值框中输入数值。
- 【圆度】：决定画笔的圆度。将预览中的黑点朝向或背离中心方向拖移，或者在【圆度】数值框中输入数值，该值越大，圆度就越大。

6.4 符号的应用

符号是一种可以在文档中反复使用的艺术对象，它可以方便、快捷地生成很多相似的图形实例。同时还可以通过符号体系工具来灵活、快速地调整和修饰符号图形的大小、距离、色彩、样式等。

6.4.1 【符号】面板

【符号】面板用来管理文档中的符号，可以用来建立新符号、编辑修改现有的符号以及删

除不再使用的符号。选择菜单栏中的【窗口】|【符号】命令，可打开【符号】面板，如图 6-32 所示。

在 Illustrator 中还自带了多种预设符号，这些符号都按类别存放在符号库中。选择菜单栏中的【窗口】|【符号库】命令下的子菜单，或选择【窗口】面板扩展菜单中的【打开符号库】命令下的子菜单就可以查看、选取所需的符号，也可以建立新的符号库。当选择一种符号库后，它会出现在新面板中，它的用法与【符号】面板基本相同，只是不能够新增、删除或编辑符号库中的符号，如图 6-33 所示。

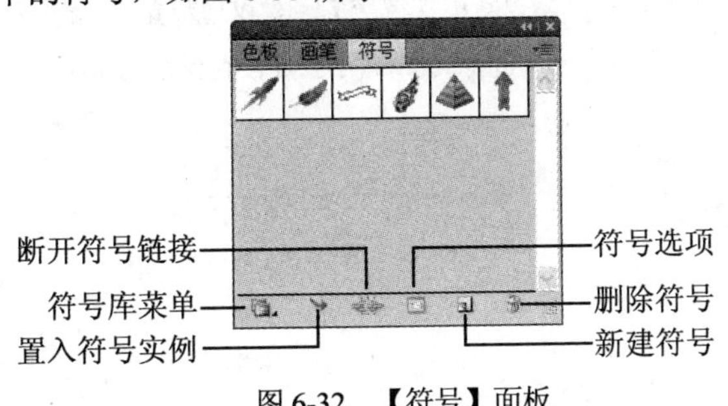

图 6-32　【符号】面板

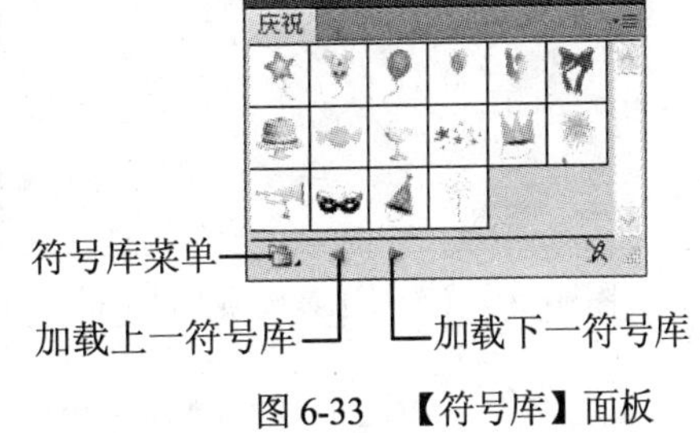

图 6-33　【符号库】面板

6.4.2　使用符号

在 Illustrator CS4 中，符号可以被单独使用，也可以作为集合来使用。符号的应用非常简单，只要在【工具】面板中选择【符号喷枪】工具，然后在【符号】面板中选择一个符号图标，并在工作区中单击即可。单击一次可创建一个符号实例，单击多次或按住鼠标左键拖动可创建符号集。如图 6-34 所示。

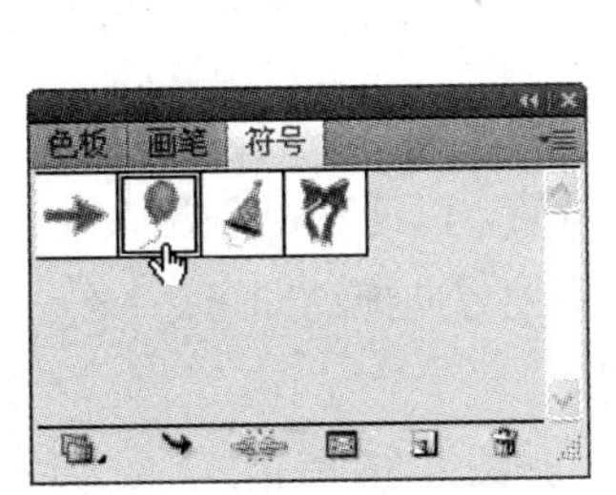

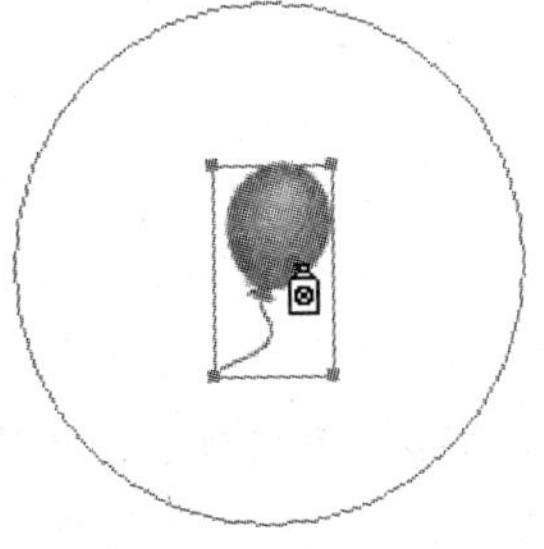

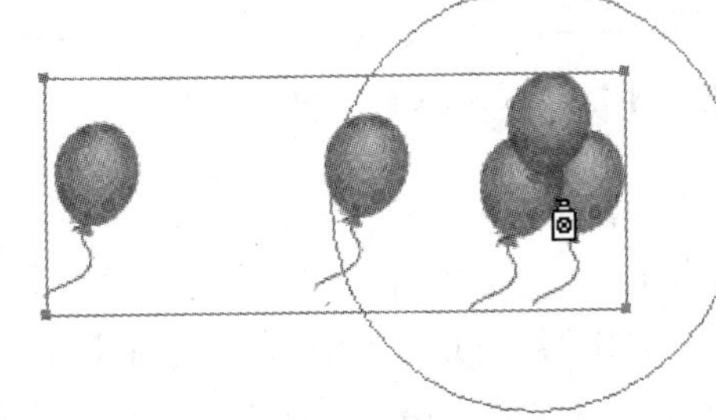

图 6-34　使用符号

6.4.3　使用符号工具

在 Illustrator CS4 中，符号工具用于创建和修改符号实例集。用户可以使用【符号喷枪】工具创建符号集。然后可以使用其他符号工具更改符号实例集的实例密度、颜色、位置、大小、旋转、透明度和样式等。

1. 设置符号工具选项

双击【工具】面板中的【符号喷枪】工具，可以打开如图 6-35 所示的【符号工具选项】对话框，设置符号工具选项。

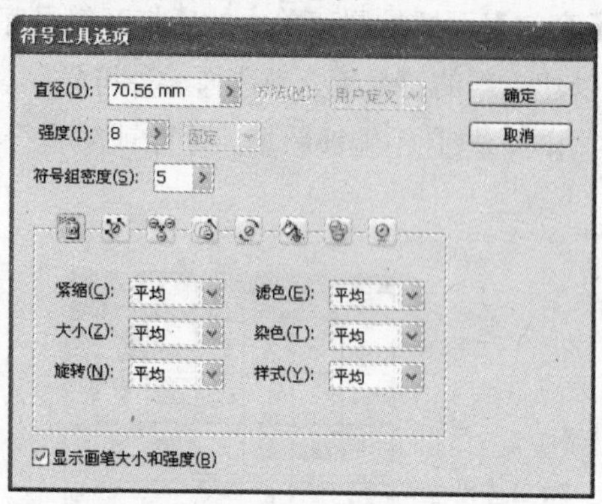

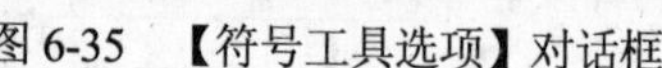
图 6-35 【符号工具选项】对话框

> **提示**
>
> 使用【符号工具】时，可以按键盘上[键以减小直径，或按]键以增加直径。按住 Shift+[键以减小强度，或按住 Shift+]键以增加强度。

- 【直径】：指定工具的画笔大小。
- 【强度】：指定更改的速度，数值越大，更改越快。
- 【符号组密度】：指定符号组的密度值，数值越大，符号实例堆积密度越大。此设置应用于整个符号集。如果选择了符号集，将更改集中所有符号实例的密度。
- 【显示画笔大小和强度】：选中该复选框后，可以显示画笔的大小和强度。

> **知识点**
>
> 直径、强度和密度等常规选项出现在对话框的上部。特定的工具选项则出现在对话框的下部。常规选项与所选的符号工具无关。要切换另一个符号工具选项时，单击对话框中相应的工具图标即可。

2. 【符号位移器】工具

在 Illustrator CS4 中，创建好符号实例后，还可以分别移动它们的位置，以便获得需要的效果。选择【工具】面板中的【符号位移器】工具，向希望符号实例移动的方向拖动即可。

【例 6-7】在 Illustrator 中，使用【符号位移器】工具移动符号组。

(1) 在【工具】面板中选中【选择】工具，选择文档中的符号组，如图 6-36 所示。

(2) 在【工具】面板中选择【符号位移器】工具，然后在符号组中单击拖动需要移动的符号实例至合适的位置释放即可，如图 6-37 所示。

图 6-36 选中符号组

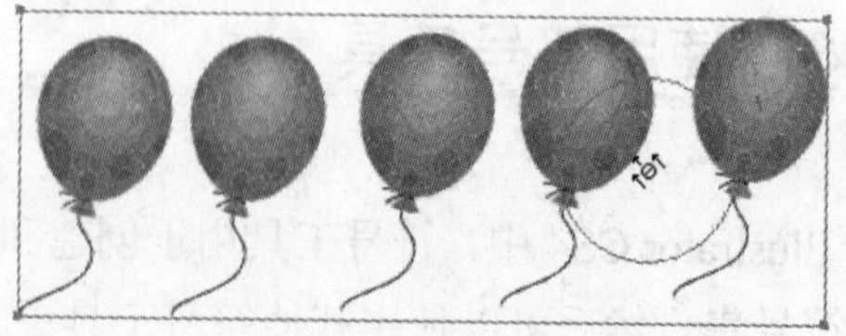

图 6-37 使用【符号位移器】

(3) 在【工具】面板中双击【符号位移器】工具，打开【符号工具选项】对话框，并设置【直径】为 20mm，【强度】为 10，如图 6-38 所示，单击【确定】按钮关闭对话框。

(4) 在需要移动的符号组上按住左键拖动至合适的位置，松开左键即可得到如图 6-39 所示的效果。

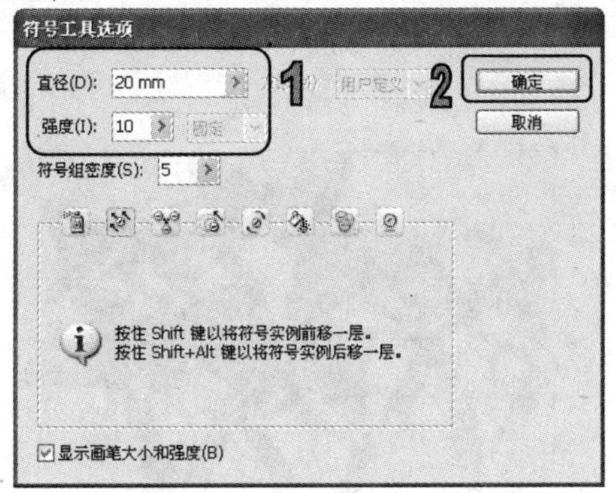

图 6-38　【符号工具选项】对话框

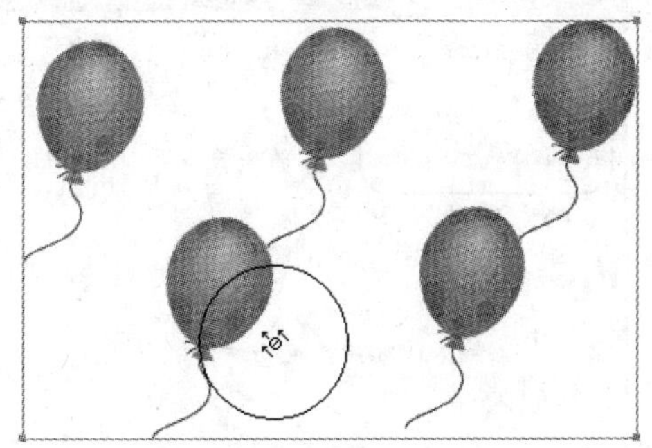

图 6-39　使用【符号位移器】

知识点

如果要向前移动符号实例，或者把一个符号移动到另一个符号的前一层，那么按住 Shift 键单击符号实例。如果要向后移动符号实例，按住组合键 Alt+Shift 单击符号实例即可。

3. 【符号紧缩器】工具

创建好符号实例后，还可以使用【符号紧缩器】工具聚拢或分散符号实例。使用【符号紧缩器】工具单击或拖动符号实例之间的区域可以聚拢符号实例，按住 Alt 键单击或拖动符号实例之间的区域可增大符号实例之间的距离。使用该工具不能大幅度增减符号实例之间的距离。

【例 6-8】在 Illustrator 中，使用【符号紧缩器】工具缩紧符号组。

(1) 在菜单栏中的【窗口】|【符号库】|【庆祝】命令，打开【庆祝】符号库，并在其中单击【蝴蝶结】符号，如图 6-40 所示。

(2) 在【工具】面板中选择【符号喷枪】工具，然后在文档中按住左键拖动，即可得到如图 6-41 所示的图形。

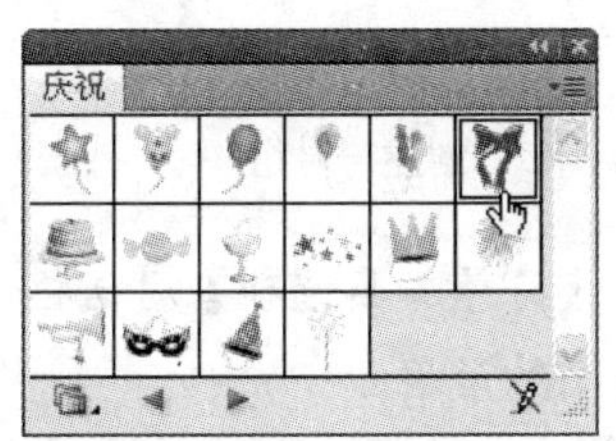

图 6-40　打开【庆祝】符号库

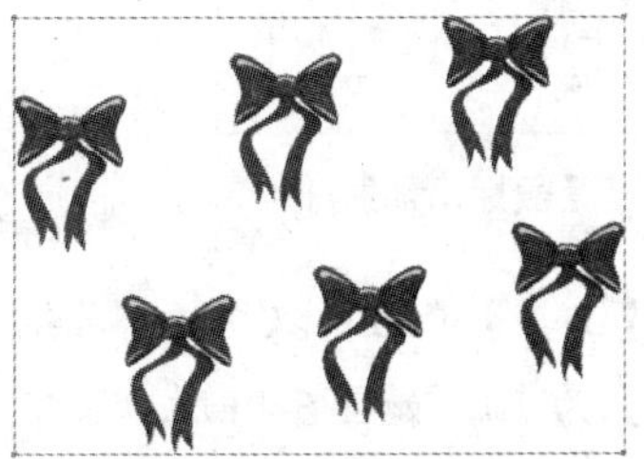

图 6-41　创建符号组

(3) 在【工具】面板中双击【符号紧缩器】工具，打开【符号工具选项】对话框，在对话框中设置【直径】为 20mm，【强度】为 1，【符号组密度】为 5，如图 6-42 所示，单击【确定】按钮关闭对话框。使用【符号紧缩器】工具在符号组中单击，即可得到如图 6-43 所示的效果。

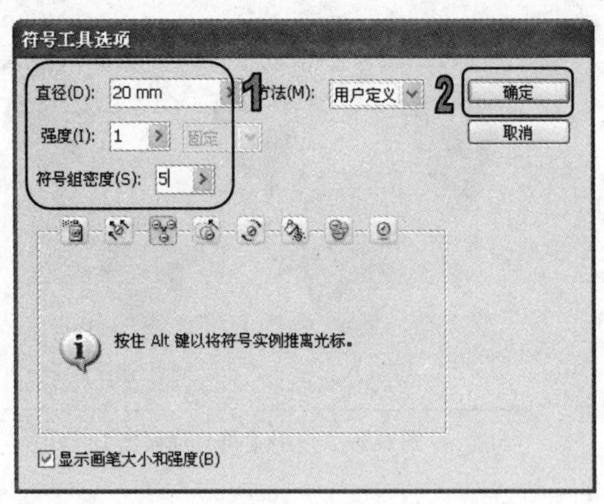

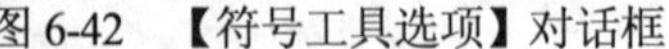

图 6-42 【符号工具选项】对话框

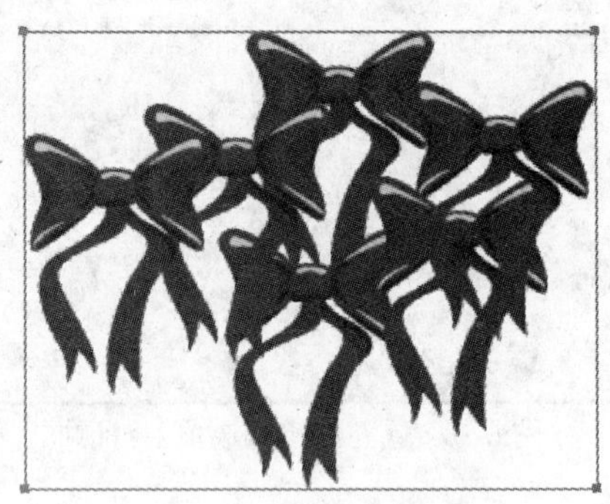

图 6-43 使用【符号紧缩器】

4. 【符号缩放器】工具

创建好符号实例之后，可以对其中的单个或者多个的实例大小进行调整。选择【符号缩放器】工具单击或拖动要放大的符号实例即可。按住 Alt 键，单击或拖动可缩小符号实例大小的位置。按住 Shift 键，单击或拖动可以在缩放的同时保留符号实例的密度。

【例 6-9】在 Illustrator 中，使用【符号缩放器】工具缩放符号组。

(1) 选择菜单栏中的【窗口】|【符号库】|【徽标元素】命令，打开【徽标元素】符号库，并在其中单击【咖啡】符号，如图 6-44 所示。

(2) 在【工具】面板中选择【符号喷枪】工具，然后在文档中按住左键拖动，即可得到如图 6-45 所示的图形。

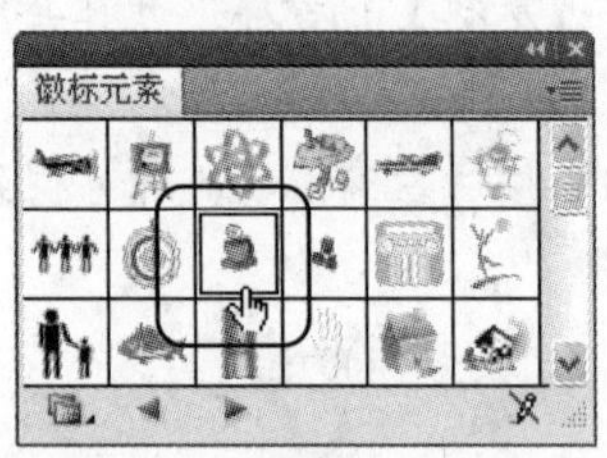

图 6-44 【徽标元素】符号库

图 6-45 创建符号组

(3) 在【工具】面板中双击【符号缩放器】工具，弹出【符号工具选项】对话框，在其中设定【强度】为 10，如图 6-46 所示，单击【确定】按钮关闭对话框。

(4) 使用【符号缩放器】工具，在符号上按住左键，然后再释放即可得到如图 6-47 所示的效果。按住 Alt 键在要缩小的符号上按住左键不放，即可将该符号缩小。

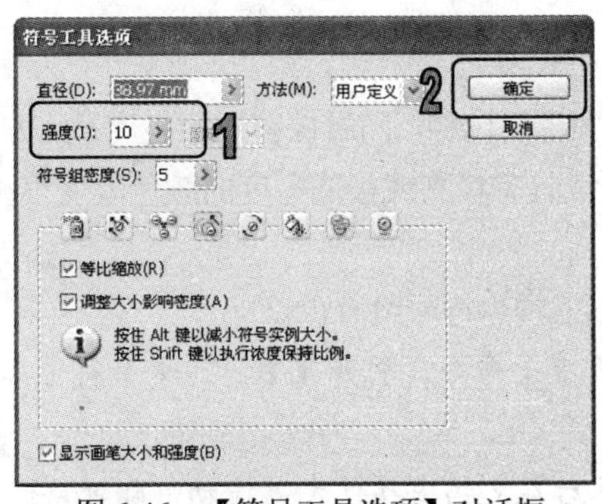

图 6-46　【符号工具选项】对话框

图 6-47　使用【符号缩放器】

5. 【符号旋转器】工具

创建好符号实例之后，还可以对它们进行旋转调整，从而获得需要的效果。选择【符号旋转器】工具单击或拖动符号实例，使之朝向需要的方向即可。

【例 6-10】在 Illustrator 中，使用【符号旋转器】工具旋转符号组。

(1) 选择菜单栏中的【窗口】|【符号库】|【花朵】命令，打开【花朵】符号库，并在其中单击【玫瑰花蕾】符号，如图 6-48 所示。

(2) 在【工具】面板中选择【符号喷枪】工具，然后在文档中按住左键拖动，即可得到如图 6-49 所示的图形。

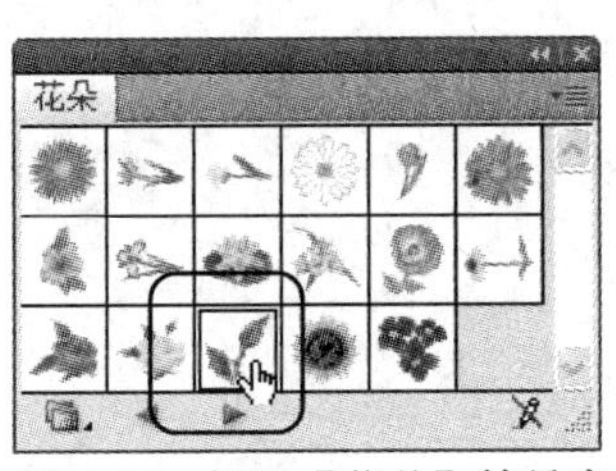

图 6-48　打开【花朵】符号库

图 6-49　创建符号组

(3) 在【工具】面板中双击【符号旋转器】工具，在打开的【符号工具选项】对话框中设置【直径】为 40mm，【强度】为 10，【符号组密度】为 1，单击【确定】按钮关闭对话框。然后使用【符号旋转器】工具在符号组上按住左键拖动，释放左键即可得到如图 6-50 所示的效果。

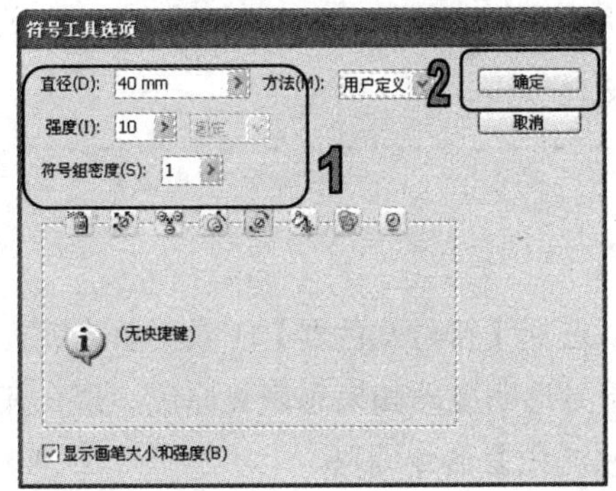

图 6-50　使用【符号旋转器】工具

6. 【符号着色器】工具

在 Illustrator CS4 中，对符号实例着色就像是更改颜色的色相，同时保留原始亮度。此方法使用原始颜色的亮度和上色颜色的色相生成颜色。因此，具有极高或极低亮度的颜色改变很少；黑色或白色对象完全无变化。

【例 6-11】在 Illustrator 中，使用【符号着色器】工具为符号组着色。

(1) 选择菜单栏中的【窗口】|【符号库】|【徽标元素】命令，打开【徽标元素】符号库，并在其中单击【跑步者】符号，如图 6-51 所示。

(2) 在【工具】面板中选择【符号喷枪】工具，然后在文档中按住左键拖动，即可得到如图 6-52 所示的图形。

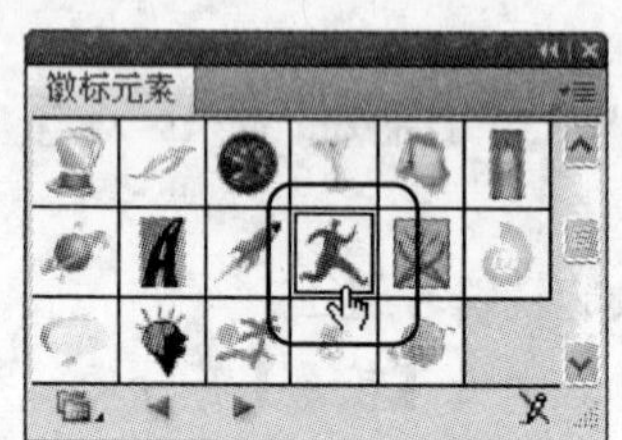

图 6-51　打开【徽标元素】符号库

图 6-52　创建符号组

(3) 在 【颜色】面板中设置填充颜色为 RGB=245，243，161，然后选择【工具】面板中的【符号着色器】工具，在符号上单击即可得到如图 6-53 所示的效果。

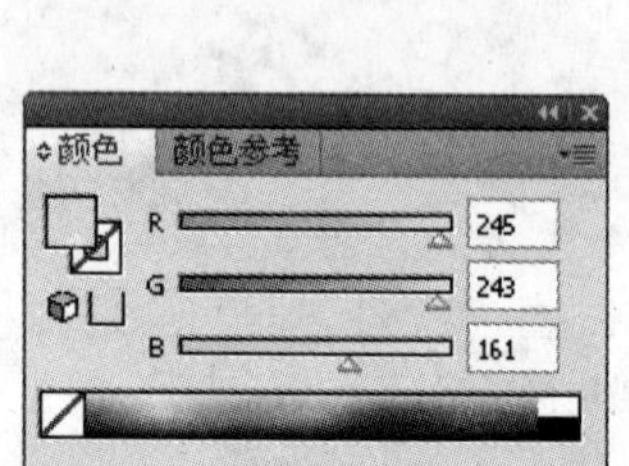

图 6-53　使用【符号着色器】工具

提示

按住 Ctrl 键，单击或拖动以减小上色量并显示出更多的原始符号颜色。按住 Shift 键，单击或拖动以保持上色量为常量，同时逐渐将符号实例颜色更改为上色颜色。

7. 【符号滤色器】工具

创建好符号后，还可以对它们的透明度进行调整。选择【符号滤色器】工具，单击或拖动希望增加符号透明度的位置即可。单击或拖动可减小符号透明度。如果想恢复原色，那么在符号实例上单击鼠标右键，并从打开的菜单中选择【还原滤色】命令即可。

【例 6-12】在 Illustrator 中，使用【符号滤色器】工具设置符号不透明度。

(1) 选择菜单栏中的【窗口】|【符号库】|【徽标元素】命令，打开【徽标元素】符号库，并在其中单击【鱼】符号，如图 6-54 所示。

(2) 在【工具】面板中选择【符号喷枪】工具，然后在文档中按住左键拖动，即可得到如图 6-55 所示的图形。

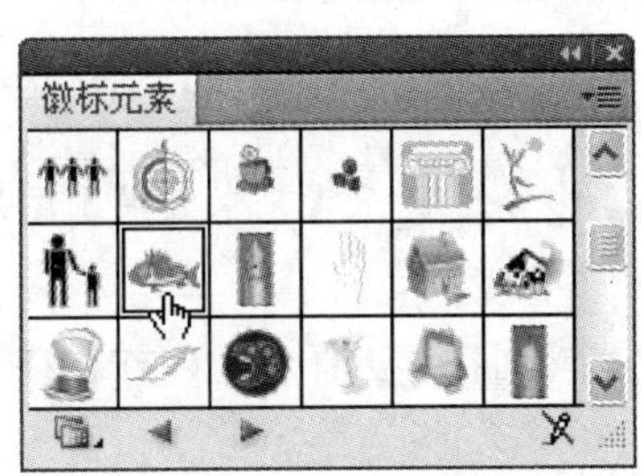

图 6-54　打开【徽标元素】符号库

图 6-55　创建符号组

(3) 在【工具】面板中双击【符号滤色器】工具，打开【符号工具选项】对话框，在对话框中设置【强度】为 8，单击【确定】按钮关闭对话框。然后使用【符号滤色器】工具在符号上单击，即可把符号的不透明度降低，效果如图 6-56 所示。

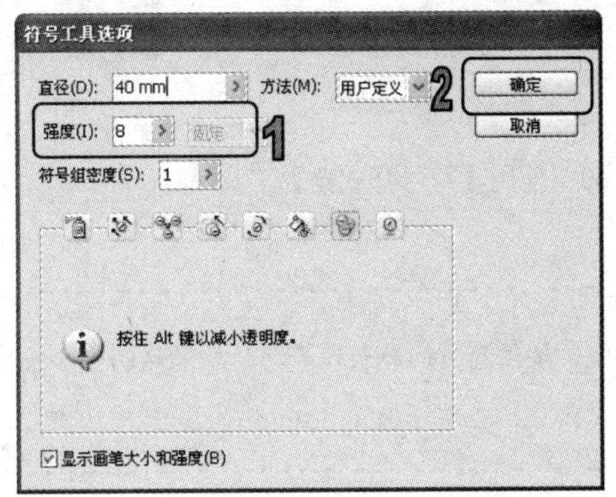

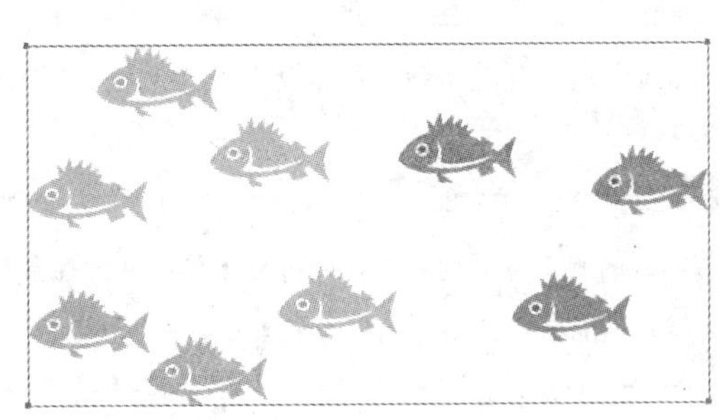

图 6-56　使用【符号滤色器】工具

8. 【符号样式器】工具

在 Illustrator CS4 中，使用【符号样式器】工具可应用或从符号实例上删除图形样式。还可以控制应用的量和位置。

【例 6-13】在 Illustrator 中，使用【符号样式器】工具设置符号样式。

(1) 选择菜单栏中的【窗口】|【符号库】|【疯狂科学】命令，打开【疯狂科学】符号库，并在其中单击【原子 1】符号，如图 6-57 所示。

(2) 在【工具】面板中选择【符号喷枪】工具，然后在文档中按住左键拖动，即可得到如图 6-58 所示的图形。

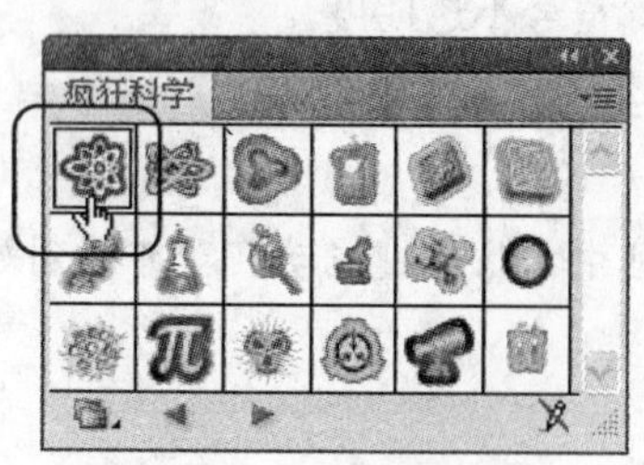

图 6-57　打开【徽标元素】符号库

图 6-58　创建符号组

(3) 选择菜单栏中的【窗口】|【图形样式库】|【艺术效果】命令，显示【艺术效果】图形样式面板，并在面板中单击选择【RGB 水彩】图形样式，如图 6-59 所示。

(4) 选择【符号样式器】工具，将【RGB 水彩】图形样式拖动到符号上释放，即可在符号上应用样式，如图 6-60 所示。

图 6-59　打开【艺术效果】面板

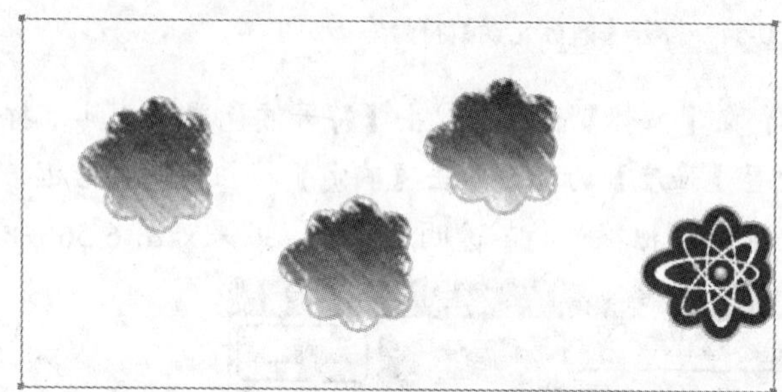

图 6-60　使用【符号样式器】工具

提示

在要进行附加样式的符号实例对象上单击并按住鼠标左键，按住的时间越长，着色的效果越明显。按住 Alt 键，可以将已经添加的样式效果退去。

6.4.4　创建与删除符号

在 Illustrator CS4 中，可以使用大部分的对象创建符号，包括路径、复合路径、文本、栅格图像、网格对象和对象组。

如果不再使用这个符号，可以将其删除。只要在【符号】面板中，使用鼠标选中该符号，并将其拖动到【符号】面板右下角的【删除符号】按钮上释放即可。

【例 6-14】在 Illustrator 中，创建自定符号。

(1) 在打开的图形文档中，使用【选择】工具选中要用作符号的图形对象，如图 6-61 所示。

(2) 在【符号】面板中，单击【新建符号】按钮，打开【符号选项】对话框，或从面板菜单中选择【新建符号】命令打开【符号选项】对话框，如图 6-62 所示。

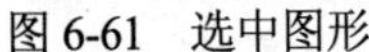

图 6-61　选中图形

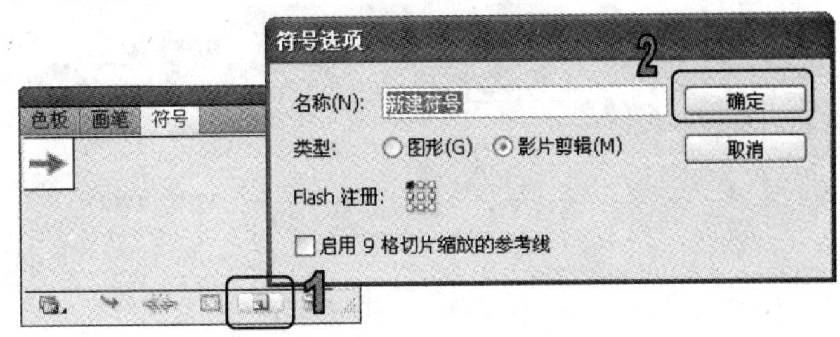

图 6-62　【符号选项】对话框

(3) 在【符号选项】对话框中的【名称】文本框中输入【羊毛卷】，单击【图形】单选按钮，然后单击【确定】按钮即可创建符号，如图 6-63 所示。

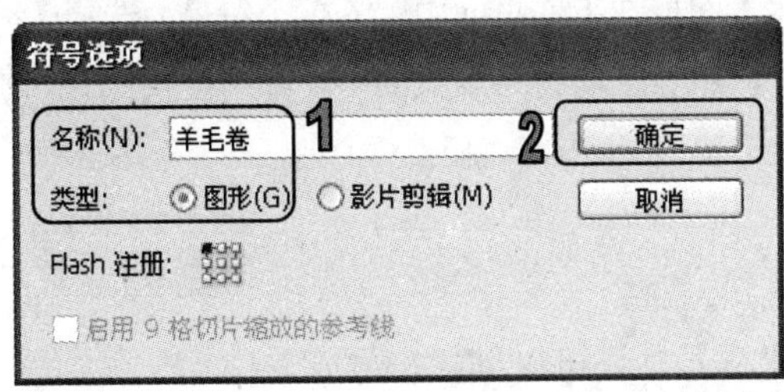

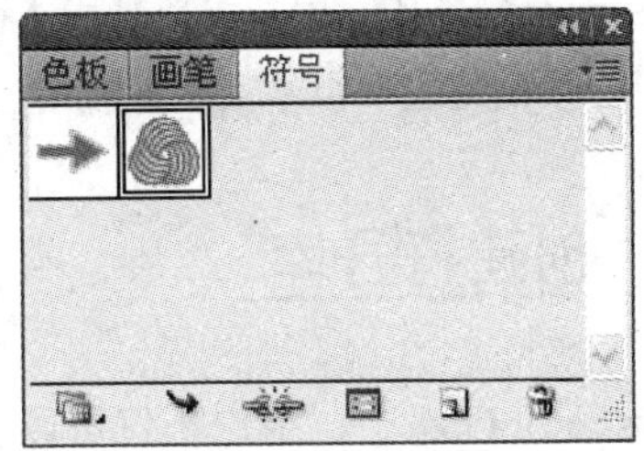

图 6-63　新建符号

6.4.5　修改和重新定义符号

在 Illustrator 中创建符号后，还可以对符号进行修改和重新定义。

【例 6-15】在 Illustrator 中，修改已有的符号。

(1) 在打开的图形文档中选中符号实例，单击【符号】面板中的【断开符号链接】按钮，如图 6-64 所示。

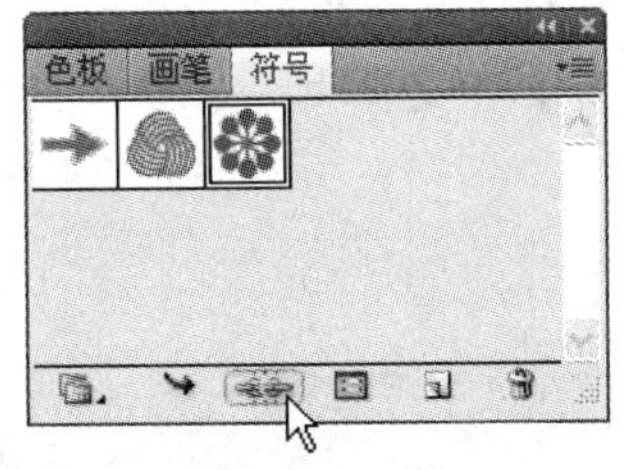

图 6-64　选中符号

(2) 取消编组，在【颜色】面板中调整颜色，再重新编组。然后确保要重新定义的符号在【符号】面板中被选中，然后从【符号】面板菜单中选择【重新定义符号】命令。或按住 Alt 键将修改的符号拖动到【符号】面板中旧符号的顶部。该符号将在【符号】面板中替换旧符号并在当前文件中更新，如图 6-65 所示。

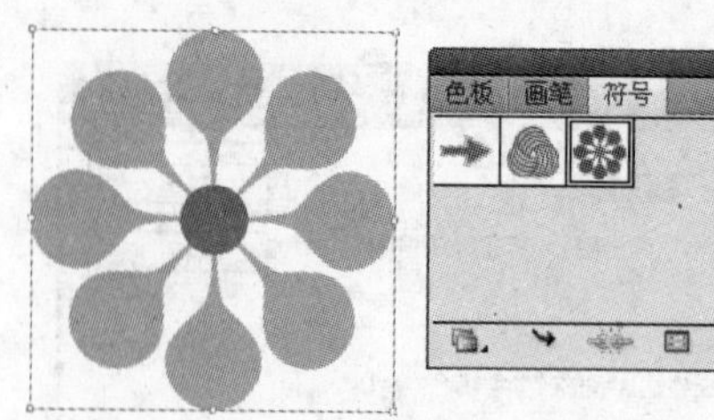

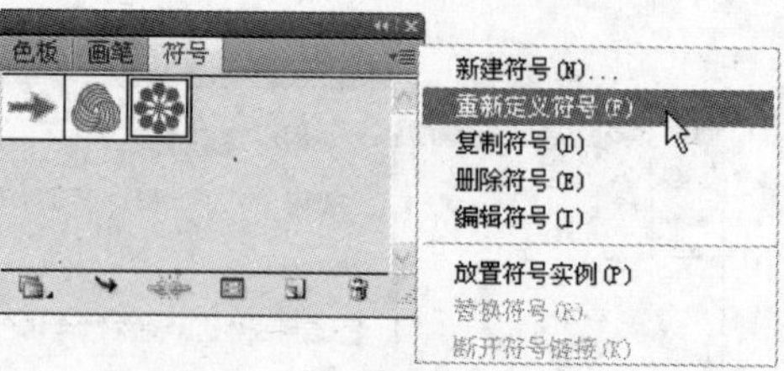

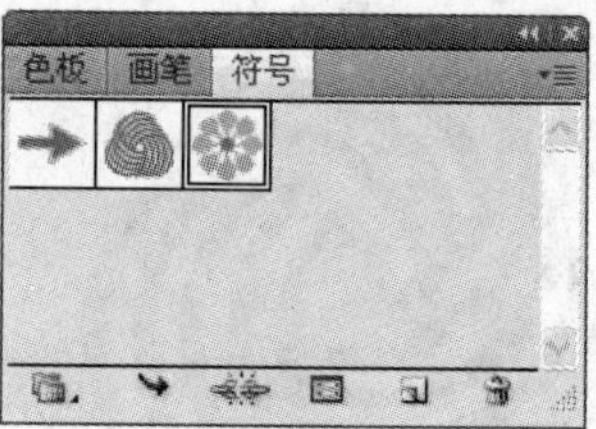

图 6-65 重新定义符号

6.4.6 置入符号

在 Illustrator CS4 中，用户可以使用【符号】面板在工作页面中置入单个符号。选择【符号】面板中的符号，单击【置入符号实例】按钮，或者拖动符号至页面中，即可把实例置入画板中。

6.4.7 创建符号库

在 Illustrator CS4 中，用户不仅可以创建符号，还可以创建符号库。

【例 6-16】在 Illustrator 中，自定义符号库。

(1) 将所需符号添加到【符号】面板中，并删除不需要的符号，如图 6-66 所示。

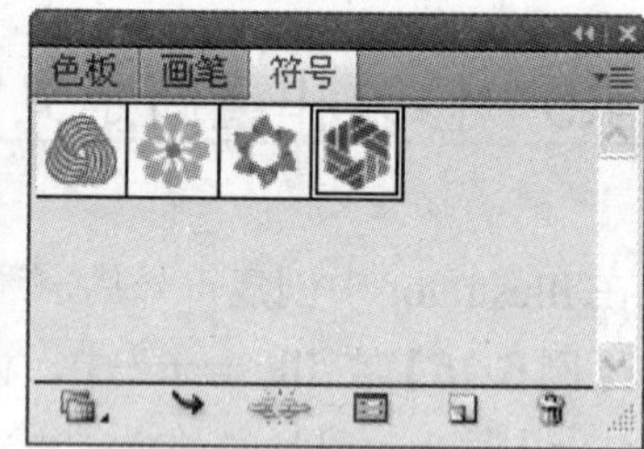

图 6-66 添加符号

(2) 从【符号】面板菜单中选择【存储符号库】命令即可。用户可以将符号库存储在任何位置。如果将库文件存储在默认位置，则当重新打开 Illustrator 时，库名称将显示在【符号库】子菜单和【打开符号库】子菜单中，如图 6-67 所示。

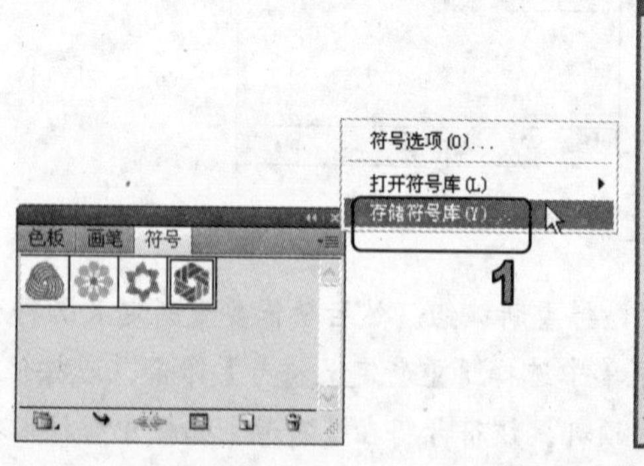

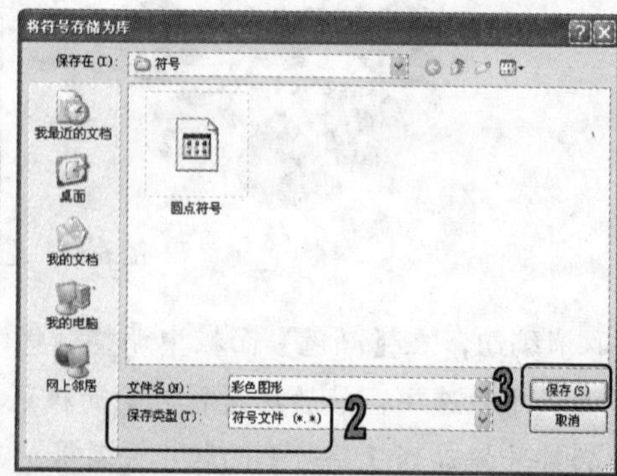

图 6-67 存储符号库

6.5　上机练习

本章上机主要练习制作卡通插图，使用户更好地掌握图形的绘制、画笔的应用以及符号工具的基本操作方法和技巧。

(1) 新建图形文档，选择【工具】面板中的【钢笔】工具绘制如图 6-68 所示的图形。

(2) 使用【选择】工具选中绘制的图形，在【画笔】面板中单击【锥形描边】画笔样式，并在【颜色】面板中设置描边颜色为 CMYK=53，88，100，32，如图 6-69 所示。

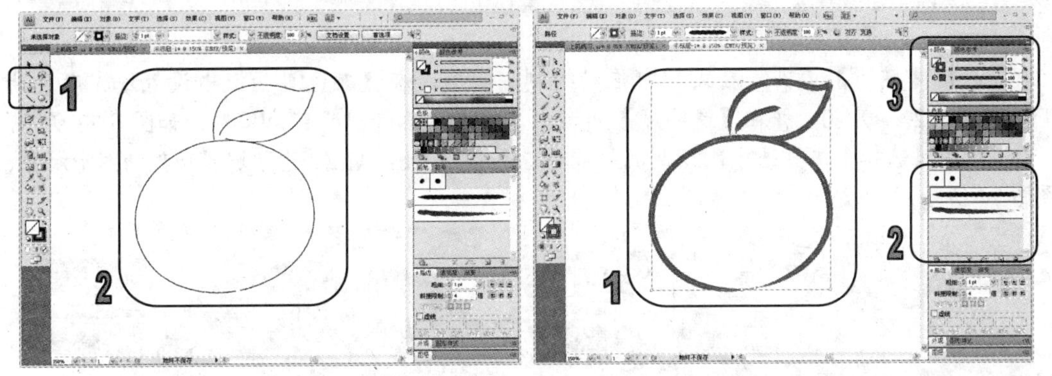

图 6-68　绘制图形　　　　图 6-69　应用画笔

(3) 使用【选择】工具选中圆形，并在【颜色】面板中设置填充颜色为 CMYK=0，56，90，0。然后使用【选择】工具选中叶片图形，并在【颜色】面板中设置填充颜色为 CMYK=50，0，100，0。如图 6-70 所示。

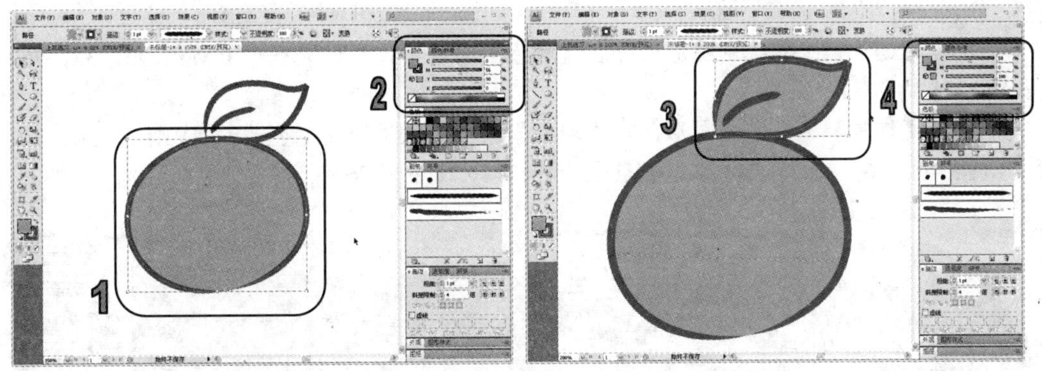

图 6-70　设置填充颜色

(4) 选择【钢笔】工具，在文档中绘制图形，并在【颜色】面板中设置填充颜色 CMYK=53，88，100，32，如图 6-71 所示。

(5) 继续使用【钢笔】工具在文档中绘制图形，并设置填充颜色，如图 6-72 所示。

图 6-71　绘制图形

图 6-72　绘制图形

(6) 选择【椭圆】工具，在文档中拖动绘制椭圆形，在【颜色】面板中设置填充颜色为 CMYK=13，82，99，0，并在【透明度】面板中，设置【不透明度】为 80%，如图 6-73 所示。

(7) 使用【选择】工具选中刚绘制的椭圆形，并按住 Ctrl+Alt 键进行复制和移动图形对象，如图 6-74 所示。

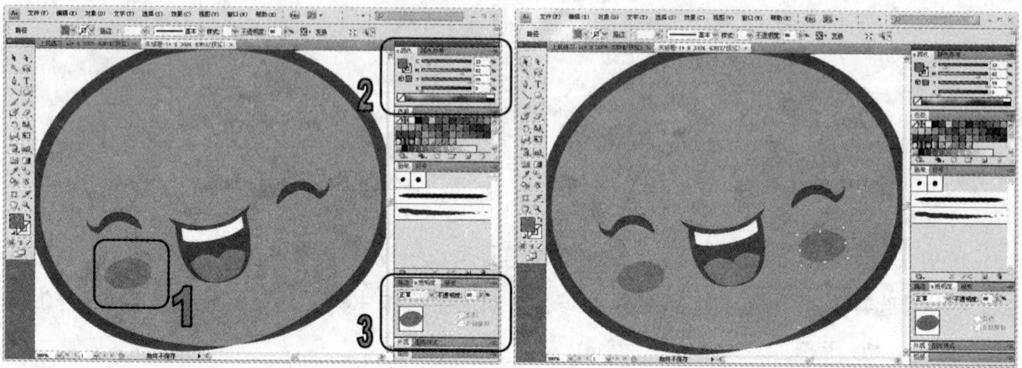

图 6-73　绘制图形　　图 6-74　复制图形

(8) 选择【钢笔】工具绘制图形，并在【颜色】面板中设置填充颜色 CMYK=2，32，75，0，如图 6-75 所示。

(9) 选择【钢笔】工具绘制图形，在【渐变】面板中设置渐变颜色为 CMYK=2，30，74，0 至 CMYK=0，56，90，0，【角度】数值为-148°，如图 6-76 所示。

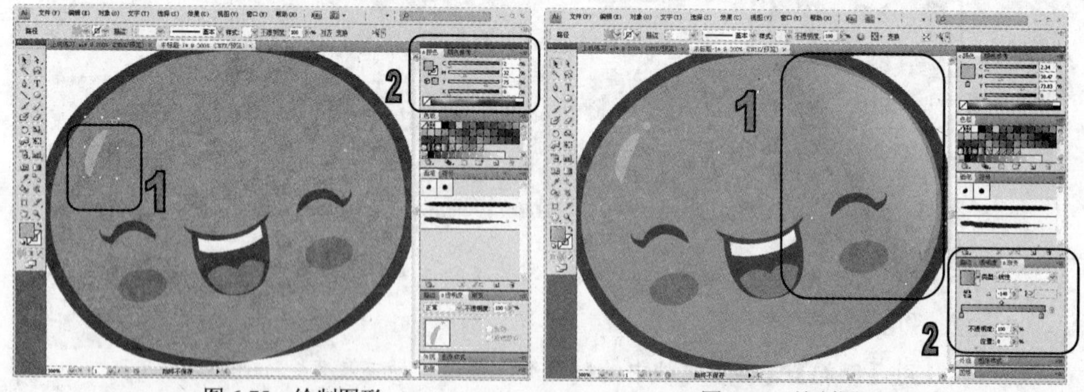

图 6-75　绘制图形　　图 6-76　绘制图形

(10) 选择【钢笔】工具绘制图形，在【渐变】面板中设置渐变颜色为 CMYK=14，0，79，0 至 CMYK=50，0，100，0，【角度】数值为-62°，如图 6-77 所示。

(11) 使用【钢笔】工具绘制，在【颜色】面板中设置图形对象的填充、描边颜色，并单击【画笔】面板中的【锥形描边】，如图 6-78 所示。

图 6-77　绘制图形

图 6-78　绘制图形

(12) 使用步骤(11)的操作方法，继续在图形文档中绘制如图 6-79 所示的图形对象。

图 6-79　绘制图形

(13) 使用【钢笔】工具，在图形文档中绘制如图 6-80 所示的图形对象，并在【颜色】面板中设置填充色 CMYK=53，88，100，32。

(14) 使用【钢笔】工具，在图形文档中绘制如图 6-81 所示的图形对象，并在【颜色】面板中设置填充色为白色。

图 6-80　绘制图形

图 6-81　绘制图形

(15) 连续按 Ctrl+[键排列步骤(14)中绘制的图形，然后使用【选择】工具，选中手臂部分的图形对象，按 Ctrl+G 键群组对象，如图 6-82 所示。

图 6-82　群组对象

(16) 在手臂图形上右击，在弹出的菜单中选择【变换】|【对称】命令，打开【镜像】对话框。在对话框中，单击【垂直】单选按钮，再单击【复制】按钮复制图形，然后移动复制的手臂图形，如图 6-83 所示。

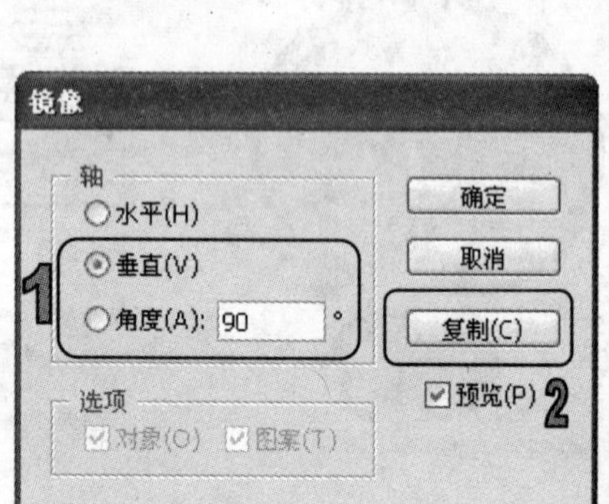

图 6-83　镜像对象

(17) 使用【选择】工具选中两边手臂图形，然后单击右键，在弹出的菜单中选择【排列】|【置于底层】命令排列图形对象，如图 6-84 所示。

(18) 选择【椭圆】工具，在文档中按住 Shift+Alt 键拖动绘制圆形，并在【颜色】面板中设置填充颜色为 CMYK=0，31，73，0，取消描边色，如图 6-85 所示。

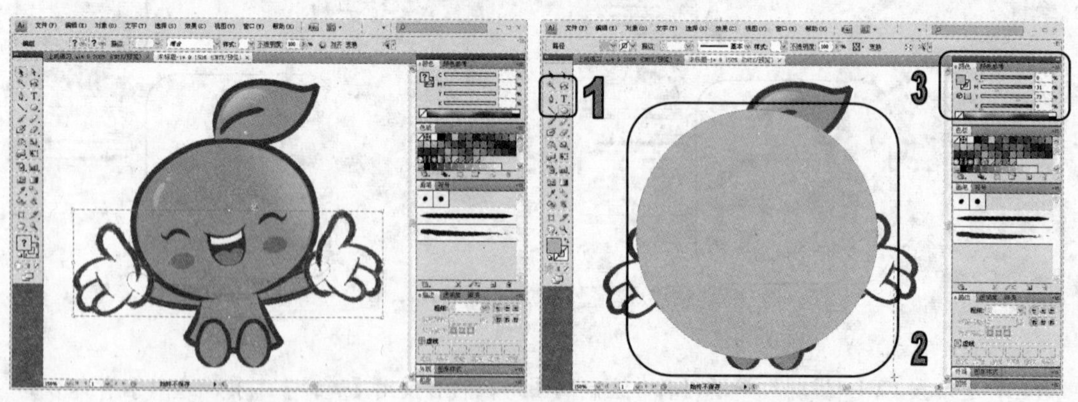

图 6-84　排列图形　　　图 6-85　绘制图形

(19) 在刚绘制的圆形上单击右键，在弹出的菜单中选择【排列】|【置于底层】命令，然后选择【窗口】|【画笔库】|【艺术效果】|【艺术效果_水彩】命令，打开【艺术效果_水彩】面板，单击【水彩描边 6】，如图 6-86 所示。

(20) 选择【椭圆】工具，在图形文档中拖动绘制多个圆形并群组。然后在【颜色】面板中设置填充颜色为 CMYK=13，80，98，0，如图 6-87 所示。

图 6-86　调整图形

图 6-87　绘制图形

(21) 在【透明度】面板中设置【不透明度】数值为 100%，选择【符号喷枪】工具，在【符号】面板中单击【新建符号】按钮，在打开的【符号选项】对话框中，单击【图形】单选按钮，然后单击【确定】按钮。然后使用【符号喷枪】工具添加符号样式，如图 6-88 所示。

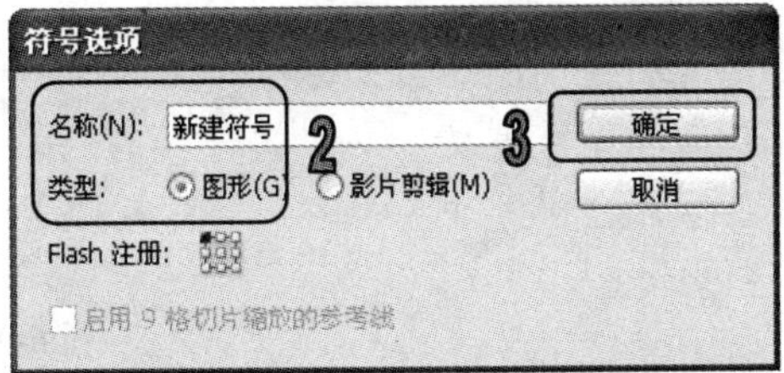

图 6-88　使用符号

(22) 选择【钢笔】工具绘制图形，并在【渐变】面板中设置渐变颜色为 CMYK=2，30，74，0 至 CMYK=0，57，91，0，如图 6-89 所示。

(23) 选择【钢笔】工具，绘制图形，并在【渐变】面板中设置渐变颜色为 CMYK=2，30，74，0 至 CMYK=0，57，91，0，如图 6-90 所示。

图 6-89　绘制图形

图 6-90　绘制图形

6.6　习题

1. 使用【钢笔】工具绘制如图 6-91 所示的路径图形对象，并替换画笔样式。

图 6-91　绘制图形并应用画笔样式

2. 绘制如图 6-92 所示的图案，并创建新符号样式，使用【符号喷枪】工具应用符号。

图 6-92　使用符号工具

第7章 文字处理

学习目标

Illustrator CS4 除了具有强大的图形绘制功能外，还具有强大的文字排版功能。使用这些功能可以快速更改文本、段落的外观效果，还可以将图形对象和文本组合编排，从而制作出丰富多样的文本效果。

本章重点

- 创建和导入文字
- 设置文字格式
- 将文字转换为轮廓
- 设置段落格式

7.1 创建和导入文字

图形和文字是平面构图的两个重要因素。在 Illustrator CS4 中，不仅可以绘制图形，还可以创建和导入文字内容，甚至编辑文字效果，用户可以借助文字来传递更多的信息内容。

在 Illustrator 的【工具】面板中提供了 6 种文字工具，如图 7-1 所示。使用它们可以输入各种类型的文字，以满足不同的文字处理需求。使用【文字】工具和【直排文字】工具创建沿水平和垂直方向的文字。使用【区域文字】工具和【直排区域文字】工具可以将一条开放或闭合的路径变换成文本框，并在其中输入水平或垂直方向的文字。使用【路径文字】工具和【直排路径文字】工具可让文字按照路径的轮廓线方向进行水平和垂直方向排列。

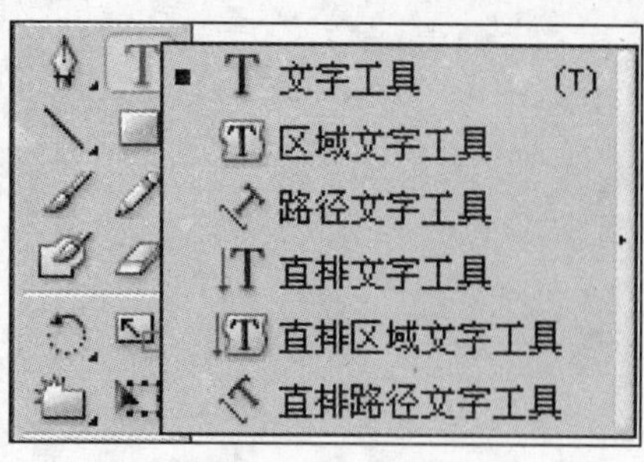

图 7-1　文字工具

提示

【文字】工具和【垂直文字】工具创建的均是点文本，不能自动换行，必须按下 Enter 键才能执行换行操作。

7.1.1　输入点文字

在 Illustrator CS4 中，用户可以使用【文字】工具和【直排文字】工具将文本作为一个独立的对象输入或置入页面中。在【工具】面板中选取【文字】工具或【直排文字】工具后，移动光标到绘图窗口中的任意位置单击确定文字内容的插入点，即可输入创建文本内容。

【例 7-1】在 Illustrator CS4 中，使用文字工具创建点文字。

(1) 选择【工具】面板中的【文字】工具后，将光标移至页面适当位置单击，以确定插入点的位置，然后用键盘输入文字，如图 7-2 所示。

(2) 输入完成后，单击 Esc 键或选择【工具】面板中的任何一种其他工具，即可结束文本的输入，如图 7-3 所示。

创建点文字

图 7-2　输入文字

图 7-3　结束输入

(3) 选择【工具】面板中的【直排文字】工具，将光标移至页面适当位置处单击，以确定插入点位置，然后用键盘输入文字，如图 7-4 所示。

(4) 输入完成后，单击 Esc 键结束文本输入，如图 7-5 所示。

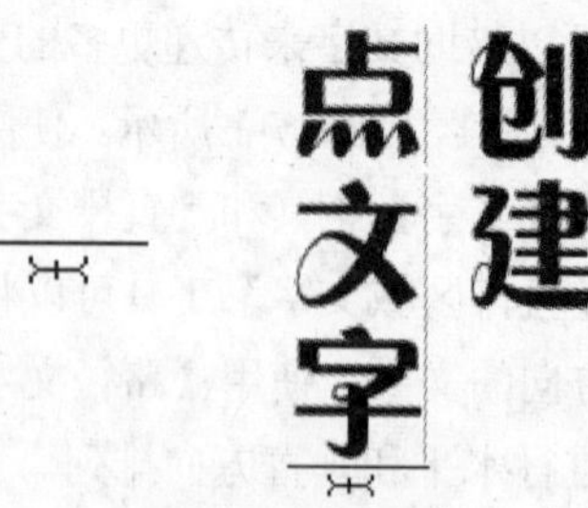

图 7-4　输入文字

图 7-5　结束输入

计算机 基础与实训教材系列

7.1.2　输入段落文本

在 Illustrator 中除了直接输入文本外，还可以通过文本框创建文本输入的区域。输入的文本会根据文本框的范围自动进行换行。

【例 7-2】在 Illustrator CS4 中，使用文字工具创建段落文本。

(1) 选择【工具】面板中的【文字】工具，在文档中拖动出一个文本框区域，如图 7-6 所示。

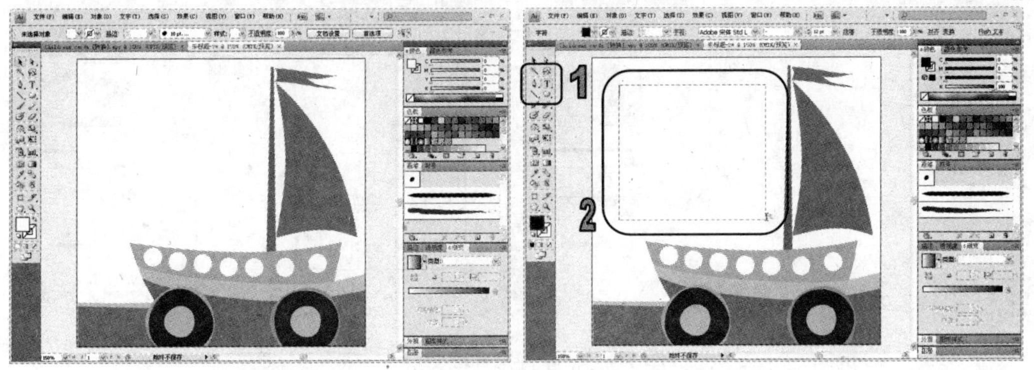

图 7-6　创建文本框

(2) 在控制面板中设置填充颜色、字体、字体大小，然后输入文字，如图 7-7 所示。

(3) 按住 Ctrl 键在空白处单击以确认文字输入结束，并取消文字的选择状态。如图 7-8 所示。

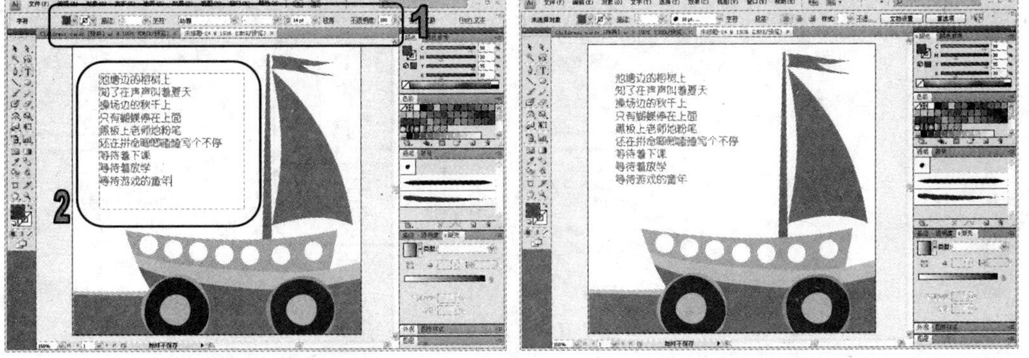

图 7-7　设置文本　　　　图 7-8　结束输入

知识点

输入完所需文本后，文本框右下方出现⊞图标时，表示有文字未完全显示。选择【工具】面板中的【选择】工具，将光标移动到右下角控制点上，当光标变为双向箭头时按住左键向右下角拖动，将文本框扩大，即可将文字内容全部显现。

7.1.3 在区域中输入文字

使用【区域文字】工具或【垂直区域文字】工具可以在形状区域内输入所需的横排或竖排文本。

【例 7-3】在 Illustrator CS4 中，使用文字工具在区域内创建文本。

(1) 选择【工具】面板中的【钢笔】工具，在文档中拖动绘制，如图 7-9 所示。

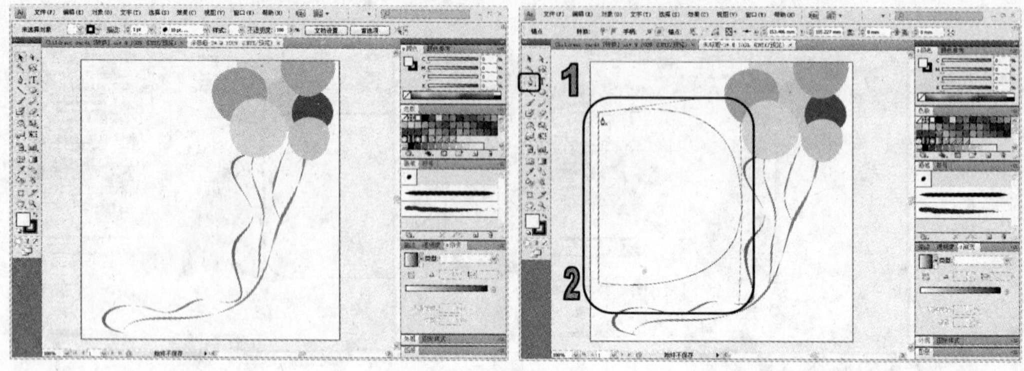

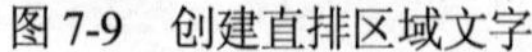
图 7-9 创建直排区域文字

(2) 选择【工具】面板中的【直排区域文字】工具，然后将光标移动到绘制图形的路径上，当光标显示为状时单击，即可在形状内输入所需文字，如图 7-10 所示。

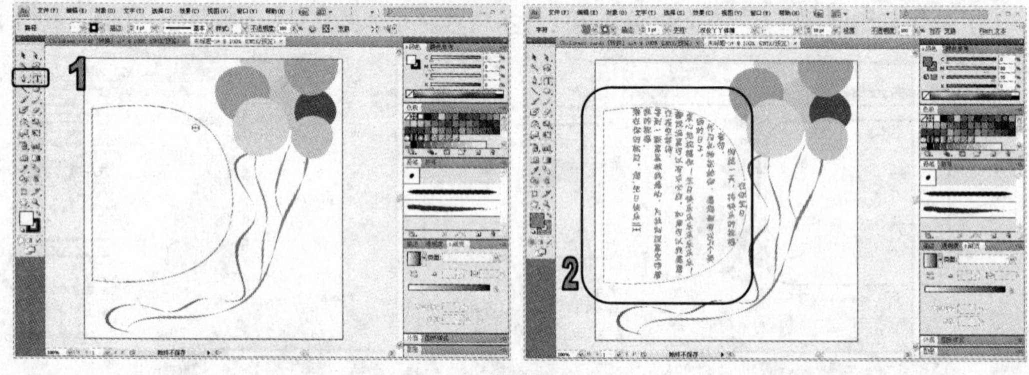

图 7-10 输入文字

(3) 按住 Ctrl 键在文档空白处单击，结束文本输入，即可得到所绘形状的文字块。

7.1.4 在路径上输入文字

使用【路径文字】工具或【直排路径文字】工具，可以使路径上的文字沿着任意或闭合路径进行排放。

将文字沿着路径输入后，还可以编辑文字在路径上的位置。选择【工具】面板中的【选择】工具选中路径文字对象，选中位于中点的竖线，当光标变为状时，可拖动文字到路径的另一

边。也可以选择【文字】|【路径文字】|【路径文字选项】命令，打开【路径文字选项】对话框调整文字在路径上的位置。

【例 7-4】在 Illustrator 中，创建路径并使用【路径文字】工具创建路径文字。

(1) 选择【工具】面板中的【钢笔】工具，在图形文档拖动绘制路径，如图 7-11 所示。

(2) 选择【工具】面板中的【路径文字】工具，在路径上单击出现光标，然后输入所需的文字，如图 7-12 所示。

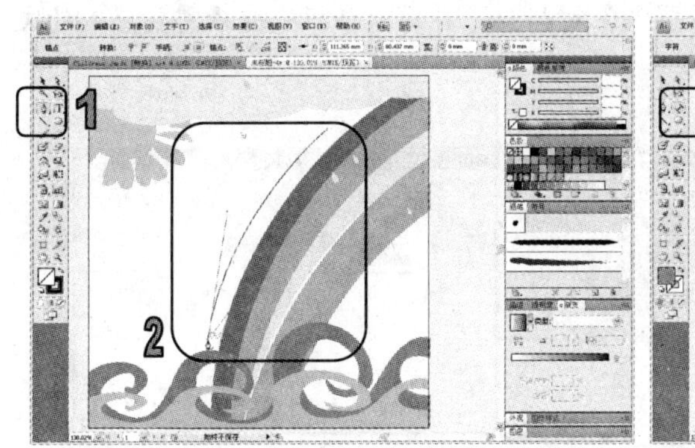

图 7-11 创建路径

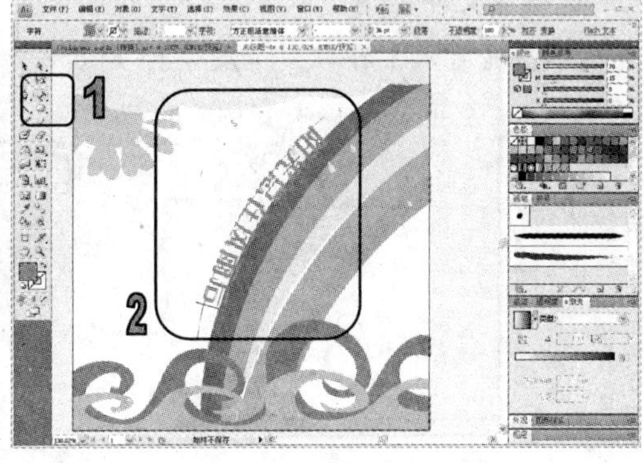

图 7-12 输入路径文字

(3) 选择菜单栏中的【文字】|【路径文字】|【路径文字选项】命令，打开【路径文字选项】对话框。在对话框中的【效果】下拉列表中选择指定需要的路径文字效果。【对齐路径】下拉列表中可以指定文字与路径的对齐方式。设置【效果】为【阶梯效果】，【对齐路径】为【居中】，【间距】为 36pt，单击【确定】按钮关闭对话框即可应用效果，如图 7-13 所示。

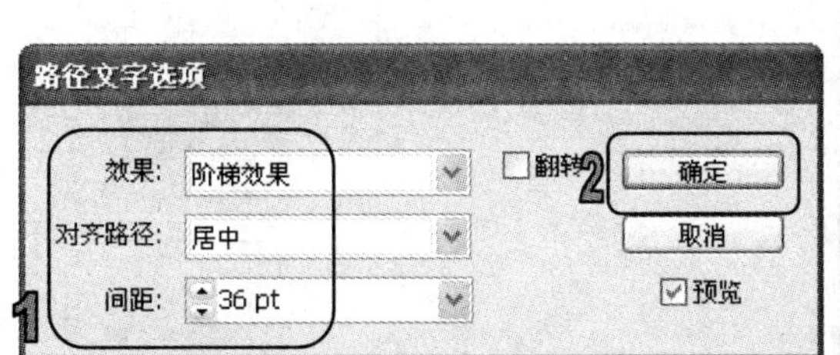

图 7-13 设置路径文字效果

知识点

【对齐路径】下拉列表中包含了 4 个选项。【字母上缘】选项按照当前字体最高点连线为基准。【字母下缘】选项按照当前字体最低点连线为基准。【居中】选项按照当前字体字母上缘和字母下缘间距的一半为基准。【基线】选项以字体基线为基准。

7.1.5 置入文字

选择【文件】|【置入】命令，可以快速地将已有的其他格式的文本置入到 Illustrator CS4 中。

【例 7-5】在 Illustrator 中置入文本。

(1) 在 Illustrator CS4 中，使用【文字】工具在文档中创建文本框，如图 7-14 所示。

(2) 选择【文件】|【置入】命令，打开【置入】对话框。在该对话框中选择需要置入的文件，然后单击【置入】按钮。如图 7-15 所示。

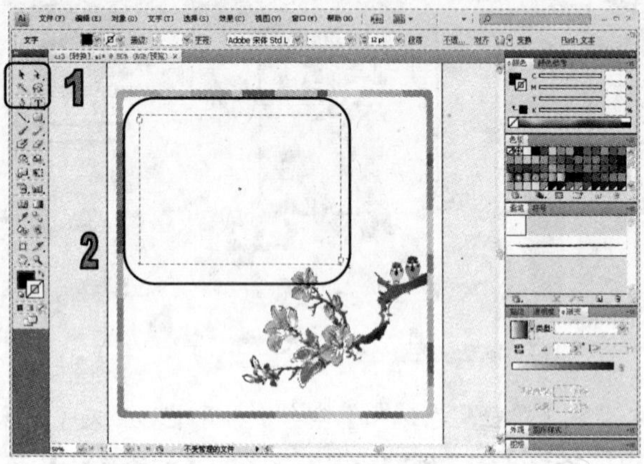

图 7-14 绘制文本框

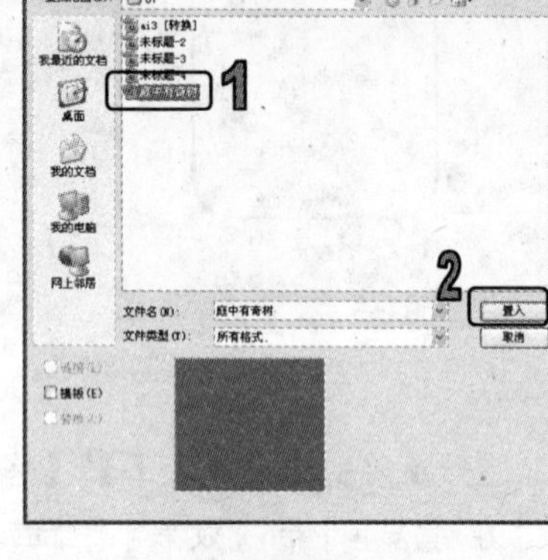

图 7-15 置入文档

(3) 选择 Word 文档，将会打开【Microsoft Word 选项】对话框。选中需要置入的文本格式，然后单击【确定】按钮，选中的文本将被置入到文本框中。如图 7-16 所示。

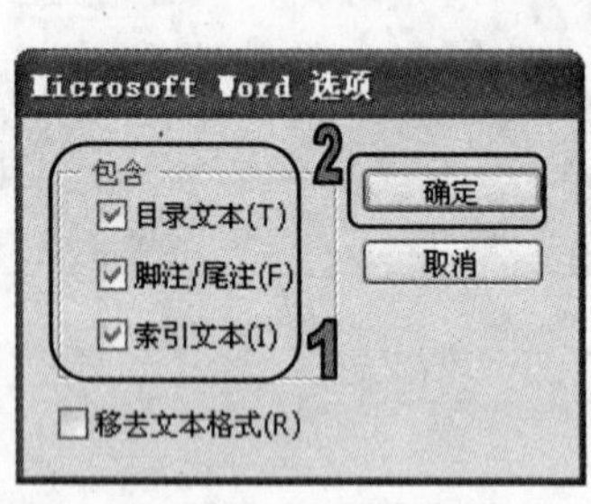

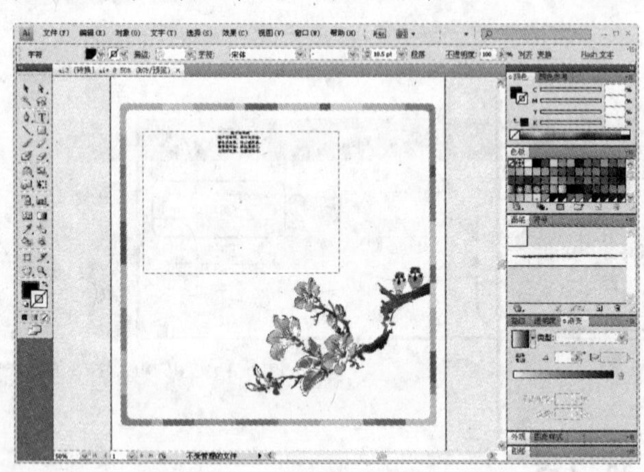

图 7-16 置入文档

(4) 选中全部文本内容，在控制面板中设置字体为华文行楷、字体大小为 48pt，如图 7-17 所示。

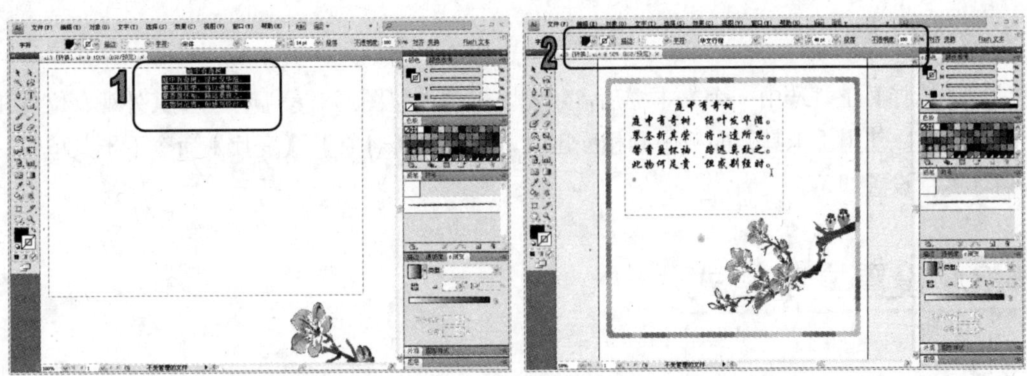

图 7-17 设置文档

7.2 选择与修改文字

在 Illustrator CS4 中输入文字内容后，用户可以选择文字，并修改文字效果。

1. 文本的选择

对文字进行修改操作前，首先需要选中文字内容。使用【选择】工具单击文字内容，将选中全部的文字。此时的操作将针对所选中的全部文字内容。如果使用【文字】工具在输入的文本中拖动并选中部分文字，那么选中的文字将呈高亮显示。此时操作只针对选中的部分文字内容进行修改，如图 7-18 所示。

文本的选择 文本的选择

图 7-18 选择文本

2. 更改文本排列方向

在 Illustrator CS4 中输入文字内容后，可以快速变换文字的排列方向。使用【选择】工具选中文字对象，然后选择【文字】|【文字方向】命令子菜单中的【水平】或【垂直】命令，可更改文本的排列方向，如图 7-19 所示。

图 7-19 更改文本的排列方向

3. 调整文本框

使用【选择】工具选中一个文本框后，用户可以像调整图形对象一样调整其外观、位置和大小。用户可以使用【工具】面板中的相应工具，或选择【对象】|【变换】命令下子菜单中的相应命令进行设置即可。

7.3 设置文字格式

在 Illustrator CS4 中输入文字内容时，可以在控制面板中设置文字格式，也可以通过【字符】面板更加精确地设置文字格式，从而获得更加丰富的文字效果。

7.3.1 【字符】面板

在 Illustrator 中可以通过【字符】面板来准确地控制文字的字体、字体大小、行距、字符间距、水平与垂直缩放等各种属性。可以在输入新文本前设置字符属性，也可以在输入完成后，选中文本重新设置字符属性来更改所选中的字符外观。

选择【窗口】|【文字】|【字符】命令，或按快捷键 Ctrl+T，可以打开【字符】面板。单击【字符】面板的扩展菜单按钮，在打开的菜单中选择【显示选项】命令，可以在【字符】面板中显示更多的设置选项，如图 7-20 所示。

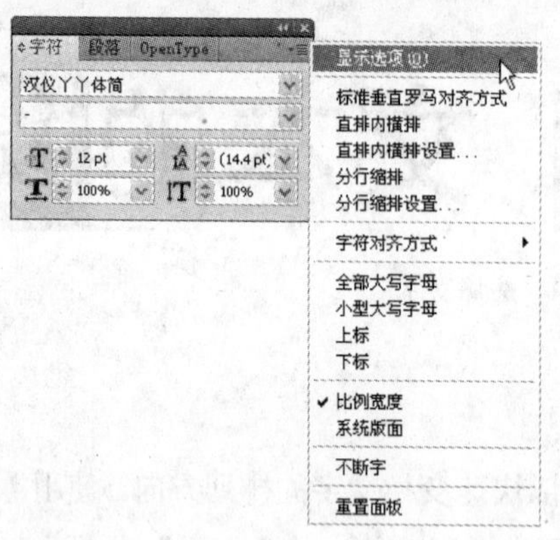

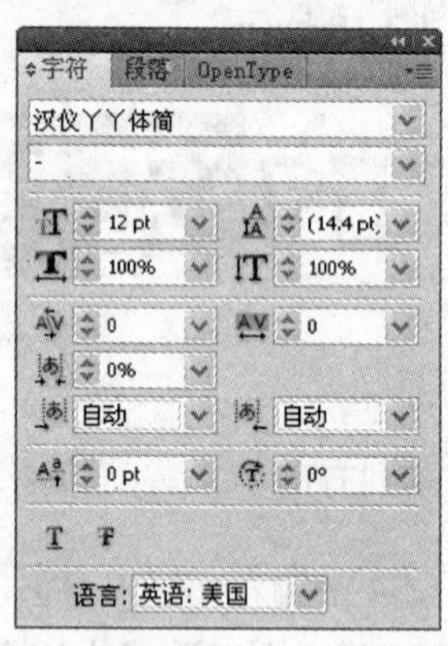

图 7-20 【字符】面板

7.3.2 设置字体

在【字符】面板中，可以设置字符的各种属性。单击【设置字体系列】文本框右侧的小三角按钮，从下拉列表中选择一种字体样式，或选择【文字】|【字体】子菜单中的字体样式，即可设置字符的字体样式。如图 7-21 所示。

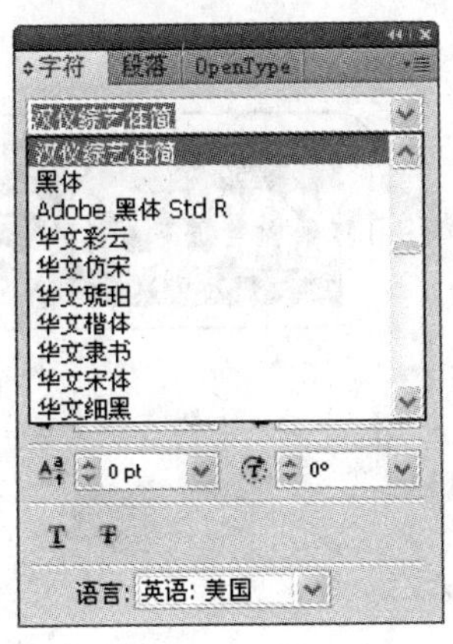

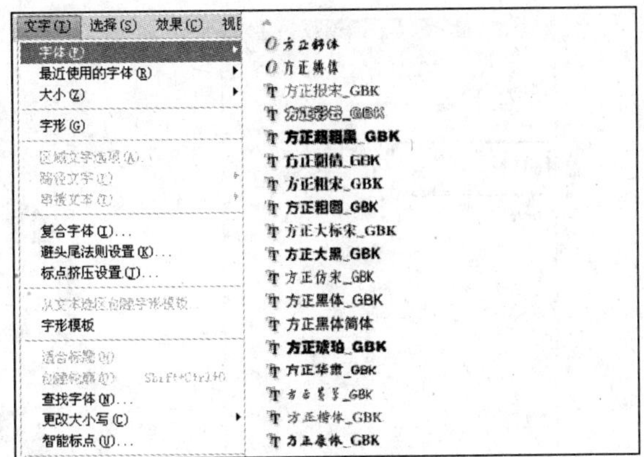

图 7-21　设置字体

7.3.3　设置字体大小

在 Illustrator CS4 中，字号是指字体的大小，表示字符的最高点到最低点之间的尺寸。用户可以单击【字符】面板中的【设置字体大小】数值框右侧的小三角按钮，在弹出的下拉列表中选择预设的字号。也可以在数值框中，直接输入一个字号数值。或选择【文字】|【大小】命令，在打开的子菜单中选择字号。

【例 7-6】在 Illustrator 中，使用文字工具创建文字，并使用【字符】面板设置字体与大小。

(1) 在打开的图形文档中，选择【工具】面板中的【文字】工具，将光标移动到文档中单击出现光标，然后输入文字，如图 7-22 所示。

(2) 按 Ctrl+A 键选择所输入的文字，接着选择菜单栏中【窗口】|【文字】|【字符】命令，显示【字符】面板。在【字符】面板中，单击【字体】下拉列表，并从中选择 Comic Sans Ms 字体，即可更改文字的字体，如图 7-23 所示。

图 7-22　输入文字

图 7-23　设置字体

(3) 在【字符】面板中的【字体大小】下拉表中选择，即可以设定文字的大小，也可以在文本框中直接输入数值，设定文字的大小为 48pt，如图 7-24 所示。

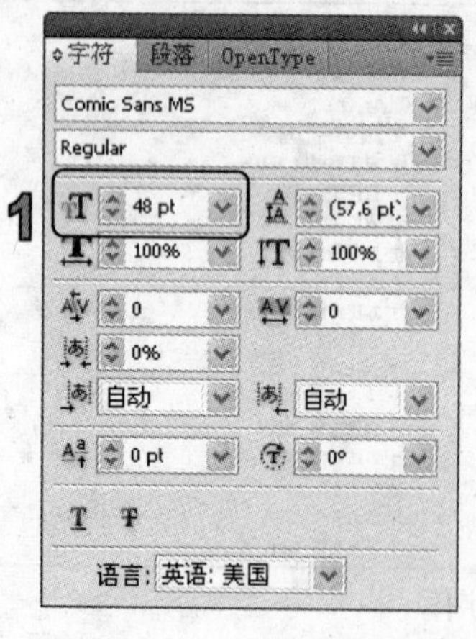

图 7-24　设置字体大小

7.3.4　缩放文字

在 Illustrator CS4 中，可以允许改变单个字符的宽度和高度，来将文字压扁或拉长。【字符】面板中的【水平缩放】和【垂直缩放】数值框用来控制字符的宽度和高度，使选定的字符进行水平或垂直方向上的放大或缩小，如图 7-25 所示。

图 7-25　水平缩放和垂直缩放

7.3.5　设置行距

行距是指两行文字之间间隔距离的大小，是从一行文字基线到另一行文字基线之间的距离。用户可以在录入文本之前设置文本的行距，也可以在文本录入后，在【字符】面板的【设置行距】数值框中设置行距，如图 7-26 所示。

图 7-26　设置行距

提示

按 Alt+↑键可减小行距，按 Alt+↓键可增大行距。每按一次，系统默认量为 2pt。要修改增量，可以选择【编辑】|【首选项】|【文字】命令，打开【首选项】对话框，修改【大小/行距】数值框中的数值。

7.3.6 字距微调和字距调整

字距微调是增加或减少特定字符对之间的间距的过程。字距调整是放宽或收紧所选文本或整个文本块中字符之间间距的过程。

【例 7-7】在 Illustrator 中，使用【字符】面板调整输入文本的字符间距。

(1) 选择【工具】面板中的【文字】工具，将光标移动到文档中单击出现光标，然后输入文字，如图 7-27 所示。

(2) 按 Ctrl+A 键选择所输入的文字，在【字符】面板中设置字体为【华文琥珀】，字符大小为 36pt，如图 7-28 所示。

图 7-27 输入文字

图 7-28 设置字体和大小

(3) 【字符】面板中，单击【设置所选字符的字距调整】下拉列表，在列表中选择数值或直接输入数值，即可调整字与字之间的间距，如图 7-29 所示。

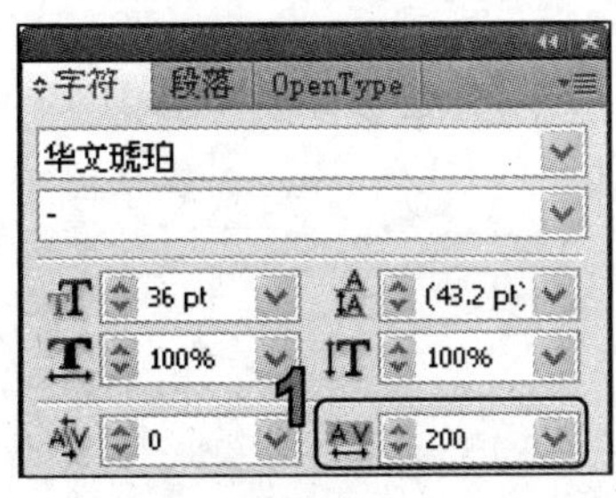

图 7-29 设置字符间距

提示

当光标在两个字符之间闪烁时，按 Alt+←键可减小字距，按 Alt+→键可增大字距。

7.3.7 偏移基线

在 Illustrator CS4 中，可以通过调整基线来调整文本与基线之间的距离，从而可以提升或降低选中的文本。使用【字符】面板中的【设置基线偏移】数值框设置上标或下标，如图 7-30 所示。

图 7-30　偏移基线

提示

按 Shift+Alt+↑键可以用来增加基线偏移，按 Shift+Alt+↓键可以减小基线偏移。要修改偏移量，可以选择【首选项】|【文字】命令，打开【首选项】对话框，修改【基线偏移】数值框中数值，默认值为 2pt。

7.3.8 旋转文字

在 Illustrator CS4 中，支持字符的任意角度旋转。在【字符】面板的【字符旋转】数值框中输入或选择合适的旋转角度，可以为选中的文字进行自定义角度的旋转，如图 7-31 所示。

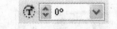

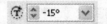

图 7-31　旋转文字

7.3.9 添加下划线和删除线

在 Illustrator CS4 中，可以为文本添加下划线或删除线。用户只需要选中文本，再单击【字符】面板中的【下划线】按钮 T 或【删除线】按钮 T 即可，如图 7-32 所示。

图 7-32 添加下划线和删除线

7.3.10 设置文字颜色

在 Illustrator 中，可以根据需要在【工具】面板、【颜色】面板或【色板】面板中设定文字的填充或描边颜色。

【例 7-8】在 Illustrator 中，对输入的文本颜色进行修改。

(1) 选择菜单栏中的【文件】|【新建】命令，在打开的【新建文档】对话框中创建新文档。

(2) 选择【工具】面板中的【文字】工具，在文档中输入文字，按组合键 Ctrl+A 将文字全部选中。

(3) 在【工具】面板中选中【填色】图标，单击【色板】面板中的色板，即可改变字体颜色，如图 7-33 所示。

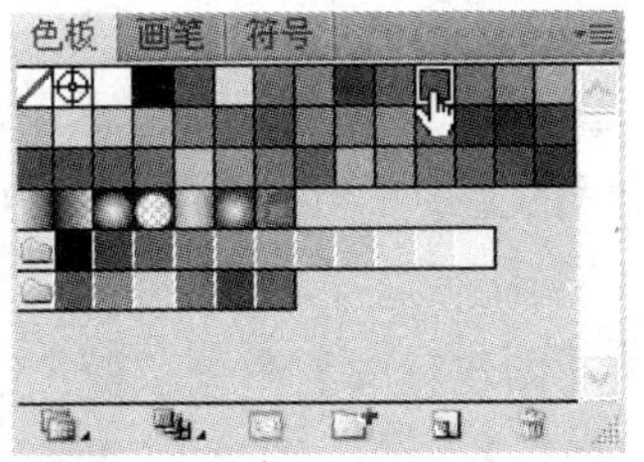

图 7-33 使用色板改变字体颜色

(4) 按组合键 Ctrl+A 将文字全部选中，选择菜单栏中的【窗口】|【颜色】命令，显示【颜色】面板，在面板中选中描边，设置描边颜色为 CMYK=32，0，80，0，即可改变描边颜色，并设置【描边】面板中的描边粗细为 3pt，如图 7-34 所示。

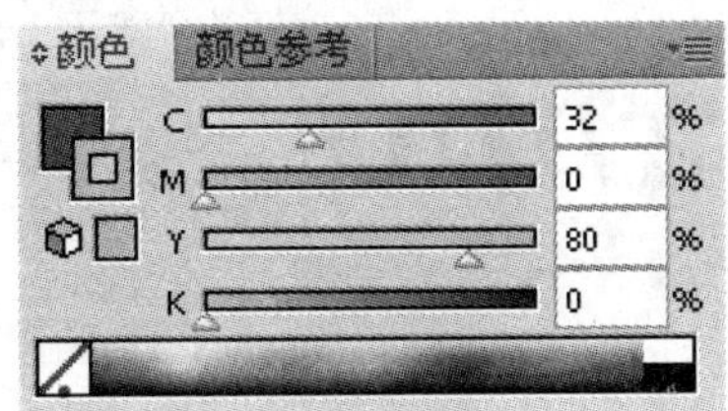

图 7-34 使用【颜色】面板改变描边

(5) 在【颜色】面板中选中填色，使用【吸管】工具，在色谱条上吸取颜色，即可调整字体填充颜色，如图 7-35 所示。

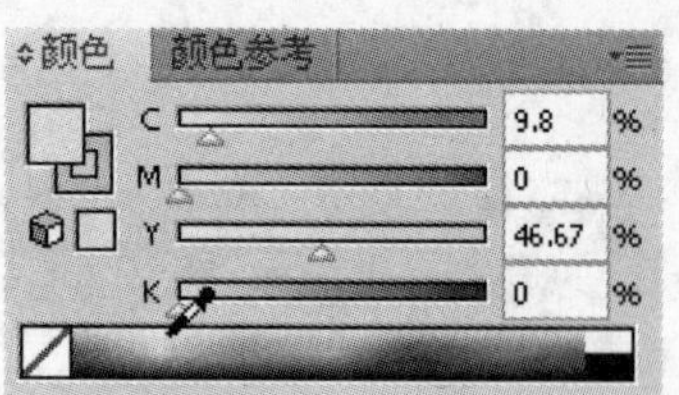

图 7-35 使用【颜色】面板改变填色

(6) 在【颜色】面板中，选中描边，使用【吸管】工具，在色谱条上吸取颜色，即可调整字体描边颜色，如图 7-36 所示。

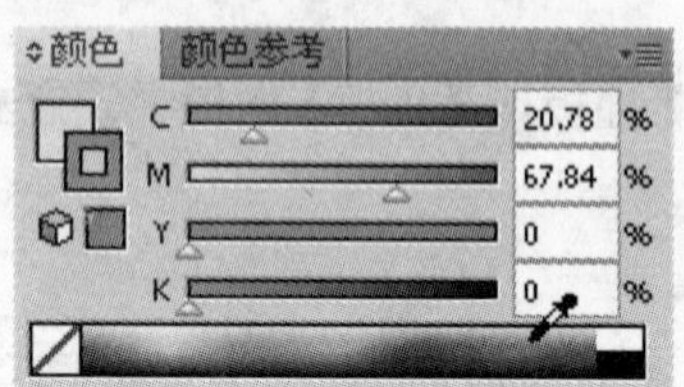

图 7-36 使用【颜色】面板改变描边

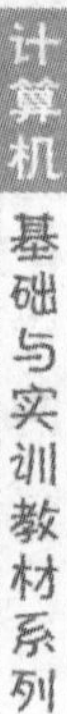

7.4 将文字转换为轮廓

使用【选择】工具选中文本后，选择【文字】|【创建轮廓】命令，或按快捷键 Shift+Ctrl+O 即可将文字转化为路径。转换成路径后的文字不再具有文字属性，并且可以像编辑图形对象一样对其进行编辑处理。

【例 7-9】在 Illustrator 中，利用【创建轮廓】命令改变文字效果。

(1) 选择菜单栏中的【文件】|【打开】命令，选择打开的图形文档，如图 7-37 所示。

(2) 选择【工具】面板中的【文字】工具，单击文档，并在控制面板中设置字体 Chiller，设置字体大小为 200pt，然后输入文字，如图 7-38 所示。

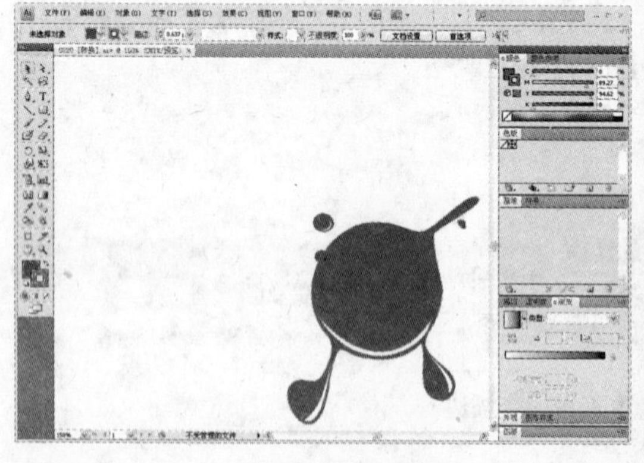

图 7-37 打开文当

图 7-38 输入文字

(3) 使用【选择】工具选中文字，接着选择菜单栏中的【文字】|【创建轮廓】命令，将文

字转换为轮廓，如图 7-39 所示。

图 7-39　转换为轮廓

(4) 选择【对象】|【路径】|【简化】命令，打开【简化】对话框，设置【曲线精度】为 85%，然后单击【确定】按钮，如图 7-40 所示。

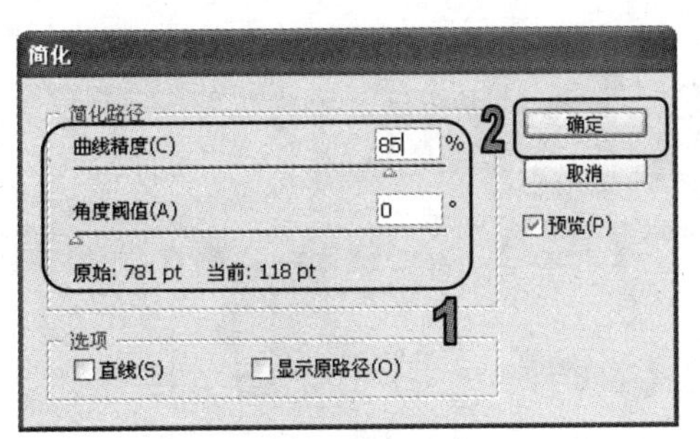

图 7-40　简化路径

(5) 使用【直接选择】工具选中文字图形上的锚点调整文字图形，并使用【选择】工具调整图形大小，如图 7-41 所示。

图 7-41　调整图形

计算机基础与实训教材系列

(6) 使用【选择】工具选中全部图形，选择【窗口】|【路径查找器】命令，打开【路径查找器】面板，单击【联集】按钮，如图 7-42 所示。

图 7-42　组合图形

(7) 在【渐变】面板中的【类型】下拉列表中选择【径向】选项，并设置渐变颜色为黄色至橘红色渐变，如图 7-43 所示。

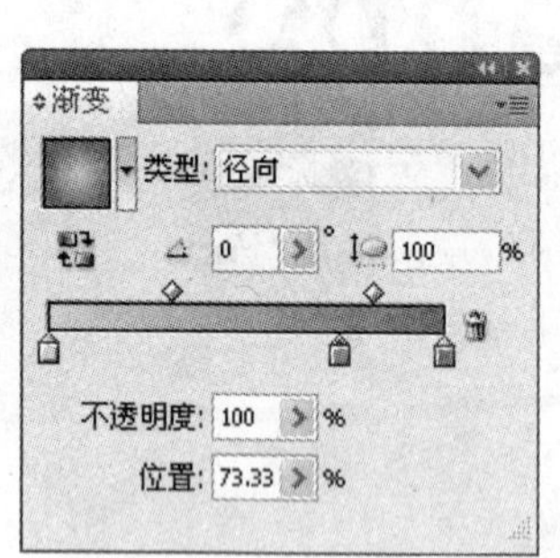

图 7-43　设置颜色

7.5　编辑区域文本

对于创建的区域文字，除了可以使用【字符】面板编辑区域内文字的参数外，还可以对区域进行编辑设置。通过编辑可以创建更符合设计排版需求的区域文本。

1. 调整文本区域

在创建区域文字后，用户可以随时修改区域文字的形状和大小。使用【选择】工具选中文字对象，拖动定界框上的控制手柄可以改变文本框的大小和旋转文本框；或使用【直接选择】工具选择文字对象外框路径或锚点，并调整对象形状。如图 7-44 所示。

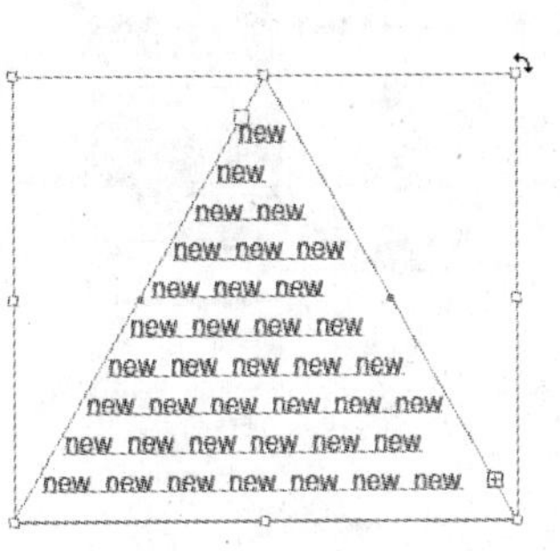

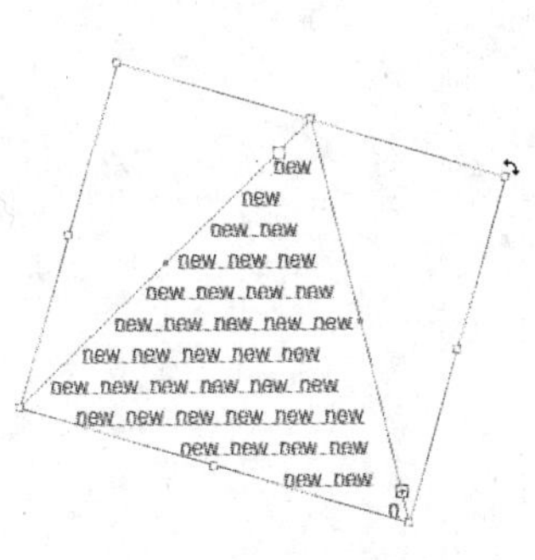

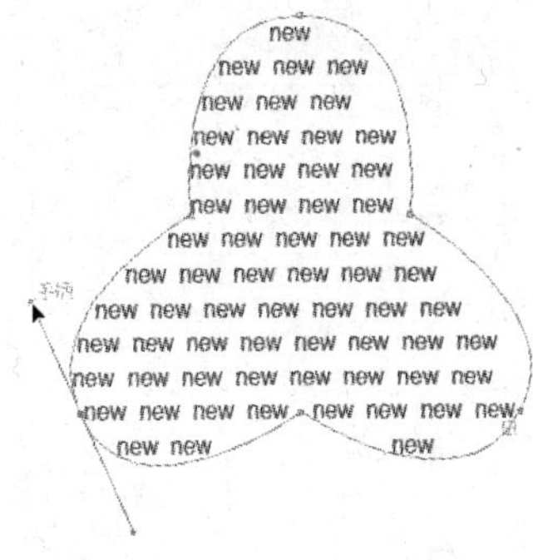

图 7-44 调整文本区域

2. 区域文字选项

选中文字对象后，还可以选择【文字】|【区域文字选项】命令，并在打开的【区域文字选项】对话框中设置区域文字。

【例 7-10】在 Illustrator 中，编辑区域文字样式。

(1) 选择【文件】|【打开】命令，选择打开图形文档。

(2) 使用【选择】工具选中区域文字对象后，选择【文字】|【区域文字选项】命令，并在打开的【区域文字选项】对话框中选中【预览】复选框。如图 7-45 所示。

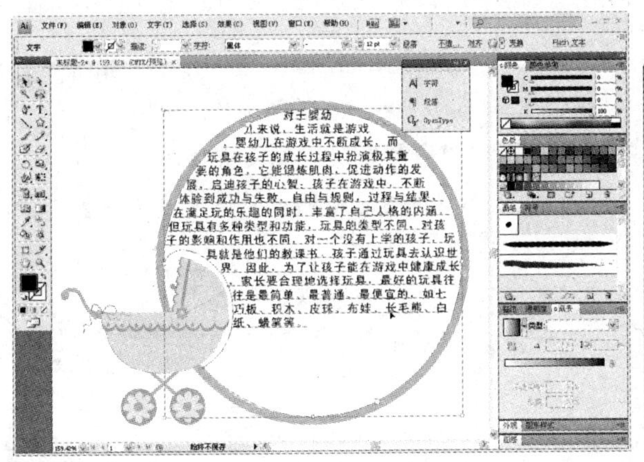

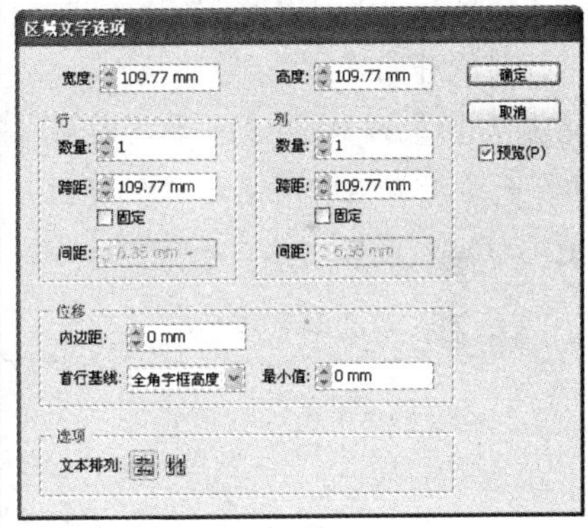

图 7-45 选中区域文本

(3) 在【区域文字选项】对话框中，【内边距】可以定义文字的边缘与定界路径之间的间距，设置【内边距】数值为 2mm。【首行基线】可以控制文字的第一行和文字对象顶部的对齐方式，在下拉列表中选择【字母上缘】。【最小值】数值为 0.5mm。在【区域文字选项】对话框中，可以指定文字对象的分栏和分行。【行】、【列】指定分栏分行的数量，设置列【数量】数值为 2。【间距】用于指定栏、行之间的间距，设置【间距】数值为 4mm。然后单击【确定】按钮。如图 7-46 所示。

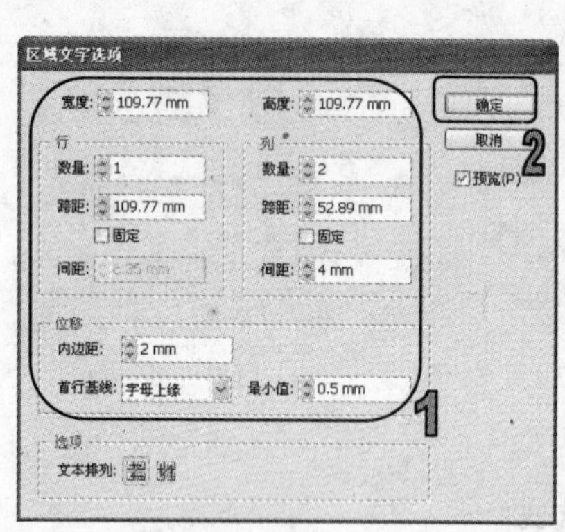

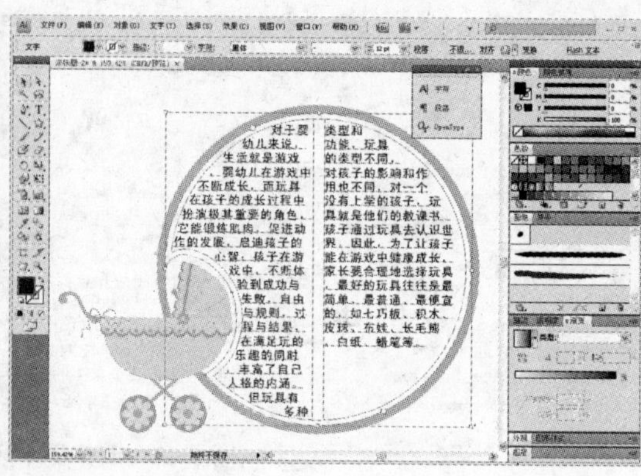

图 7-46　设置区域文字选项

提示

在【区域文字选项】对话框中，输入合适的【宽度】和【高度】值，如果文字区域不是矩形，这里的宽度和高度指的是文字对象定界框的尺寸。【跨距】是指定多行或多列中单行或单列的宽度。选中【固定】复选框，在改变文本框大小后，栏宽保持不变。在对话框的【选项】区域中，可以为多行、多列的文字指定文本排列的方向。按钮按行从左到右排列，按钮按行从右到左排列。

3. 文本绕排

在 Illustrator 中，使用文本绕排命令，能够让文字按照要求围绕图形进行排列。此命令对于制作设计排版非常实用。

【例 7-11】在 Illustrator 中，对输入的段落文本和图形图像进行图文混排。

(1) 选择菜单栏中的【文件】|【打开】命令，选择打开图形文档，并使用【文字】工具在图形文档中输入段落文本，如图 7-47 所示。

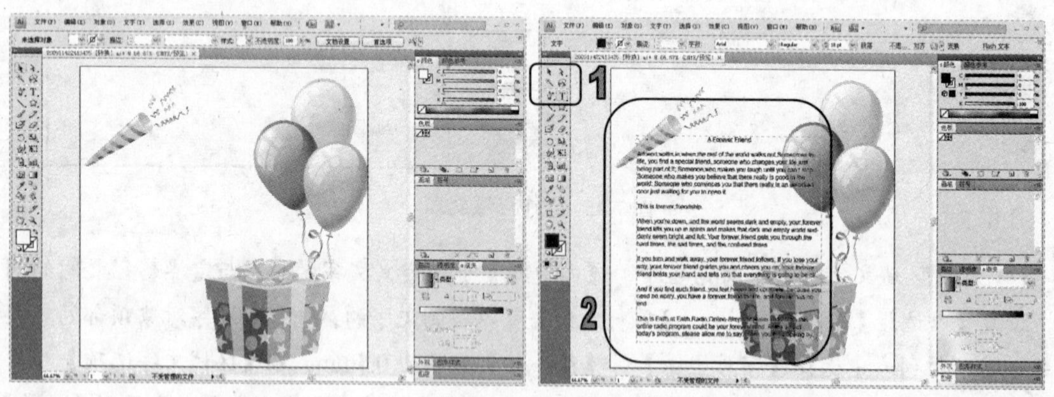

图 7-47　输入文档

(2) 使用【钢笔】工具绘制图形，并使用【选择】工具选中图形、文本，接着选择菜单栏中的【对象】|【文本绕排】|【建立】命令，即可建立文本绕排，如图 7-48 所示。

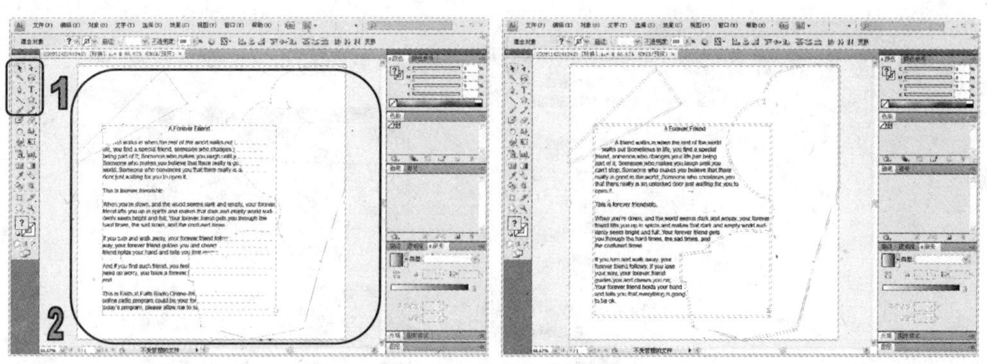

图 7-48 建立文本绕排

(3) 在对象上单击鼠标右键，在弹出的菜单中选择【排列】|【置于底层】命令，调整文本对象，如图 7-49 所示。

(4) 选择菜单栏中的【对象】|【文本绕排】|【文本绕排选项】命令，打开【文本绕排选项】对话框，在对话框中设置【位移】为 20pt，单击【确定】按钮即可修改文本围绕的距离，如图 7-50 所示。

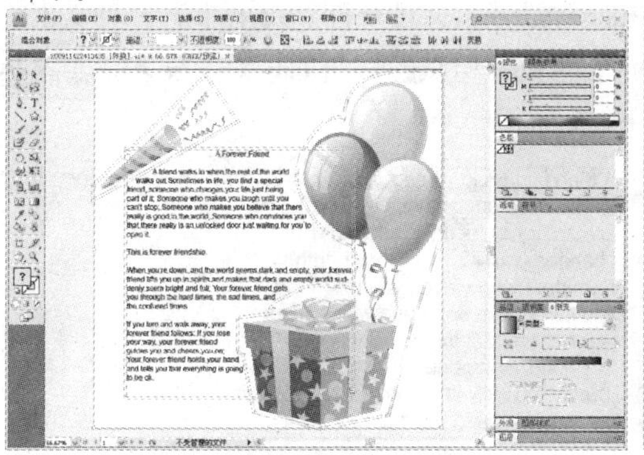

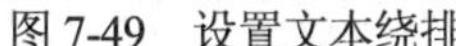

图 7-49 设置文本绕排

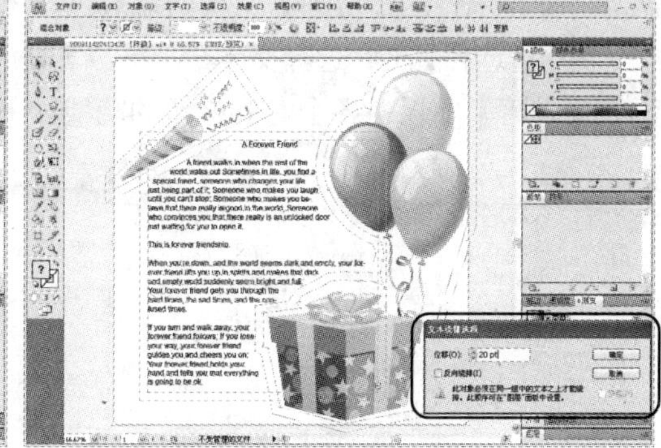

图 7-50 设置文本绕排

7.6 设置段落格式

在 Illustrator CS4 中，可以通过【段落】面板更加准确地设置段落文本格式，从而获得更加丰富的段落效果。

7.6.1 【段落】面板

在 Illustrator 中处理段落文本时，可以使用【段落】面板设置文本对齐方式、首行缩进、段落间距等。选择菜单栏中的【窗口】|【文字】|【段落】命令，即可打开【段落】面板。单击【段落】面板的扩展菜单按钮，在打开的菜单中选择【显示选项】命令，可以在【段落】面板中显示更多的设置选项。如图 7-51 所示。

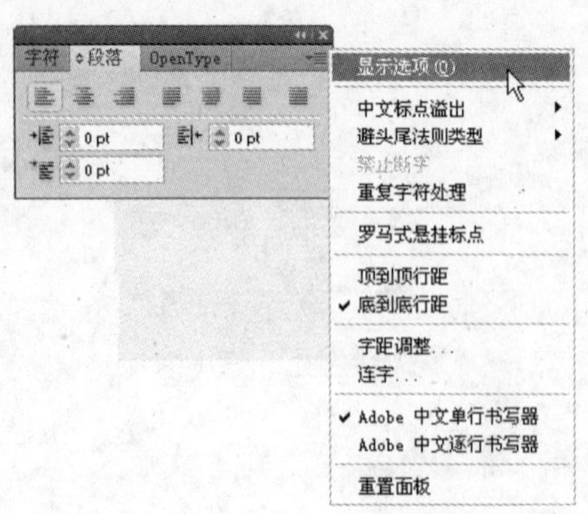

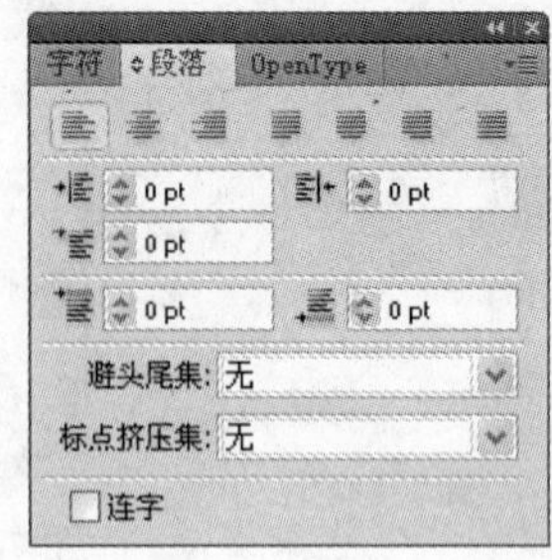

图 7-51 【段落】面板

7.6.2 对齐文本

在 Illustrator 中提供了【左对齐】、【居中对齐】、【右对齐】、【两端对齐，末行左对齐】、【两端对齐，末行居中对齐】、【两端对齐，末行右对齐】、【全部两端对齐】7 种文本对齐方式。使用【选择】工具选择文本后，单击【段落】面板中相应的按钮即可对齐文本，如图 7-52 所示。【段落】面板中各个对齐按钮的功能如下。

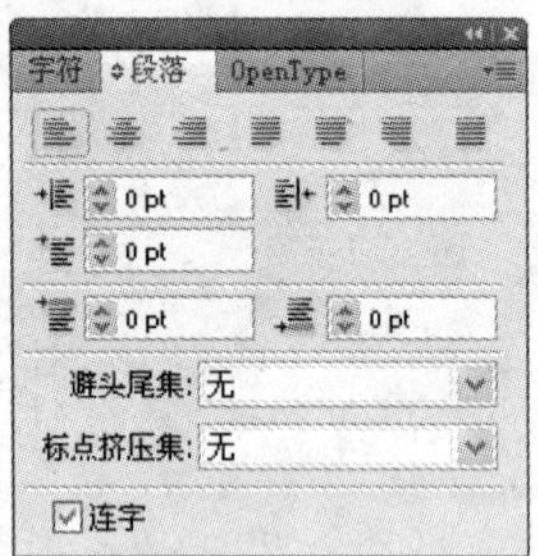

A friend walks in when the rest of the world walks out Sometimes in life, you find a special friend, someone who changes your life just being part of it; Someone who makes you laugh until you can't stop; Someone who makes you believe that there really is good in the world; Someone who convinces you that there really is an unlocked door just waiting for you to open it.

图 7-52 对齐文本

- 左对齐：单击该按钮，可以使文本靠左边对齐。
- 居中对齐：单击该按钮，可以使文本居中对齐，如图 7-53 所示。
- 右对齐：单击该按钮，可以使文本靠右边对齐，如图 7-54 所示。
- 两端对齐，末行左对齐：单击该按钮，可以使文本的左右两边都对齐，最后一行左对齐，如图 7-55 所示。

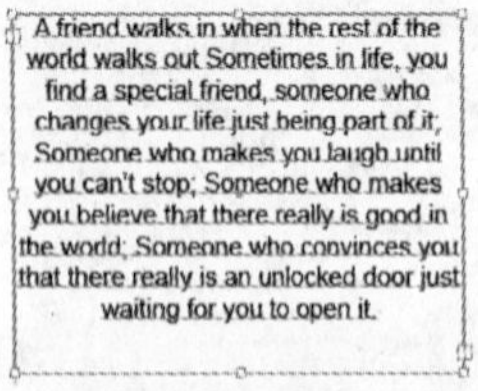

A friend walks in when the rest of the world walks out Sometimes in life, you find a special friend, someone who changes your life just being part of it; Someone who makes you laugh until you can't stop; Someone who makes you believe that there really is good in the world; Someone who convinces you that there really is an unlocked door just waiting for you to open it.

图 7-53 居中对齐

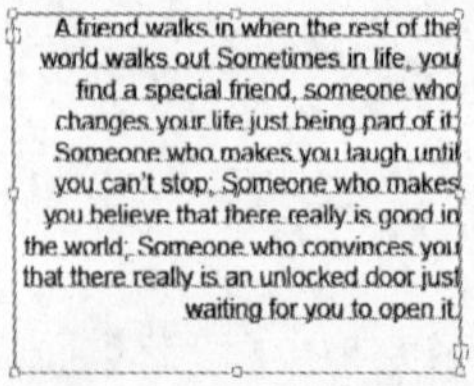

A friend walks in when the rest of the world walks out Sometimes in life, you find a special friend, someone who changes your life just being part of it; Someone who makes you laugh until you can't stop; Someone who makes you believe that there really is good in the world; Someone who convinces you that there really is an unlocked door just waiting for you to open it.

图 7-54 右对齐图

A friend walks in when the rest of the world walks out Sometimes in life, you find a special friend, someone who changes your life just being part of it; Someone who makes you laugh until you can't stop; Someone who makes you believe that there really is good in the world; Someone who convinces you that there really is an unlocked door just waiting for you to open it.

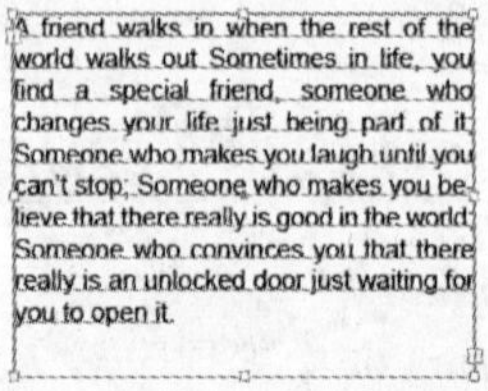

图 7-55 两端对齐，末行左对齐

- 两端对齐，末行居中对齐：单击该按钮，可以使文本的左右两边都对齐，最后一行居中对齐，如图 7-56 所示。

◉ 两端对齐，末行右对齐：单击该按钮，可以使文本的左右两边都对齐，最后一行右对齐，如图 7-57 所示。

◉ 全部两端对齐：单击该按钮，可以将对齐所有文本，并强制段落中的最后一行也两端对齐，如图 7-58 所示。

A friend walks in when the rest of the world walks out Sometimes in life, you find a special friend, someone who changes your life just being part of it; Someone who makes you laugh until you can't stop; Someone who makes you believe that there really is good in the world; Someone who convinces you that there really is an unlocked door just waiting for you to open it.

图 7-56 两端对齐，末行居中对齐

A friend walks in when the rest of the world walks out Sometimes in life, you find a special friend, someone who changes your life just being part of it; Someone who makes you laugh until you can't stop; Someone who makes you believe that there really is good in the world; Someone who convinces you that there really is an unlocked door just waiting for you to open it.

图 7-57 两端对齐，末行右对齐

A friend walks in when the rest of the world walks out Sometimes in life, you find a special friend, someone who changes your life just being part of it; Someone who makes you laugh until you can't stop; Someone who makes you believe that there really is good in the world; Someone who convinces you that there really is an unlocked door just waiting for you to open it.

图 7-58 全部两端对齐

7.6.3 缩进文本

【首行缩进】可以控制每段文本首行按照指定的数值进行缩进。使用【左缩进】和【右缩进】可以调节整段文字边界到文本框的距离，如图 7-59 所示。

图 7-59 设置缩进

7.6.4 调整段落间距

使用【段前间距】和【段后间距】可以设置段落文本之间的距离，如图 7-60 所示。这是排版中分隔段落的专业方法。

图 7-60 调整段落间距

7.7 字符和段落样式

字符样式是许多字符格式属性的集合，可应用于所选的文本范围。段落样式包括字符和段落格式属性，并可应用于所选段落，也可应用于段落范围。使用字符和段落样式，用户可以简化操作，并且还可以保证格式的一致性。

7.7.1 创建字符和段落样式

可以使用【字符样式】 和【段落样式】面板来创建、应用和管理字符和段落样式。要应用样式，只需选择文本并在其中的一个面板中单击样式名称即可。如果未选择任何文本，则会将样式应用于所创建的新文本。

【例 7-12】在 Illustrator 中，创建字符、段落样式。

(1) 在打开的图形文档中，使用【选择】工具选择文本，如图 7-61 所示。

(2) 选择【窗口】|【文字】|【字符样式】命令，打开【字符样式】面板。并在面板中，单击【创建新样式】按钮使用默认名称创建样式，如图 7-62 所示。

图 7-61 创建字符样式

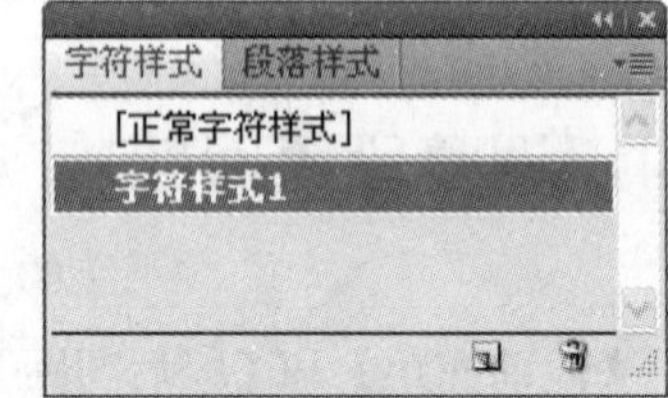

图 7-62 创建样式

(3) 使用【选择】工具选中段落文本，显示【段落样式】面板。在面板菜单中选择【新建段落样式】命令。在打开的【新建段落样式】对话框的【样式名称】文本框中输入一个名称，然后单击【确定】按钮，使用自定义名称创建样式，如图 7-63 所示。

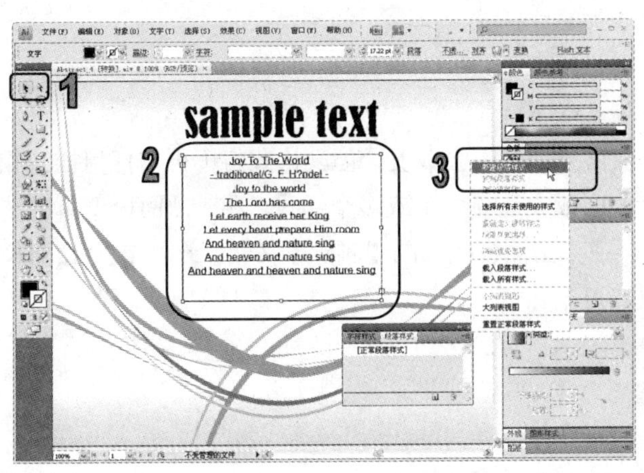

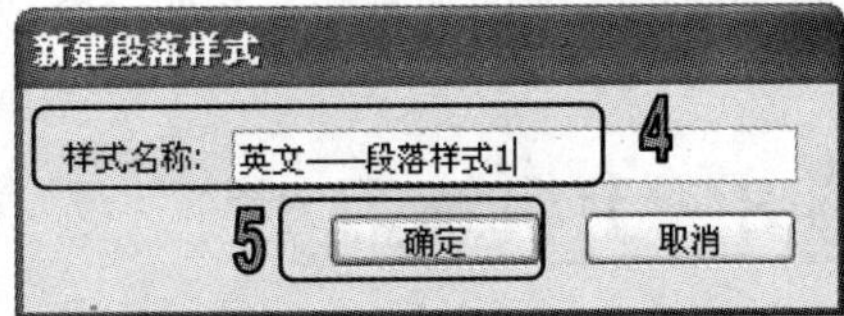

图 7-63　创建段落样式

7.7.2　编辑字符和段落样式

在 Illustrator 中，可以更改默认字符和段落样式的定义，也可更改所创建的新字符和段落样式。在更改样式定义时，使用该样式设置格式的所有文本都会发生更改，与新样式定义相匹配。

【例 7-13】在 Illustrator 中，编辑已有的段落样式。

(1) 在【段落样式】面板菜单中双击样式名称，打开【段落样式选项】对话框，如图 7-64 所示。

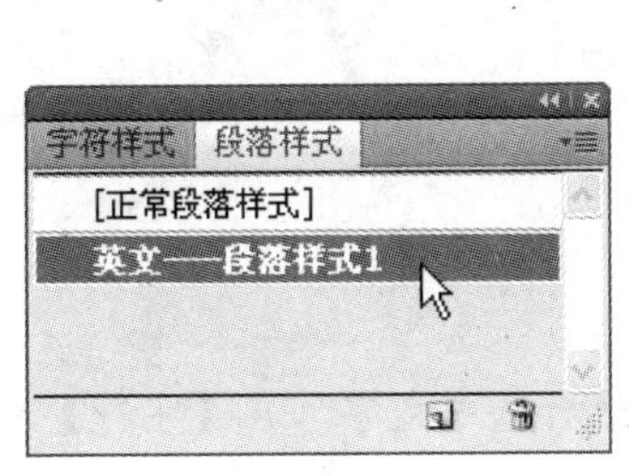

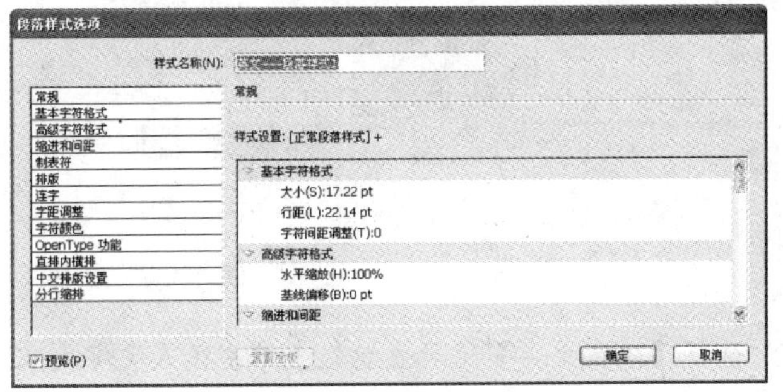

图 7-64　打开【段落样式选项】对话框

(2) 在对话框的左侧，选择一类格式设置选项，并设置所需的选项。设置完选项后，单击【确定】按钮即可，如图 7-65 所示。

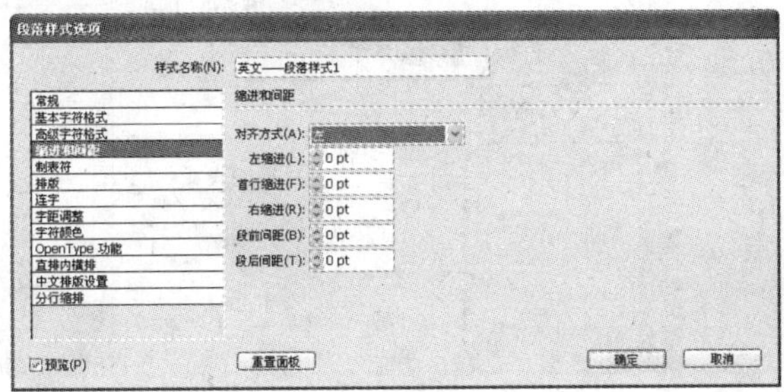

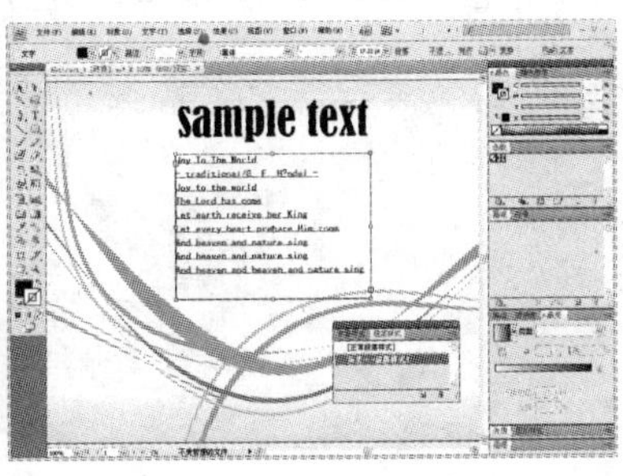

图 7-65　编辑段落样式

7.7.3 删除样式

在删除样式时，使用该样式的字符、段落外观并不会改变，但其格式将不再与任何样式相关联。在【字符样式】 面板或【段落样式】面板中选择一个或多个样式名称。从面板菜单中选取【删除字符样式】或【删除段落样式】。或单击面板底部的【删除】按钮，或直接将样式拖移到面板底部的【删除】按钮上释放即可删除样式。

7.8 上机练习

本章上机练习主要练习制作图文版式，使用户更好地掌握文字的输入、编辑基本操作方法和技巧。

(1) 选择【文件】|【打开】命令选择打开一幅图形文档。并选择【钢笔】工具，在文档中绘制路径，如图 7-66 所示。

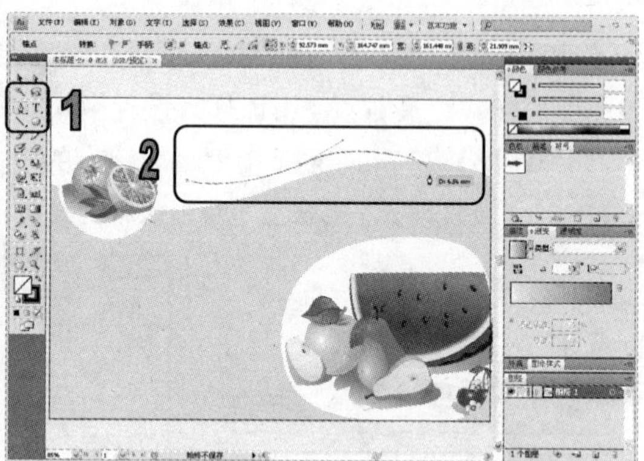

图 7-66 绘制路径

(2) 选择【路径文字】工具在路径上单击输入文字内容，然后选中文字，在【字符】面板中设置字体为【华文行楷】、字体大小为 72pt、间距为-200，如图 7-67 所示。

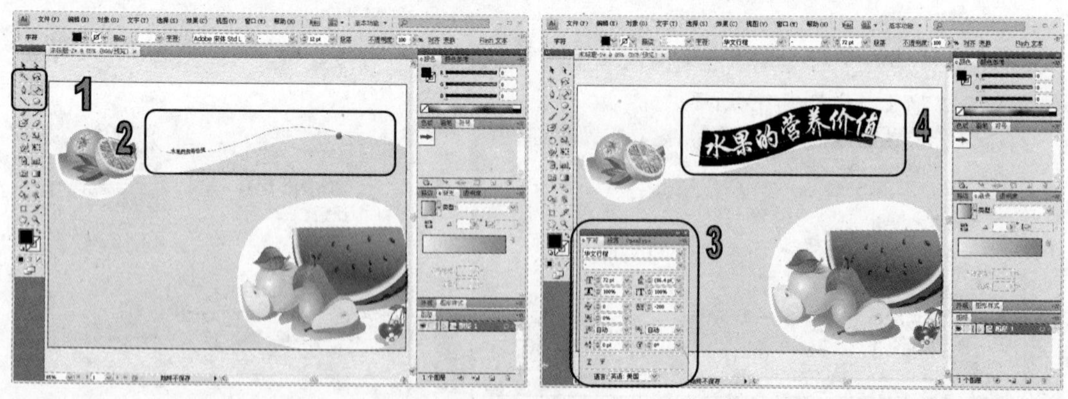

图 7-67 设置字符

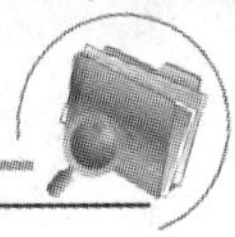

(3) 选择【文字】|【创建轮廓】命令，将文字转换为轮廓，并在【渐变】面板中设置渐变填充颜色，如图 7-68 所示。

图 7-68 设置字符

(4) 使用【选择】工具选中底图图形，按 Ctrl+C 键复制，Ctrl+F 键粘贴，然后选择【区域文字】工具，在复制的图形中单击并输入文字。并在【字符】面板中，设置字体样式、字体大小，如图 7-69 所示。

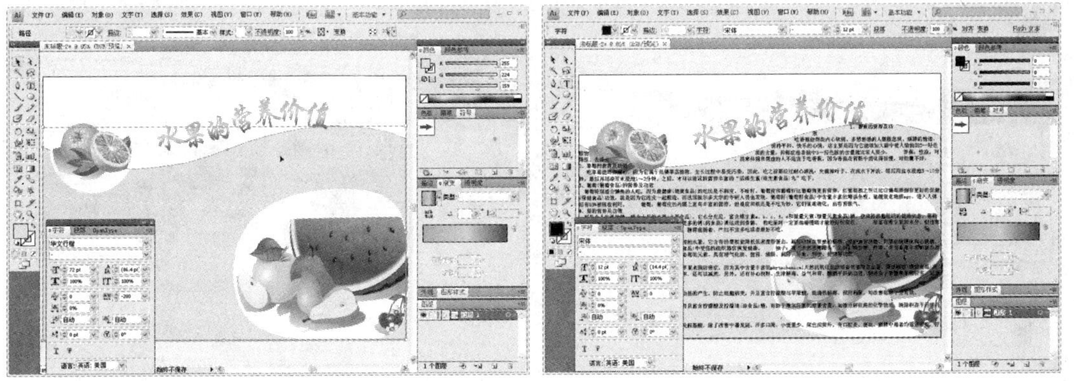

图 7-69 创建区域文本

(5) 选择【文字】|【区域文字选项】命令，打开【区域文字选项】对话框。在对话框中设置列【数量】为 3，【内边距】数值为 5mm，然后单击【确定】按钮，如图 7-70 所示。

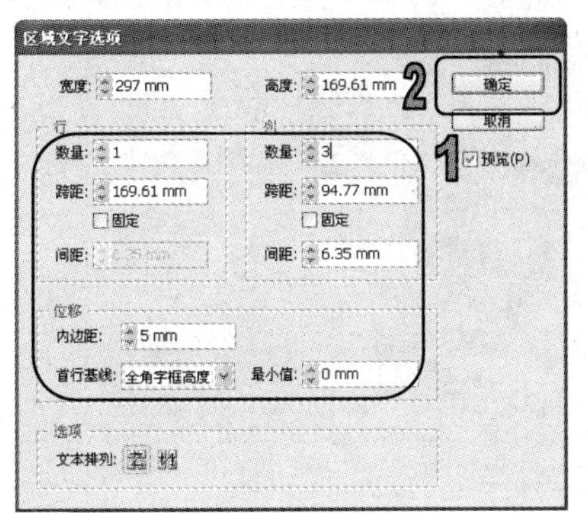

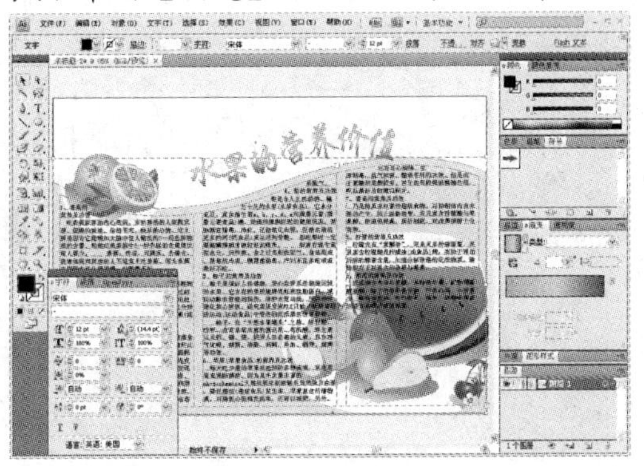

图 7-70 设置区域文本

(6) 按Ctrl+[键将区域文字排列到图形下方，使用【选择】工具选中图形，然后选择【对象】|【文本绕排】|【建立】命令，如图 7-71 所示。

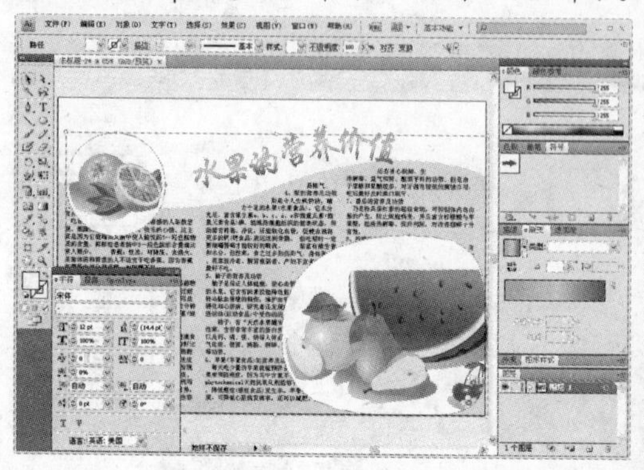

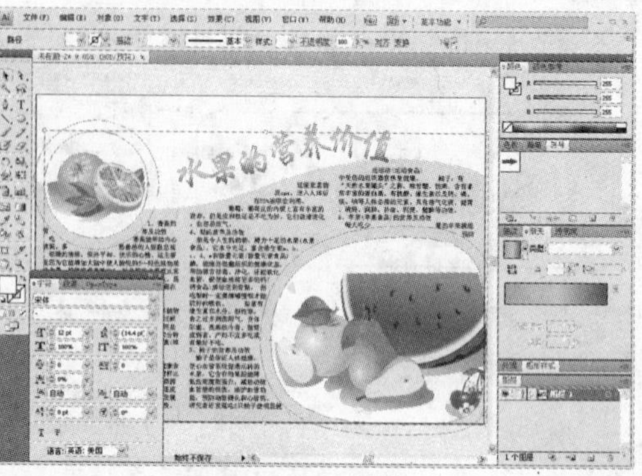

图 7-71　建立文本绕排

(7) 选择【对象】|【文本绕排】|【文本绕排选项】命令，打开【文本绕排选项】对话框。在对话框中设置【位移】数值为 10pt，然后单击【确定】按钮，如图 7-72 所示。

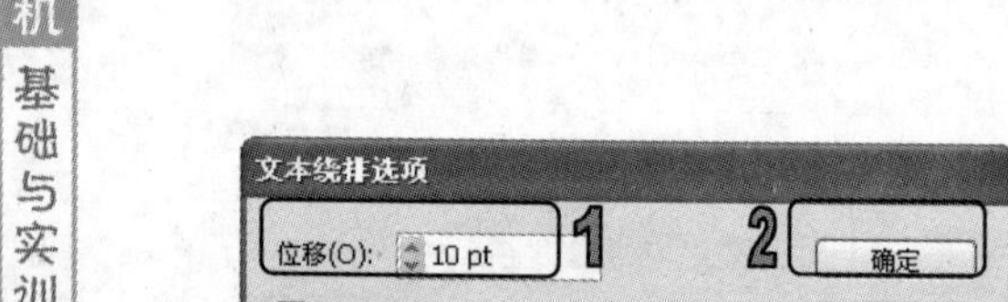

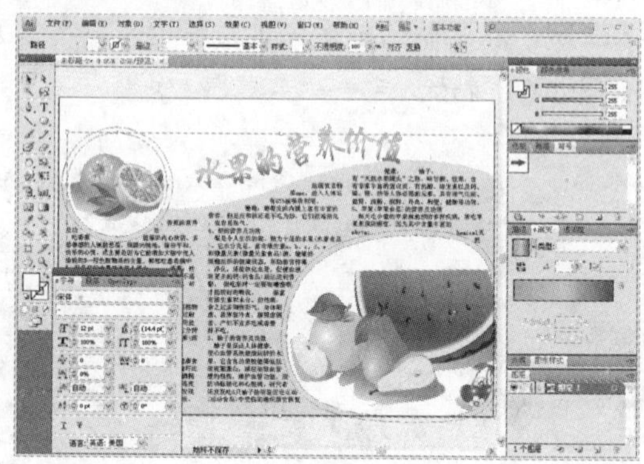

图 7-72　设置文本绕排

7.9　习题

1. 使用区域文字和路径文字，制作如图 7-73 所示的版式。
2. 使用文本工具创建并编辑文本，制作如图 7-74 所示的版式。

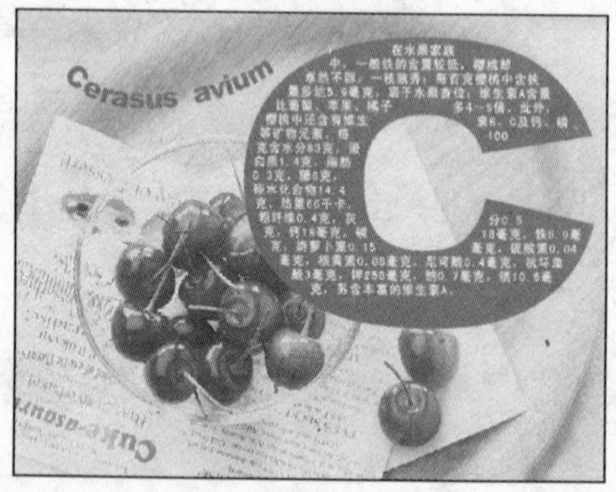

图 7-73　版式

图 7-74　版式

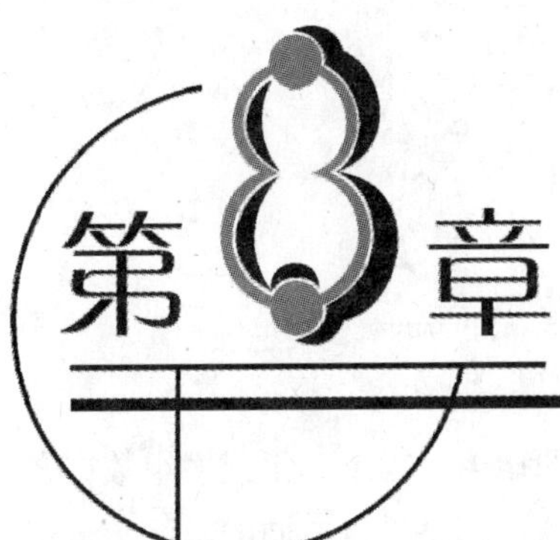

第8章 图表应用

学习目标

在 Illustrator CS4 中可根据提供的数据生成如柱形图、条形图、折线图、面积图、饼图等种类的数据图表。这些图形图表在各种说明类的设计中具有非常重要的作用。除此之外，Illustrator CS4 还允许用户改变图表的外观效果，从而使图表具有更丰富的视觉效果，且更加清晰明了。

本章重点

- 图表的类型
- 创建与编辑图表
- 设置图表格式
- 自定义图表

8.1 图表的类型

图表由数轴和导入的数据组成，使用 Illustrator CS4 中如图 8-1 所示的图表工具可以创建 9 种不同类型的图表。

柱形图是默认的图表类型。这种类型的图表是通过柱形长度与数据数值成比例的垂直矩形，表示一组或多组数据之间的相互关系。柱形图可以将数据表中的每一行数据放在一起，供用户进行比较。该类型的图表将事物随时间的变化趋势很直观地表现出来，如图 8-2 所示。

堆积柱形图与柱形图相似，只是在表达数据信息的形式上有所不同。柱形图用于每一类项目中单个分项目数据的数值比较，而堆积柱形图则用于比较每一类项目中的所有分项目数据，如图 8-3 所示。从图形的表现形式上看，堆积柱形图是将同类中的多组数据，以堆积的方式形成垂直矩形进行类别之间的比较。

图 8-1　图表工具

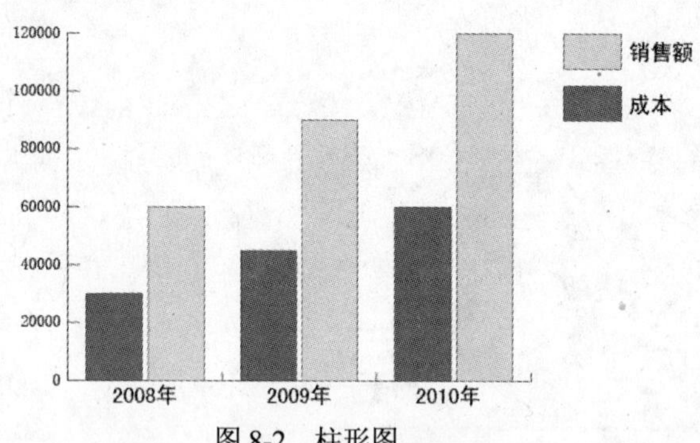

图 8-2　柱形图

条形图与柱形图类似，都是通过柱形长度与数据值成比例的矩形，表示一组或多组数据之间的相互关系。它们的不同之处在于，柱形图中的数据值形成的矩形是垂直方向的，而条形图中的数据值形成的矩形是水平方向的，如图 8-4 所示。

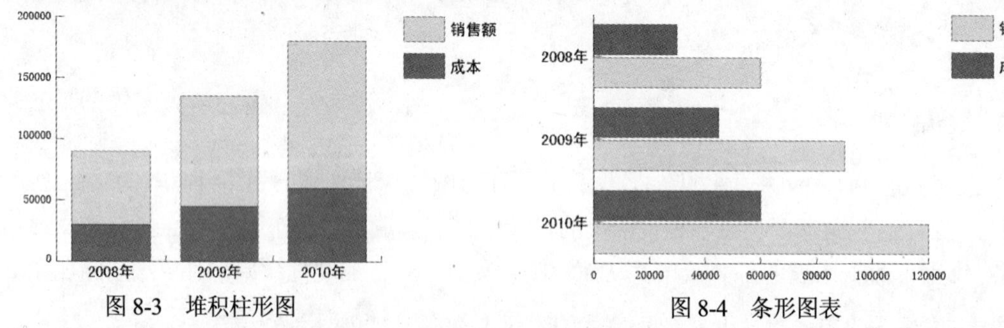

图 8-3　堆积柱形图

图 8-4　条形图表

堆积条形图与堆积柱形图类似，都是将同类中的多组数据，以堆积的方式形成矩形进行类别之间的比较。它们的不同之处在于，堆积柱形图中的矩形是垂直方向的，而堆积条形图表中的矩形是水平方向的，如图 8-5 所示。

折线图，能够表现数据随时间变化的趋势，以帮助用户更好地把握事物发展的进程、分析变化趋势和辨别数据变化的特性和规律。这类型的图表将同项目中的数据以点的方式在图表中表示，再通过线段将其连接，如图 8-6 所示。通过折线图，不仅能够纵向比较图表中各个横向的数据，而且可以横向比较图表中的纵向数据。

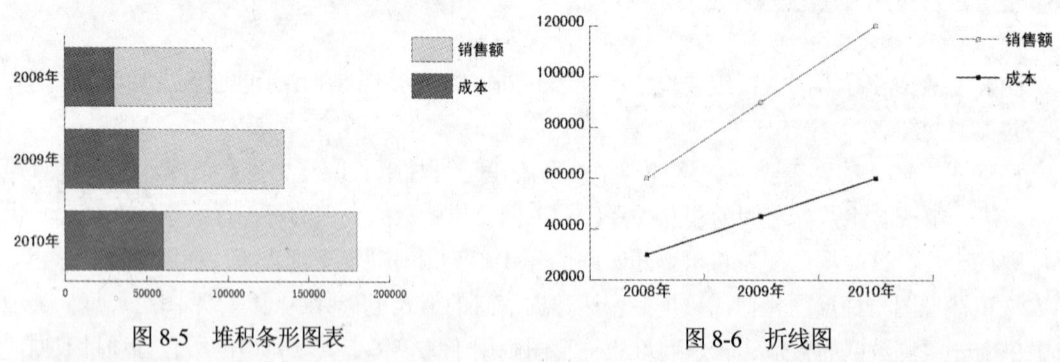

图 8-5　堆积条形图表

图 8-6　折线图

面积图表示的数据关系与折线图相似，但相比之下后者比前者更强调整体在数值上的变化。面积图是通过用点表示一组或多组数据，并以线段连接不同组的数值点形成面积区域，如

图 8-7 所示。

散点图是比较特殊的数据图表，它主要用于数学上的数理统计、科技数据的数值比较等方面。该类型图表的 X 轴和 Y 轴都是数值坐标轴，在两组数据的交汇处形成坐标点。每一个数据的坐标点都是通过 X 坐标和 Y 坐标进行定位的，各个坐标点之间用线段相互连接。用户通过散点图能够分析出数据的变化趋势，而且可以直接查看 X 和 Y 坐标轴之间的相对性，如图 8-8 所示。

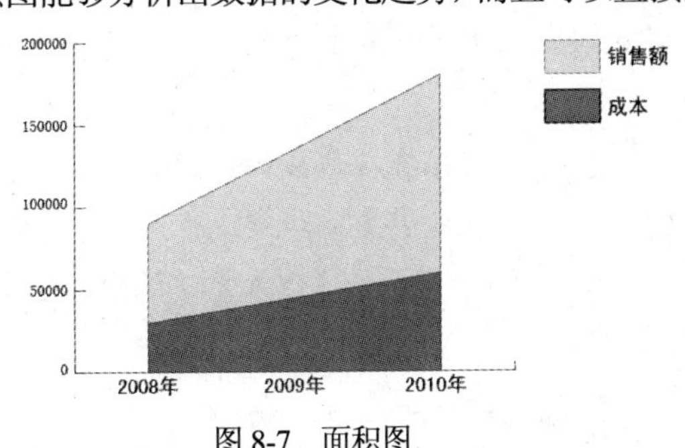

图 8-7　面积图

图 8-8　散点图

饼图是将数据的数值总和作为一个圆饼，其中各组数据所占的比例通过不同的颜色表示。该类型的图表非常适合于显示同类项目中不同分项目的数据所占的比例。它能够很直观地显示一个整体中各个分项目所占的数值比例，如图 8-9 所示。

雷达图是一种以环形方式进行各组数据比较的图表。这种比较特殊的图表，能够将一组数据以其数值多少在刻度尺上标注成数值点，然后通过线段将各个数值点连接，这样用户可以通过所形成的各组不同的线段图形，判断数据的变化，如图 8-10 所示。

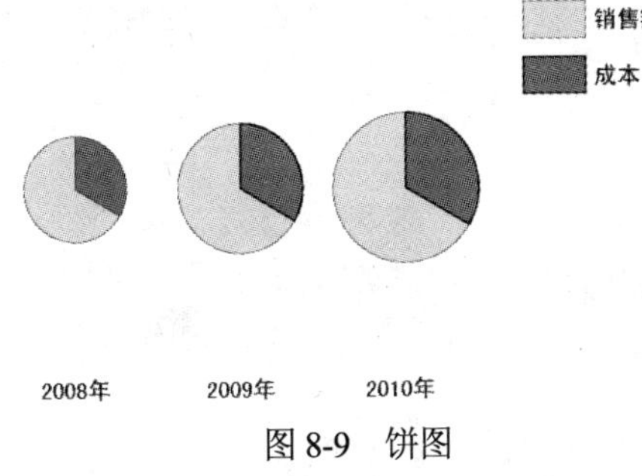

图 8-9　饼图

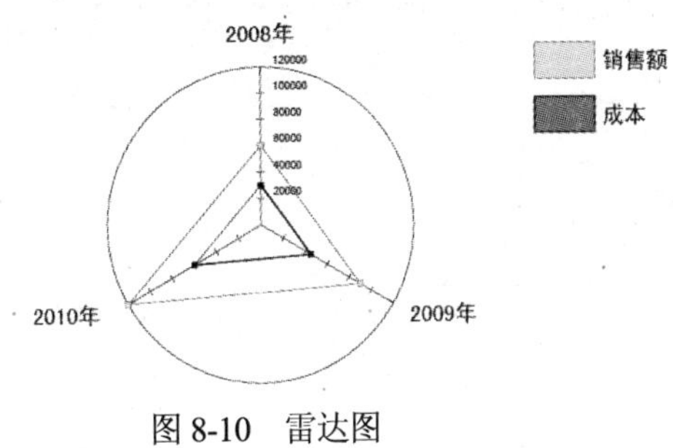

图 8-10　雷达图

8.2　创建与编辑图表

在 Illustrator CS4 的【工具】面板中提供了 9 中图表创建工具，并且选择【对象】|【图表】子菜单可以设置图表的各种属性。

8.2.1　创建图表

在 Illustrator CS4 的【工具】面板中包括【柱形图】工具、【堆积柱形图】工具、【条

形图】工具、【堆积条形图】工具、【折线图】工具、【面积图】工具、【散点图】工具、【饼图】工具和【雷达图】工具共 9 种图表工具。选择一种图表工具便可以通过拖拽和设置对话框的方式设定图表的宽度与高度。图表的宽度与高度用来确定图表的范围，控制图表的大小。然后在弹出的图表数据框中输入相应的图表数据，即可创建图表。

【例 8-1】在 Illustrator 中，根据设定创建图表。

(1) 选择菜单栏中的【文件】|【新建】命令，在打开的【新建文档】对话框中设置创建新文档。

(2) 选择【工具】面板中的【堆积柱形图】工具，然后在文档中按住鼠标左键拖拽出一个矩形框，该矩形框的高度和宽度即为图表的高度和宽度。或在【工具】面板中选择【堆积柱形图】工具后，将鼠标放置到文档中单击鼠标左键，弹出如图 8-11 所示的【图表】对话框，在该对话框中设置图表的宽度和高度值后，单击【确定】按钮。

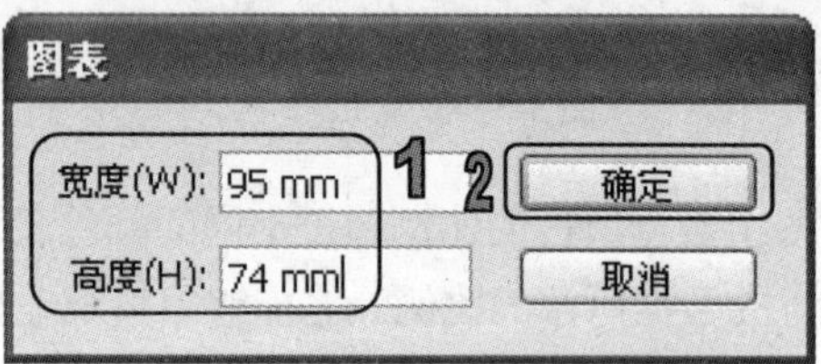

图 8-11 【图表】对话框

提示

在拖动过程中，按住 Shift 键拖动出的矩形框为正方形，即创建的图表长度与宽度值相等。按住 Alt 键，将从单击点向外扩张，单击点即为图表的中心。

(3) 确定设置后，弹出图表数据输入框，在框中输入相应的图表数据，然后单击【应用】按钮✓即可创建相应的图表，如图 8-12 所示。

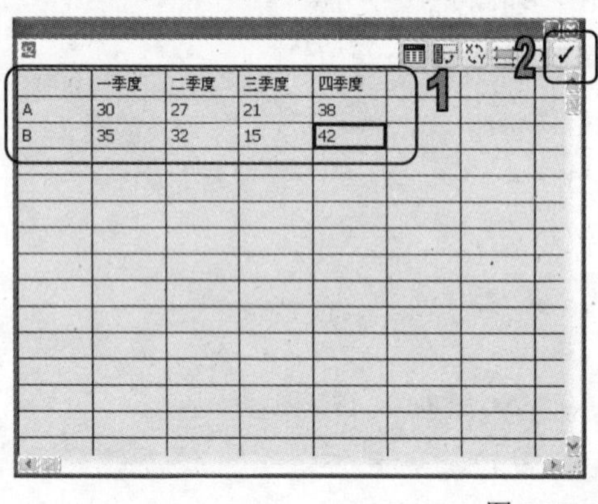

	一季度	二季度	三季度	四季度
A	30	27	21	38
B	35	32	15	42

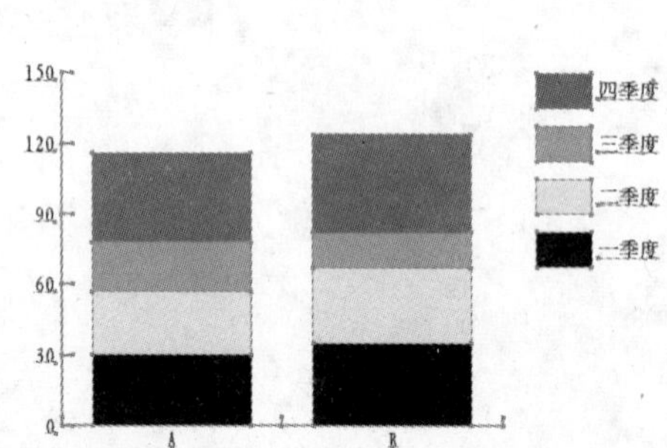

图 8-12 创建图表

8.2.2 导入图表数据

图表的数据输入是创建图表过程中重要的环节。在 Illustrator 中可以通过直接输入的方法创建图表数据，还可以用导入的方法从别的文件中导入图表数据。

【例 8-2】在 Illustrator 中，使用导入数据的方法创建图表。

(1) 在选择【工具】面板中选择【饼图】工具，然后将鼠标移动到文档中单击。

(2) 在弹出的【图表】对话框中，设置宽度为 100mm，高度为 75mm，单击【确定】按钮，弹出图表数据输入框，如图 8-13 所示。

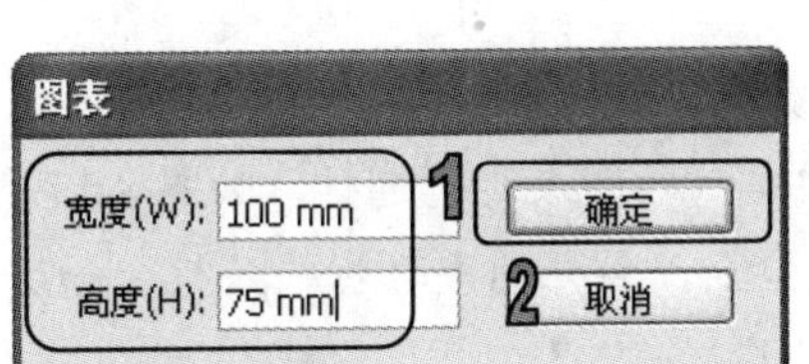

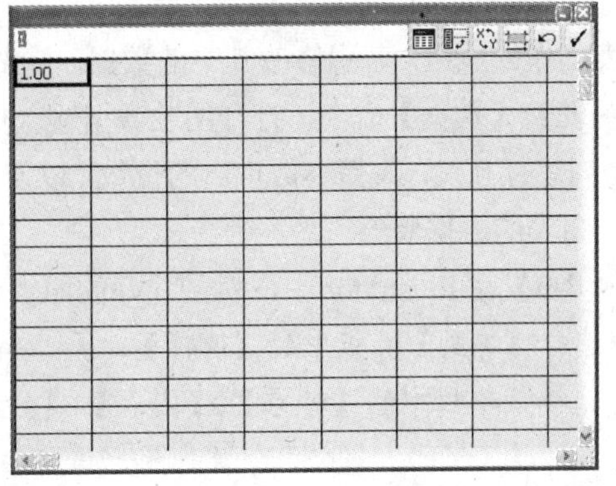

图 8-13　设置【图表】对话框

(3) 单击右上角【导入数据】按钮，弹出【导入图表数据】对话框，在对话框中选择【08】文件夹下的【导入数据】文档，如图 8-14 所示。

(4) 单击【打开】按钮，将选择的文件导入到当前的图表数据输入框中，如图 8-15 所示。

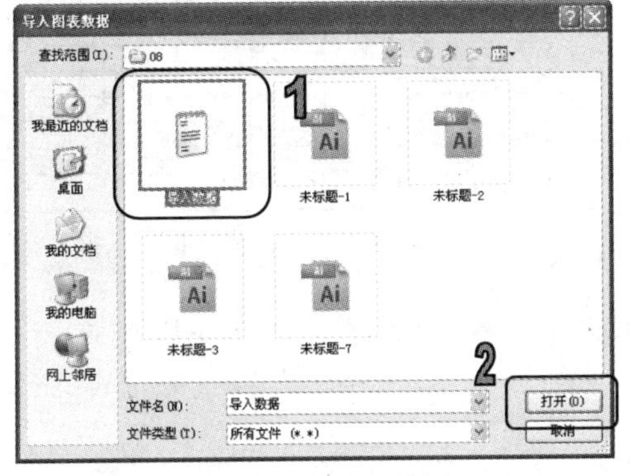

图 8-14　选择文档

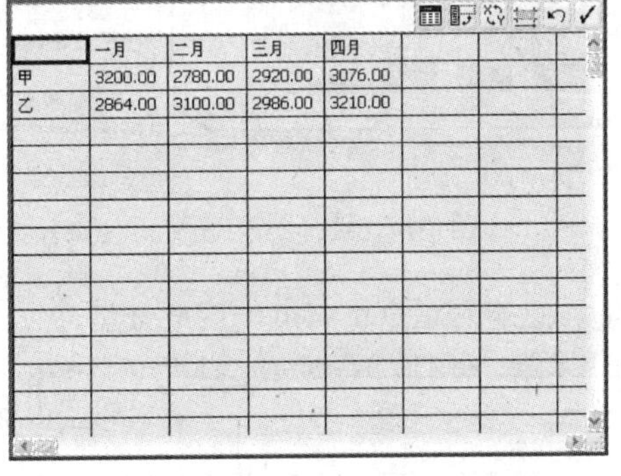

	一月	二月	三月	四月
甲	3200.00	2780.00	2920.00	3076.00
乙	2864.00	3100.00	2986.00	3210.00

图 8-15　导入数据

(5) 单击右上角的【应用】按钮，然后关闭图标数据输入框，在文档中生成如图 8-16 所示的图表。

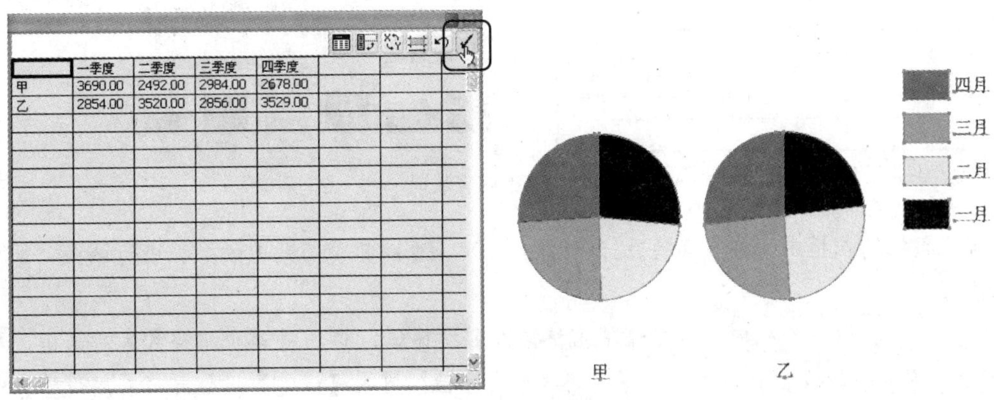

	一季度	二季度	三季度	四季度
甲	3690.00	2492.00	2984.00	2678.00
乙	2854.00	3520.00	2856.00	3529.00

图 8-16　创建图表

8.2.3 修改图表数据

图表制作完成后，若想修改其中的数据，首先要使用【选择】工具选中图表，然后选择【对象】|【图表】|【数据】命令，打开图表数据输入框。在此输入框中修改要改变的数据，还可以修改行、列进行互换，改变小数点后的位数，以及列宽等参数。然后单击输入框中的【应用】✓按钮完成图表的数据修改。

【例 8-3】在 Illustrator 中，对创建好的图表进行编辑修改。

(1) 选择【工具】面板中的【选择】工具，将需要编辑的图表进行选择，如图 8-17 所示。

(2) 选择菜单栏中的【对象】|【图表】|【数据】命令，打开图表数据输入框，如图 8-18 所示。

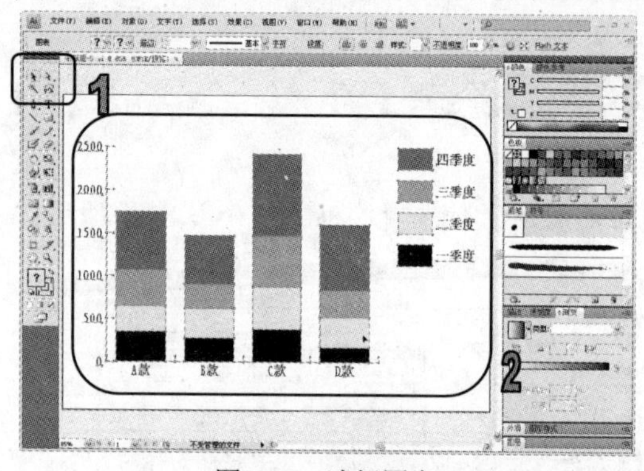

图 8-17　选择图表

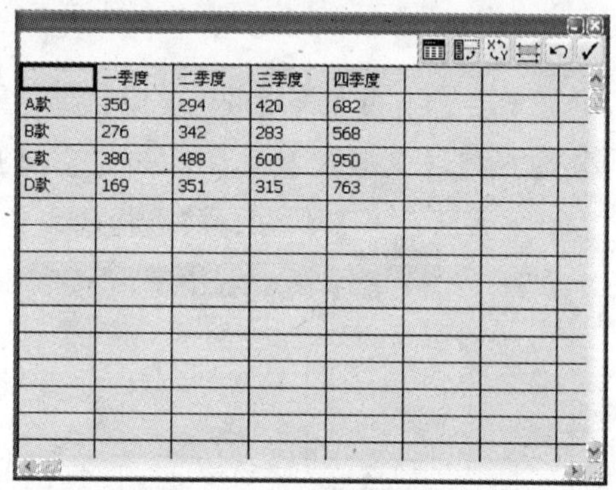

	一季度	二季度	三季度	四季度
A款	350	294	420	682
B款	276	342	283	568
C款	380	488	600	950
D款	169	351	315	763

图 8-18　打开图表数据输入框

(3) 在此输入框中重新设定图表数据即可对选择的图表进行修改，如图 8-19 所示。

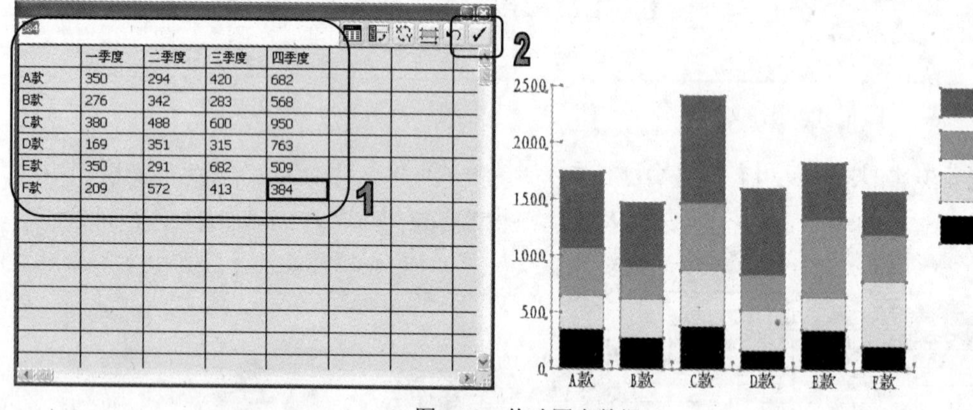

	一季度	二季度	三季度	四季度
A款	350	294	420	682
B款	276	342	283	568
C款	380	488	600	950
D款	169	351	315	763
E款	350	291	682	509
F款	209	572	413	384

图 8-19　修改图表数据

(4) 在数据输入框中，单击【换位行/列】按钮，可以将行与列中的数据进行调换，如图 8-20 所示。

(5) 在图表数据输入框中，单击【单元格样式】按钮，弹出【单元格样式】对话框。在对话框中设置【小数位数】为 0 位，【列宽度】为 4 位，单击【确定】按钮即可应用设置，如图 8-21 所示。

	A款	B款	C款	D款	E款	F款
一季度	350	276	380	169	350	209
二季度	294	342	488	351	291	572
三季度	420	283	600	315	682	413
四季度	682	568	950	763	509	384

图 8-20　换位行/列

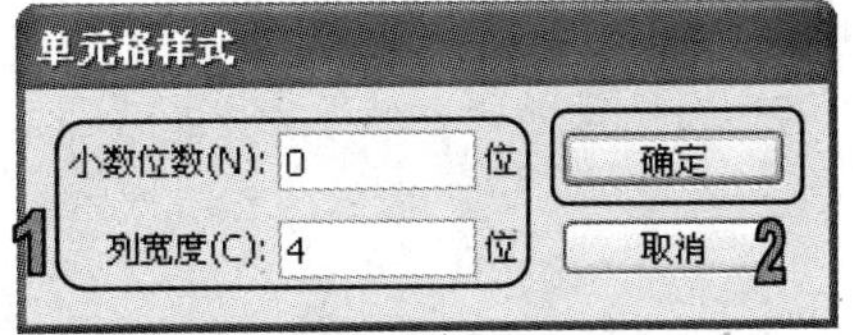

图 8-21　设置【单元格样式】

(6) 单击右上角的【应用】按钮✓，然后关闭图标数据输入框，在文档中生成如图 8-22 所示的图表。

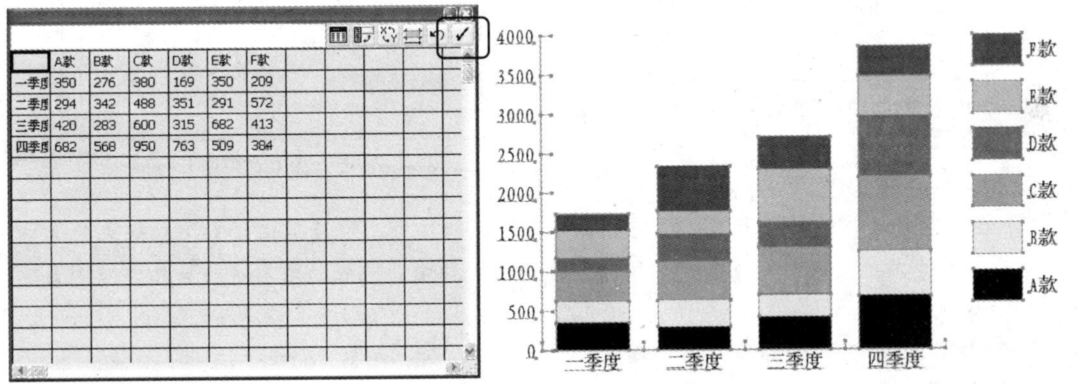

图 8-22　应用设置

知识点

在图表数据输入框中，单击【恢复】按钮↶，可以使数据输入框中的数据恢复到初始状态。【换位行/列】按钮用来将数据框中横排的数据和竖排的数据相互调换。【切换 X/Y】按钮用来调换 X 轴和 Y 轴的位置。【单元格样式】按钮用来调整数字栏的宽度并控制小数点的位数。当单击此按钮将会打开【单元格样式】对话框。

8.3　设置图表格式

双击【工具】面板中的图表工具按钮，或选择菜单栏中的【对象】|【图表】|【类型】命令，都可以打开【图表类型】对话框。使用该对话框可以更改图表的类型、图表的样式、选项以及坐标轴进行设置。

8.3.1 更改图表类型

在 Illustrator CS4 中，当选择一个图表之后，可以双击图表工具或选择【对象】|【图表】|【类型】命令，打开【图表类型】对话框，在各种图表类型之间转换。

【例 8-4】在 Illustrator 中，使用【图表类型】对话框更改图表类型。

(1) 在打开的图形文档中，使用【选择】工具选中需要更改类型的图表，如图 8-23 所示。

(2) 选择菜单栏中的【对象】|【图表】|【类型】命令，打开【图表类型】对话框，如图 8-24 所示。

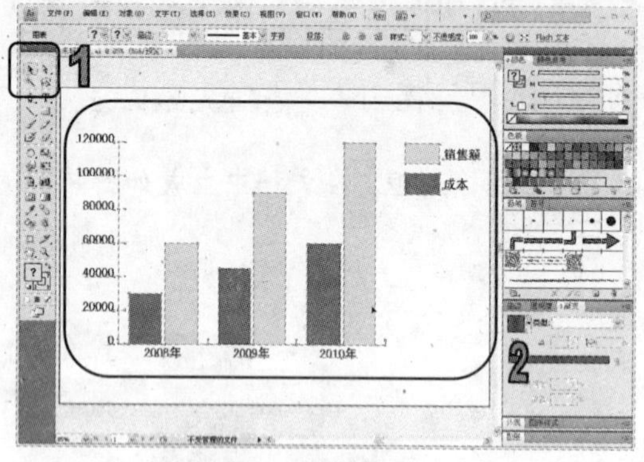

图 8-23　选中图表

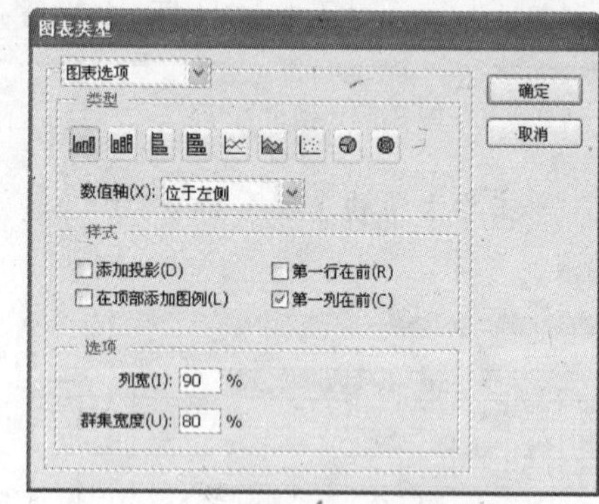

图 8-24　打开【图表类型】对话框

(3) 在打开的【图表类型】对话框中选择需要的图表类型，在【数值轴】下拉列表中选择【位于右侧】选项，然后单击【确定】按钮，即可将文档中所选择的图表更改为指定的图表类型，如图 8-25 所示。

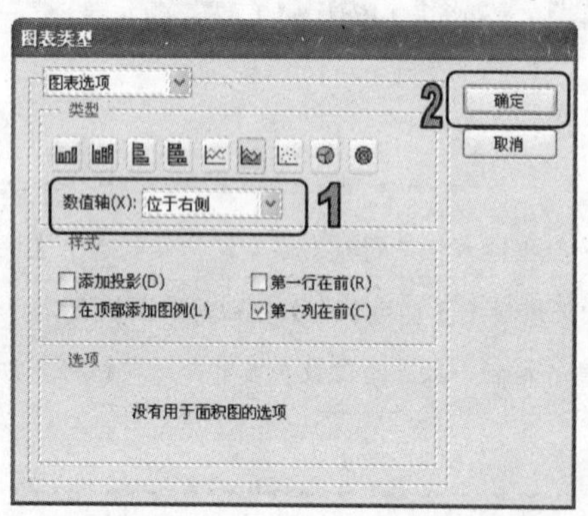

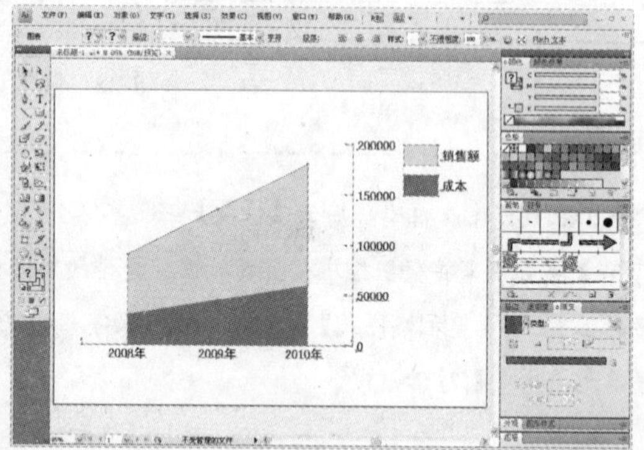

图 8-25　更改图表类型

8.3.2 设置图表样式

在【图表类型】对话框中，【样式】选项区域下的各选项可以为创建的图表添加一些特殊的外观效果。

◎ 【添加投影】：选中此复选框，会在绘制的图表中添加投影效果，如图 8-26 所示。

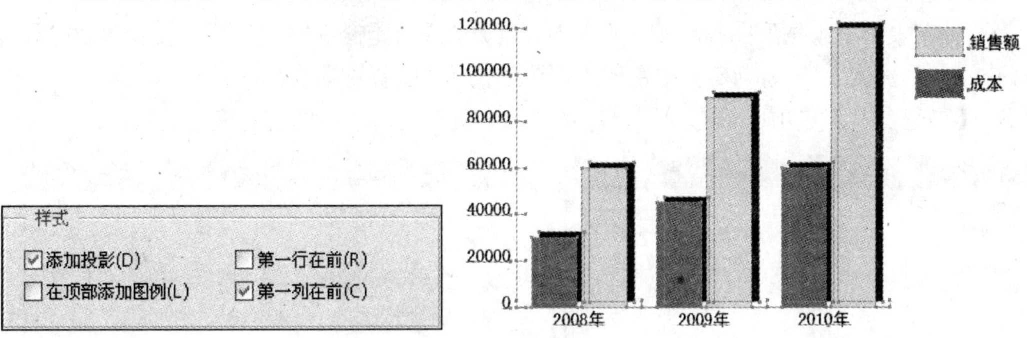

图 8-26　添加投影

◎ 【在顶部添加图例】：表示把图例添加在图表上边，如图 8-27 所示。如果取消该复选框的选中状态，图例就位于图表的右边。

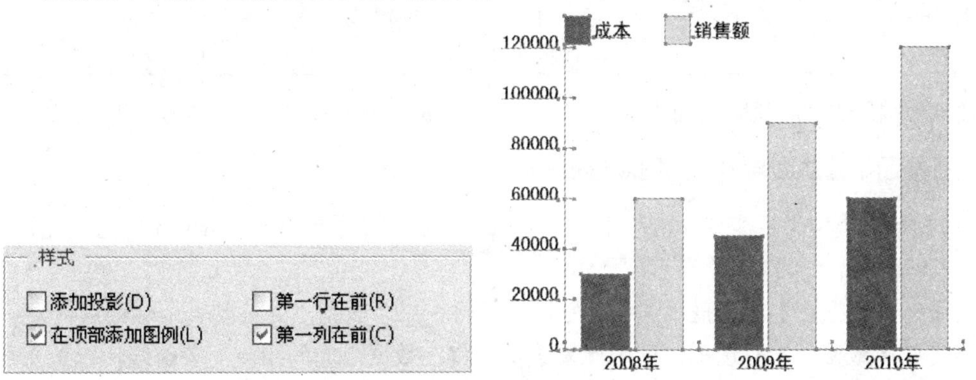

图 8-27　在顶部添加图例

◎ 【第一行在前】和【第一列在前】：可以更改柱形、条形和线段重叠的方式，这两个选项一般与下面【选项】中的内容结合使用。

8.3.3　设置图表选项

在【图表类型】对话框中选择不同的图表类型，其选项区域中包含的选项各不相同。只有面积图图表没有附加选项可供选择。

1. 柱形图与堆积柱形图图表选项

当选择图表类型为柱形图和堆积柱形图时，【选项】中包含的内容一致，如图 8-28 所示。

◎ 【列宽】选项：该选项用于定义图表中矩形条的宽度。

◎ 【群集宽度】选项：该选项用于定义一组中所有矩形条的总宽度。所谓【群集】就是指与图表数据输入框中一行数据相对应的一组矩形条。

2. 条形图与堆积条形图图表选项

当选择图表类型为条形图与堆积条形图时，【选项】中包含的内容一致，如图 8-29 所示。

- ◉ 【条形宽度】选项：该选项用于定义图表中矩形横条的宽度。
- ◉ 【群集宽度】选项：该选项用于定义一组中所有矩形横条的总宽度。

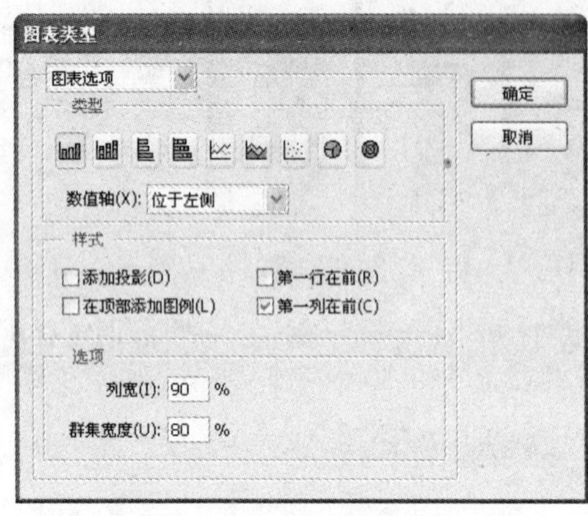

图 8-28 柱形图与堆积柱形图图表选项

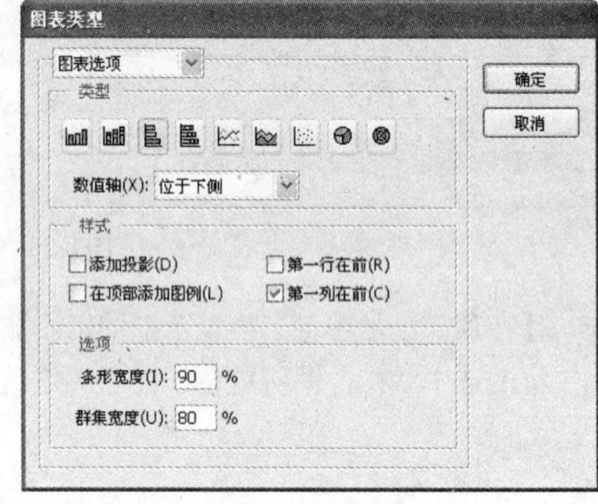

图 8-29 条形图与堆积条形图图表选项

3. 折线图、雷达图与散点图图表选项

当选择图表类型为折线图、雷达图与散点图时，【选项】中包含的内容基本一致，如图 8-30 所示。

- ◉ 【标记数据点】复选框：选中此复选框，将在每个数据点处绘制一个标记点。
- ◉ 【连接数据点】复选框：选中此复选框，将在数据点之间绘制一条折线，以更直观地显示数据。
- ◉ 【线段边到边跨 X 轴】复选框：选中此复选框，连接数据点的折线将贯穿水平坐标轴。
- ◉ 【绘制填充线】复选框：选中此复选框，将会用不同颜色的闭合路径代替图表中的折线。

4. 饼图图表选项

当选择图表类型为饼图时，【选项】中包含的内容如图 8-31 所示。

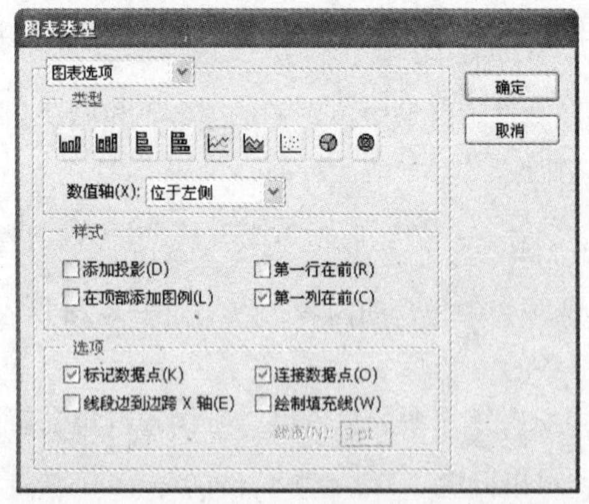

图 8-30 折线图、雷达图与散点图图表选项

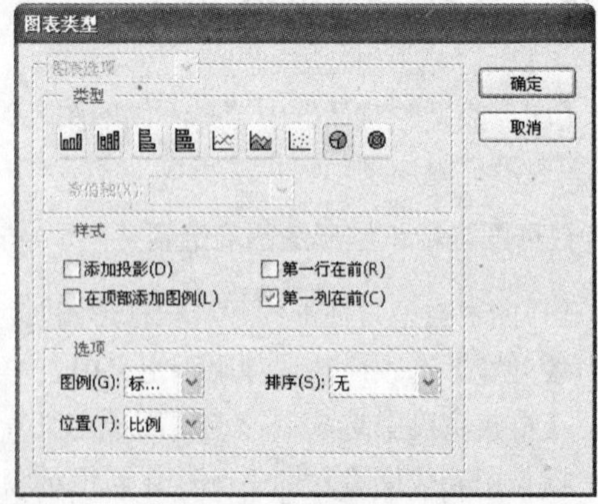

图 8-31 饼图图表选项

- 【图例】选项：此选项决定图例在图表中的位置，其右侧的下拉列表中包含【无图例】、【标准图例】和【楔形图例】3 个选项。选择【无图例】选项时，图例在图表中将被省略。选择【标准图例】选项时，图例将被放置在图表的外围。选择【楔形图例】选项是，图例将被插入到图表中的相应位置。
- 【位置】选项：此选项用于决定图表的大小，其右侧的下拉列表中包括【比例】、【相等】、【堆积】3 个选项。选择【比例】选项时，将按照比例显示图表的大小。选择【相等】选项时，将按照相同的大小显示图表。选择【堆积】选项时，将按照比例把每个饼形图表堆积在一起显示。
- 【排序】选项：此选项决定了图表元素的排列顺序，其右侧的下拉列表中包括【全部】、【第一个】和【无】3 个选项。选择【全部】选项时，图表元素将被按照从大到小的顺序顺时针排列。选择【第一个】选项时，会将最大的图表元素放置在顺时针方向的第一位，其他的按输入的顺序顺时针排列。选择【无】选项时，所有的图表元素按照输入顺序顺时针排列。

8.3.4　修改数据轴和类别轴格式

在【图表类型】对话框中，不仅可以指定数值坐标轴的位置，还可以重新设置数值坐标轴的刻度标记以及标签选项等。单击打开【图表类型】对话框左上角的图表选项下拉列表即可选择【数值轴】和【类别轴】选项，打开相应的设置对话框对图表进行设置。

【例 8-5】在 Illustrator 中，设置创建图表的数值轴和类别轴。

(1) 选择【工具】面板中的【柱形图】工具，在文档中创建如图 8-32 所示的图表。

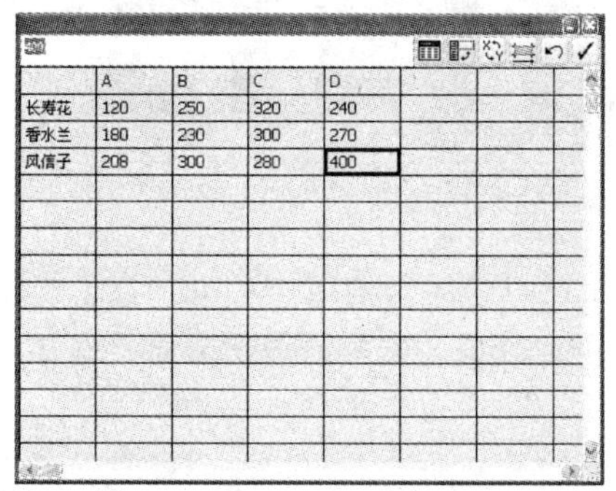

	A	B	C	D
长寿花	120	250	320	240
香水兰	180	230	300	270
风信子	208	300	280	400

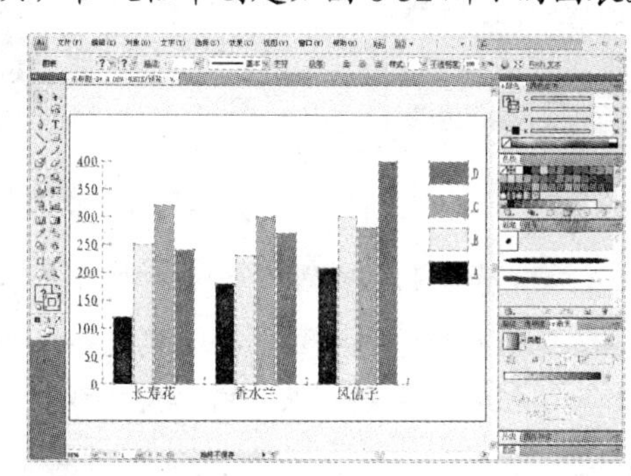

图 8-32　创建图表

(2) 双击图表工具，打开【图表类型】对话框。在对话框左上角图表选项下拉列表中选择【数值轴】选项，此时对话框变为如图 8-33 所示的形态。

知识点

在【刻度值】选项区中可以对数值坐标轴的刻度进行重新设置。选中【忽略计算出的值】复选框后，便可以对其下的选项进行设置。【最小值】选项表示原点数值，【最大值】选项表示坐标轴最大的刻度值，【刻度】选项表示最大值与最小值之间分成几部分。

(3) 【刻度线】选项区中的参数用来控制刻度标记的长度。在【长度】下拉列表中有【无】、【短】和【全宽】3 个选项。【无】选项表示不使用刻度标记，【短】选项表示使用短刻度标记，【全宽】选项表示刻度线贯穿图表。【绘制】文本框用来设置在相邻两个刻度之间刻度标记的条数。在【刻度线】选项区中设置【长度】为【全宽】，【绘制】为 0，如图 8-34 所示。

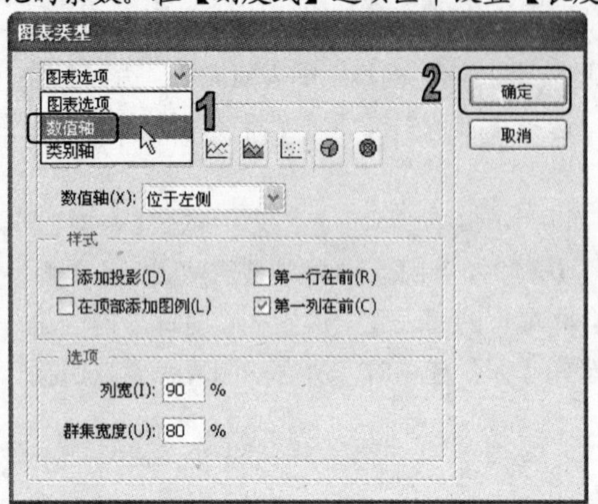

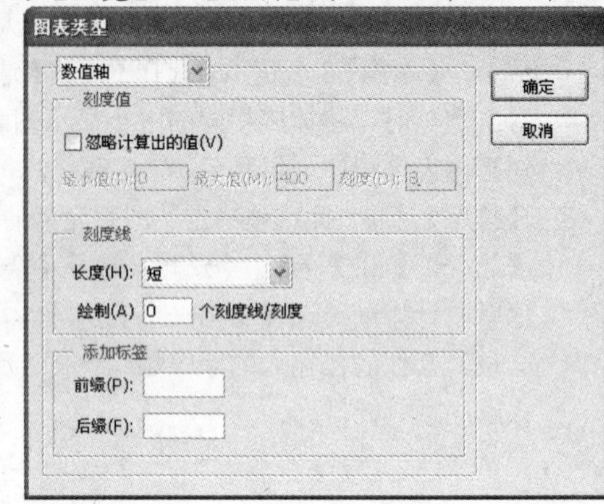

图 8-33　选择【数值轴】

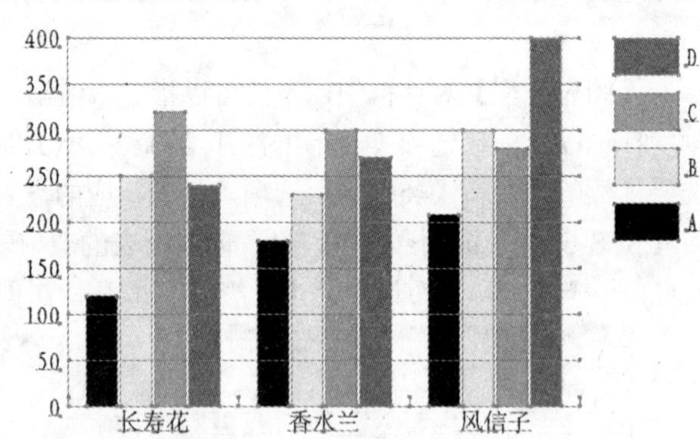

图 8-34　设置【刻度线】

(4) 在【添加标签】选项区中可以为数值坐标轴上的数值添加前缀和后缀。在【前缀】文本框中可以输入添加的前缀内容，在【后缀】文本框中可以输入添加的后缀内容。在【后缀】文本框中输入【枝】，得到效果如图 8-35 所示。

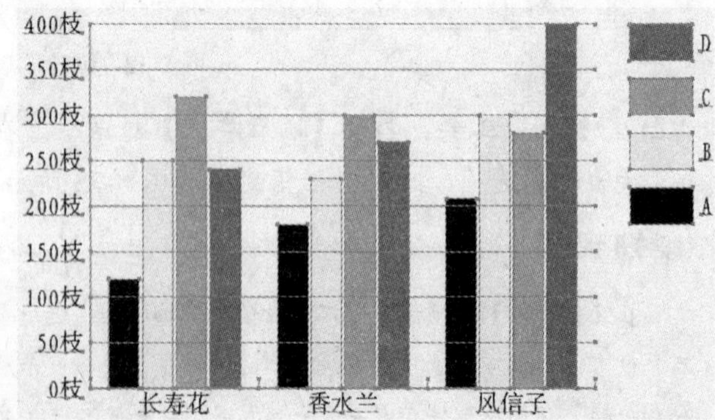

图 8-35　添加后缀

(5) 在对话框左上角 图表选项 下拉列表中选择【类别轴】，此时对话框变为如图 8-36 所示的形态。

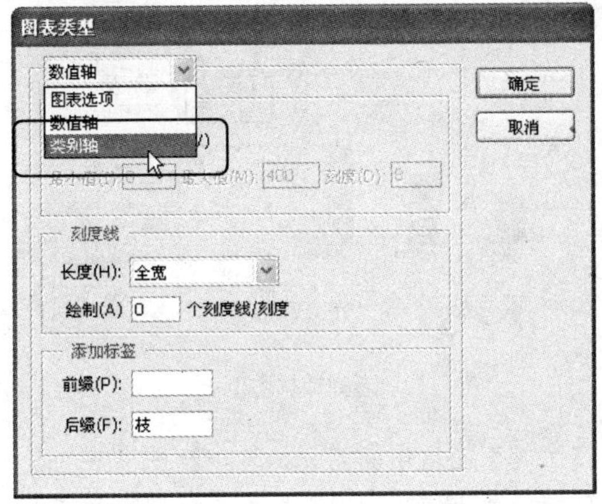

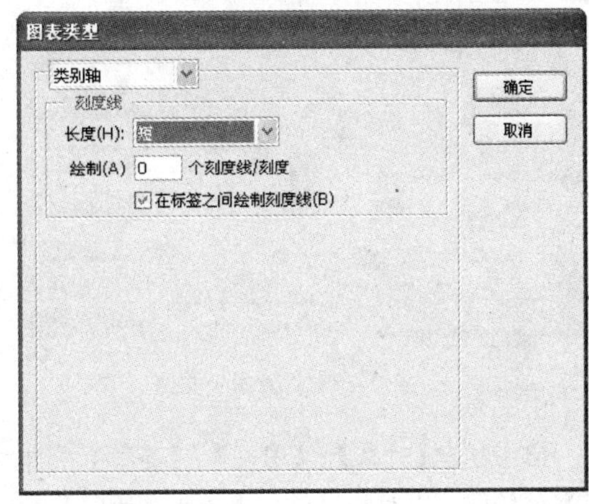

图 8-36 选择【类别轴】

(6) 在【刻度线】选项区中可以控制类别刻度标记的长度。在【长度】下拉列表中有【无】、【短】、【全宽】3 个选项。【无】选项表示不使用刻度标记，【短】选项表示使用短刻度标记，【全宽】选项表示刻度线贯穿整个图表。【绘制】选项右侧的文本框中的数值决定在两个相邻类别刻度之间刻度标记的条数。在【刻度线】选项区中，设置【长度】为【全宽】，【绘制】为 0，选中【在标签之间绘制刻度线】复选框，得到效果如图 8-37 所示。

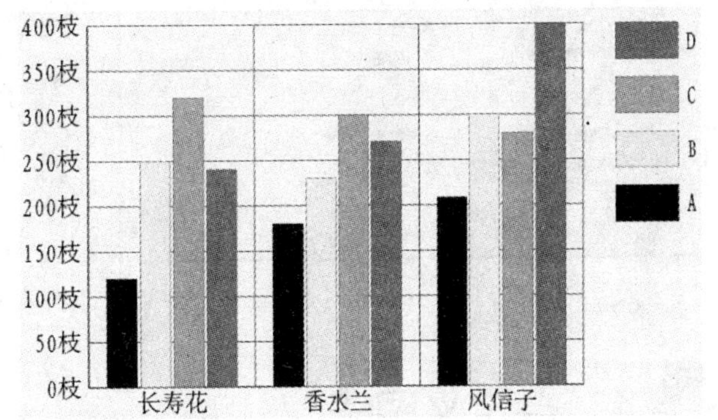

图 8-37 设置【刻度线】

8.3.5 组合不同的图表类型

在 Illustrator 中，可以在一个图表中组合显示不同的图表类型。例如，可以让一组数据显示为柱形图，而其他数据组显示为折线图。除了散点图之外，可以将任何类型的图表与其他图表组合。

【例 8-6】在 Illustrator 中，组合不同类型的图表类型。

(1) 选择【文件】|【打开】命令，打开图表文件，如图 8-38 所示。

(2) 使用【直接选择】工具，按住 Shift 键，单击要更改图表类型的数据图例，如图 8-39 所示。

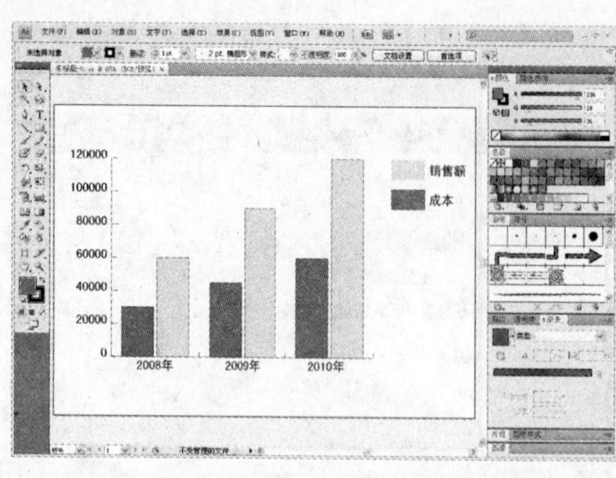

图 8-38　打开图表文件

图 8-39　选择数据图例

(3) 选择【对象】|【图表】|【类型】或者双击【工具】面板中的图表工具，打开【图表类型】对话框。在对话框中，选择所需的图表类型和选项。单击【折线图】按钮，然后单击【确定】按钮，如图 8-40 所示。

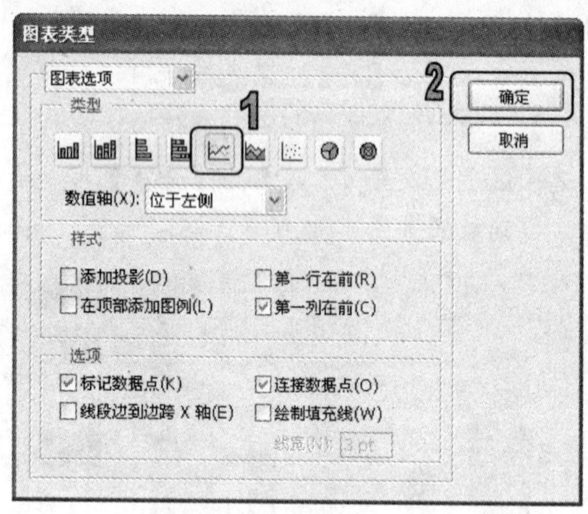

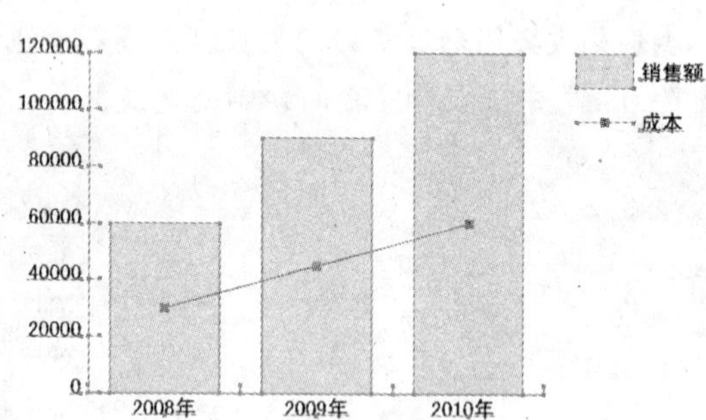

图 8-40　更改图表类型

8.4　自定义图表

图表制作完成后，会自动处于选中状态，并且图表中的所有元素自动组合。用户可以使用选择工具选中图表中的一部分，对其进行编辑使图表更加生动。也可以对图表进行取消组合操作，但取消组合后的图表不能进行更改图表类型的操作。

8.4.1　选择与编辑图表内容

为图表的标签和图例生成文本时，Illustrator 使用默认的字体和字体大小。用户可以轻松地选择、更改文字格式，将视觉目标添加到图表中。

【例 8-7】在 Illustrator 中，编辑图表内容样式。

(1) 选择【文件】|【打开】命令，打开图表文件，如图 8-41 所示。

(2) 选择【工具】面板中的【编组选择】工具，使用【编组选择】工具双击 D 图例，选中其相关数据列，并在【颜色】面板中，设置颜色为 CMYK=50，0，100，0，如图 8-42 所示。

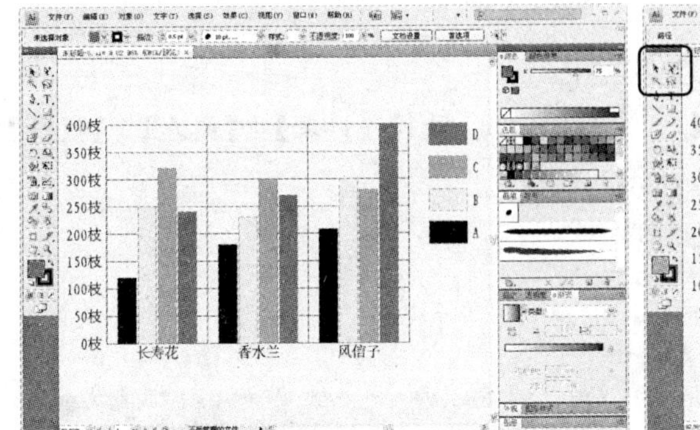

图 8-41　打开图表文件

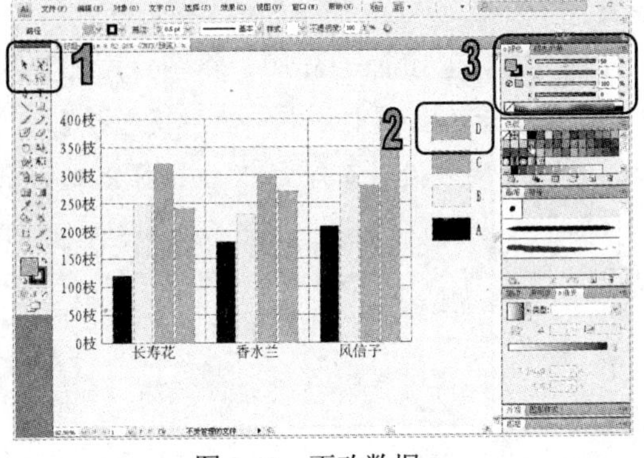

图 8-42　更改数据

(3) 使用步骤(2)的操作方法更改其他数据的颜色。然后使用【编组选择】工具单击一次以选择要更改文字的基线；再单击以选择同组数据文字。如图 8-43 所示。

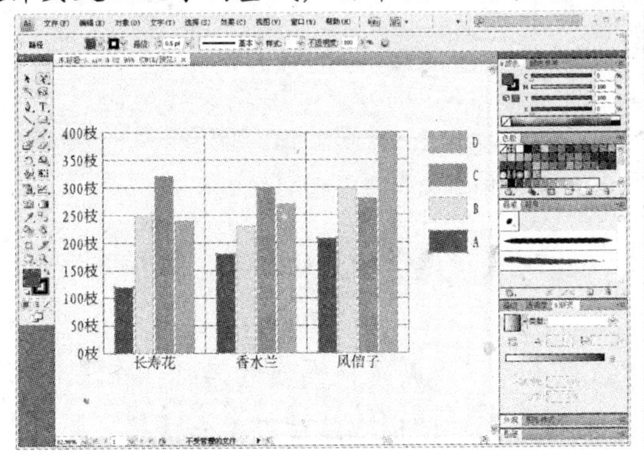

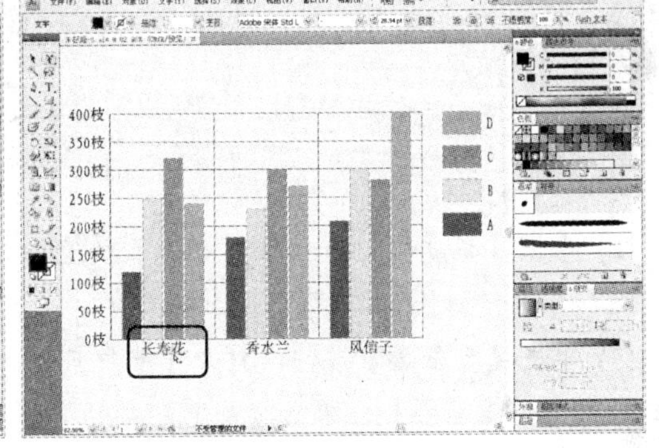

图 8-43　选择文字

(4) 在控制面板中，更改文字颜色、字体样式、字体大小，如图 8-44 所示。

(5) 使用步骤(3)至步骤(4)的操作方法，更改其他数据文字的字体样式、字体大小，如图 8-45 所示。

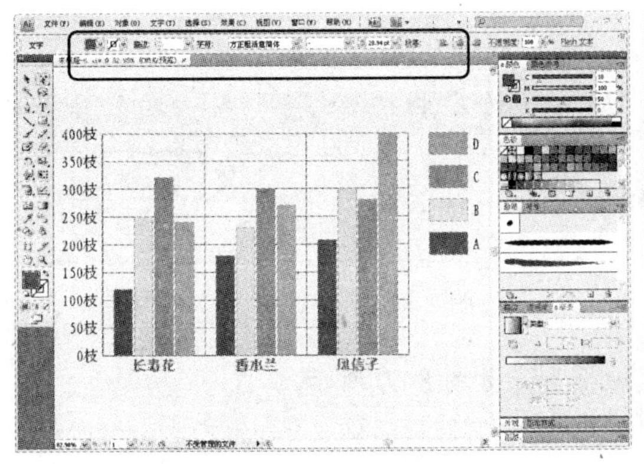

图 8-44　更改文字

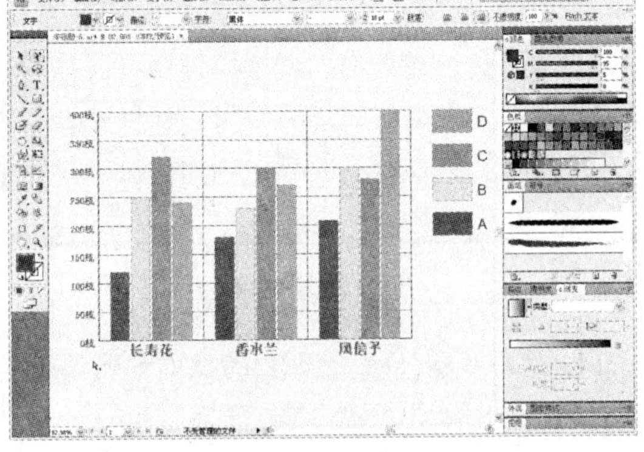

图 8-45　更改文字

8.4.2 将图片和符号添加到图表

在 Illustrator CS4 中，不仅可以给图表应用单色填充和渐变填充，还可以使用图案图形来创建图表。

【例 8-8】在 Illustrator 中，将图片添加到图表中。

(1) 在打开的图形文件中，使用【选择】工具选中图形，选择【对象】|【图表】|【设计】命令，打开【图表设计】对话框，如图 8-46 所示。

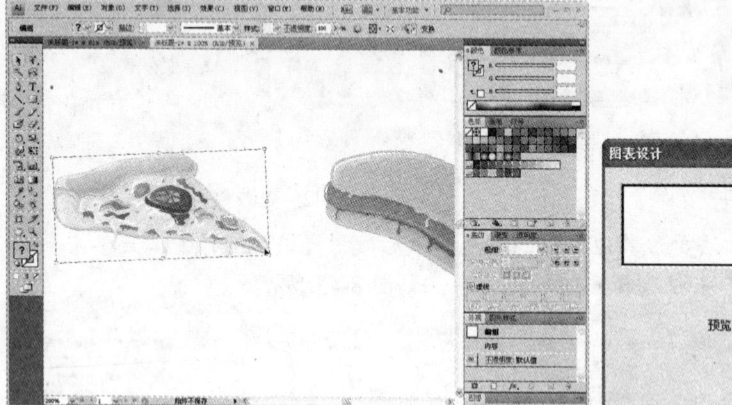

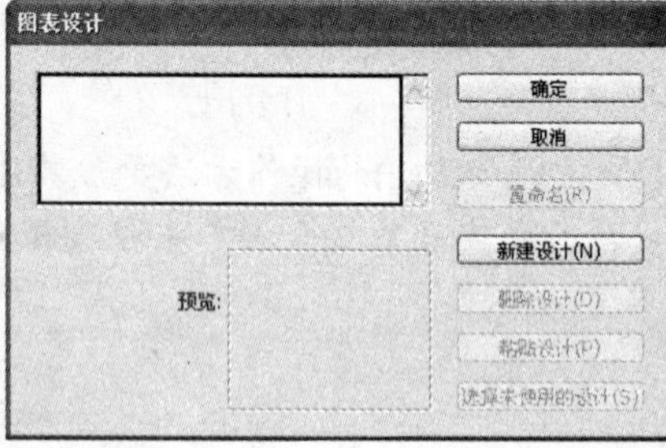

图 8-46 打开【图表设计】对话框

(2) 单击【新建设计】按钮，在上面的空白框中出现【新建设计】的文字，在预览框中出现了图形预览，如图 8-47 所示。

(3) 单击【重命名】按钮，打开【重命名】对话框，可以重新定义图案的名称。在【名称】文本框中输入【A 餐】，单击【确定】按钮关闭【重命名】对话框，然后再单击【确定】按钮关闭【图表设计】对话框。如图 8-48 所示。

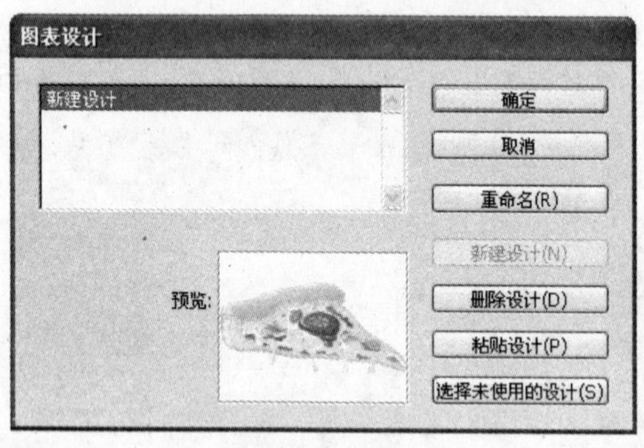

图 8-47 新建设计

图 8-48 重命名

(4) 使用步骤(1)至步骤(3)的操作方法添加其他图形，如图 8-49 所示。

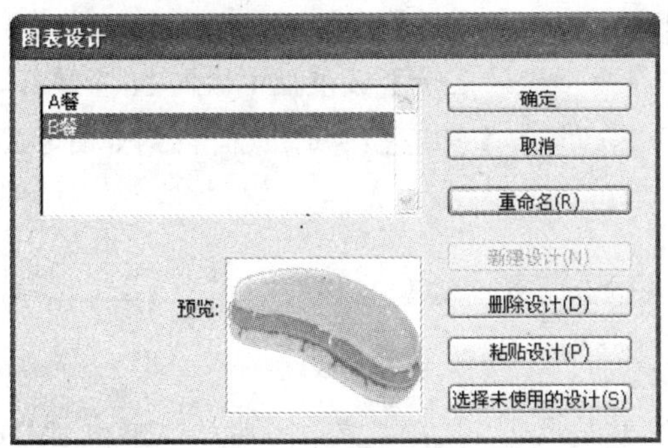

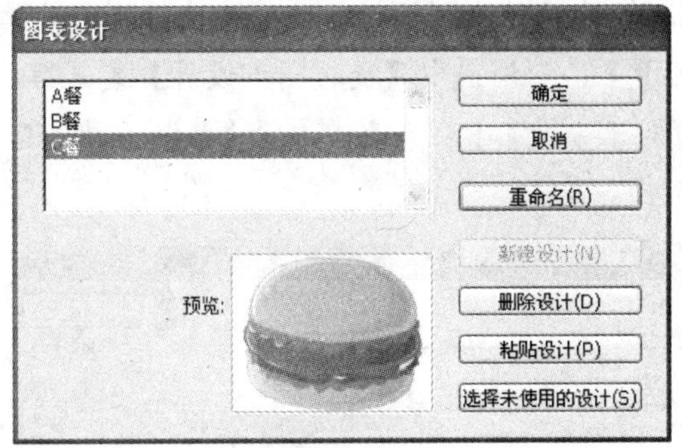

图 8-49 添加新设计

(5) 在【工具】面板中，单击【堆积条形图】工具，然后在页面中拖动创建表格范围，打开图表数据输入框，在框中输入相应的图表数据，然后单击【应用】按钮✓即可创建相应的图表，如图 8-50 所示。

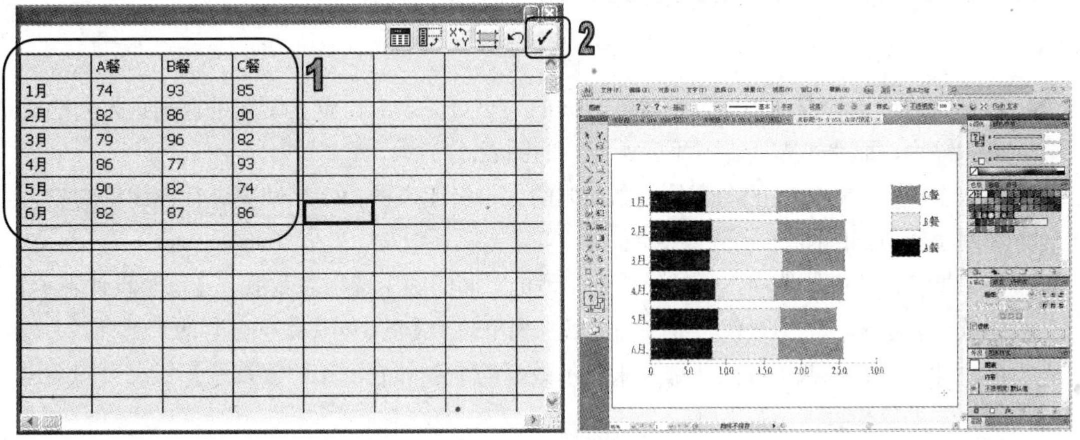

图 8-50 创建图表

(6) 选择【工具】面板中的【编组选择】工具，选中图表对象，选择【对象】|【图表】|【柱形图】命令，将会打开柱形图的【图表列】对话框，如图 8-51 所示。

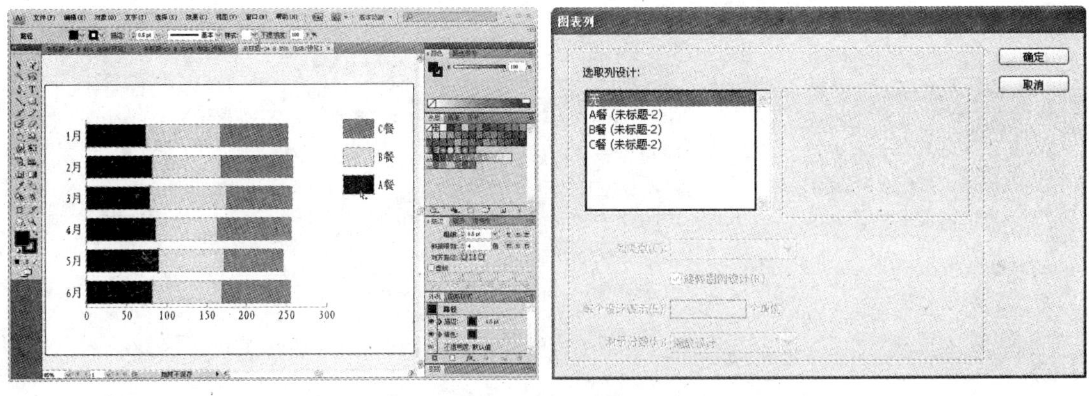

图 8-51 打开【图表列】对话框

(7) 在【选取列设计】选项中选择刚定义的图案名称，在【列类型】下拉列表中选择【重复堆叠】，取消选中【旋转图例设计】复选框，在【每个设计表示】数值框中输入 20 个单位，在【对于分数】下拉列表中选择【截断设计】选项，然后单击【确定】按钮，就会得到如图 8-52 所示的图表。

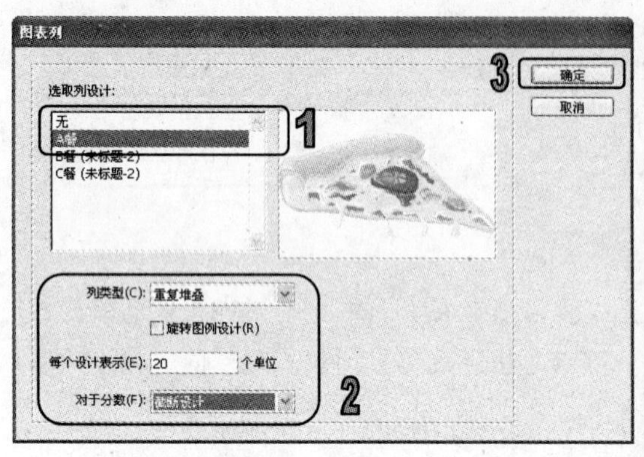

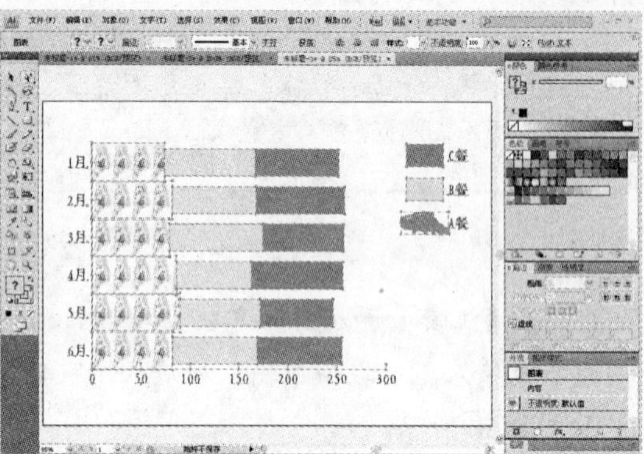

图 8-52 添加图形

- 垂直缩放：这种方式的图表是根据数据的大小对图表的自定义图案进行垂直方向的放大和缩小，而水平方向保持不变所得到的图表。
- 一致缩放：这种方式的图表是根据数据的大小对图表的自定义图案进行按比例的放大和缩小所得到的图表。
- 重复堆叠：选中此选项，【柱形图】对话框下面的两个选项被激活。【每个设计表示】中数值表示每一个图案代表数字轴上多少个单位。【对于分数】部分有两个选项，【截断设计】代表截取图案的一部分来表示数据的小数部分，【缩放设计】代表对图案进行比例缩放来表示小数部分。
- 局部缩放：局部缩放与垂直缩放比较类似，但其是将图案进行局部拉伸。

(8) 使用步骤(6)至步骤(7)的操作方法，添加其他图形设计，如图 8-53 所示。

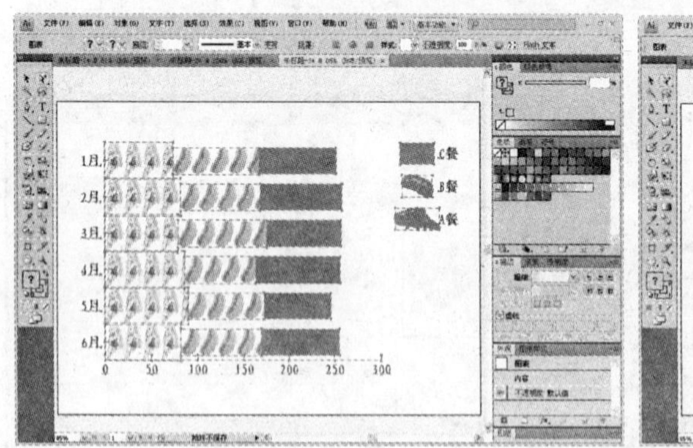

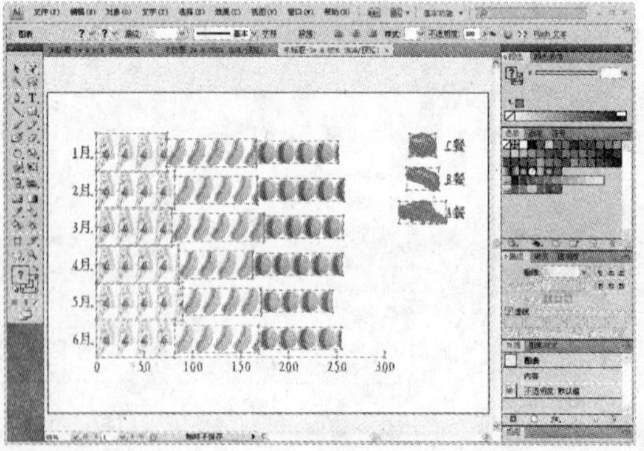

图 8-53 添加图形

8.5 上机练习

本章上机练习主要练习制作图表的显示效果，使用户更好地掌握图表的创建、编辑，以及添加图形的基本操作方法和技巧。

(1) 选择菜单栏中的【文件】|【打开】命令，在【打开】对话框中选择图形文档，单击【打开】按钮打开文档，如图 8-54 所示。

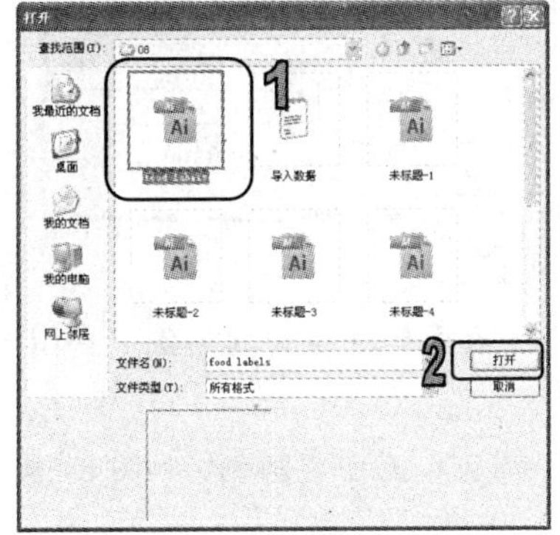

图 8-54 打开图形文档

(2) 使用【工具】面板中的【选择】工具选中彩椒笔图形，并将其拖动到【色板】面板中创建图案色板，如图 8-55 所示。

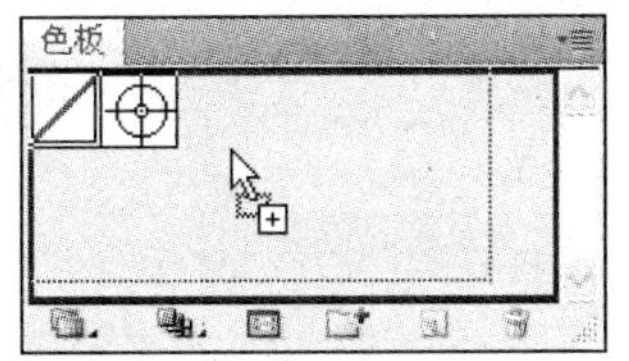

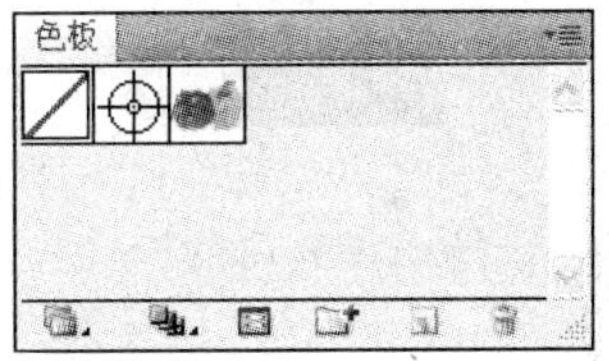

图 8-55 创建图案色板

(3) 使用步骤(2)的方法，分别选中文件中洋葱图形和西红柿图形，并创建图案色板，如图 8-56 所示。

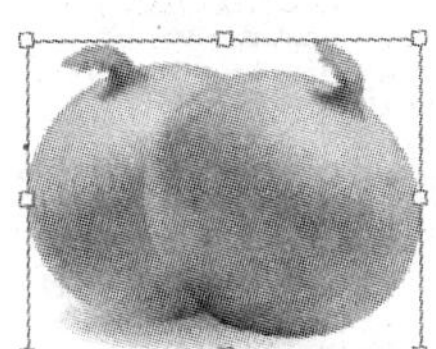

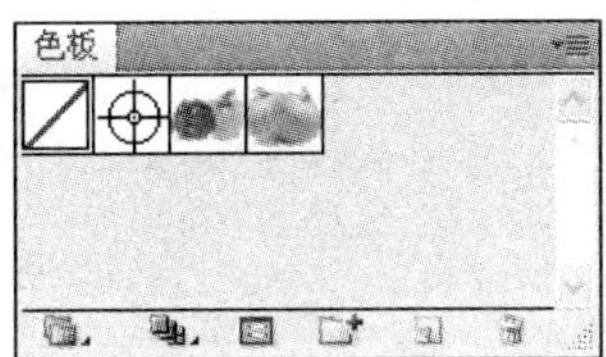

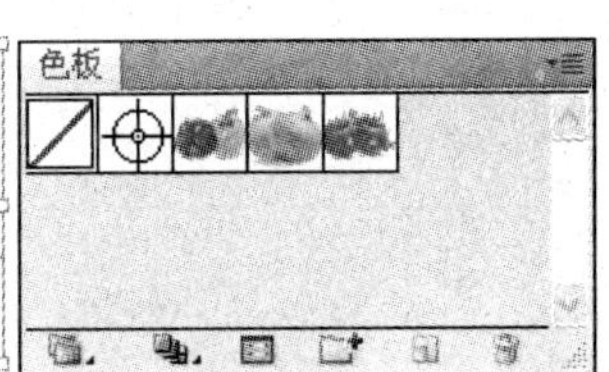

图 8-56 创建图案色板

(4) 选择【工具】面板中的【条形图】工具，在数据输入框中输入数值，单击【单元格样式】按钮，在弹出的【单元格样式】对话框中的【小数位数】数值框中设置为 0 位，然后单击【确定】按钮，然后单击【应用】按钮，创建图表如图 8-57 所示。

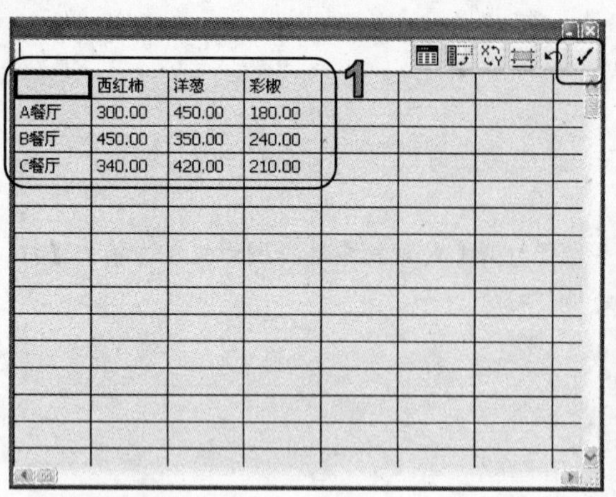

	西红柿	洋葱	彩椒
A餐厅	300.00	450.00	180.00
B餐厅	450.00	350.00	240.00
C餐厅	340.00	420.00	210.00

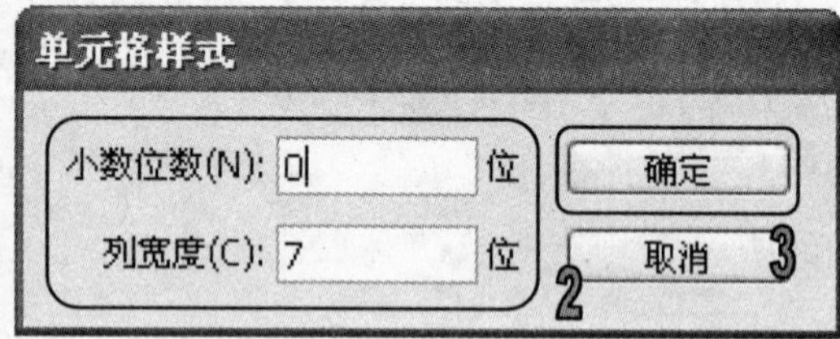

图 8-57　创建图表

(5) 选择【工具】面板中的【直接选择】工具，选择创建的图表中的一组数据图例，如图 8-58 所示。

(6) 在【色板】面板中单击选择彩椒图案色板，为选中的数据图例填充图案图例，如图 8-59 所示。

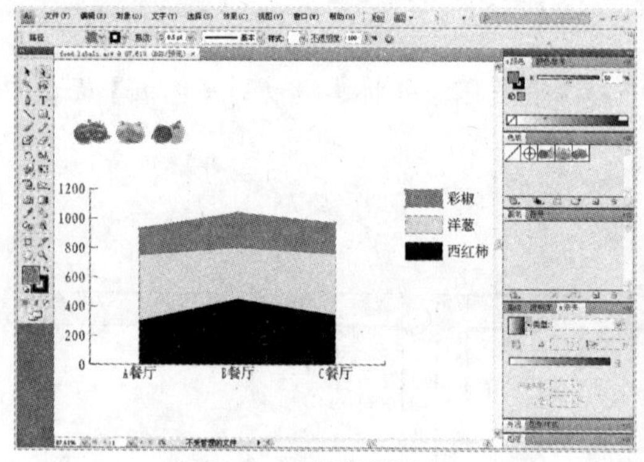

图 8-58　选择数据图例

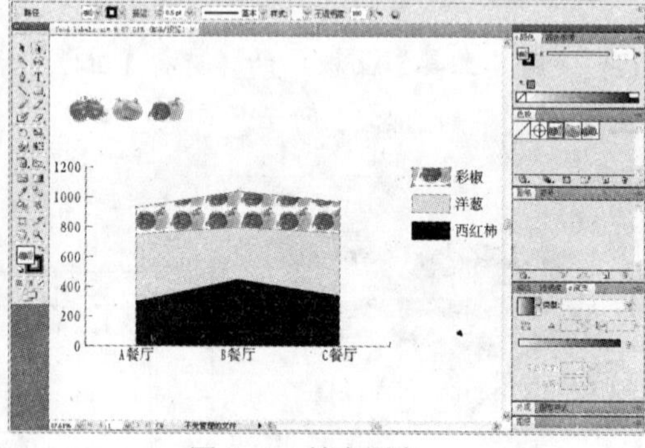

图 8-59　填充图案

(7) 使用步骤(6)的操作方法，为另外两组数据填充相应的图例，如图 8-60 所示。

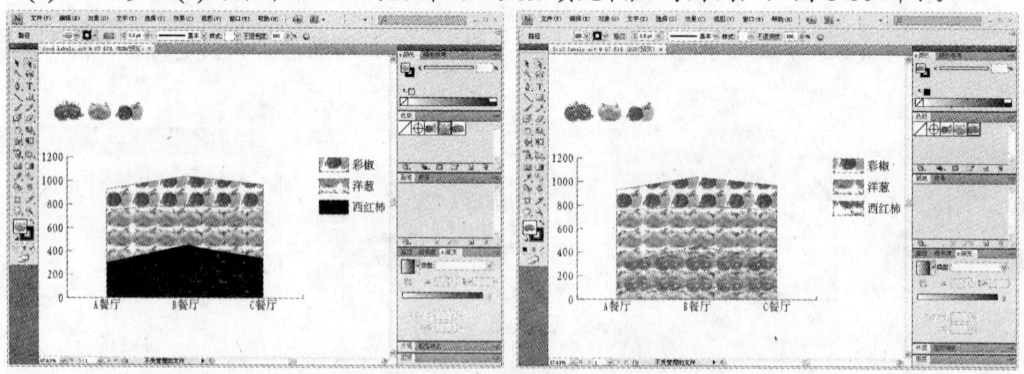

图 8-60　选择数据图例并填充

(8) 选择菜单栏中的【对象】|【图表】|【类型】命令，在打开的【图表类型】对话框中单击【柱形图】按钮，然后单击【确定】按钮，将图表类型更改为柱形图，如图 8-61 所示。

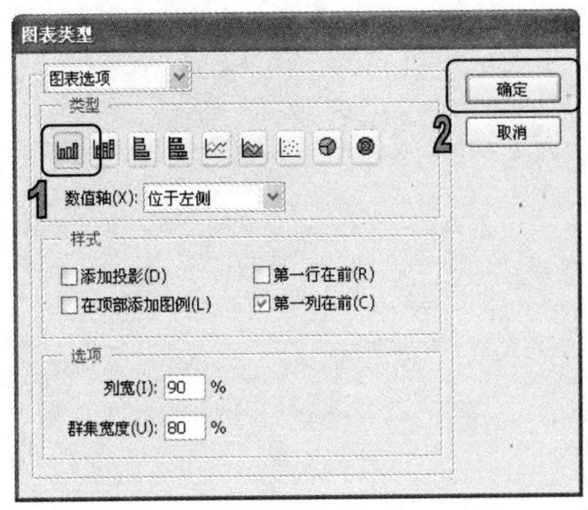

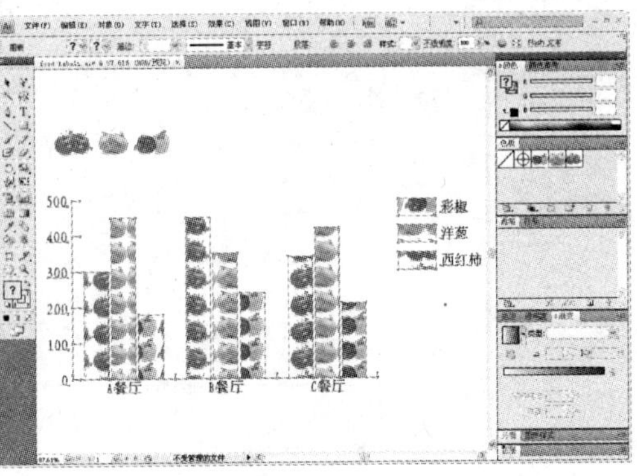

图 8-61 更改图表类型

(9) 使用【编组选择】工具选择图表中需要修改的文本，在控制面板中更改文字颜色、字体样式、字体大小，如图 8-62 所示。

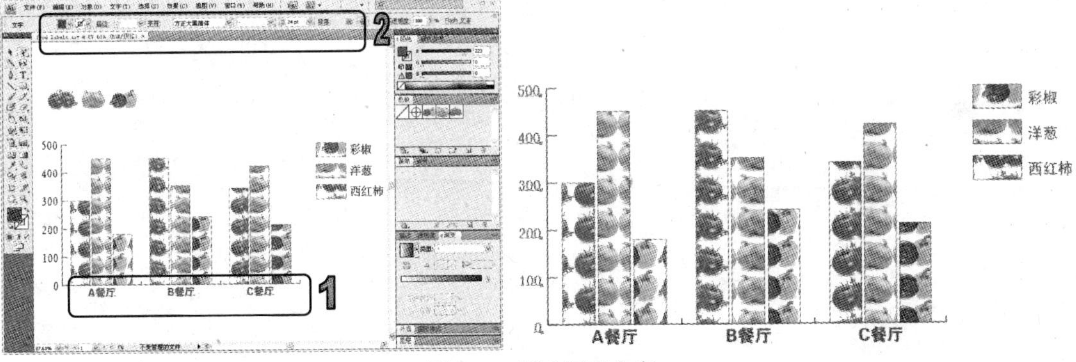

图 8-62 更改图表文字

8.6 习题

1. 创建一个柱形图图表，并改变数据图例颜色，如图 8-63 所示。
2. 创建柱形图图表，并自定义图表设计，如图 8-64 所示。

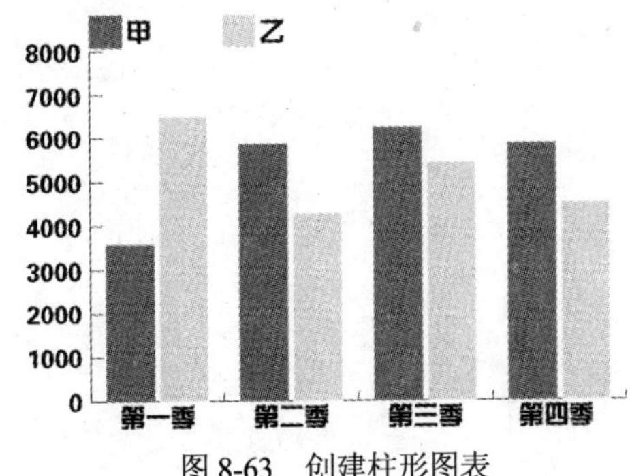

图 8-63 创建柱形图表

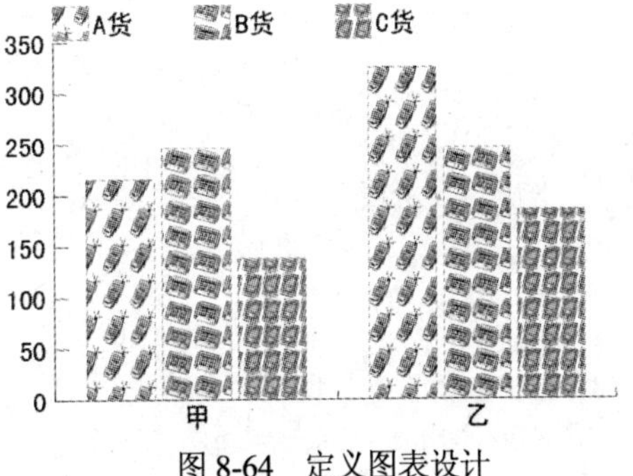

图 8-64 定义图表设计

计算机 基础与实训教材系列

第9章 图层与蒙版

学习目标

在 Illustrator CS4 中通过使用【图层】面板，用户可以很方便地管理图层。当在绘制复杂图形时，用户可以分别将不同图形对象放置到多个图层中，以方便对象的单独操作。另外，结合 Illustrator CS4 提供的蒙版功能，用户可以制作出更加艺术的图层效果。

本章重点

- 【图层】面板
- 创建新图层
- 使用剪切蒙版
- 使用文本剪切蒙版

9.1 图层

在 Illustrator CS4 中，每一个文件至少包含一个图层。在文件中创建多个图层可以很容易地控制图像的打印、组织、显示和编辑。

9.1.1 【图层】面板

【图层】面板是进行图层编辑不可缺少的，几乎所有的图层操作都通过它来实现。选择【窗口】|【图层】命令，显示如图 9-1 所示的【图层】面板。单击【图层】面板的扩展菜单按钮，打开面板菜单，如图 9-2 所示，该菜单中包括了更为丰富的控制选项。

在【图层】面板中，每一个图层都可以自定义不同的名称以便区分。如果在创建图层时没有命名，Illustrator 会自用依照的【图层 1】、【图层 2】、【图层 3】……的顺序定义图层。用户也可以双击图层名称，打开【图层选项】对话框来重新命名图层。同时，在【图层选项】对

话框中可以更改图层中默认使用的颜色。在指定了图层颜色之后，在该图层中绘制图形路径、创建文本框时都会采用该颜色。

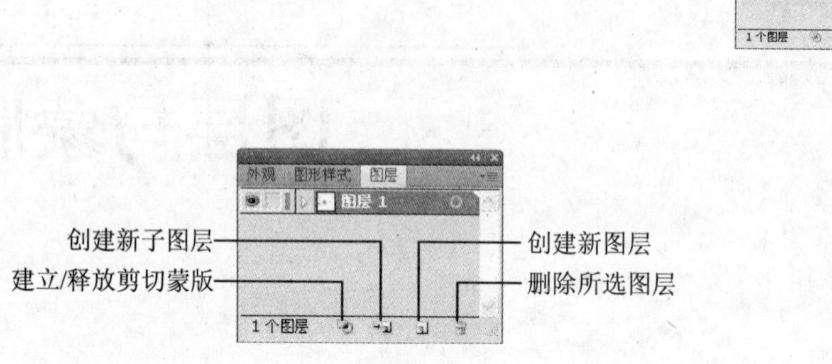

图 9-1　图层面板

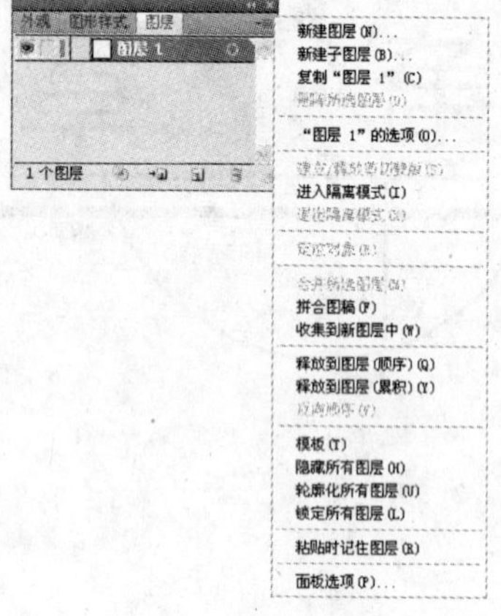

图 9-2　面板菜单

图层名称前的👁图标用于显示或隐藏图层。单击👁图标，不显示该图标时，选中的图层被隐藏。当图层被隐藏时，在 Illustrator CS4 的绘图页面中，将不显示此图层中的图形对象，也不能对该图层进行任何图像编辑。再次单击可重新显示图层。

当图层前显示🔒图标时，表明该图层被锁定，不能进行编辑修改操作。再次单击该图标可以取消锁定状态，重新对该图层中所包括的各种图形元素进行编辑。

除此之外，面板底部还有 4 个功能按钮，其作用如下。

- 【建立/释放剪切蒙版】按钮：该按钮用于创建剪切蒙版和释放剪切蒙版。
- 【创建新子图层】按钮：单击该按钮可以建立一个新的子图层。
- 【创建新图层】按钮：单击该按钮可以建立一个新图层，如果用鼠标拖动一个图层到该按钮上释放，可以复制该图层。
- 【删除所选图层】按钮：单击该按钮，可以把当前图层删除。或者把不需要的图层拖动到该按钮上释放，也可删除该图层。

在【图层】面板菜单中，选择【面板选项】命令，可以打开如图 9-3 所示的【图层面板选项】对话框。在该对话框中可以设置【图层】面板的显示方式。

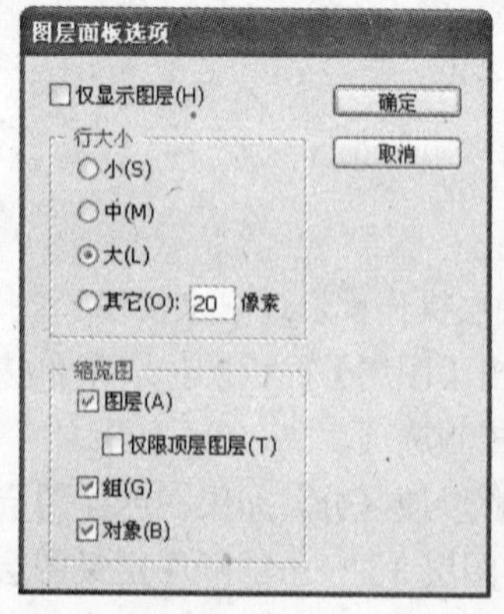

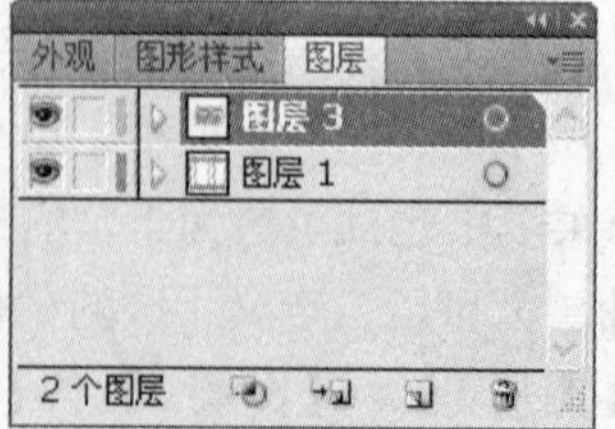

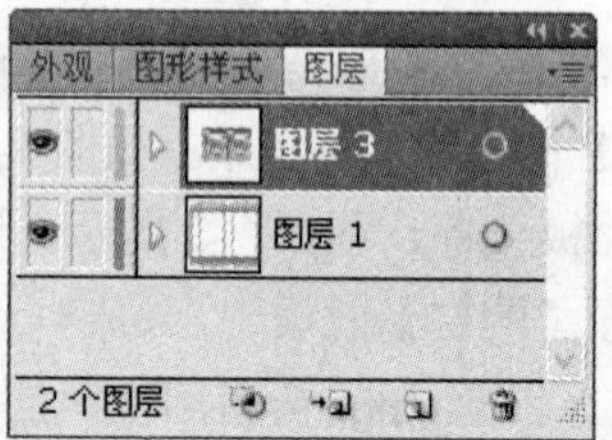

图 9-3　面板选项

计算机基础与实训教材系列

9.1.2　创建新图层

在 Illustrator CS4 中，可以直接单击【图层】面板底部的【创建新图层】按钮创建新图层，并自动为新建图层命名。也可以选择面板菜单中的【新建图层】命令新建图层。

【例 9-1】在 Illustrator CS4 中，为新文档创建图层和子图层。

(1) 单击【图层】面板右上角的扩展菜单按钮，在弹出的菜单中选择【新建图层】命令，打开【图层选项】对话框，如图 9-4 所示。

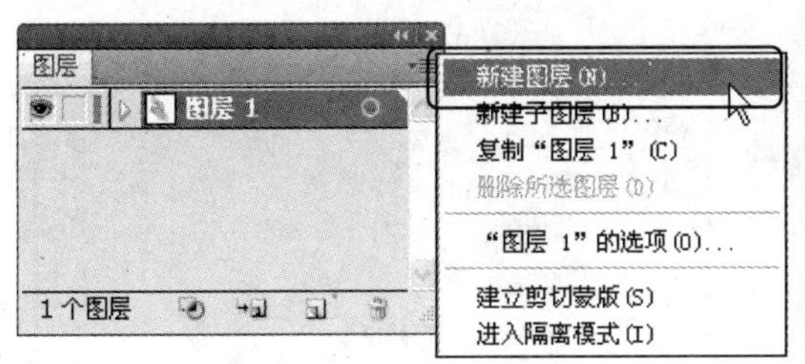

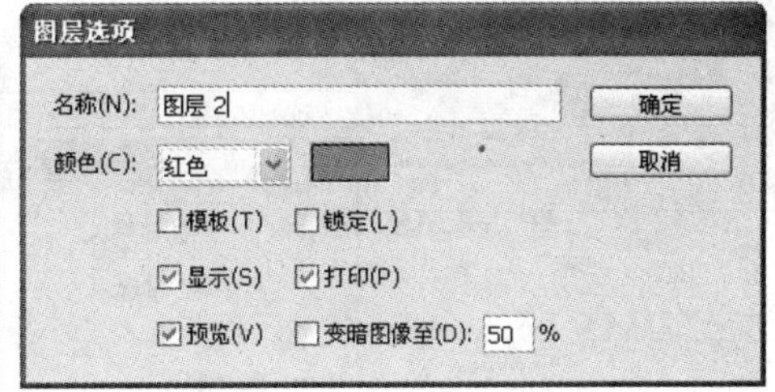

图 9-4　打开【图层选项】对话框

(2) 在对话框的【名称】文本框中，输入【空白图层】，为新建图层命名。在【颜色】下拉列表中选择【橙色】，指定新建图层所用的默认颜色，然后单击【确定】按钮，如图 9-5 所示。

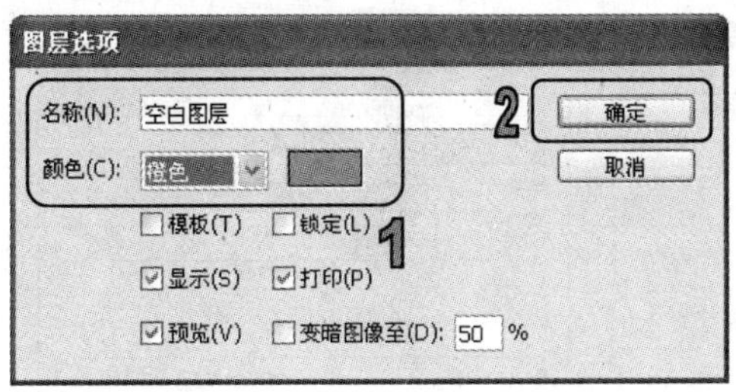

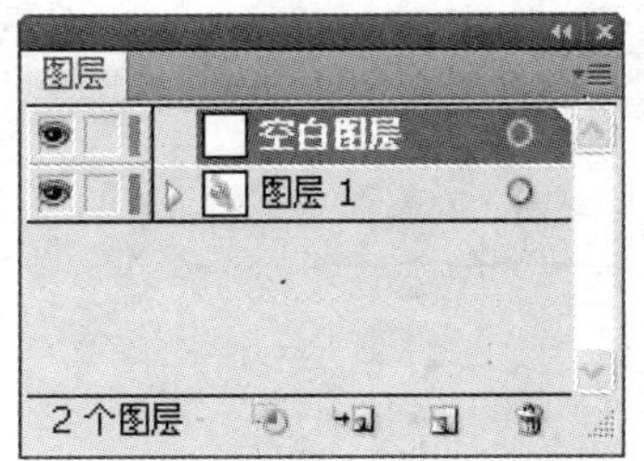

图 9-5　新建图层

- 【模板】复选框：启用该选项，将把新建的图层当做一个固定的模板。这时，该图层中的所有图形对象都处于不可编辑状态。
- 【锁定】复选框：启用该选项，将自动锁定新建的图层。
- 【显示】复选框：启用该选项，新建的图层处于可见状态。如果禁用该选项，所创建的图层和其中的图形对象就不能显示在页面中，并且不能够被选中和编辑。
- 【打印】复选框：启用该选项时，将新建的图层设置为可打印状态。如果不选取该复选框，将不会打印该图层的任何对象。
- 【预览】复选框：启用该选项，在该新图层中的图形将以【预览】视图模式显示。如果没有选中这个复选框，新图层中的图层则以【线条稿】模式显示。
- 【变暗图像至】复选框：启用该选项时，可以将图层中的图案变暗，变暗的程度由这一复选框后面的数值确定。

提示

在【颜色】下拉列表中提供了 28 种颜色选项，如果想选择所提供的固定颜色以外的颜色，可以在列表中选择【其他】选项，打开【颜色】对话框，可以从中选择一种自定义颜色。用户也可以双击【颜色】选项右侧的颜色框也可以打开【颜色】对话框。

(3) 单击【图层】面板右上角的扩展菜单按钮，在弹出的菜单中选择【新建子图层】命令，打开【图层选项】对话框，如图 9-6 所示。

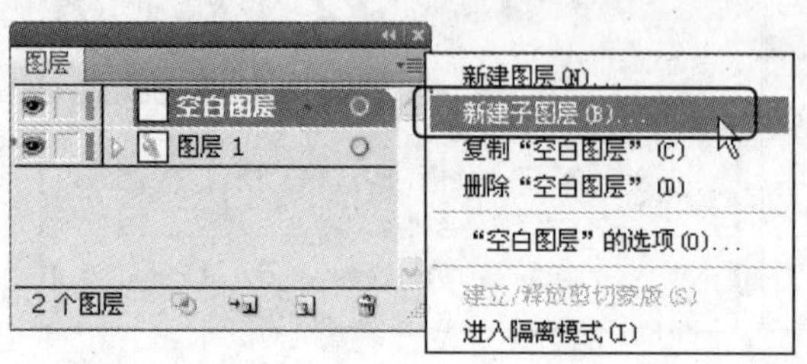

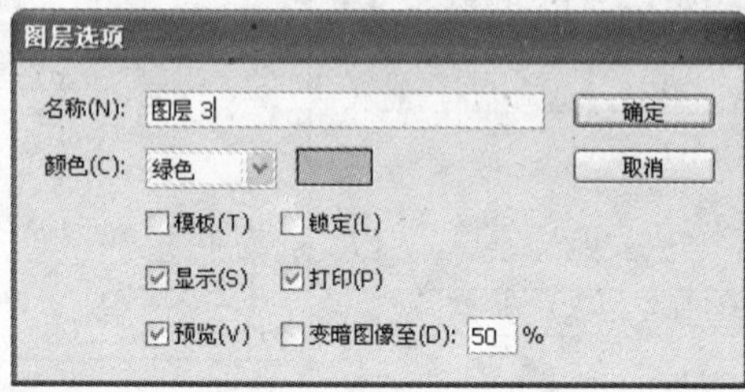

图 9-6　新建子图层

(4) 在对话框的【名称】文本框中，输入【子图层 1】，为新建图层命名。在【颜色】下拉列表中选择【淡灰色】，指定新建图层所用的默认颜色，然后单击【确定】按钮，如图 9-7 所示。

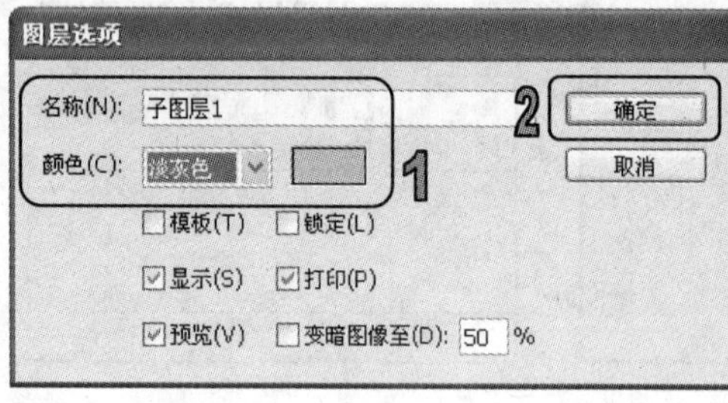

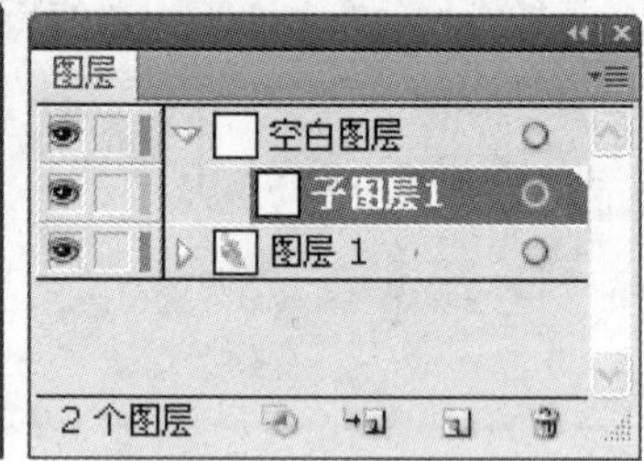

图 9-7　新建子图层

9.1.3　选取图层

在【图层】面板中，单击所要选中的图层，当图层名称高亮显示时，该图层即被选中，如图 9-8 所示。此时，用户所有的绘制、创建都被放置在选取的图层列表中。

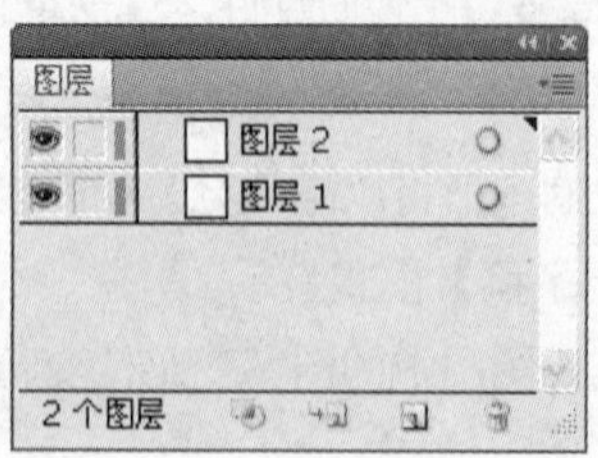

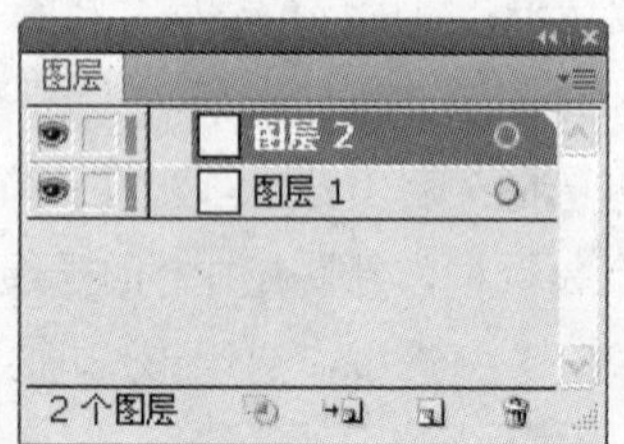

图 9-8　选取图层

9.1.4　调整堆叠顺序

绘图窗口中对象堆叠顺序对应于【图层】面板中的对象阶层架构。【图层】面板中最上层图层的对象是堆叠顺序的前面，而图层面板中最下层图层的对象是在堆叠顺序的后面。在图层内，对象也是依阶层架构排列的。

在【图层】面板中，选中需要调整位置的图层，按住鼠标拖动图层到适当的位置，当出现黑色插入标记时，放开鼠标即可完成图层的移动，如图 9-9 所示。使用该方法同样可以调整图层内对象的堆叠顺序。

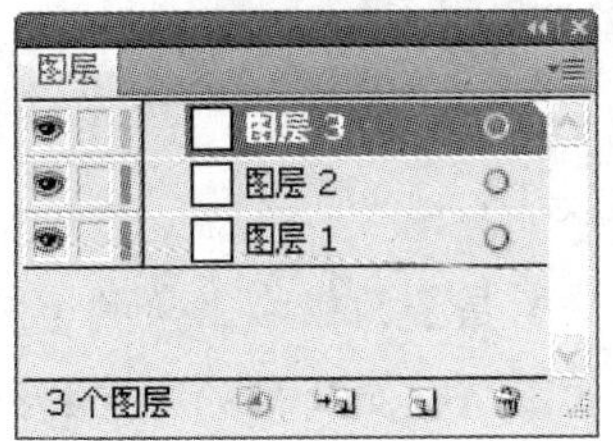

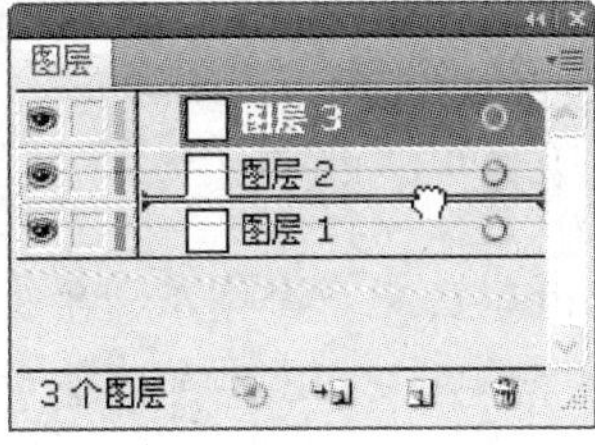

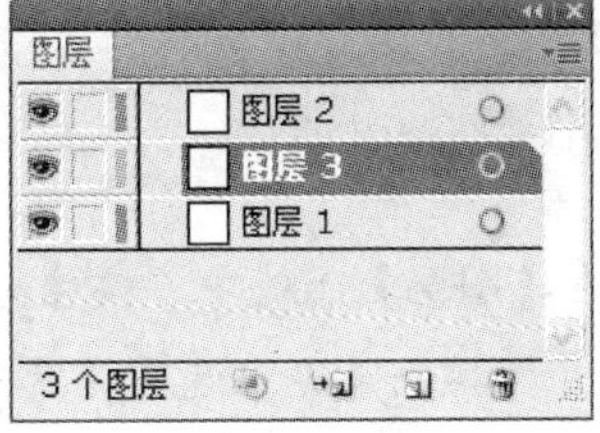

图 9-9　调整图层堆叠顺序

【例 9-2】在 Illustrator CS4 中，改变打开图形文档的图层顺序。

(1) 选择菜单栏中的【文件】|【打开】命令，打开如图 9-10 所示的图形文档。

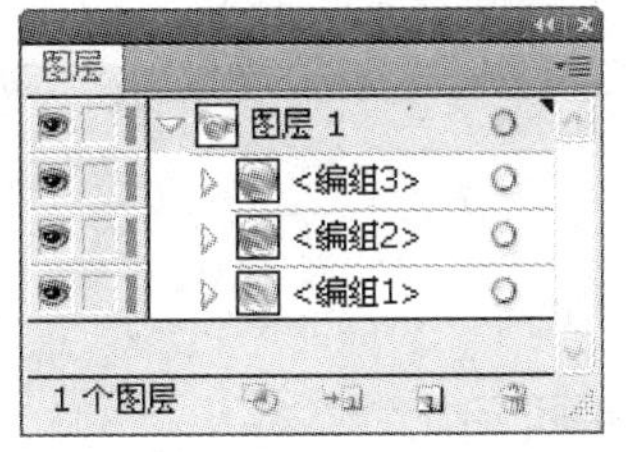

图 9-10　打开图形文档

(2) 在【图层】面板中选择需要调整的图层，将其直接拖放到合适的位置释放，即可调整图层顺序，同时文档中的对象也随之变化，如图 9-11 所示。

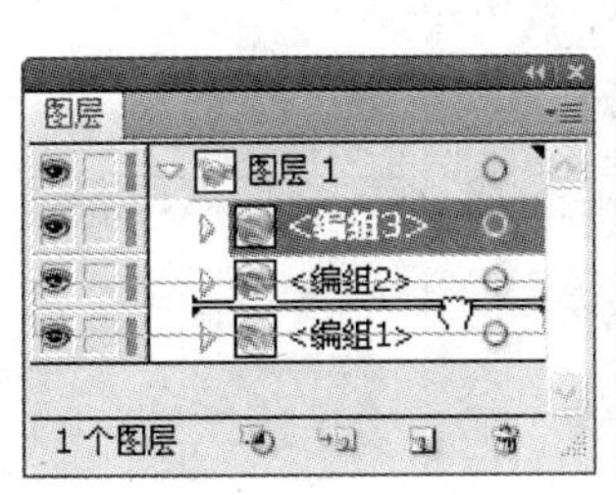

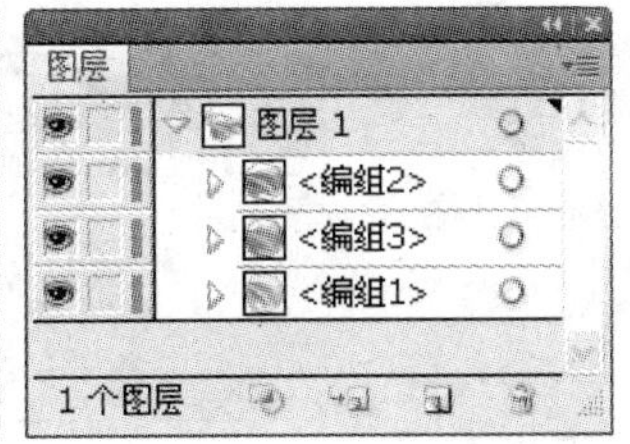

图 9-11　调整图层顺序

(3) 在【图层】面板中选择【编组 1】子图层，将其拖动到【编组 2】子图层上，当【编组 2】图层两端出现黑色三角箭头时释放鼠标，即可将【编组 1】放置到【编组 2】图层中，如图 9-12 所示。

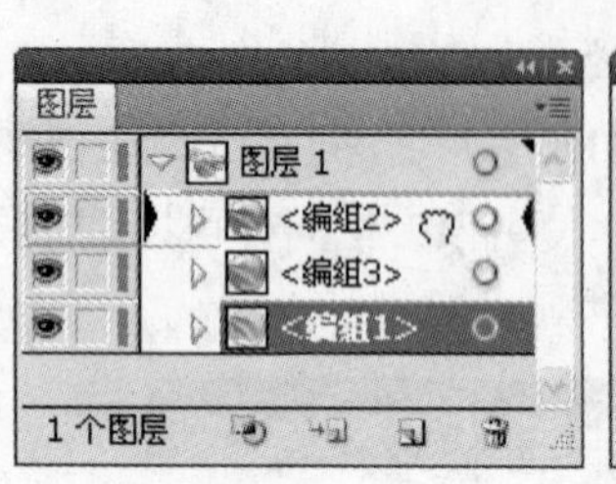

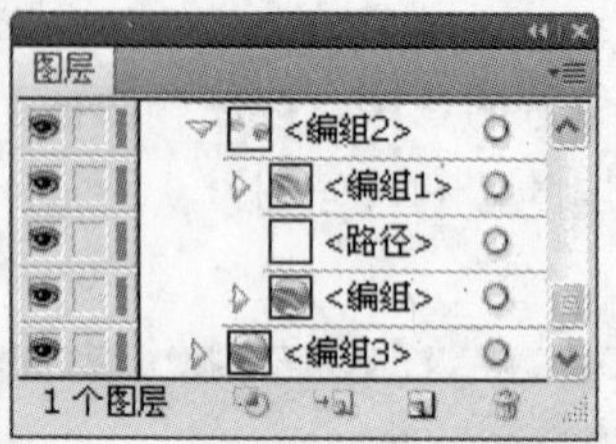

图 9-12　移动图层

(4) 在【图层】面板中，按住 Shift 键选中多个图层，单击【图层】面板右上角的小三角按钮，在打开的控制菜单中选择【反向顺序】命令，即可将选中的图层按照反向的顺序排列，同时也改变文档中对象的排列顺序，如图 9-13 所示。

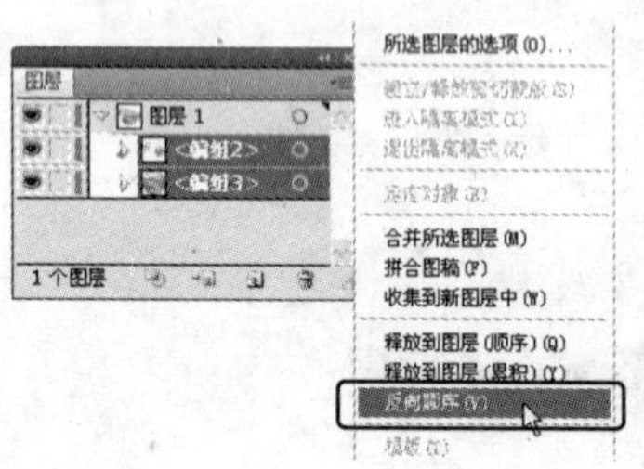

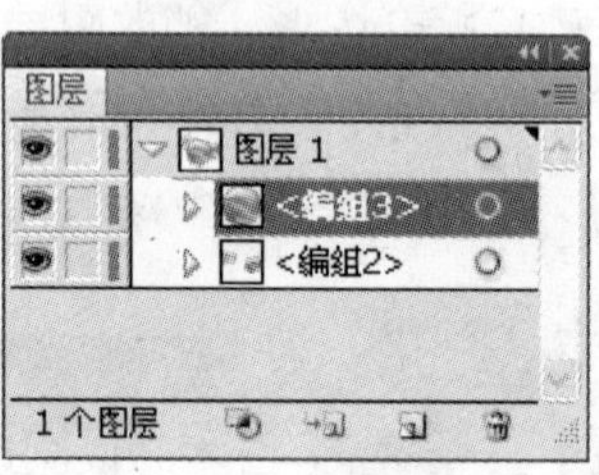

图 9-13　反向顺序

9.1.5　复制图层

在 Illustrator CS4 中，复制图层会在当前选中的图层上方创建一个新图层，同时复制图层中所有对象。

要复制图层可以在【图层】面板中选中图层后，按住鼠标将其直接拖动至【创建新图层】按钮上释放，或在面板菜单中选择【复制所选图层】命令即可，如图 9-14 所示。

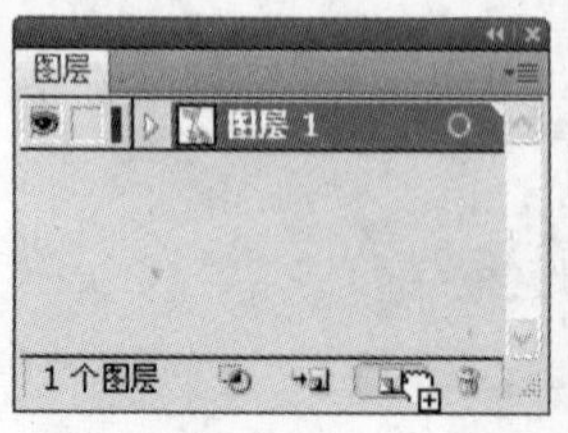

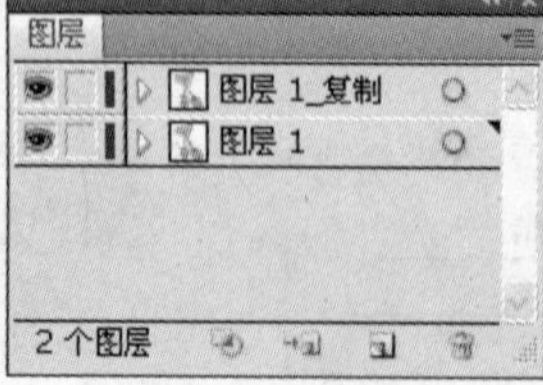

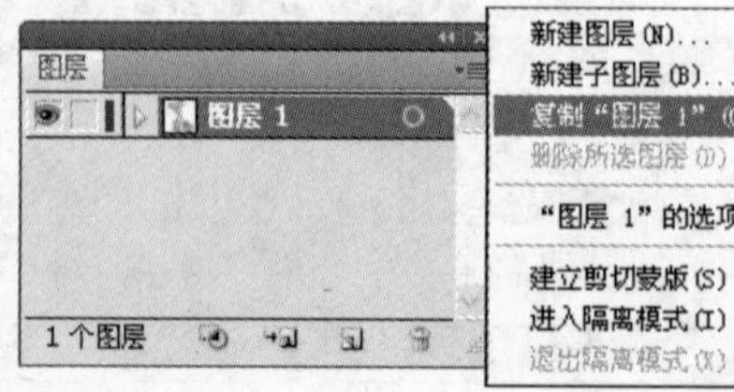

图 9-14　复制图层

9.1.6　合并图层

在 Illustrator CS4 中，允许将两个或多个图层合并到一个图层上。要合并图层，现在把【图层】面板中所要合并的图层选中，然后从面板菜单中选择【合并所选图层】命令，即可将选中的图层合并到一个图层中，并且系统会保留最先选中图层的名称作为合并图层名称。

【例 9-3】在 Illustrator CS4 中，合并图层。

(1) 选择菜单栏中的【文件】|【打开】命令，打开一幅图形文档。

(2) 选中【图层 2】、【图层 3】图层，单击【图层】面板右上角的小三角按钮，在打开的控制菜单中选择【合并所选图层】命令，即可将选中的图层合并为一层，如图 9-15 所示。

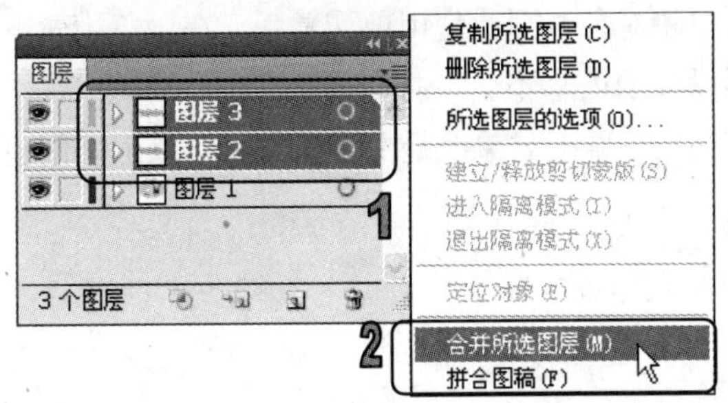

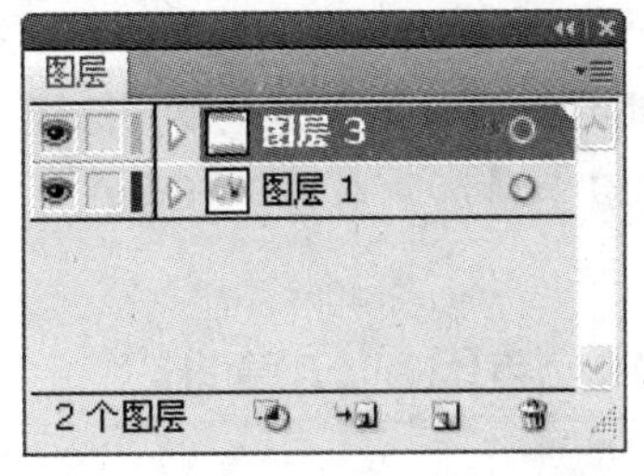

图 9-15　合并图层

(3) 单击【图层】面板右上角的小三角按钮，在打开的控制菜单中选择【拼合图稿】命令，即可将所有图层合并，如图 9-16 所示。

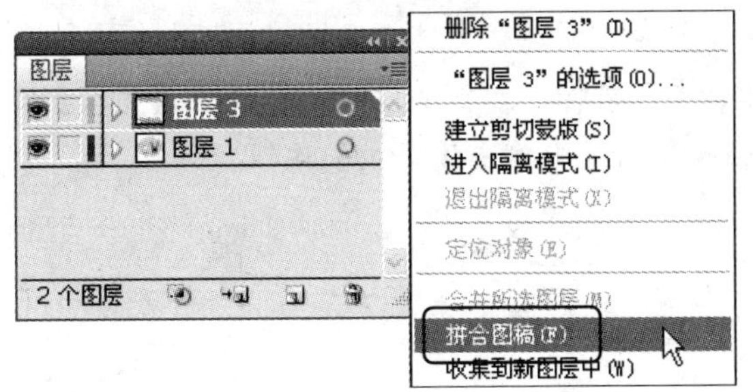

图 9-16　拼合图稿

9.1.7　删除图层

对于不再需要的图层，用户可以方便地删除图层。要删除图层，先要在【图层】面板中选中图层，然后选择面板菜单中的【删除所选图层】命令，或直接将图层拖动到面板底部的【删除所选图层】按钮上释放即可，如图 9-17 所示。

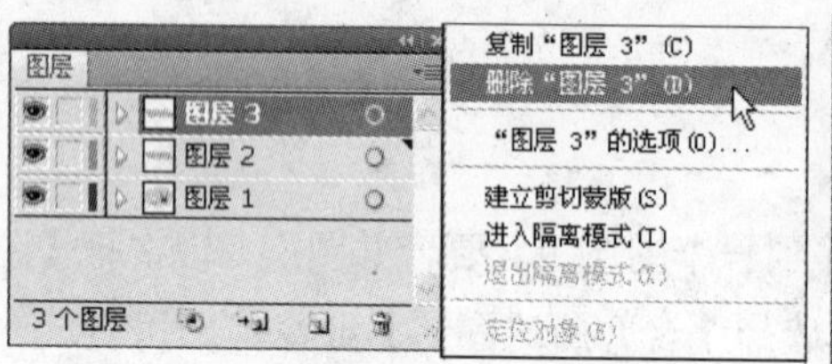

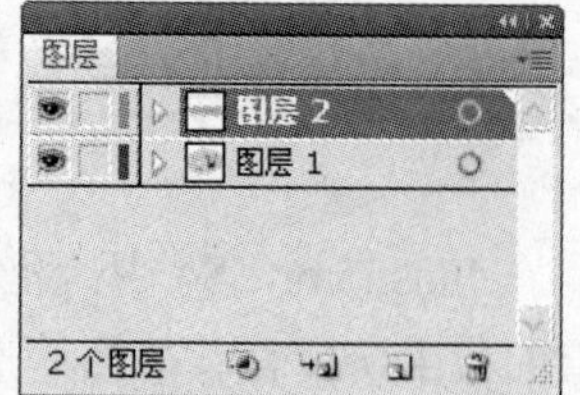

图 9-17 删除图层

9.2 剪切蒙版

剪切蒙版可以用其形状遮盖其下层图稿中的对象。因此使用剪切蒙版，在预览模式下蒙版以外的对象被遮盖，并且打印输出时，蒙版以外的内容不会被打印出来。

在 Illustrator 中，无论是单一路径、复合路径、群组对象或是文本对象都可以用来创建剪切蒙版，创建为蒙版的对象会自动群组在一起。

9.2.1 使用剪切蒙版

在 Illustrator 中，可以通过【对象】|【剪切蒙版】下的命令对选中的图像创建剪切蒙版，并可以进行编辑修改。

【例 9-4】在 Illustrator CS4 中，创建并编辑剪切蒙版。

(1) 选择菜单栏中的【文件】|【新建】命令，创建新文档。选择菜单栏中的【文件】|【置入】命令，在打开的【置入】对话框中选择图像文档，如图 9-18 所示。单击【置入】按钮置入到正在编辑文档中作为被蒙版对象，并在控制面板中单击【嵌入】按钮。

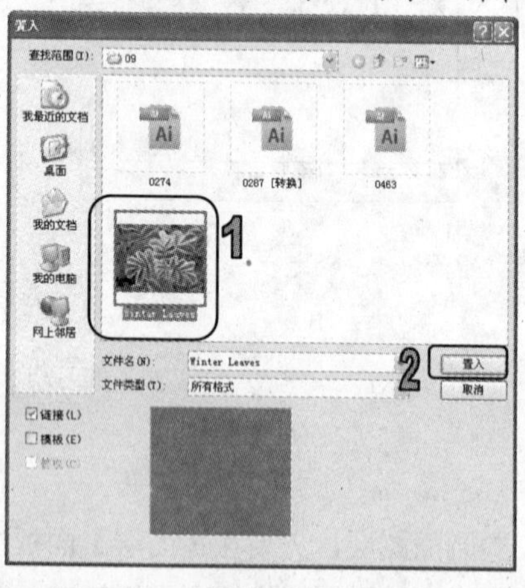

图 9-18 置入文档

(2) 选择【工具】面板中的【斑点画笔】工具，在【描边】面板中，设置【粗细】数值为 20pt，在文档中拖动绘制，如图 9-19 所示。

(3) 使用【选择】工具，选中作为剪切蒙版的对象和被蒙版的对象，如图 9-20 所示。

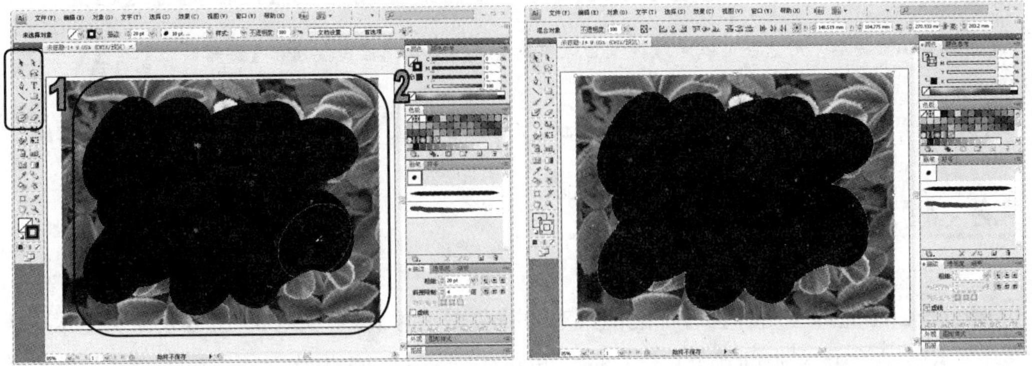

图 9-19　使用【斑点画笔】工具　　　　图 9-20　选择对象

(4) 选择菜单栏中的【对象】|【剪切蒙版】|【建立】命令，或单击【建立/释放剪切蒙版】按钮，创建剪切蒙版，蒙版以外的图形都被隐藏，只剩下蒙版区域内的图形，如图 9-21 所示。

(5) 使用【工具】面板中的【直接选择】工具，单击选中被蒙版对象，然后选择【选择】工具，移动其位置，可调整蒙版与被蒙版对象之间的位置关系，如图 9-22 所示。

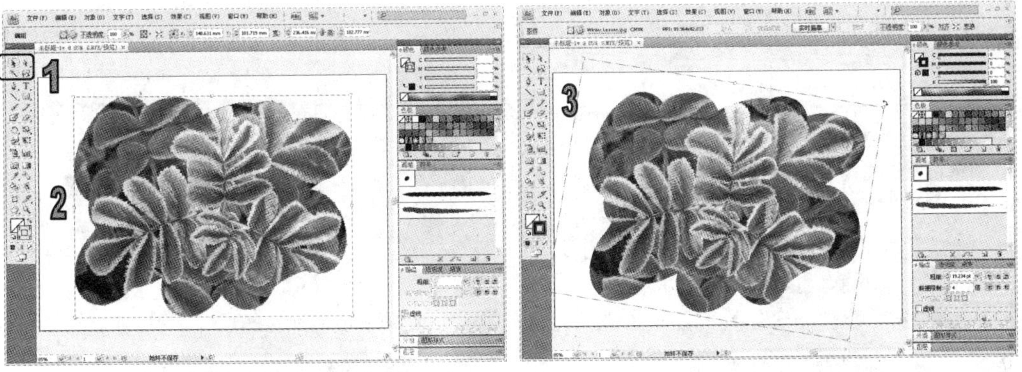

图 9-21　建立剪切蒙版　　　　图 9-22　调整被蒙版对象

(6) 使用【工具】面板中的【直接选择】工具，单击选中蒙版对象，并调节其控制杆，可改变蒙版对象的形状，如图 9-23 所示。

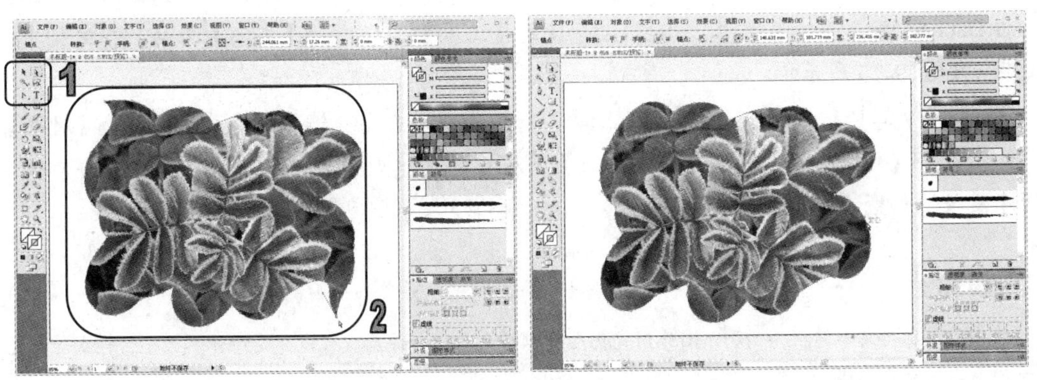

图 9-23　调整蒙版对象

知识点

在创建剪切蒙版后，用户还可以通过控制面板中的【编辑剪切路径】按钮和【编辑内容】按钮来选择编辑对象。

9.2.2 使用文本剪切蒙版

Illustrator CS4 允许使用各种各样的图形对象作为剪贴蒙版的形状外，还可以使用文本作为剪切蒙版。用户在使用文本创建剪切蒙版时，可以先把文本转化为路径，也可以直接将文本作为剪切蒙版。

【例 9-5】在 Illustrator CS4 中，使用文字创建剪切蒙版。

(1) 选择菜单栏中的【文件】|【置入】命令，在打开的【置入】对话框中选择图像文档，如图 9-24 所示，单击【置入】按钮将选中的文档置入。

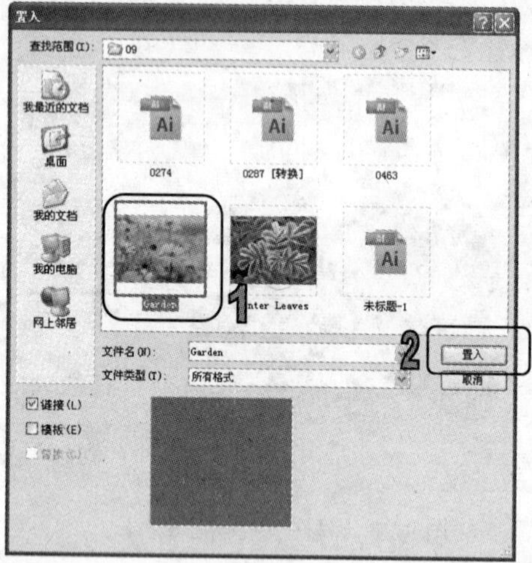

图 9-24　置入图像文档

(2) 选择菜单栏中的【窗口】|【文字】|【字符】命令，打开【字符】面板。在面板中设置字体为 Bauhais 93，字体大小为 250pt，接着使用【工具】面板中的【文字】工具，在文档中输入文字，如图 9-25 所示。

(3) 使用【工具】面板中的【选择】工具，选中图像与文字。接着选择菜单栏中的【对象】|【剪切蒙版】|【建立】命令，或单击【图层】面板中的【建立/释放剪切蒙版】按钮，即可为文字创建蒙版，如图 9-26 所示。

知识点

由于没有将文本转换为轮廓，因此用户仍然可以对文本进行编辑。可以改变字体的大小、样式等，还可以改变文字的内容。

图 9-25　输入文字

图 9-26　创建剪切蒙版

9.2.3　释放剪切蒙版

建立蒙版后，用户还可以随时将蒙版释放。只需选定蒙版对象后，选择菜单栏中的【对象】|【剪切蒙版】|【释放】命令，或在【图层】面板中单击【建立/释放剪切蒙版】按钮，即可释放蒙版。此外，也可以在选中蒙版对象后，单击鼠标右键，在弹出的菜单中选择【释放剪切蒙版】命令，或选择【图层】面板控制菜单中的【释放剪切蒙版】命令，同样可以释放蒙版。释放蒙版后，将得到原始的被蒙版对象和一个无外观属性的蒙版对象。

9.3　上机练习

本章上机练习主要练习制作大头贴效果，使用户更好地掌握图层和剪切蒙版的基本操作方法和技巧。

(1) 选择【文件】|【打开】命令打开图形文件，并在【图层】面板中，单击【创建新图层】按钮新建【图层 2】，如图 9-27 所示。

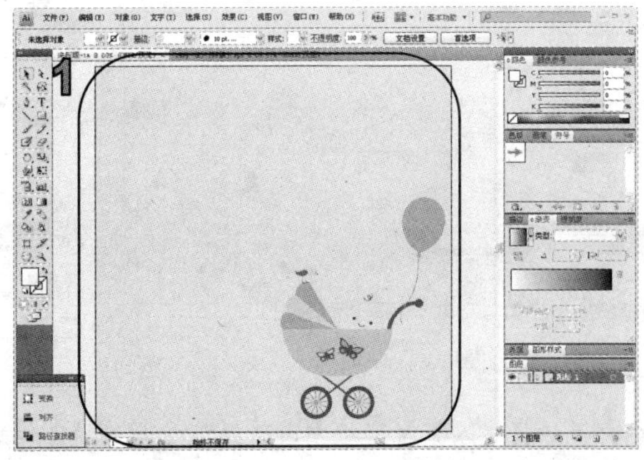

图 9-27　新建图层

(2) 在【图层】面板中，展开【图层 1】图层，选中<编组>子图层，并按住鼠标左键拖动至【图层 2】上释放，调整图层顺序，如图 9-28 所示。

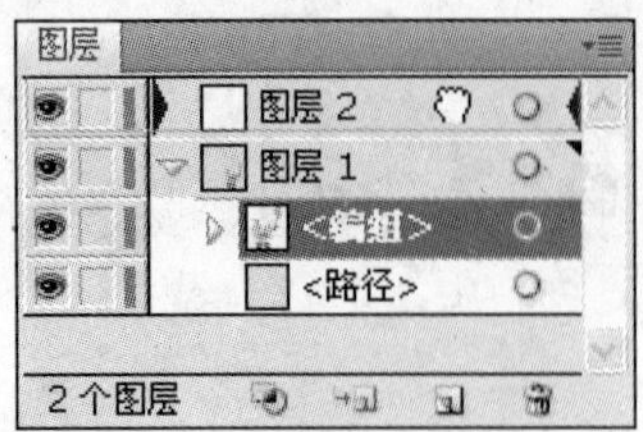

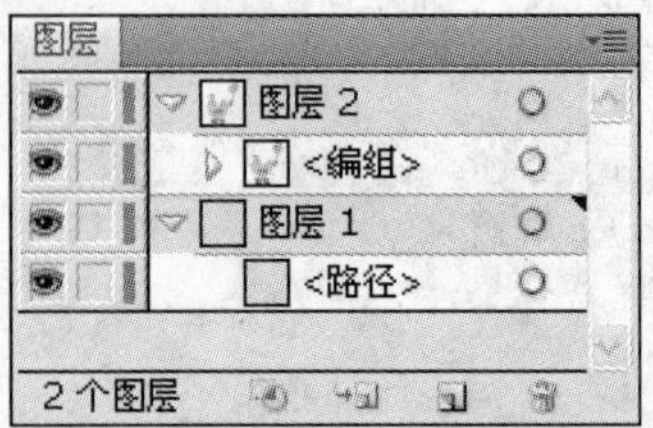

图 9-28　调整图层顺序

(3) 在【图层】面板中，选中【图层 1】，并单击【创建新图层】按钮新建【图层 3】。然后选择【椭圆】工具，按住 Shift+Alt 键绘制圆形，并取消描边色，如图 9-29 所示。

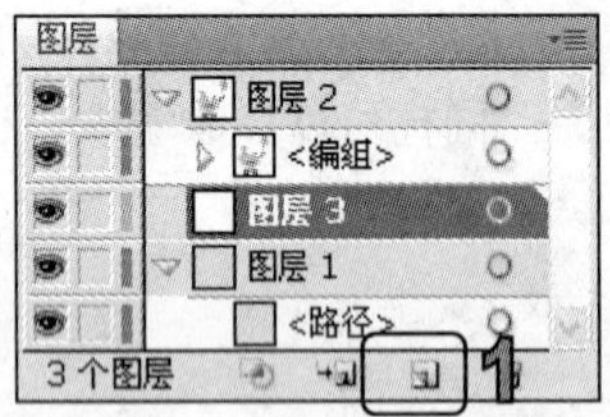

图 9-29　绘制图形

(4) 继续使用【椭圆】工具绘制圆形，并使用【选择】工具选中绘制的圆形，在【路径查找器】面板中单击【联集】按钮，组合图形，如图 9-30 所示。

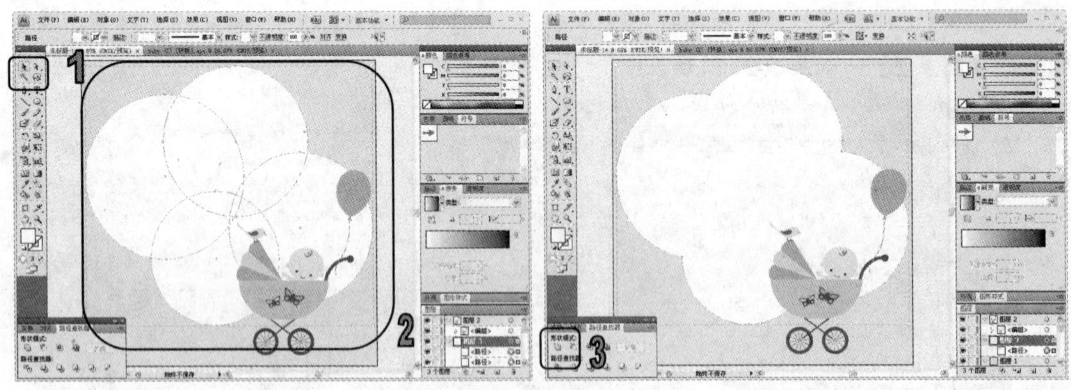

图 9-30　组合图形

(5) 选择【文件】|【置入】命令，在打开的【置入】对话框中，选择需要置入的图像文件，并单击【置入】按钮，如图 9-31 所示。

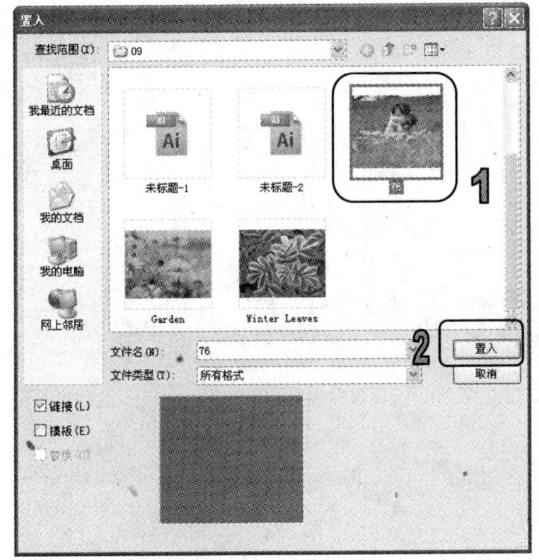

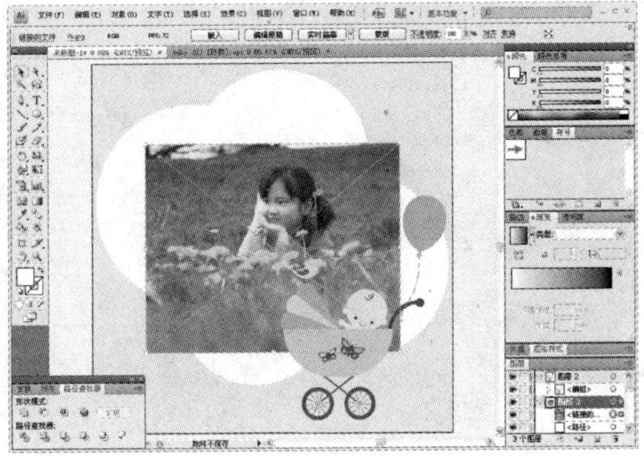

图 9-31　置入图像

(6) 在图像上右击，在弹出的菜单中选择【排列】|【后移一层】命令，再按住 Shift 键选中步骤(4)中组合的图形。然后选择【对象】|【剪切蒙版】|【建立】命令，如图 9-32 所示。

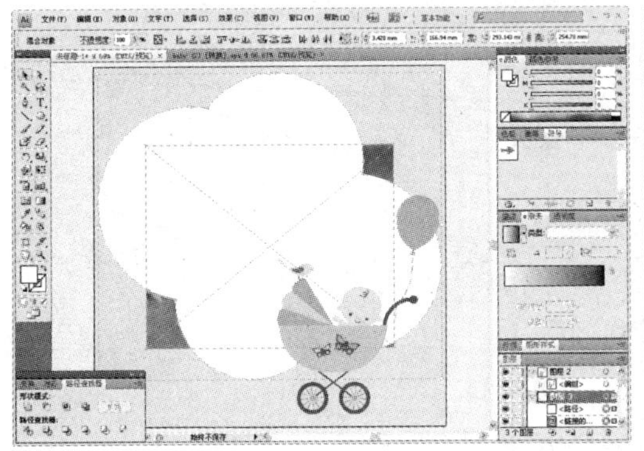

图 9-32　建立剪切蒙版

(7) 选择【对象】|【剪切蒙版】|【编辑内容】命令，使用【选择】工具放大图像，编辑完成后在其他区域单击，即可结束编辑，如图 9-33 所示。

图 9-33　编辑内容

9.4 习题

1. 绘制如图 9-34 所示的图形对象，并利用【图层】面板练习编组、排列图形对象。
2. 使用剪切蒙版创建如图 9-35 所示的照片效果。

图 9-34 绘制图形

图 9-35 制作照片效果

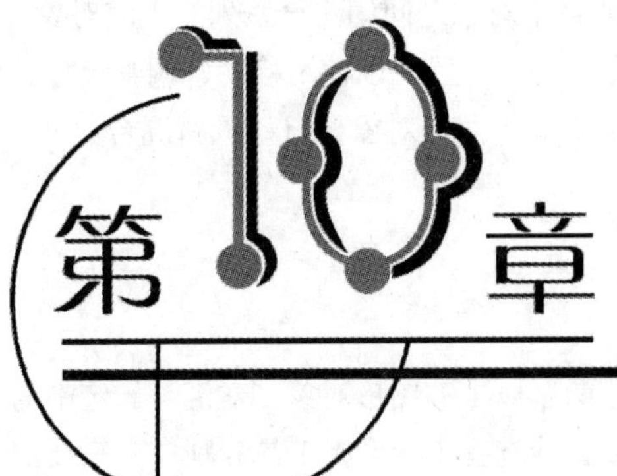

第10章 混合与封套扭曲

学习目标

在 Illustrator CS4 中创建图形对象后，用户可以对图形对象进行混合与封套扭曲的艺术处理，创造出更加丰富的图形效果。本章将主要介绍如何对图形对象的创建混合或封套扭曲，以及如何使用封套扭曲与编辑封套扭曲的编辑操作。

本章重点

- 创建混合
- 编辑混合对象
- 使用封套扭曲
- 编辑封套扭曲

10.1 混合对象

混合对象就是利用混合工具或混合命令在两个对象之间平均建立和分配形状。可以在两个开放路径之间进行混合，在对象之间产生渐变的变化，如图 10-1 所示。或结合颜色和对象的混合，在特定对象形状中产生颜色的转换，如图 10-2 所示。

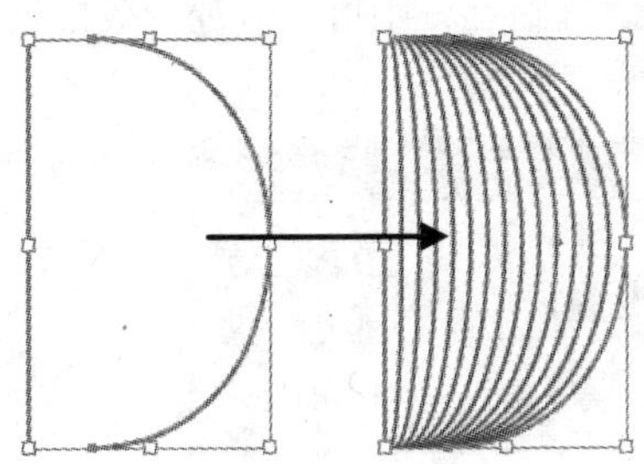

图 10-1 路径混合

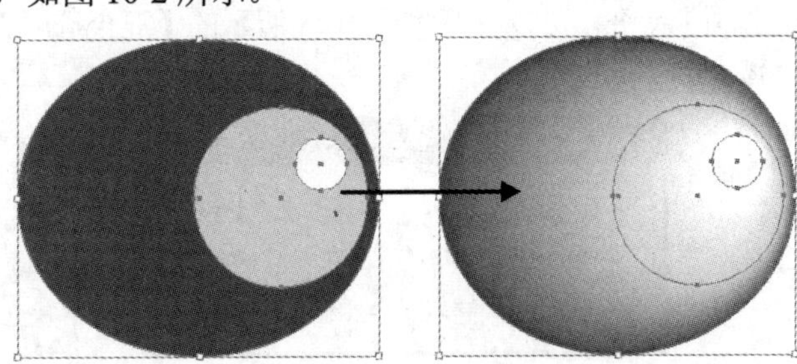

图 10-2 颜色和对象的混合

Illustrator 中的混合工具和混合命令，可以在两个或数个对象之间创建一系列的中间对象。可在两个开放路径、两个封闭路径、不同渐变之间产生混合。并且可以使用移动、调整尺寸、删除或加入对象的方式，编辑与建立的混合。在完成编辑后，图形对象会自动重新混合。

10.1.1 创建混合

使用【混合】工具和【混合】命令可以为两个或两个以上的图形对象创建混合。选中需要混合的路径后，选择【对象】|【混合】|【建立】命令，或选择【混合】工具分别单击需要混合的图形对象，即可生成混合效果。

【例 10-1】在 Illustrator 中，绘制图形并创建混合。

(1) 在图形文档中，选择【钢笔】工具，绘制如图 10-3 所示的图形对象，并分别填充红色和黄色。

(2) 选择【工具】面板中的【混合】工具，在绘制的两个图形上分别单击，创建混合，如图 10-4 所示。

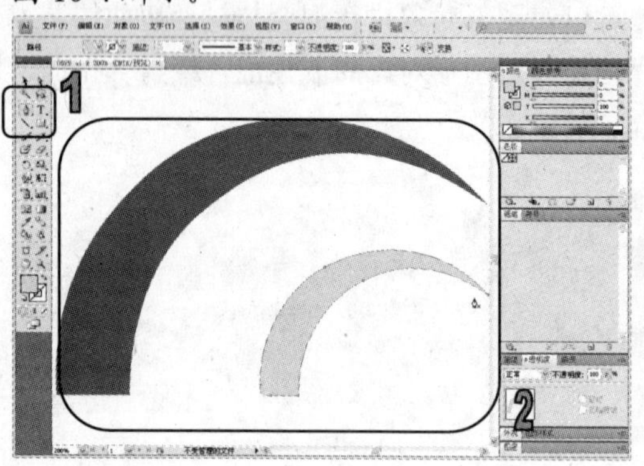

图 10-3 绘制图形

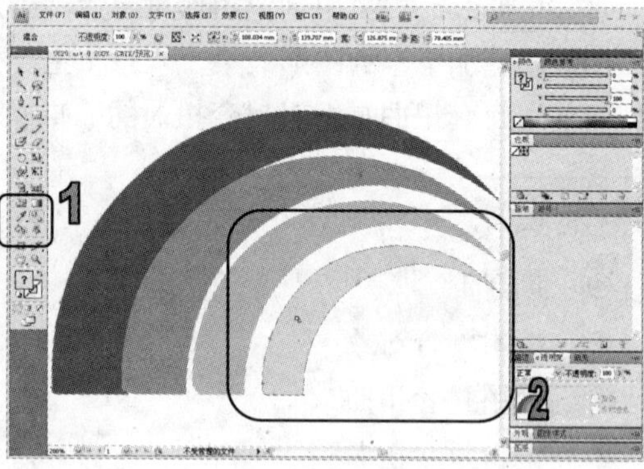

图 10-4 创建混合

10.1.2 混合选项

选择混合的路径后，双击【工具】面板中的【混合】工具，或选择【对象】|【混合】|【混合选项】命令，可以打开如图 10-5 所示的【混合选项】对话框。在对话框中可以对混合效果进行设置。

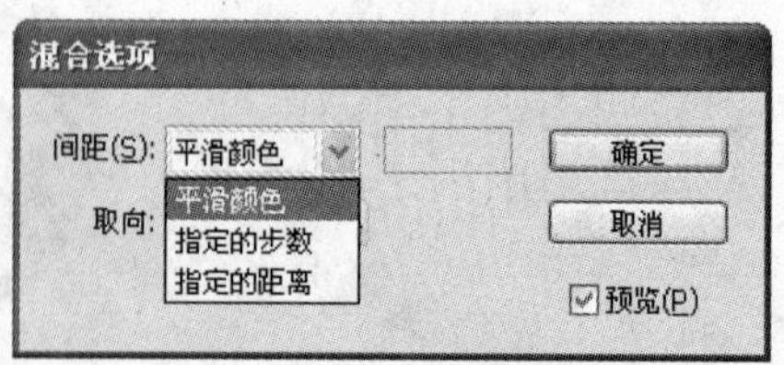

图 10-5 【混合选项】对话框

- 【间距】选项：用于设置混合对象之间的距离大小，数值越大，混合对象之间的距离也就越大。其中包含 3 个选项，分别是【平滑颜色】、【指定的步数】和【指定的距离】选项。【平滑颜色】选项表示系统将按照要混合的两个图形的颜色和形状来确定混合步数。【指定的步数】选项可以控制混合的步数。【指定的距离】选项可以控制每一步混合间的距离。
- 【取向】选项：可以设定混合的方向。按钮以对齐页面的方式进行混合，按钮以对齐路径的方式进行混合。
- 【预览】复选框：被选中后，可以直接预览更改设置后的所有效果。

【例 10-2】在 Illustrator 中，创建混合对象并设置混合选项。

(1) 选择【文件】|【打开】命令，选择打开图形文档，如图 10-6 所示。

(2) 选择【混合】工具，在图形文档中的两个图形上分别单击，创建混合，如图 10-7 所示。

图 10-6　打开图形文档　　　　图 10-7　创建混合

(3) 选择【对象】|【混合】|【混合选项】命令，打开【混合选项】对话框。在对话框的【间距】下拉列表中选择【指定的距离】选项，并设置数值为 4mm，然后单击【确定】按钮设置混合选项，如图 10-8 所示。

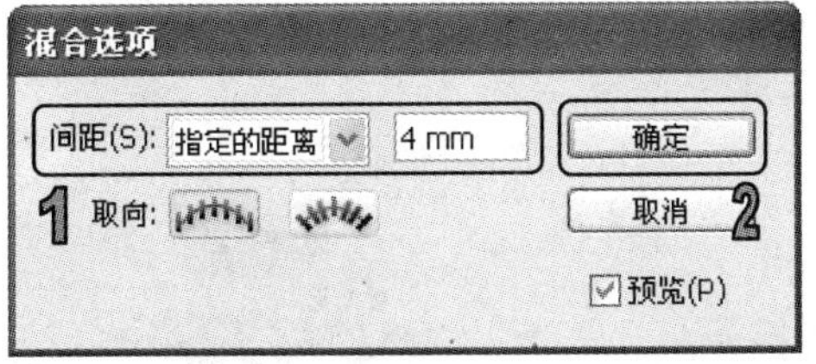

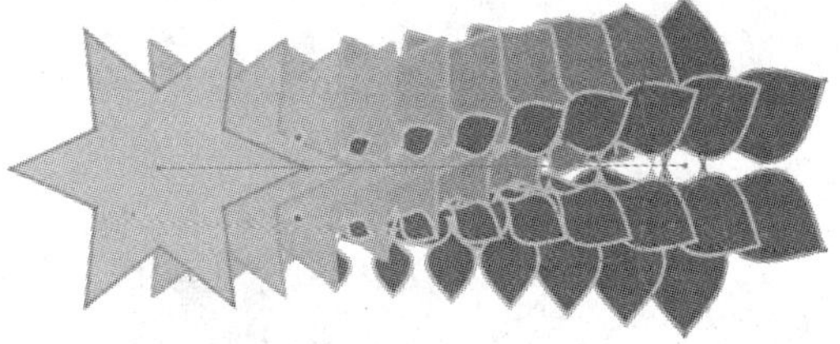

图 10-8　设置混合选项

10.1.3　编辑混合对象

Illustrator 的编辑工具能移动、删除或变形混合；也可以使用任何编辑工具来编辑锚点和路径或改变混合的颜色。当编辑原始对象的锚点时，混合也会随着改变。原始对象之间所混合的新对象不会拥有其本身的锚点。

【例 10-3】在 Illustrator 中，创建混合对象并编辑混合对象。

(1) 选择【文件】|【打开】命令，选择打开图形文档。并选择【混合】工具，在图形文档中的两个图形上分别单击，创建混合，如图 10-9 所示。

图 10-9　创建混合

(2) 选择【对象】|【混合】|【混合选项】命令，打开【混合选项】对话框。在对话框的【间距】下拉列表中选择【指定的步数】选项，并设置数值为 6，然后单击【确定】按钮设置混合选项，如图 10-10 所示。

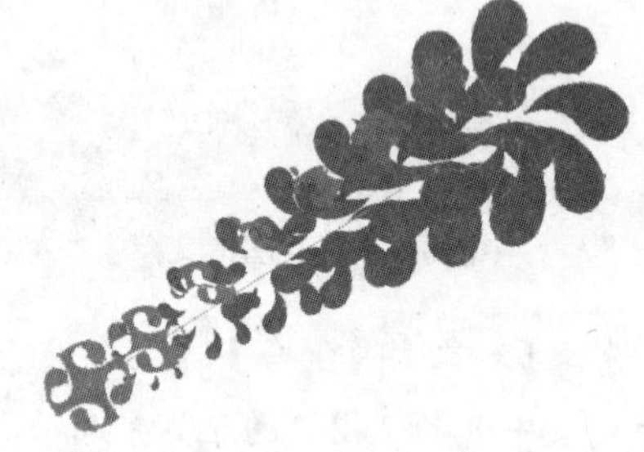

图 10-10　设置混合选项

(3) 选择【工具】面板中的【转换锚点】工具，单击混合轴上锚点并调整混合轴路径，如图 10-11 所示。

图 10-11　调整混合轴

10.1.4 释放与扩展混合对象

创建混合后，在连接路径上包含了一系列逐渐变化的颜色与性质都不相同的图形。这些图形是一个整体，不能够被单独选中。如果不想再使用混合，可以将混合释放，释放后原始对象以外的混合对象即被删除，如图 10-12 所示。

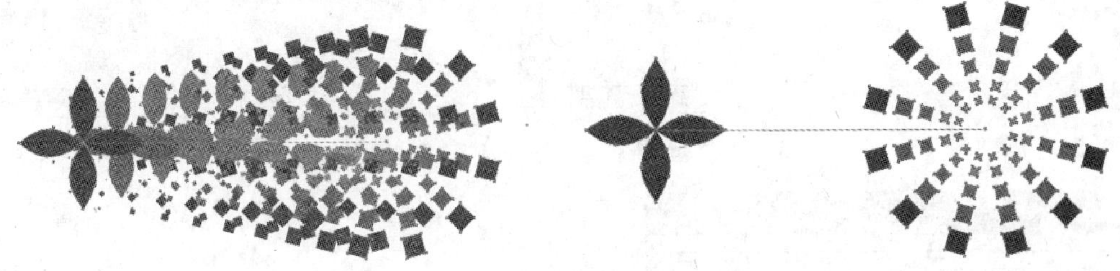

图 10-12 释放混合对象

如果要将相应的对象恢复到普通对象的属性，但又保持混合后的状态，可以选择【对象】|【混合】|【扩展】命令，此时混合对象将转换为普通的对象，并且保持混合后的状态，如图 10-13 所示。

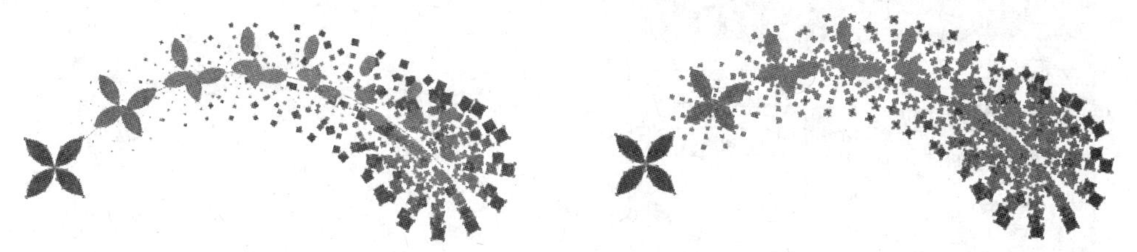

图 10-13 扩展混合对象

10.1.5 替换混合轴

在 Illustrator CS4 中，使用【对象】|【混合】|【替换混合轴】命令可以使需要混合的图形按照一条已经绘制好的开放路径进行混合，从而得到所需要的混合图形。

【例 10-4】在 Illustrator 中，创建混合对象并替换混合轴。

(1) 在图形文档中，使用【椭圆】工具绘制两个圆形，并分别填红色和绿色。然后选择【混合】工具在绘制的两个图形上分别单击，创建混合，如图 10-14 所示。

(2) 选择【对象】|【混合】|【混合选项】命令，打开【混合选项】对话框。在对话框的【间距】下拉列表中选择【指定的步数】选项，并设置数值为 5，然后单击【确定】按钮，如图 10-15 所示。

(3) 双击【工具】面板中的【螺旋线】工具，打开【螺旋线】对话框。在对话框中，设置【半径】数值为 50mm，【衰减】数值为 80%，【段数】数值为 5，然后单击【确定】按钮，如图 10-16 所示创建螺旋线。

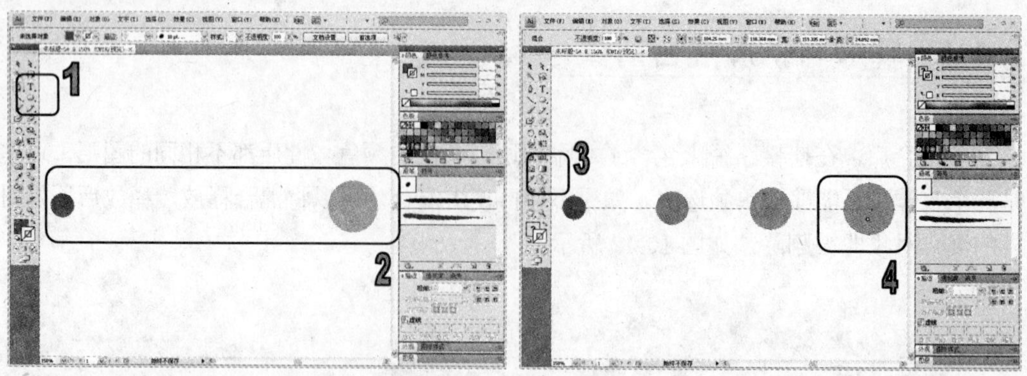

图 10-14　创建混合

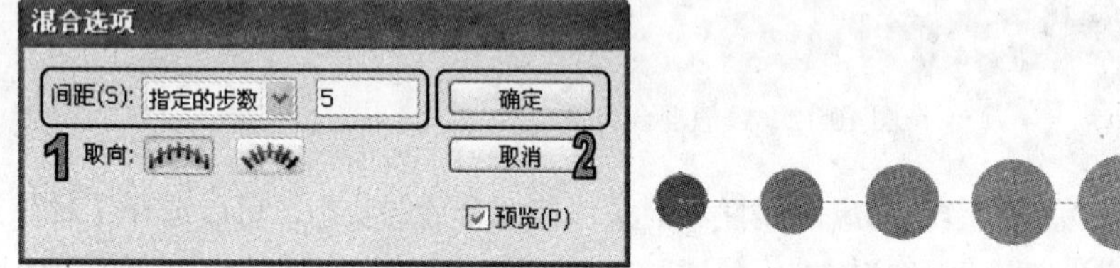

图 10-15　设置混合选项

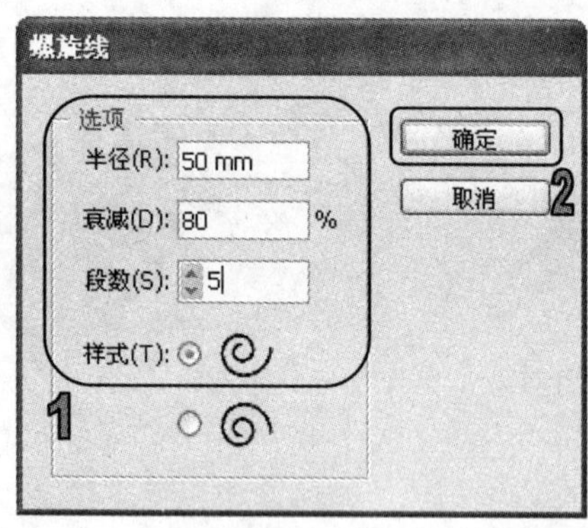

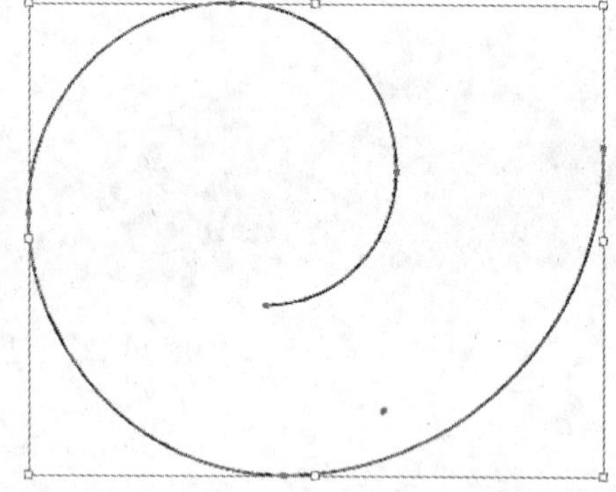

图 10-16　创建螺旋线

(4) 使用【选择】工具选中混合图形和路径，选择【对象】|【混合】|【替换混合轴】命令。这时，图形对象就会依据绘制的路径进行混合，如图 10-17 所示。

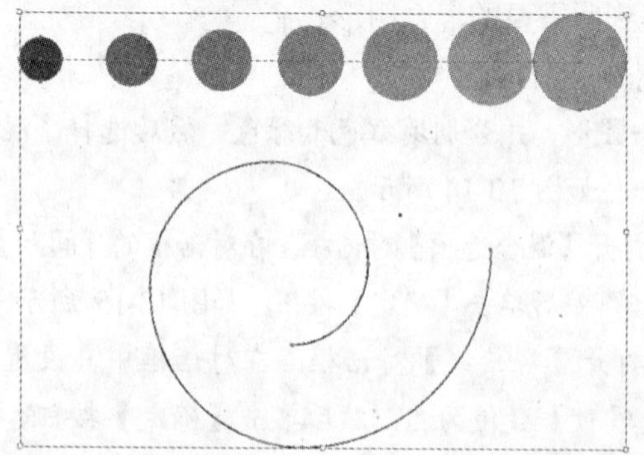

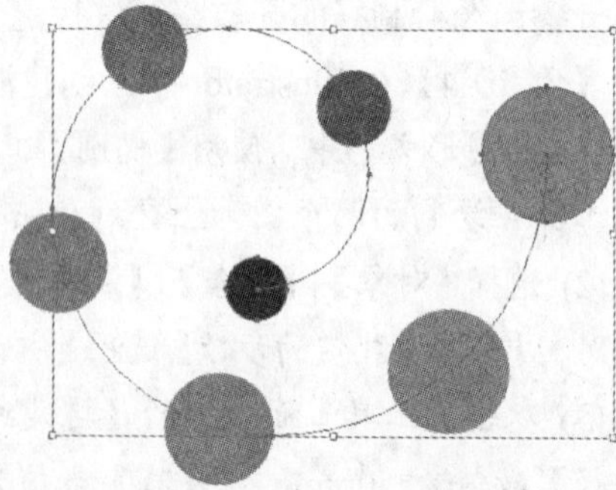

图 10-17　替换混合轴

计算机 基础与实训教材系列

10.1.6　反向混合轴

在 Illustrator CS4 中，使用选择工具选中混合图形，选择【对象】|【混合】|【反向混合轴】命令可以互换混合的两个图形位置，其效果类似于镜像功能，如图 10-18 所示。

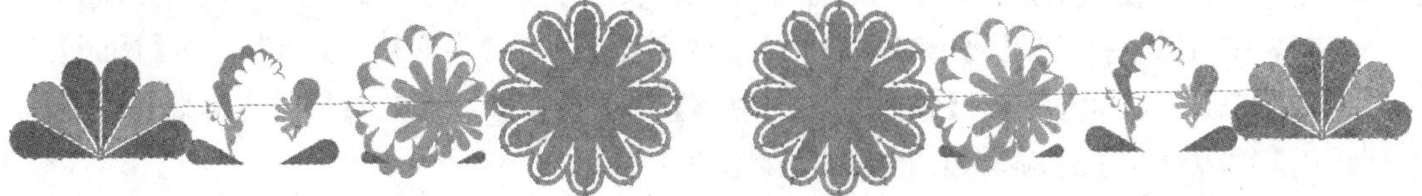

图 10-18　反向混合轴

10.1.7　反向堆叠

选中混合对象后，选择【对象】|【混合】|【反向堆叠】可以转换进行混合的两个图形的前后位置，如图 10-19 所示。【反向混合轴】命令转换的是两个混合图形的坐标位置，而【反向堆叠】命令转换的是两个混合图形的图层排列顺序。

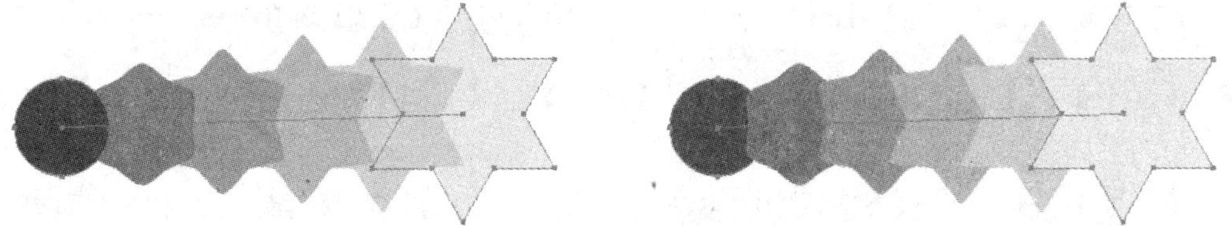

图 10-19　反向堆叠

10.2　封套扭曲

使用【封套扭曲】可以将选择的对象进行扭曲或重塑，从而得到特殊的视觉效果。【封套扭曲】命令可以作用于路径、复合路径、网格、混合对象以及位图等。

10.2.1　使用封套扭曲

封套扭曲是对选定对象进行扭曲和改变形状的工具。可以利用图形对象来制作封套，或使用预设的变形形状或网格作为封套。

1. 用变形建立

在 Illustrator 中，使用【用变形建立】命令可以通过预设的形状建立封套扭曲，并可以通过参数进行控制。在选中对象后，选择【对象】|【封套扭曲】|【用变形建立】命令，或使用快捷键 Shift+Ctrl+Alt+W，打开如图 10-20 所示的【变形选项】对话框，进行设置即可建立封套扭曲。

- ◎ 【样式】：在该下拉列表中，选择不同的选项，可以定义不同的变形样式。在该下拉列表中可以选择【弧形】、【下弧形】、【上弧形】、【拱形】、【凸出】、【凹壳】、【凸壳】、【旗形】、【波形】、【鱼形】、【上升】、【鱼眼】、【膨胀】、【挤压】和【扭转】选项，如图 10-21 所示。

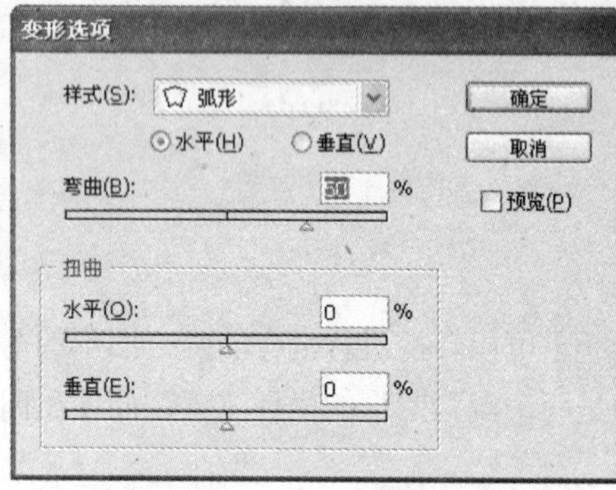

图 10-20 【变形选项】对话框

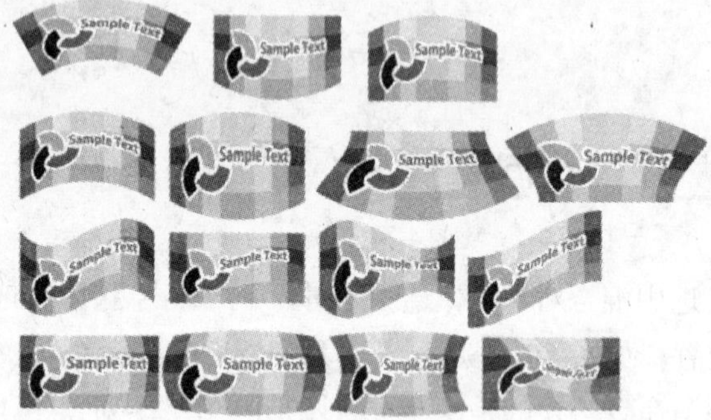

图 10-21 【样式】选项效果

- ◎ 【水平】、【垂直】单选按钮：单击【水平】、【垂直】单选按钮时，将定义对象变形的方向。
- ◎ 【弯曲】选项：调整该选项中的参数，可以定义扭曲的程度，绝对值越大，弯曲的程度越大。正值是向上或向左弯曲，负值是向下或向右弯曲。
- ◎ 【水平】选项：调整该选项中的参数，可以定义对象扭曲时在水平方向单独进行扭曲的效果。
- ◎ 【垂直】选项：调整该选项中的参数，可以定义对象扭曲时在垂直方向单独进行扭曲的效果。

2. 用网格建立

要设置矩形网格作为封套，可以使用【对象】|【封套扭曲】|【用网格建立】命令，或使用快捷键 Alt+Ctrl+M，在打开的【封套网格】对话框中设置变形网格的行数和列数。通过使用【直接选择】工具调整变形网格，即可完成自定义的变形处理。

【例 10-5】在 Illustrator 中，对图形对象进行封套扭曲操作。

(1) 在图形文档中输入文字，并使用【工具】面板中的【选择】工具选择文字对象，如图 10-22 所示。

(2) 使用【选择】工具选择对象后，选择菜单栏中的【对象】|【封套扭曲】|【用网格建立】命令，打开【封套网格】对话框，设置【行数】和【列数】均为 3，如图 10-23 所示。

图 10-22　选择对象

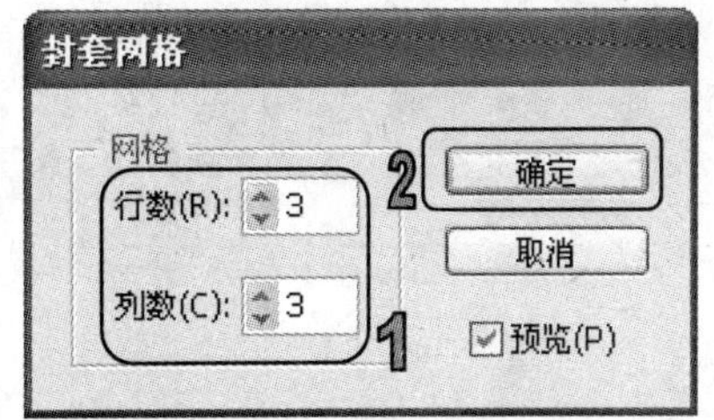

图 10-23　设置封套网格

(3) 设置完成后，单击【确定】按钮，并使用【工具】面板中的【直接选择】工具调整网格锚点位置，对对象进行封套扭曲，如图 10-24 所示。

图 10-24　用网格建立

3. 用顶层对象建立

在 Illustrator 中，还可以使用图形对象作为封套的形状。将作为封套的图形对象放置在堆叠的最上方，然后选择封套的形状和被封套对象，选择【对象】|【封套扭曲】|【用顶层对象建立】命令即可。

【例 10-6】在 Illustrator 中，对图形对象进行封套扭曲操作。

(1) 选择【新建】|【打开】命令，打开图形文件，如图 10-25 所示。

(2) 使用【工具】面板中的【多边形】工具在文档中绘制，如图 10-26 所示。

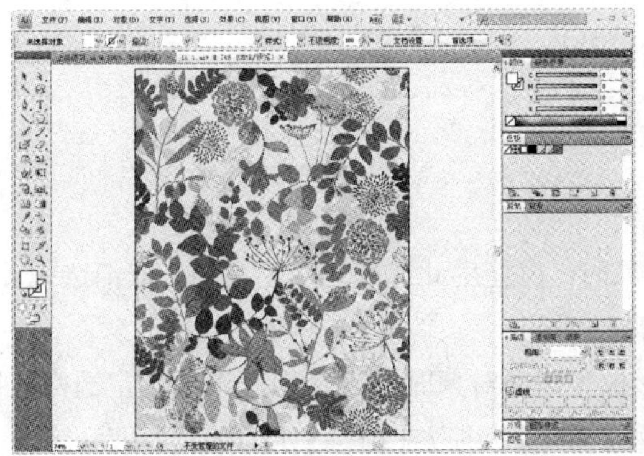

图 10-25　打开图形文档

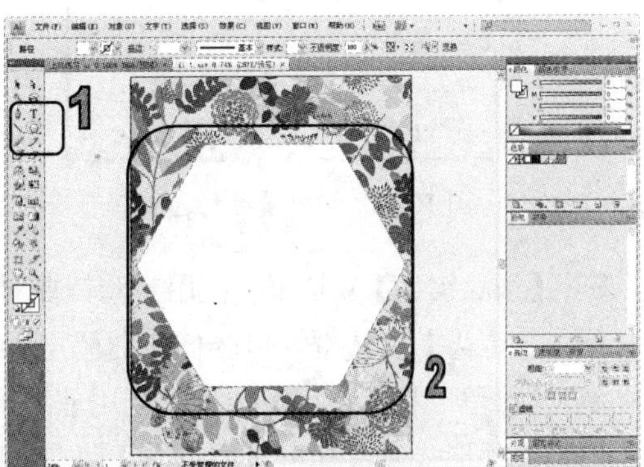

图 10-26　绘制图形

(3) 使用【选择】工具选中全部对象，选择菜单栏中的【对象】|【封套扭曲】|【用顶层对象建立】命令，即可对选中的图形对象进行封套扭曲，如图 10-27 所示。

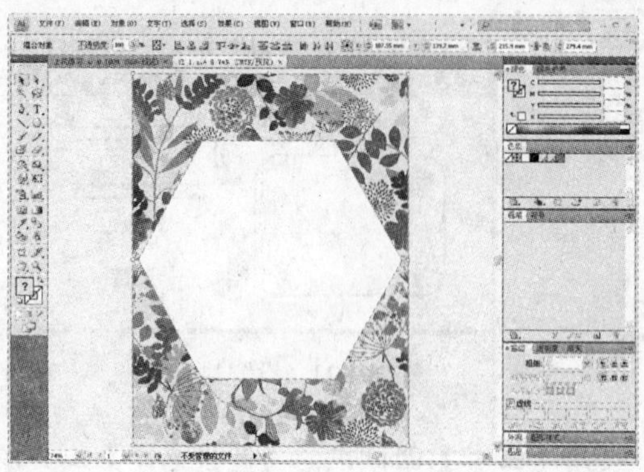
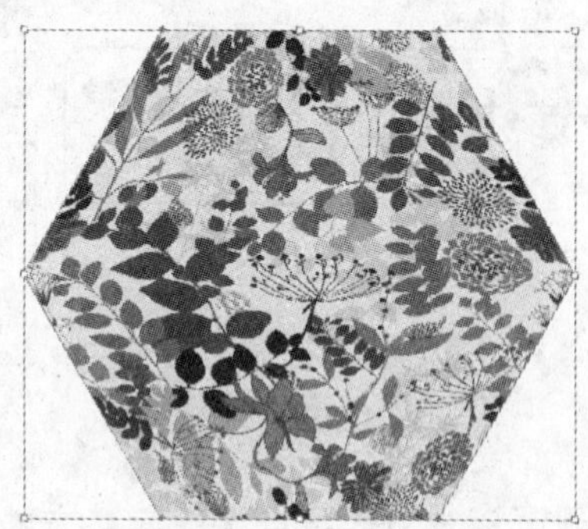

图 10-27　用顶层对象建立

10.2.2　编辑封套扭曲

对象进行封套扭曲后，将生成一个复合对象，该复合对象由封套和封套内容组成，并且可以通过设置与封套有关的选项，编辑、释放和扩展封套对象。

1. 控制封套

选择一个封套变形对象后，除了可以使用【直接选择】工具进行调整外，还可以选择【对象】|【封套扭曲】|【封套选项】命令，打开如图 10-28 所示的【封套选项】对话框控制封套。

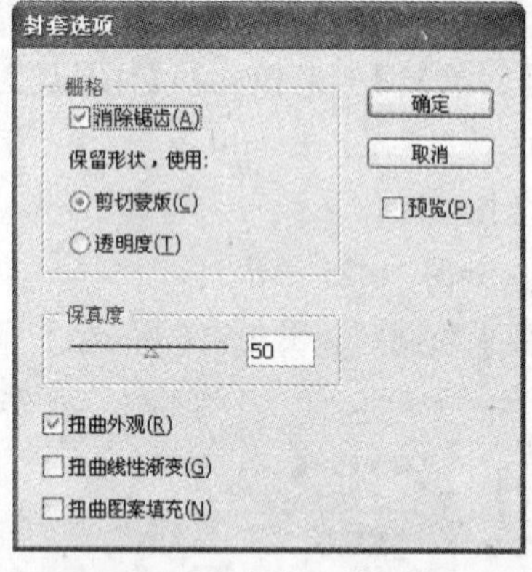

图 10-28　设置【封套选项】

提示

【保真度】选项：调整该选项中的参数，可以指定使对象适合封套模型的精确程度。增加保真度百分比会向扭曲路径添加更多的点，而扭曲对象所花费的时间也会随之增加。

- 【消除锯齿】复选框：在用封套扭曲对象时，可使用此选项来平滑栅格。取消选中【消除锯齿】复选框，可降低扭曲栅格所需的时间。
- 【保留形状，使用】选项：当用非矩形封套扭曲对象时，可使用此选项指定栅格应以何种形式保留其形状。单击【剪切蒙版】单选按钮以在栅格上使用剪切蒙版，或单击【透明度】单选按钮以对栅格应用 Alpha 通道。

◉ 【扭曲外观】、【扭曲线性渐变】和【扭曲图案填充】复选框：分别用于决定是否扭曲对象的外观、线性渐变和图案填充。

2. 扩展封套

当一个对象进行封套变形后，该对象通过封套组件来控制对象外观，但不能对该对象进行其他的编辑操作。此时，选择【对象】|【封套扭曲】|【扩展】命令可以将作为封套的图形删除，只留下已扭曲变形的对象，且留下的对象不能再进行和封套编辑有关的操作，如图 10-29 所示。

图 10-29　扩展封套

3. 编辑内容

当对象进行了封套编辑后，使用【工具】面板中的【直接选择】工具或其他编辑工具对该对象进行编辑时，只能选中该对象的封套部分，而不能对该对象本身进行调整。如果要对对象进行调整，选择【对象】|【封套扭曲】|【编辑内容】命令，或使用快捷键 Shift+Ctrl+V，将显示原始对象的边框，通过编辑原始图形可以改变复合对象的外观，如图 10-30 所示。编辑内容操作结束后，选择【对象】|【封套扭曲】|【编辑封套】命令，或使用快捷键 Shift+Ctrl+V，结束内容编辑。

图 10-30　编辑内容

4. 释放封套

当要将制作的封套对象恢复到操作之前的效果时，可以选择【对象】|【封套扭曲】|【释放】命令即可将封套对象恢复到操作之前的效果，而且还会保留封套的部分，如图 10-31 所示。

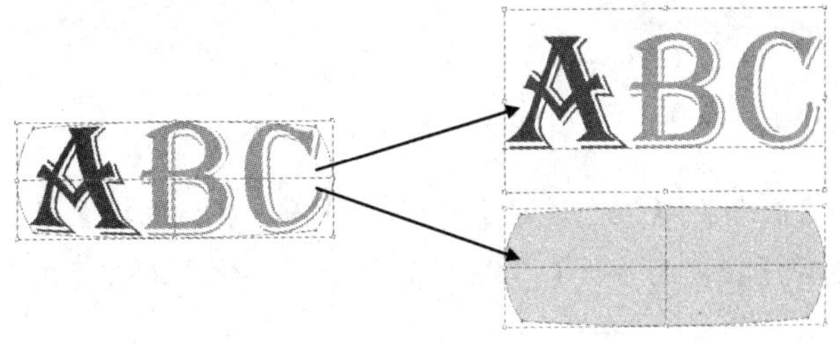

图 10-31　释放封套

计算机 基础与实训教材系列

10.3 上机练习

本章上机练习主要练习制作名片效果，使用户更好地掌握图形绘制、混合的创建、编辑等基本操作方法和技巧。

(1) 在图形文档中，选择【椭圆】工具，按住 Shift+Alt 键绘制圆形，并在【颜色】面板中设置填充颜色 CMYK=20，0，60，0，在【描边】面板中设置描边【粗细】数值为 0.25pt，如图 10-32 所示。

(2) 使用【选择】工具选中图形按 Ctrl+C 键复制，按 Ctrl+F 键粘贴，然后按住 Shift+Alt 键缩小图形，在【颜色】面板中设置填充颜色为 CMYK=75，30，100，20，在【描边】面板中设置描边【粗细】数值为 0.25p，如图 10-33 所示。

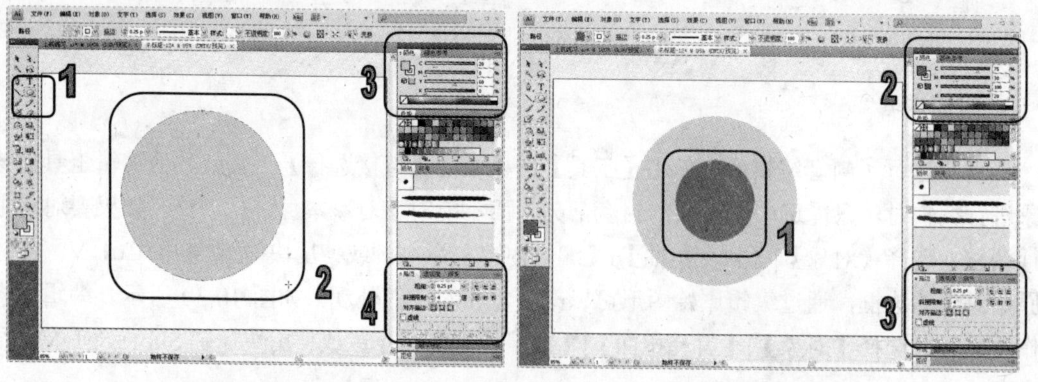

图 10-32　绘制图形　　图 10-33　绘制图形

(3) 使用【选择】工具选中刚绘制的两个圆形，选择【对象】|【混合】|【建立】命令，创建混合，如图 10-34 所示。

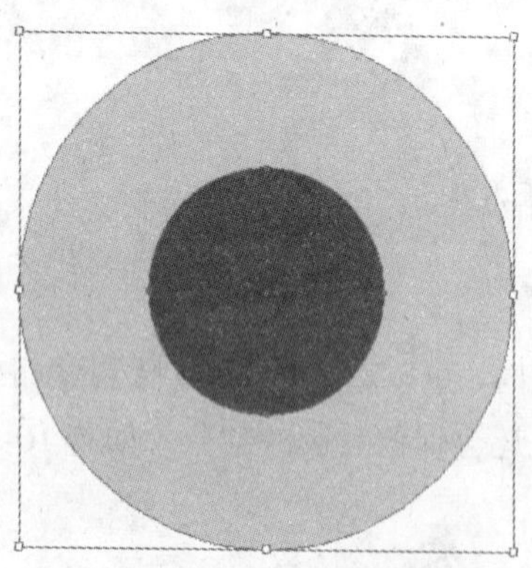

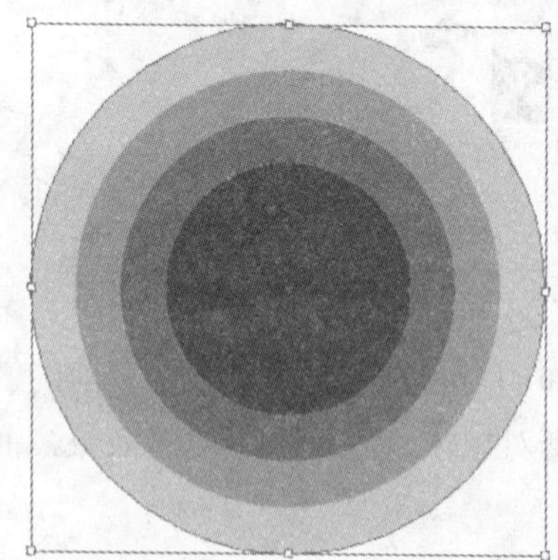

图 10-34　创建混合

(4) 选择【对象】|【混合】|【混合选项】命令，打开【混合选项】对话框。在对话框中的【间距】下拉列表中选择【指定的步数】，设置数值为 4，然后单击【确定】按钮应用设置，如图 10-35 所示。

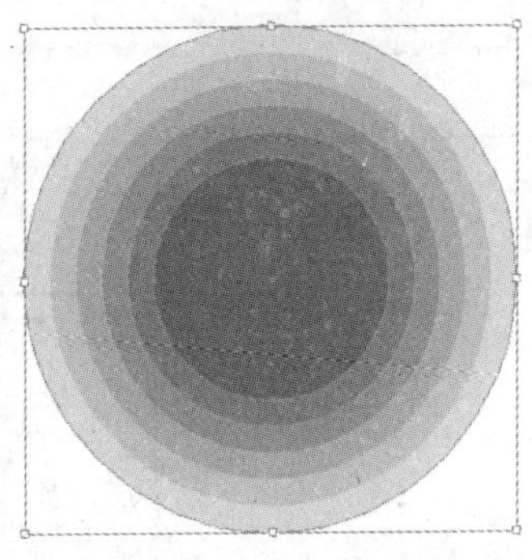

图 10-35　设置混合选项

(5) 选择【工具】面板中的【圆角矩形】工具，在文档中拖动绘制圆角矩形，并在【颜色】面板中设置填充颜色为 CMYK=10，0，30，0。使用【选择】工具，按 Ctrl+C 键复制、按 Ctrl+F 粘贴对象，如图 10-36 所示。

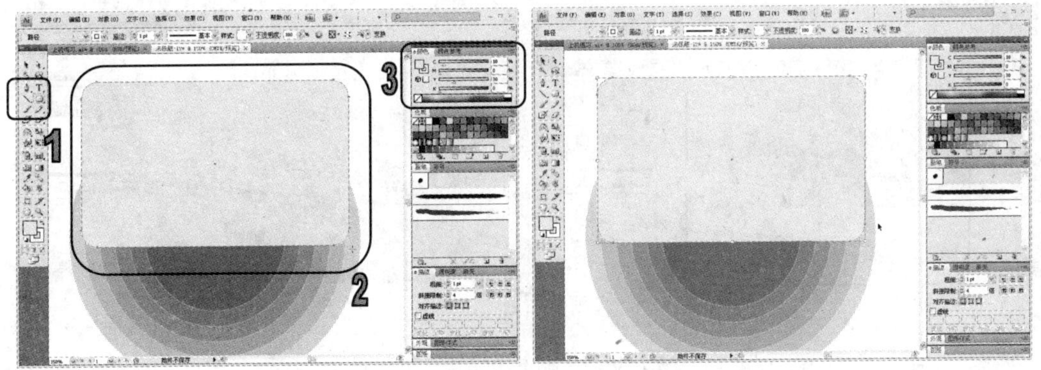

图 10-36　绘制、复制和粘贴图形

(6) 使用【选择】工具选中圆角矩形和混合对象，然后右击，在弹出的菜单中选择【建立剪切蒙版】命令，建立剪切蒙版，如图 10-37 所示。

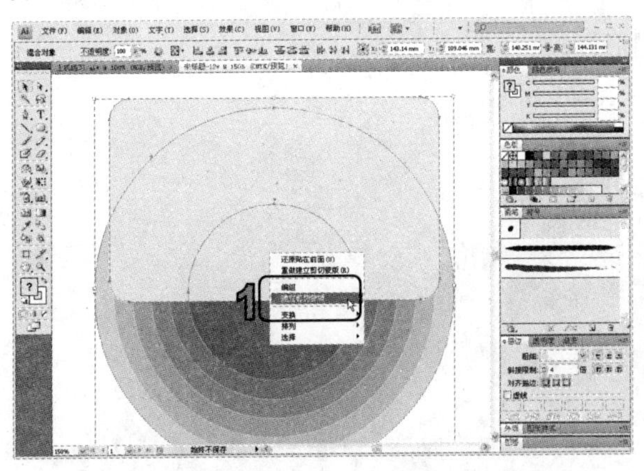

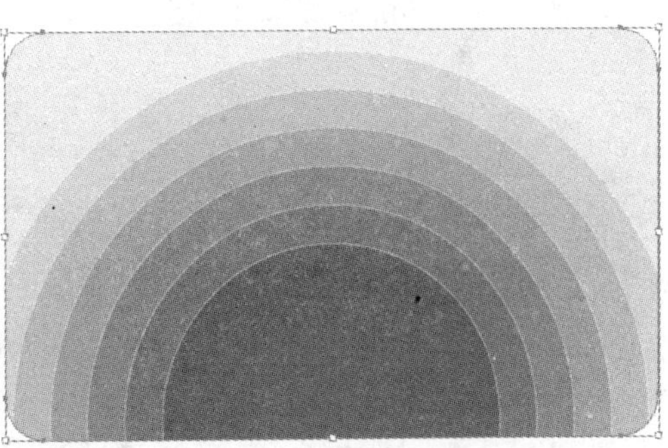

图 10-37　创建剪切蒙版

(7) 按 Ctrl+A 键全选对象，按 Ctrl+G 键并群组对象。然后选择【椭圆】工具在文档中绘制圆形，并使用【路径文字】工具在圆形边缘路径上单击，输入文字内容并设置文字，如图 10-38 所示。

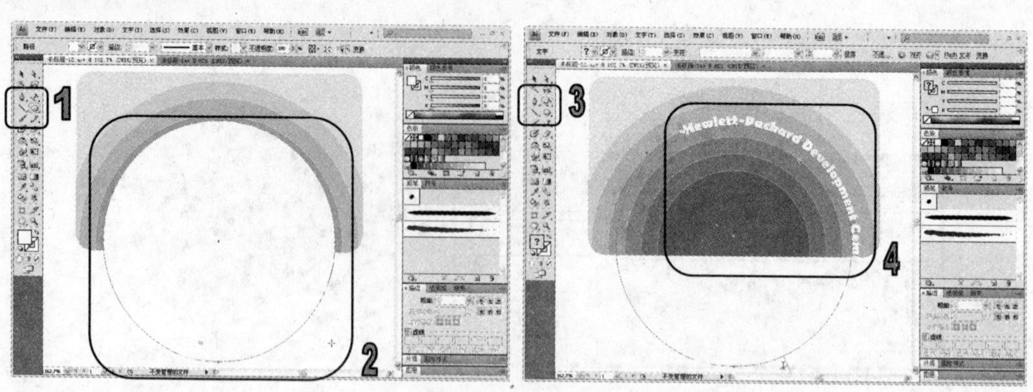

图 10-38　输入路径文字

(8) 使用【选择】工具，调整路径文字位置。并使用步骤(7)的操作方法输入其他文字内容，如图 10-39 所示。

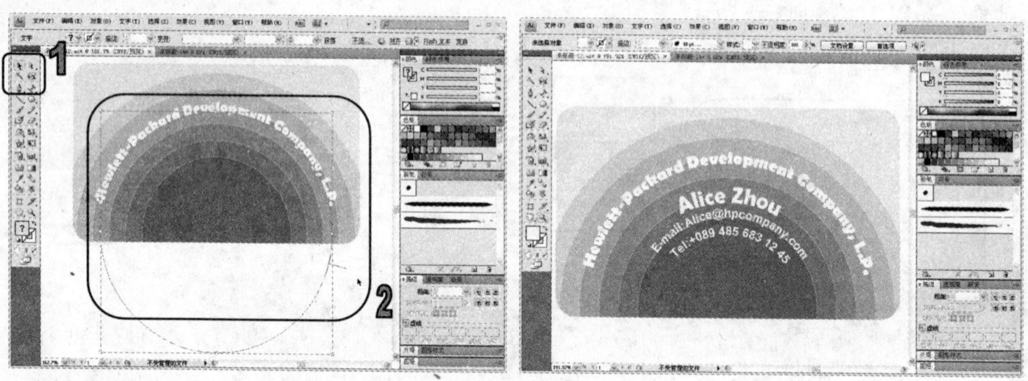

图 10-39　输入路径文字

10.4　习题

1. 使用混合功能绘制如图 10-40 所示的图形效果。
2. 使用封套功能创建文字变形效果，如图 10-41 所示。

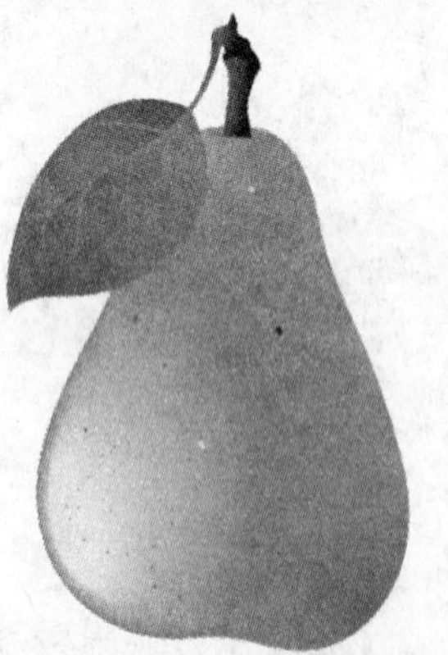

图 10-40　绘制图形

图 10-41　文字变形

第11章 效果、外观与图形样式

学习目标

Illustrator CS4 中提供了多种滤镜、效果和图形样式。其中滤镜还包含了 Photoshop 中的大部分滤镜。Illustrator CS4 中的这些滤镜和效果使用范围广泛，可以模拟和制作摄影、印刷与数字图像中的多种特殊效果。合理使用 Illustrator CS4 中滤镜和效果，可以制作出丰富多彩的画面效果。

本章重点

- 【外观】面板
- 编辑外观属性
- 效果
- 图形样式

11.1 外观属性

外观属性是一组在不改变对象基础结构的前提下影响对象外观的属性。外观属性包括对象的填色、描边、透明度和效果。

11.1.1 【外观】面板

在 Illustrator CS4 中，选择【窗口】|【外观】命令可以打开如图 11-1 所示的【外观】面板来查看和调整对象、组或图层的外观属性。各种效果按其在页面中应用的顺序从上到下排列。

当选择文本对象时，【外观】面板中会显示【字符】项目。双击【外观】面板中的【字符】项目，可以查看文本外观属性，如图 11-2 所示。

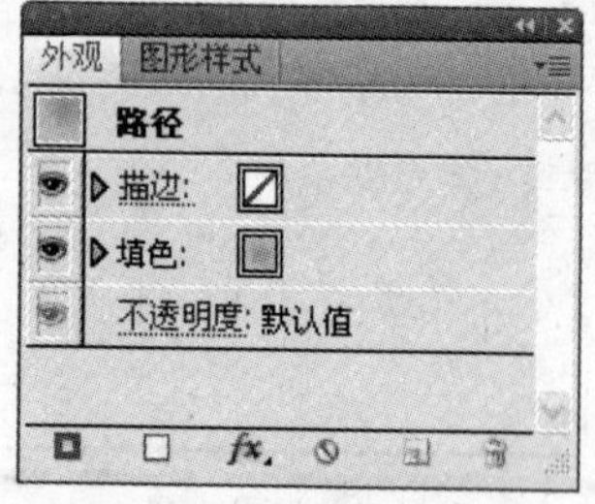

图 11-1 【外观】面板

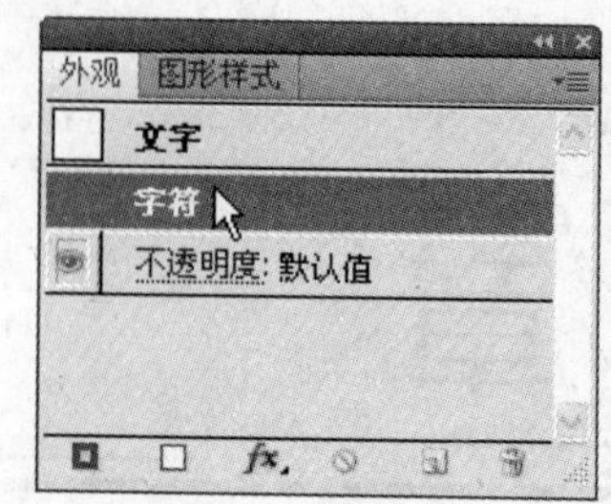

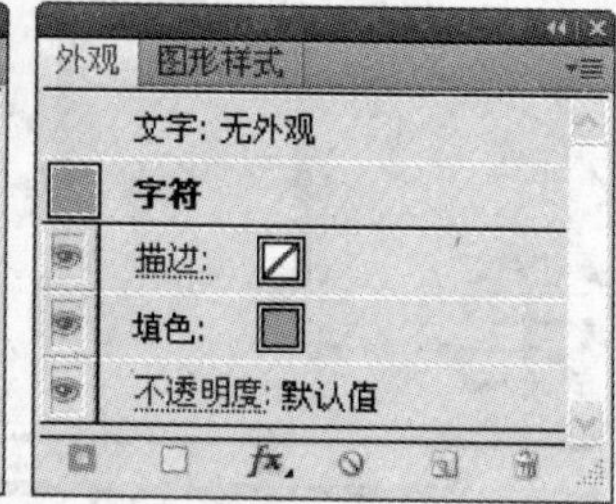

图 11-2 查看外观属性

11.1.2 编辑外观属性

在 Illustrator CS4 中绘制完图形后，想对其进行编辑，可以在【外观】面板中双击需要编辑的外观属性，打开相应的窗口或面板，重新设置需要的选项即可。

【例 11-1】在 Illustrator 中，使用【外观】面板编辑图形外观。

(1) 选择【文件】|【打开】命令，打开图形文件，并打开【外观】面板，如图 11-3 所示。

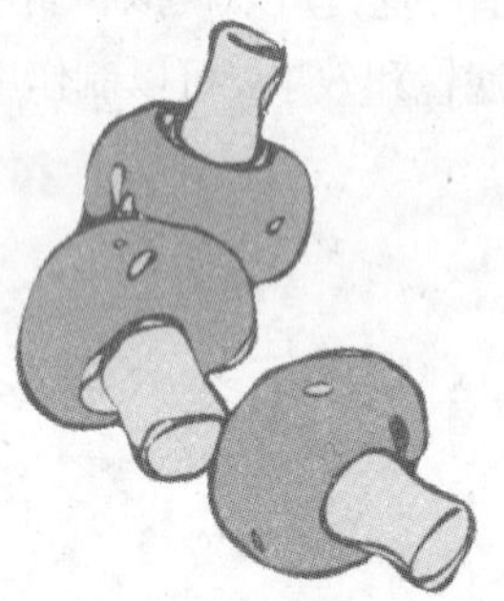

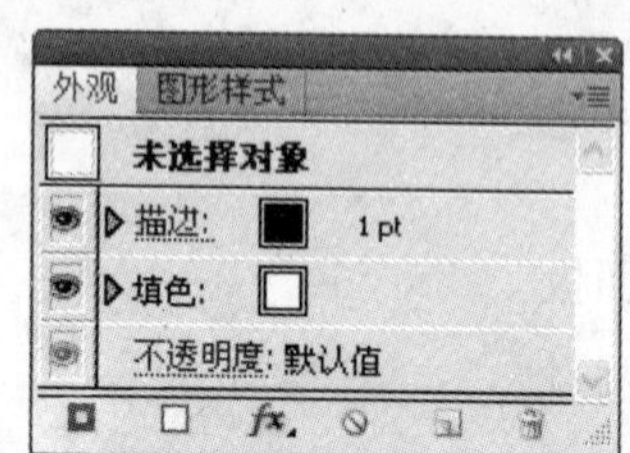

图 11-3 打开图形文件

(2) 在【外观】面板中，双击【填色】打开色板面板选中颜色色板，更改对象外观填充颜色，如图 11-4 所示。

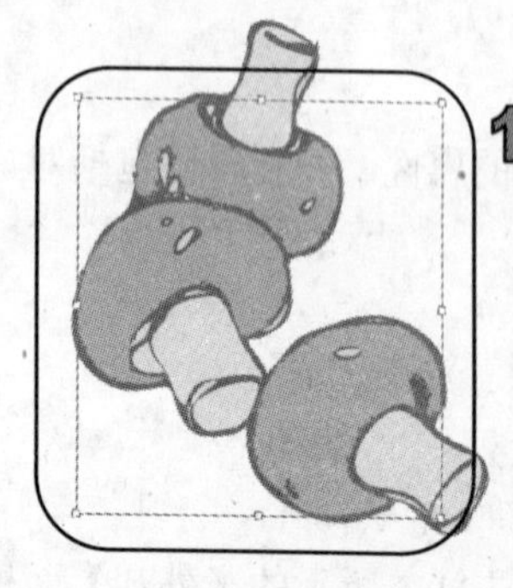

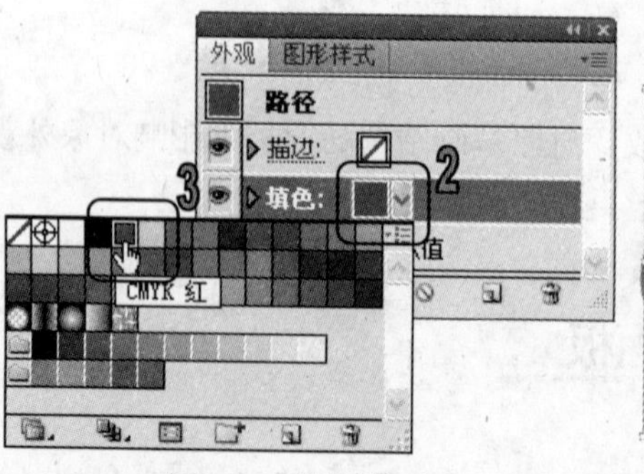

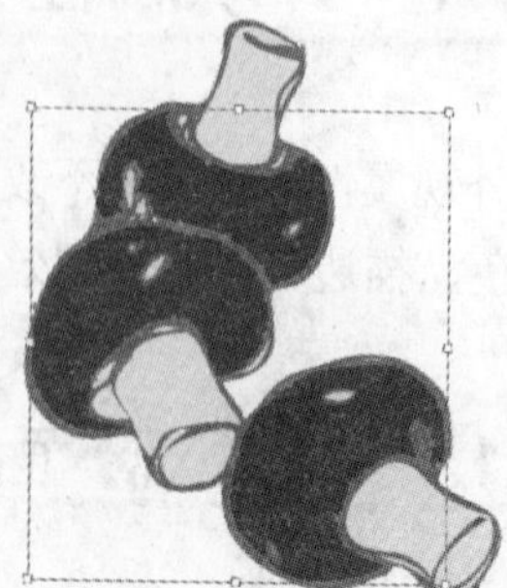

图 11-4 设置外观

(3) 在【外观】面板中，单击【不透明度】链接，打开【透明度】面板，选择混合模式【变亮】，【不透明度】数值为 85%，更改对象外观，如图 11-5 所示。

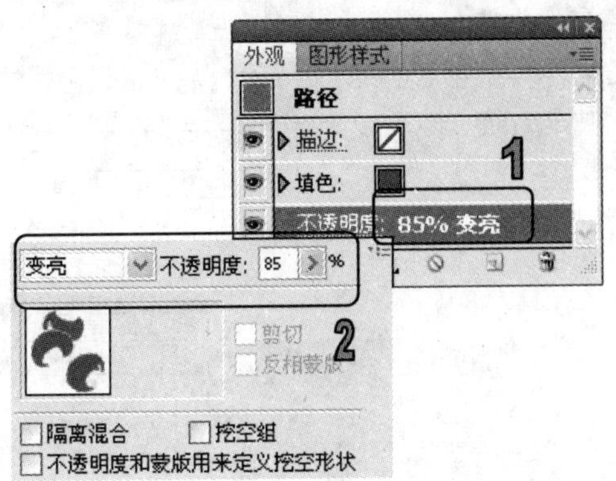

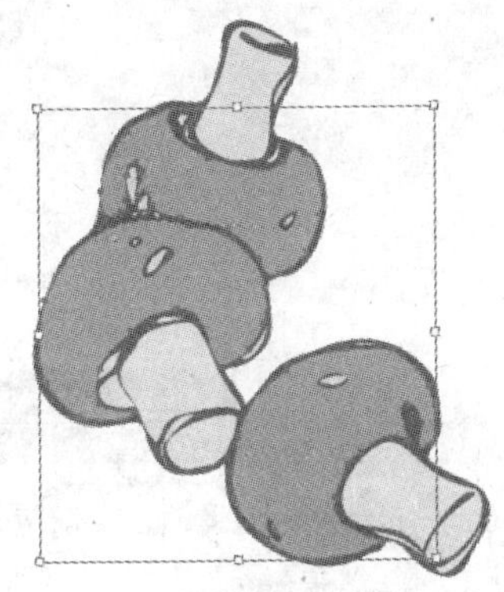

图 11-5　设置外观

11.1.3　更改外观属性堆叠顺序

在【外观】面板中，可以通过拖动来更改外观属性堆叠顺序，其操作方法与调整图层顺序操作方法相同。当拖动选中的外观属性至所需的位置时，释放鼠标即可，如图 11-6 所示。

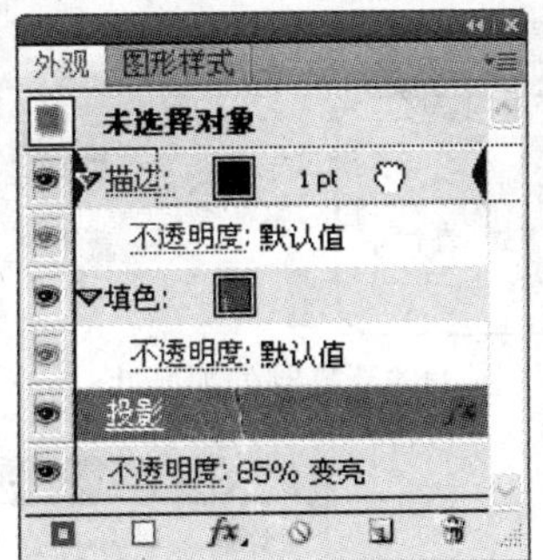

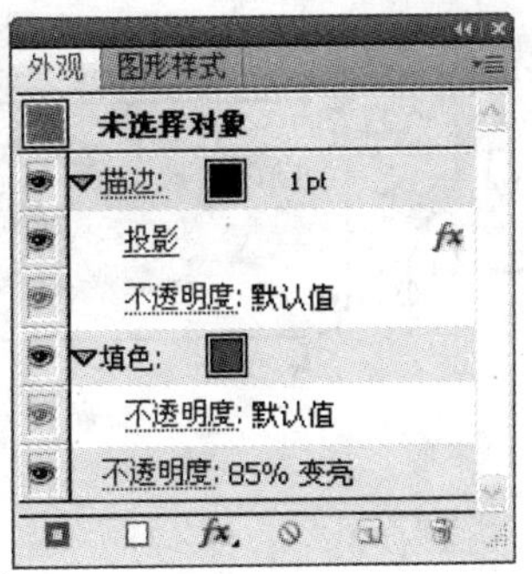

图 11-6　更改外观属性堆叠顺序

11.1.4　复制外观属性

在 Illustrator 中，使用【外观】面板可以将一个对象的外观属性复制到另一个对象上，也可以通过使用【吸管】工具来复制外观属性。

【例 11-2】在 Illustrator 中，复制图形对象外观属性。

(1) 选择【文件】|【打开】命令，选择打开图形文件，并使用【选择】工具选中一个图形，打开【外观】面板，如图 11-7 所示。

(2) 将光标移动到【外观】面板左上角的图标上，然后按住鼠标拖动至另一个图形上，释放鼠标即可复制外观属性，如图 11-8 所示。

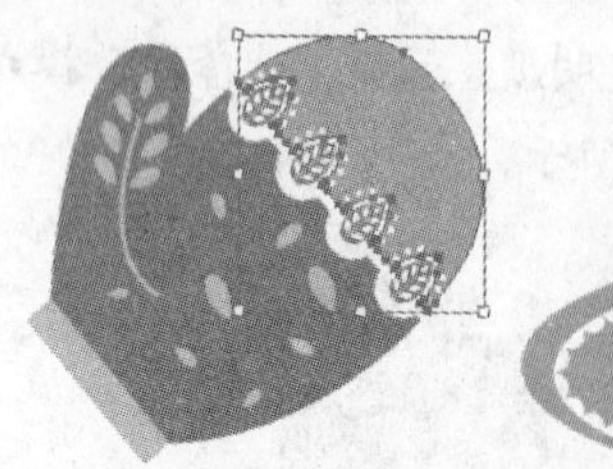

图 11-7　选中图形

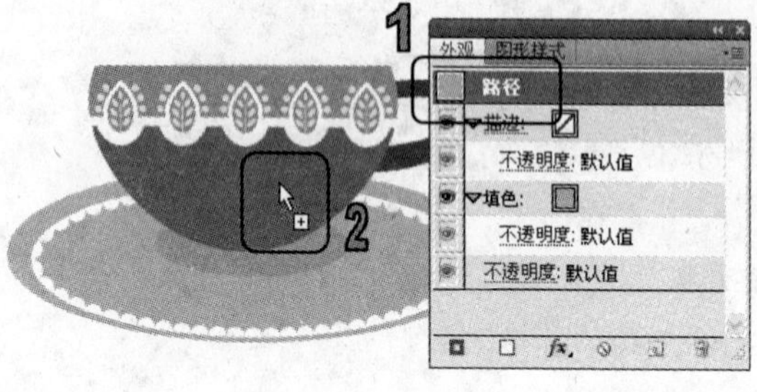

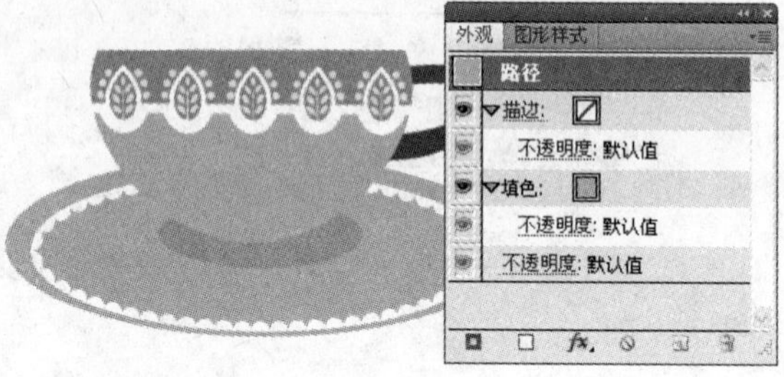

图 11-8　复制外观属性

(3) 选中需要复制外观属性的图形对象，选中【工具】面板中的【吸管】工具，在被复制外观属性的对象上单击，即可复制外观属性，如图 11-9 所示。

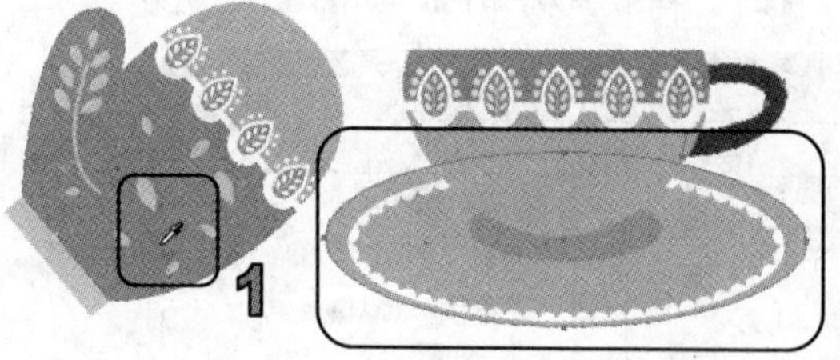

图 11-9　复制外观属性

提示

双击【吸管】工具，可以打开如图 11-10 所示的【吸管选项】对话框。在其中可以设置【吸管】工具可取样的外观属性。如果要更改栅格取样大小，还可以从【栅格取样大小】下拉列表中选择取样大小区域。

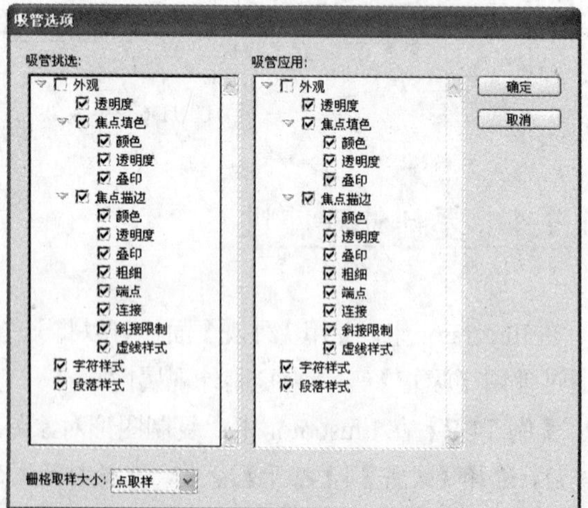

图 11-10　【吸管选项】对话框

11.1.5　删除外观属性

要删除外观属性可以直接把外观效果拖拽到【外观】面板右下角的【删除所选项目】图标 上释放即可；也可以在选中外观效果后，在面板菜单中选择【清除外观】命令即可，如图 11-11 所示。

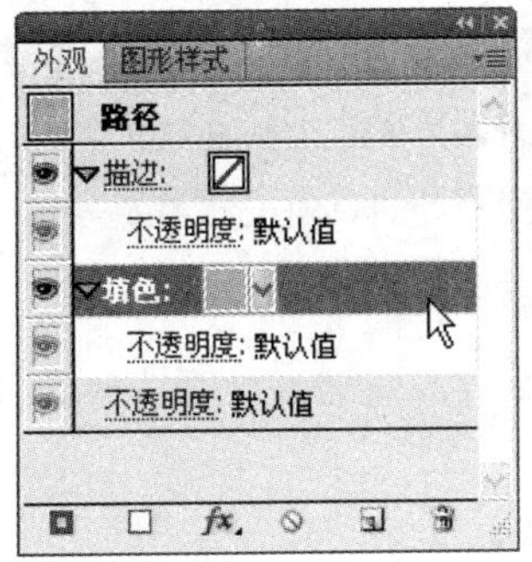

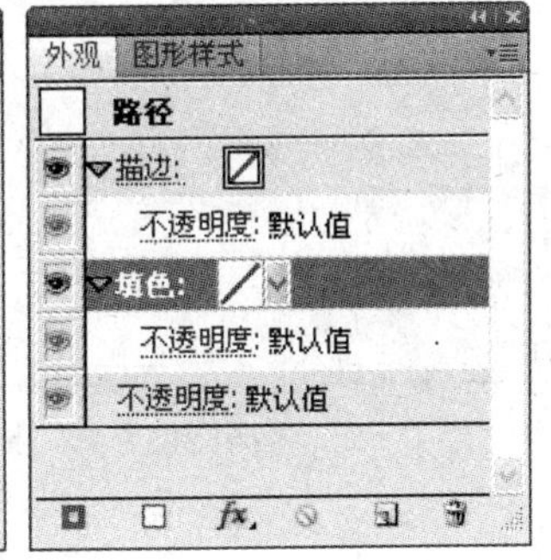

图 11-11　删除外观属性

11.2　效果

在 Illustrator CS4 中，打开【效果】命令菜单，使用该菜单中的命令后，可以对绘制的图形进行效果编辑。该菜单中命令分为两组，一组是 Illustrator 效果，另一组是 Photoshop 效果。Illustrator 效果组中的命令用于处理矢量图，而 Photoshop 效果组中的命令用于处理位图。

11.2.1　栅格化

栅格化是将矢量图形转换为位图图像的过程。在栅格化过程中，Illustrator 会将图形路径转换为像素。选择【效果】|【栅格化】命令可以栅格化单独的矢量对象，也可以通过将文档导入为位图格式来栅格化文档。

打开或选择好需要进行栅格化的图形，选择【效果】|【栅格化】命令，打开如图 11-12 所示的【栅格化】对话框。

- 【颜色模型】选项：用于确定在栅格化过程中所用的颜色模式。
- 【分辨率】选项：用于确定栅格化图像中的每英寸像素数。
- 【背景】选项：用于确定矢量图形的透明区域如何转换为像素。
- 【消除锯齿】选项：使用消除锯齿效果，以改善栅格化图像的锯齿边缘外观。
- 【创建剪切蒙版】复选框：创建一个使栅格化图像的背景显示为透明的蒙版。
- 【添加】选项：围绕栅格化图像添加指定数量的像素。

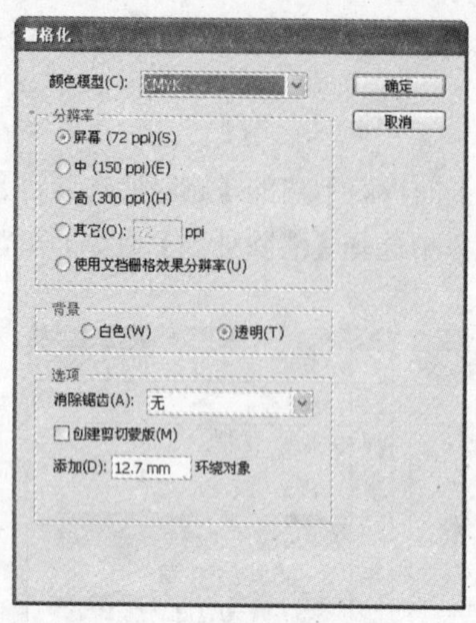

图 11-12 【栅格化】对话框

提示

在 Illustrator CS4 中不需要把矢量图形栅格化转换为位图图像，就可以直接应用滤镜菜单中的 Photoshop 滤镜了。

11.2.2 3D 效果

在 Illustrator CS4 中，可以把平面的图形转换成立体的效果，并可以对它的类型、光线和方向进行调整。可以通过设置高光、阴影、旋转及其他属性来控制 3D 对象的外观，还可以使用贴图将图像贴到 3D 对象的表面上。

1. 凸出和斜角效果

通过使用【凸出和斜角】命令可以沿对象的 Z 轴凸出拉伸一个 2D 对象，以增加对象的深度。选中要执行该效果的对象后，选择【效果】|【3D】|【凸出和斜角】命令，打开如图 11-13 所示的【3D 凸出和斜角选项】对话框进行设置即可。

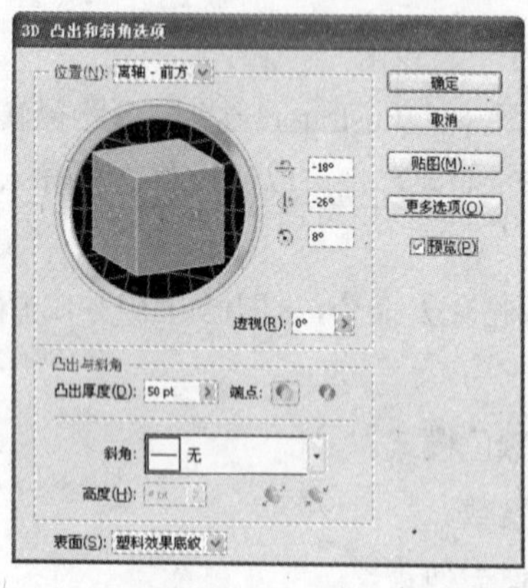

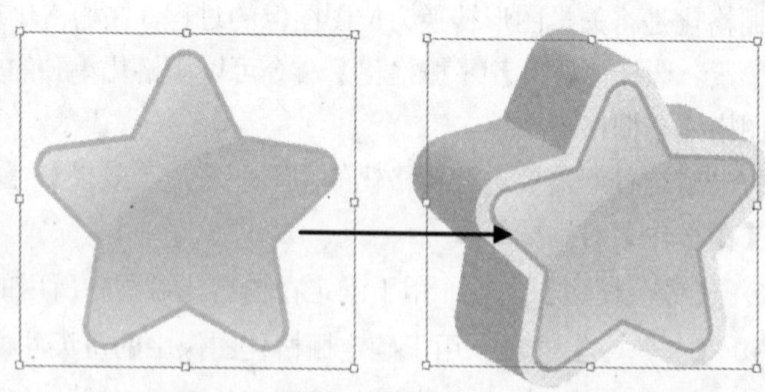

图 11-13 【3D 凸出和斜角选项】对话框

- 【位置】：在该下拉列表中选中不同的选项，设置对象如何旋转以及观看对象的透视角度。在该下拉列表中提供了一些预置的位置选项，也可以通过右侧的三个数值框中

进行不同方向的旋转调整，还可以直接使用鼠标，在示意图中进行拖拽，调整相应的角度。如图 11-14 所示。

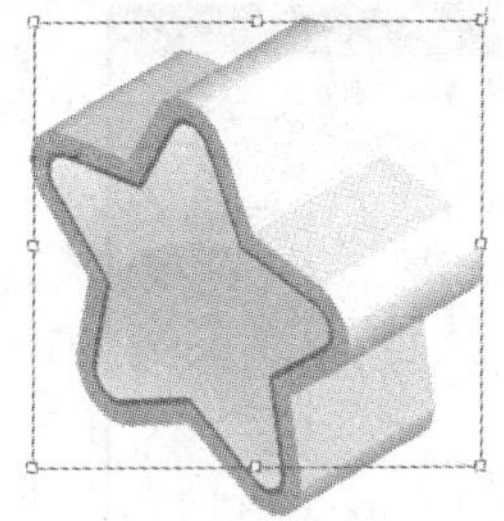
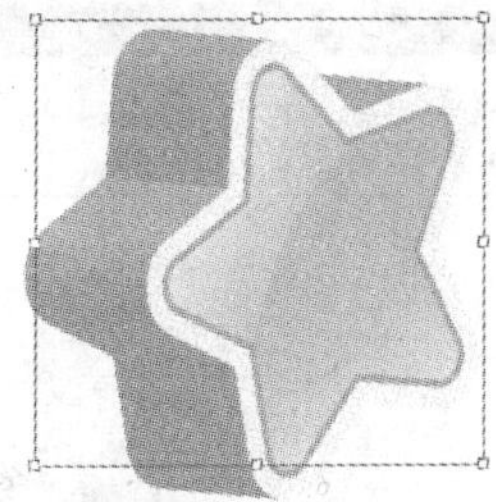
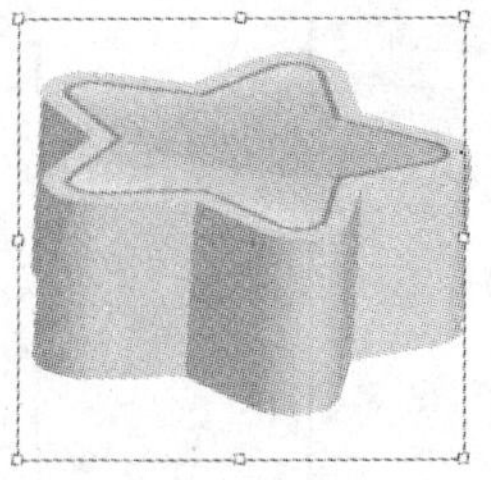

图 11-14　不同位置的效果

- 【透视】：通过调整该选项中的参数，调整该 3D 对象的透视效果，数值为 0° 时没有任何效果，角度越大透视效果越明显。
- 【凸出厚度】：调整该选项中的参数，定义从 2D 图形凸出为 3D 图形时的尺寸，数值越大凸出的尺寸越大。
- 【端点】：在该选项区域中单击不同的按钮，定义该 3D 图形是空心还是实心的。
- 【斜角】：在该下拉列表中选中不同的选项，定义沿对象的深度轴(Z 轴)应用所选类型的斜角边缘。
- 【高度】：在该选项的数值框中设置介于 1~100 的高度值。如果对象的斜角高度太大，则可能导致对象自身相交，产生不同的效果。
- 【斜角外扩】：通过单击按钮，将斜角添加至对象的原始形状。
- 【斜角内缩】：通过单击按钮，自对象的原始形状中砍去斜角。
- 【表面】：在该下拉列表中选中不同的选项，定义不同的表面底纹。

当要对对象材质进行更多的设置时，可以单击【3D 凸出和斜角选项】对话框中的【更多选项】按钮，展开更多的选项，如图 11-15 所示。

- 【光源强度】：在该数值框中输入相应的数值，在 0%~100%之间控制光源强度。
- 【环境光】：在该数值框中输入介于 0%~100%的相应数值，控制全局光照，统一改变所有对象的表面亮度。
- 【高光强度】：在该数值框中输入相应的数值，用来控制对象反射光的多少，取值范围为 0%~100%。较低值产生暗淡的表面，而较高值则产生较为光亮的表面。
- 【高光大小】：在该数值框中输入相应的数值，用来控制高光的大小。
- 【混合步骤】：在该数值框中输入相应的数值，用来控制对象表面所表现出来的底纹的平滑程度。混合步骤数值越高，所产生的底纹越平滑，路径也越多。
- 【底纹颜色】：在该下拉列表中选中不同的选项，控制对象的底纹颜色。

单击【3D 凸出和斜角选项】对话框中的【贴图】按钮，可以打开如图 11-16 所示的【贴图】对话框，用户可以为对象设置贴图效果。

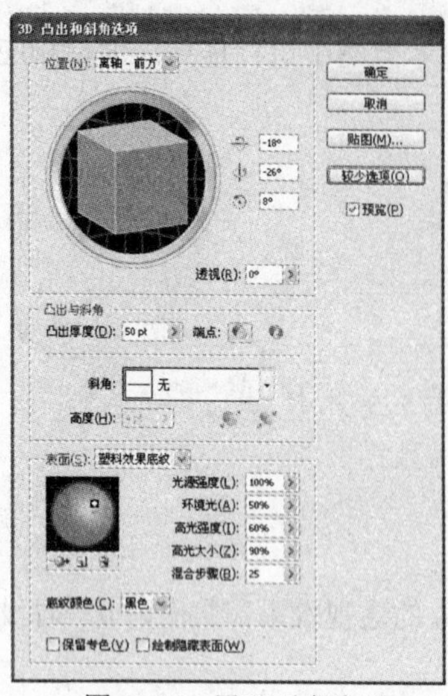

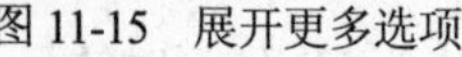

图 11-15　展开更多选项

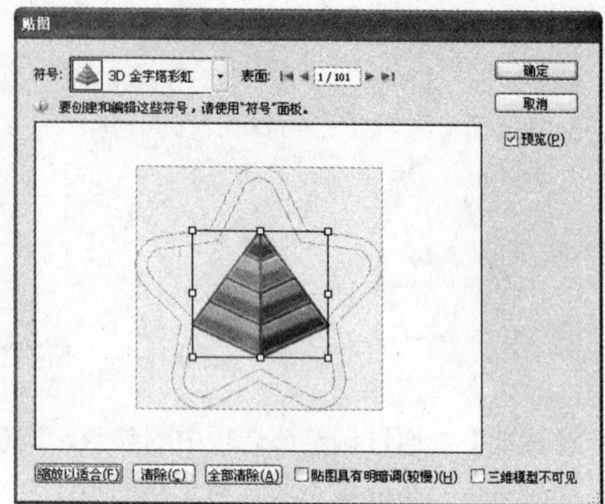

图 11-16　【贴图】对话框

◎ 【符号】：在该下拉列表中选中不同的选项，定义在选中表面上的粘贴图形。

◎ 【表面】：在该选项区域中单击不同的按钮，可以查看 3D 对象的不同表面。

◎ 【变形】：在中间的缩略图区域中，可以对图形的尺寸、角度和位置进行调整。

◎ 【缩放以适合】：通过单击该按钮，可以直接调整该符号对象的尺寸至和表面的尺寸相同。

◎ 【清除】：通过单击该按钮，可以将认定的符号对象清除。

◎ 【贴图具有明暗调】：当选中该复选框时，在符号图形上将出现相应的光照效果。

◎ 【三维模型不可见】：当选中该复选框时，将隐藏 3D 对象。

【例 11-3】在 Illustrator 中，创建 3D 对象，并对创建的 3D 对象进行编辑修改。

(1) 在图形文档中，选择【文字】工具，在图形文档中输入文字。并使用【选择】工具选中文字，如图 11-17 所示。

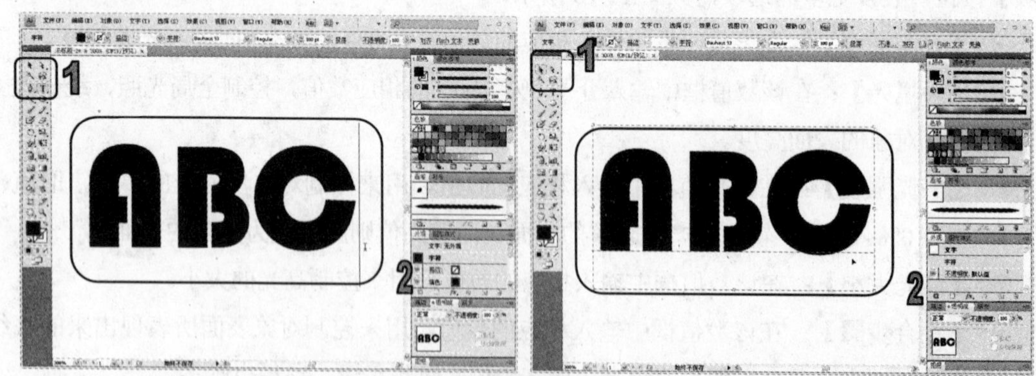

图 11-17　输入文字

(2) 选择菜单栏中的【效果】|【3D】|【凸出和斜角】命令，打开【3D 凸出和斜角选项】对话框。在对话框中设置【凸出厚度】为 50pt，斜角为【经典】，高度为 1pt，表面为【线框】，

单击【确定】按钮应用设置，如图 11-18 所示。

(3) 选择【文件】|【打开】命令，打开图形文档并选中图形。在【符号】面板中，单击【新建符号】按钮，在弹出的【符号选项】对话框中，单击【图形】单选按钮，在【名称】文本框中输入【渐变圆点】，然后单击【确定】按钮，创建符号如图 11-19 所示。

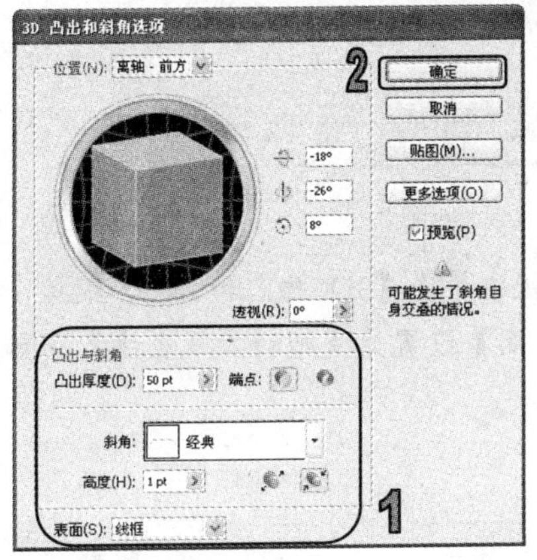

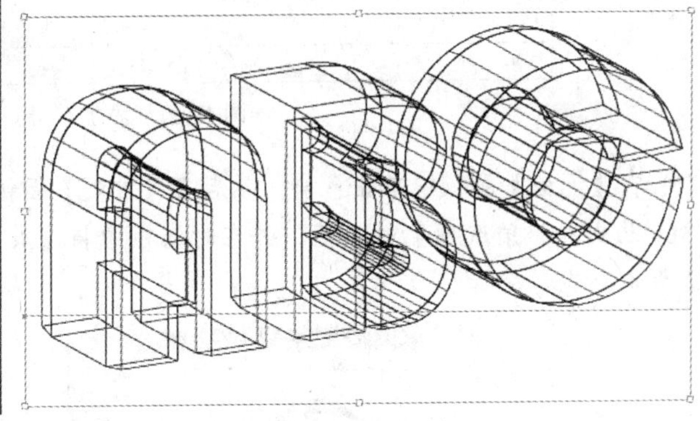

图 11-18　应用【凸出和斜角】

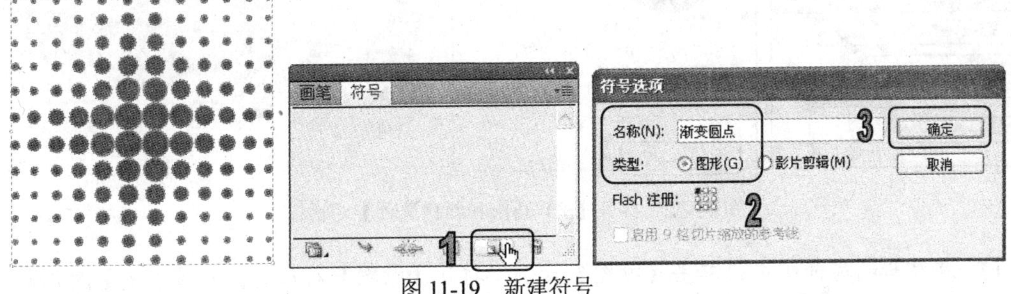

图 11-19　新建符号

(4) 在【符号】面板中，单击面板菜单按钮，在弹出的菜单中选择【存储符号库】命令，打开【将符号存储为库】对话框。在对话框的【文件名】文本框中输入【圆点符号】，然后单击【保存】按钮，如图 11-20 所示。

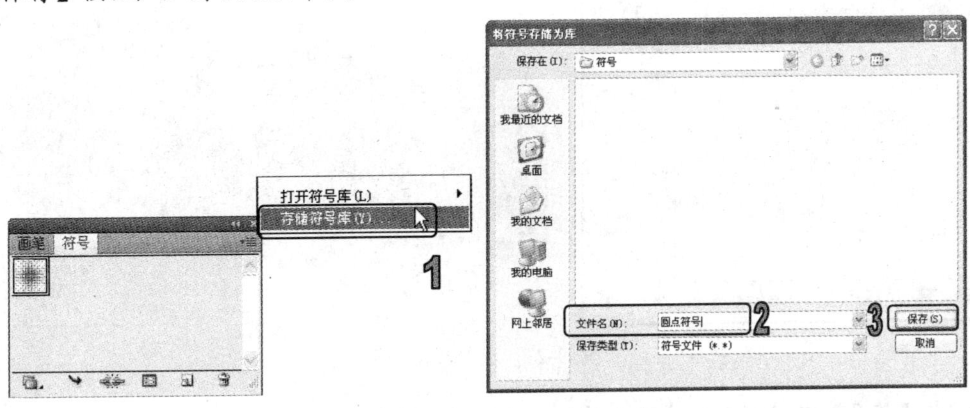

图 11-20　存储符号

(5) 返回文字图形文件，选择【窗口】|【符号库】|【用户定义】|【圆点符号】命令，打开用户定义的符号库，单击选择刚创建的符号，如图 11-21 所示。

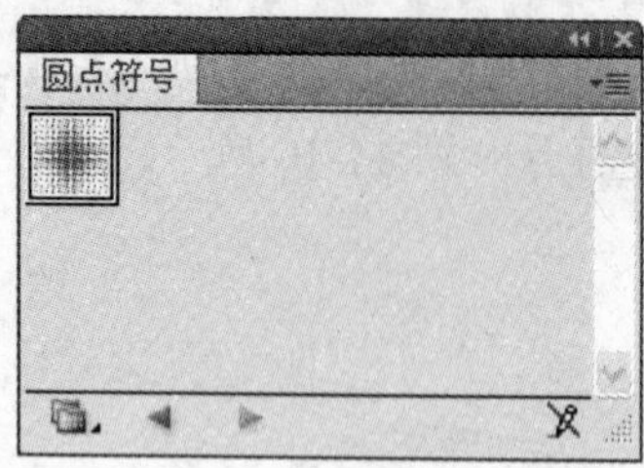

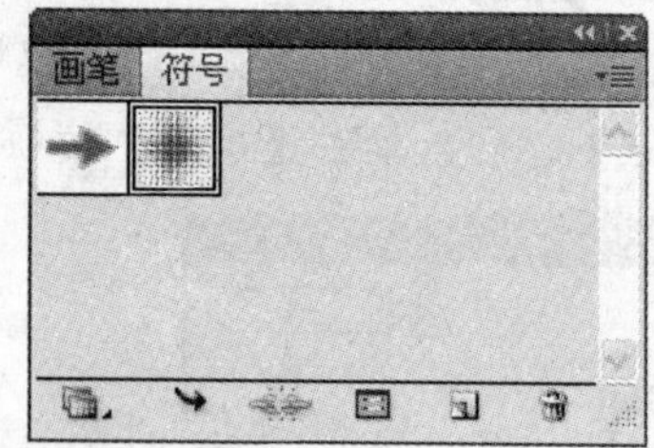

图 11-21　添加符号

(6) 在【色板】面板中单击色样。然后在【外观】面板中单击【3D 凸出和斜角】链接，打开【3D 凸出和斜角选项】对话框，并在对话框中将【表面】设置为【塑料效果底纹】，如图 11-22 所示。

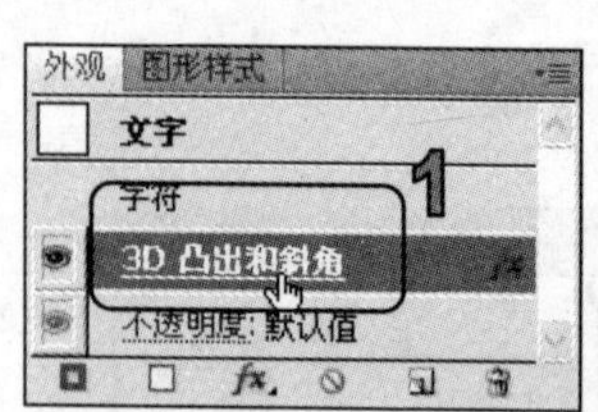

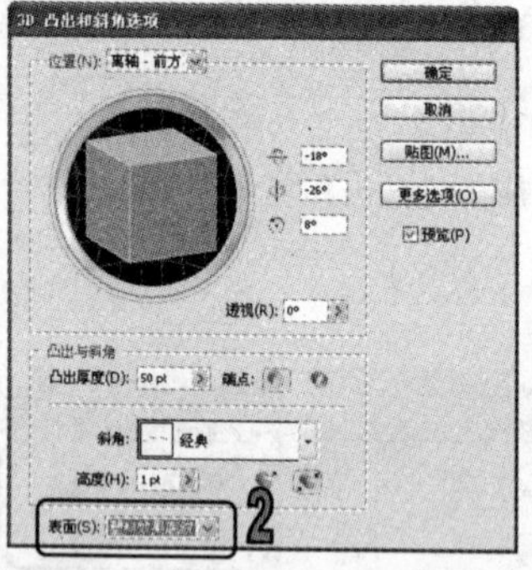

图 11-22　打开【3D 凸出和斜角选项】对话框

(7) 在打开的对话框中，单击【贴图】按钮，打开【贴图】对话框。在【贴图】对话框中，通过【表面】选项框旁的三角箭头选择需要贴图的表面，选中的表面以红色线框显示，如图 11-23 所示。

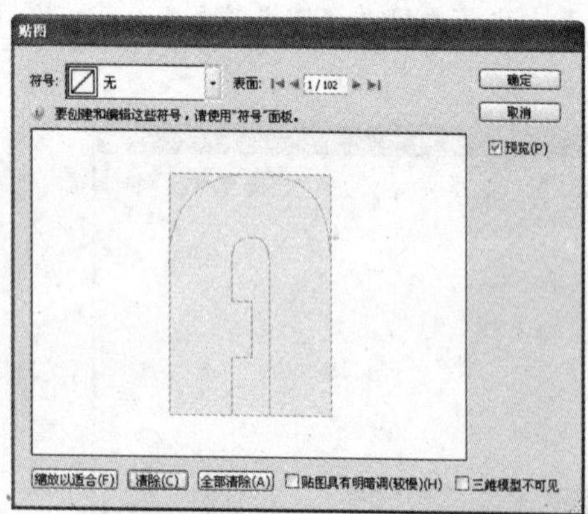

图 11-23　选中表面

(8) 在【符号】下拉列表中选择先前制作的【渐变圆点】符号，并单击【缩放以适合】按钮，选中【贴图具有明暗调(较慢)】复选框，即可得到效果如图 11-24 所示。

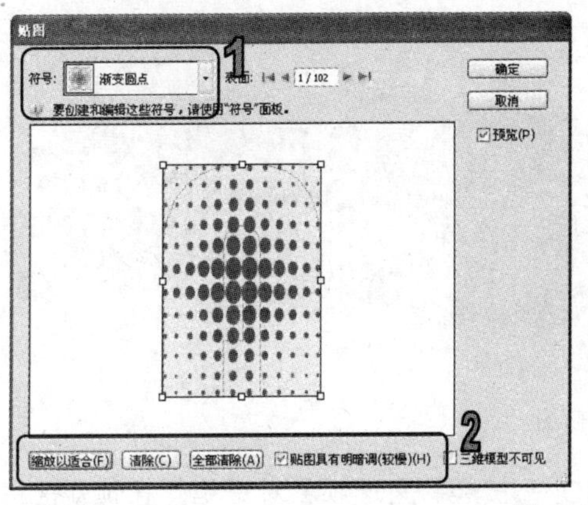

图 11-24　贴图

(9) 在【贴图】对话框中，通过【表面】选项框旁的三角箭头选择需要贴图的表面，选中的表面以红色线框显示，如图 11-25 所示。

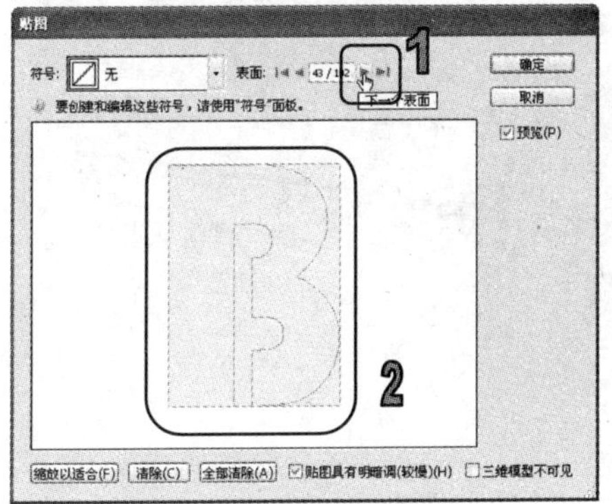

图 11-25　选择表面

(10) 在【符号】下拉列表中选择先前制作的【渐变圆点】符号，并单击【缩放以适合】按钮，选中【贴图具有明暗调(较慢)】复选框，即可得到的效果如图 11-26 所示。

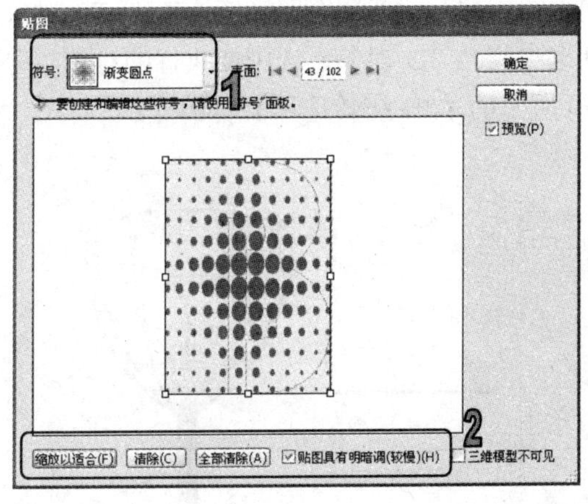

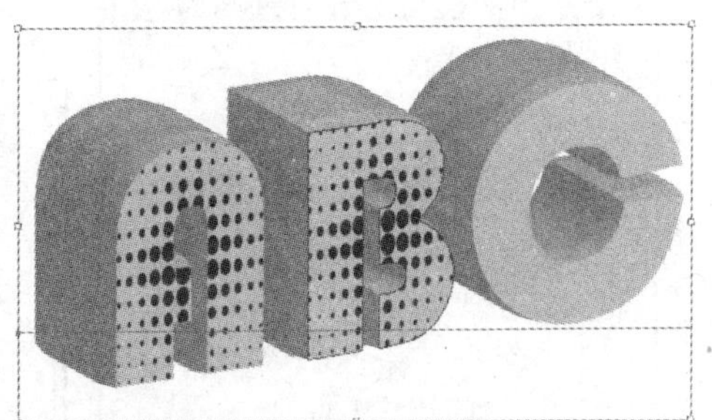

图 11-26　贴图

(11) 使用步骤(9)至步骤(10)的操作方法，为 3D 对象的其他表面进行贴图，如图 11-27 所示。

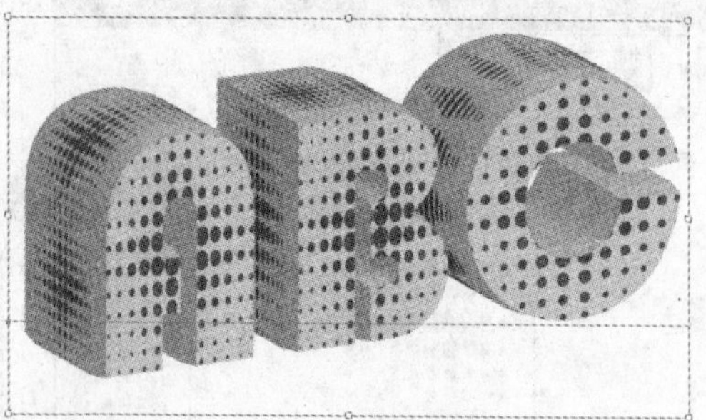

图 11-27　贴图

(12) 贴图完成后，单击【确定】按钮返回【3D 凸出和斜角选项】对话框。在预览区中旋转 3D 对象，即可改变 3D 对象的方向，效果如图 11-28 所示。

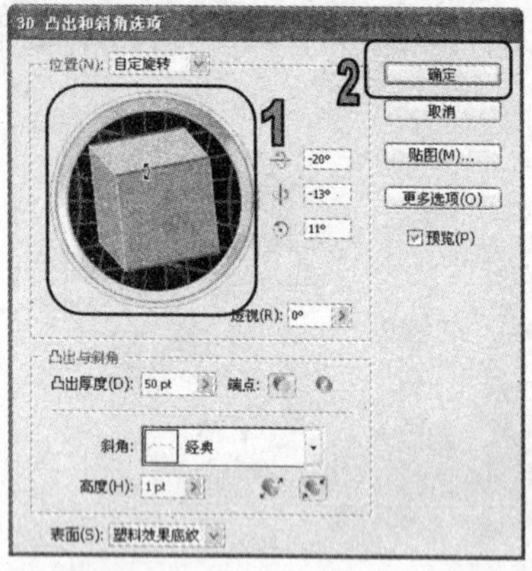

图 11-28　旋转 3D 对象

2. 绕转效果

使用【绕转】效果，围绕全局 Y 轴绕转一条路径或剖面，使其做圆周运动，通过这种方法来创建对象。由于绕转轴是垂直固定的，因此用于绕转的开放或闭合路径应为所需 3D 对象面向正前方时垂直剖面的一半；可以在效果的对话框中旋转 3D 对象。选中要执行的对象，选择【效果】|【3D】|【绕转】命令，打开如图 11-29 所示的【3D 绕转选项】对话框。

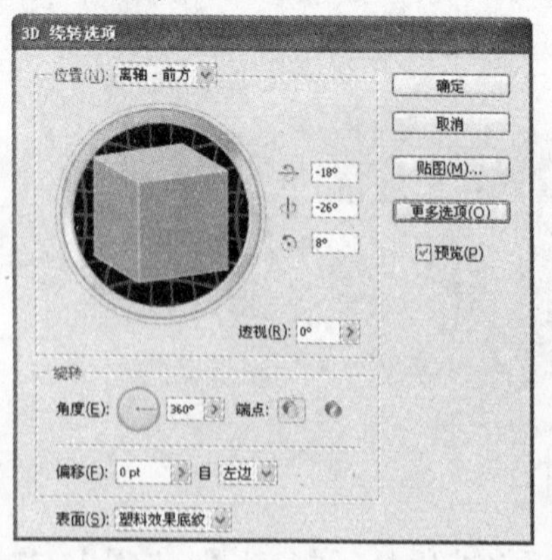

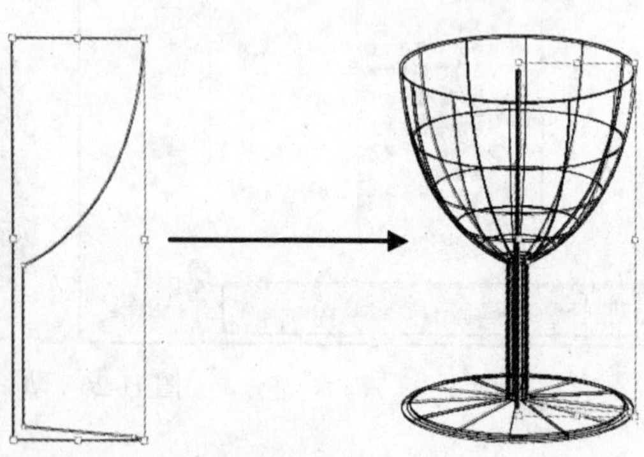

图 11-29　【3D 绕转选项】对话框

- 【位置】：在该下拉列表中选中不同的选项，设置对象如何旋转以及观看对象的透视角度。在该下拉列表中提供了一些预置的位置选项，也可以通过右侧的三个数值框中进行不同方向的旋转调整，还可以直接使用鼠标，在示意图中进行拖拽，调整相应的角度。
- 【透视】：通过调整该选项中的参数，调整该 3D 对象的透视效果，数值为 0° 时没有任何效果，角度越大透视效果越明显。
- 【角度】：在该文本框中输入相应的数值，设置 0° ~360° 的路径绕转度数，如图 11-30 所示。

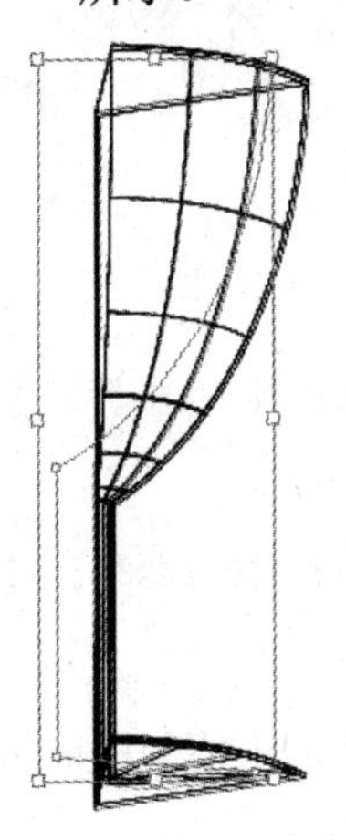
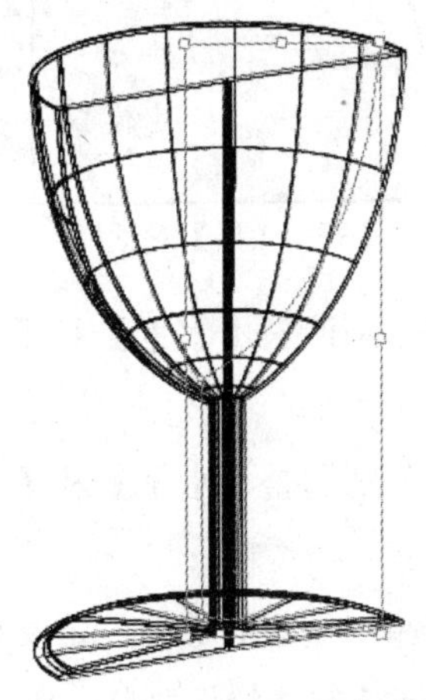

图 11-30　不同的角度效果

3. 旋转对象

在 Illustrator CS4 中，使用【旋转】命令可以使 2D 图形在 3D 空间中进行旋转，从而模拟出透视的效果。该命令只对 2D 图形有效，不能像【绕转】命令那样对图形进行绕转，也不能产生 3D 效果。

该命令的使用和【绕转】命令基本相同。绘制好一个图形，并选择【效果】|【3D】|【旋转】命令，打开【3D 旋转选项】对话框。可以设置图形围绕 X 轴、Y 轴和 Z 轴进行旋转的度数，使图形在 3D 空间中进行旋转，也可以设置【透视】选项来调整图形透视的角度。

11.2.3　扭曲和变换

使用【扭曲和变换】效果组可以方便地改变对象形状。在【扭曲和变换】效果组中提供了【变换】、【扭拧】、【扭转】、【收缩和膨胀】、【波纹效果】、【粗糙化】和【自由扭曲】7 种特效。

计算机基础与实训教材系列

1. 变换效果

使用【变换】效果，通过重设大小、旋转、移动、镜像和复制的方法来改变对象形状。选中要添加效果的对象，选择【效果】|【扭曲和变换】|【变换】命令，打开如图 11-31 所示的【变换效果】对话框。

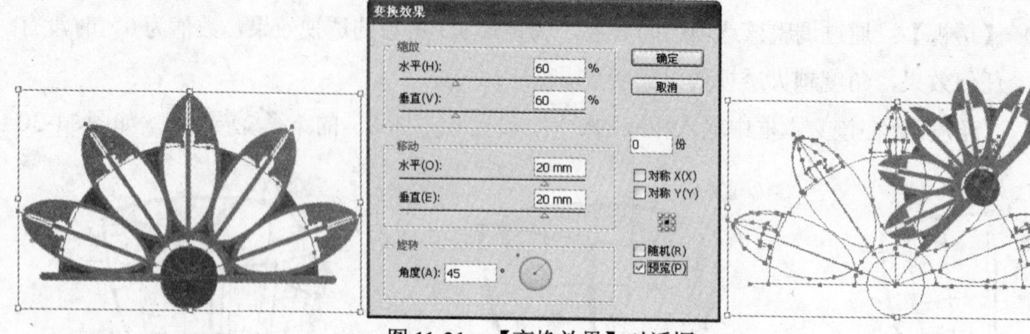

图 11-31 【变换效果】对话框

- ⊙ 【缩放】选项：在该选项区域中分别调整【水平】和【垂直】文本框中的参数，定义缩放的比例。
- ⊙ 【移动】选项：在该选项区域中分别调整【水平】和【垂直】数值框中的参数，定义移动的距离。
- ⊙ 【角度】数值框：在该数值框中输入相应的数值，定义旋转的角度，正值为顺时针旋转，负值为逆时针旋转，也可以拖拽右侧的控制柄，进行旋转调整。
- ⊙ 【对称 X、Y】：当选中【对称 X(X)】或【对称 Y(Y)】选项时，可以对对象进行镜像处理。
- ⊙ 【定位器】选项：在【定位器】选项区域中，通过单击相应的按钮，可以定义变换的中心点。
- ⊙ 【随机】复选框：当选中该复选框时，将对调整的参数进行随机变换，而且每一个对象的随机数值并不相同。
- ⊙ 【份】数值框：在该数值框中输入相应的数值，对变换对象复制相应的份数。

【例 11-4】在 Illustrator 中，使用【变换】命令创建图案效果。

(1) 在图形文档中，选择【椭圆】工具在图形文档中绘制两个圆形，并分别填充橘黄和红色。然后选择【混合】工具分别单击两个圆形，创建混合如图 11-32 所示。

图 11-32 创建混合

(2) 选择【对象】|【混合】|【混合选项】命令，打开【混合选项】对话框。在对话框的【间距】下拉列表中选择【指定的步数】选项，并设置数值为 2，然后单击【确定】按钮应用，如

图 11-33 所示。

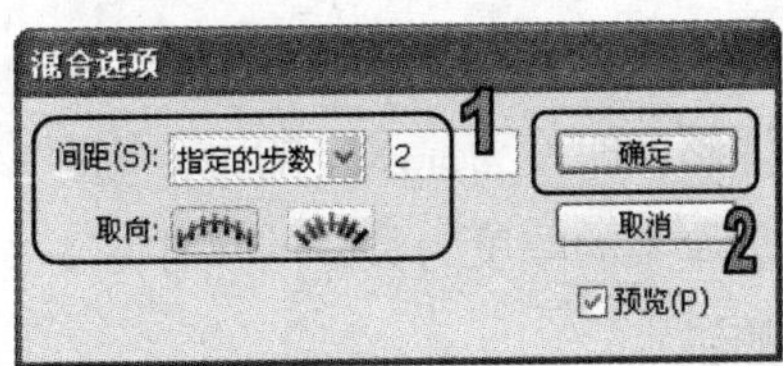

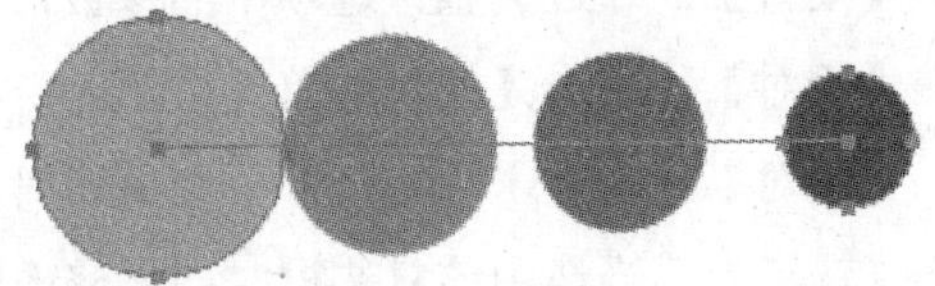

图 11-33　编辑混合

(3) 选择【对象】|【混合】|【扩展】命令，扩展混合对象。选择【效果】|【扭曲和变换】|【变换】命令，打开【变换效果】对话框。在对话框中设置【移动】选项区域中的【水平】数值为 35mm，【垂直】数值为-35mm，【旋转】区域中【角度】数值为 45°，份数为 7 份，然后单击【确定】按钮应用，如图 11-34 所示。

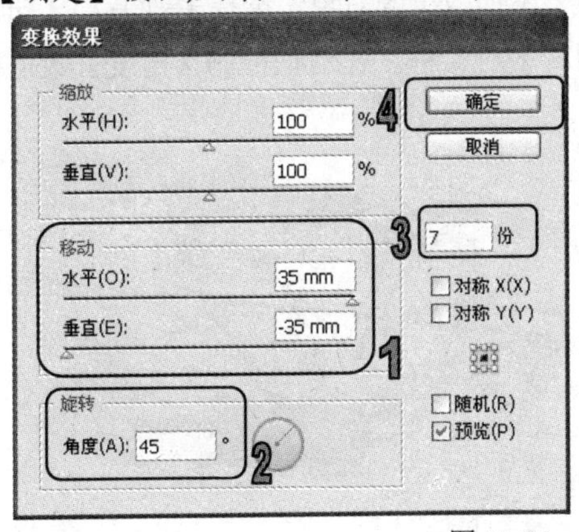

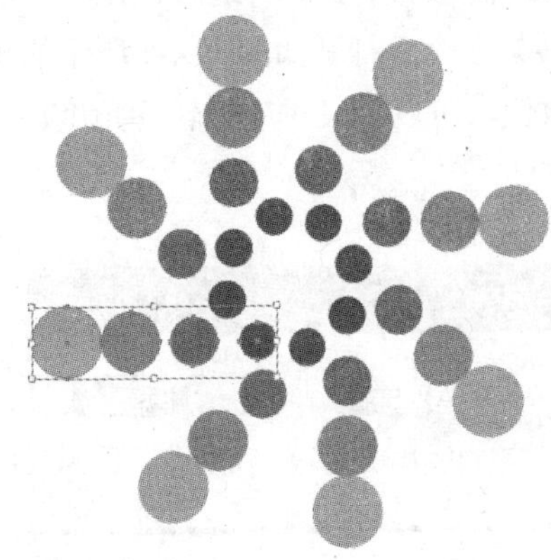

图 11-34　应用变换

2. 扭拧效果

使用【扭拧】效果可以随机地向内或向外弯曲或扭曲路径段，使用绝对量或相对量设置垂直和水平扭曲，指定是否修改锚点、移动通向路径锚点的控制点(【导入】控制点、【导出】控制点)。选中要添加效果的对象，选择【效果】|【扭曲和变换】|【扭拧】命令，打开如图 11-35 所示的【扭拧】对话框。

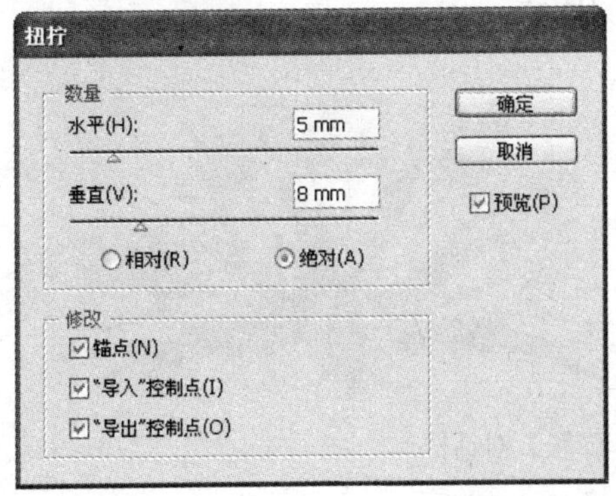

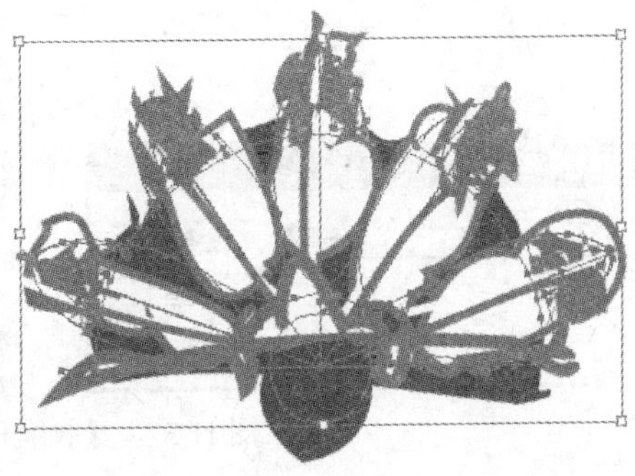

图 11-35　【扭拧】对话框

- 【水平】：通过调整该选项中的参数，定义该对象在水平方向的扭拧幅度。
- 【垂直】：通过调整该选项中的参数，定义该对象在垂直方向的扭拧幅度。
- 【相对】：单击【相对】单选按钮时，将定义调整的幅度为原水平的百分比。
- 【绝对】：当单击【绝对】单选按钮时，将定义调整的幅度为具体的尺寸。
- 【锚点】：当选中该复选框时，将修改对象中的锚点。
- 【导入控制点】：当选中该复选框时，将修改对象中的导入控制点。
- 【导出控制点】：当选中该复选框时，将修改对象中的导出控制点。

3. 扭转效果

使用【扭转】效果旋转一个对象，中心的旋转程度比边缘的旋转程度大。输入一个正直将顺时针扭转，输入一个负值将逆时针扭转。选中要添加效果的对象，选择【效果】|【扭曲和变换】|【扭转】命令，打开如图 11-36 所示的【扭转】对话框。在对话框的【角度】数值框中输入相应的数值，可以定义对象扭转的角度。

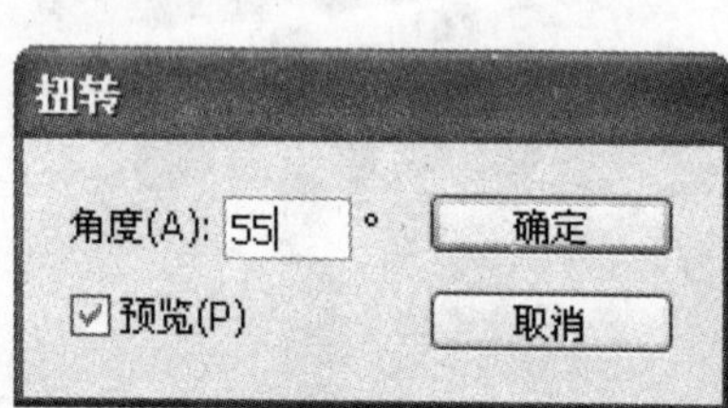

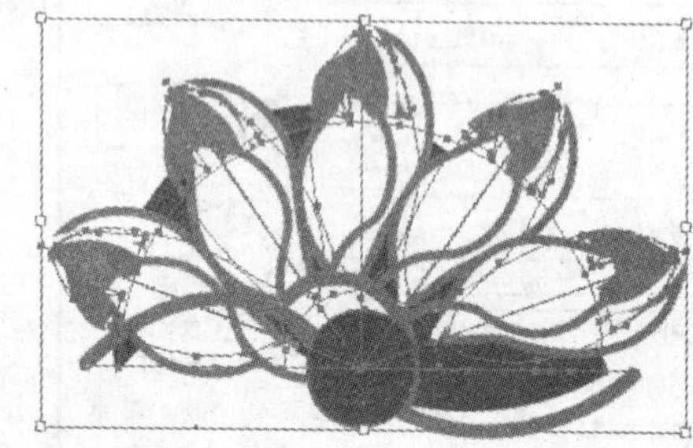

图 11-36 【扭转】对话框

4. 收缩和膨胀效果

使用【收缩和膨胀】效果，在将线段向内弯曲(收缩)时，向外拉出矢量对象的锚点；或将线段向外弯曲(膨胀)时，向内拉入锚点。这两个选项都可相对于对象的中心点来拉伸锚点。选中要添加效果的对象，选择【效果】|【扭曲和变换】|【收缩和膨胀】命令，打开如图 11-37 所示的【收缩和膨胀】对话框。在对话框的【收缩/膨胀】数值框中输入相应的数值，对对象的膨胀或收缩进行控制，正值使对象膨胀，负值使对象收缩。

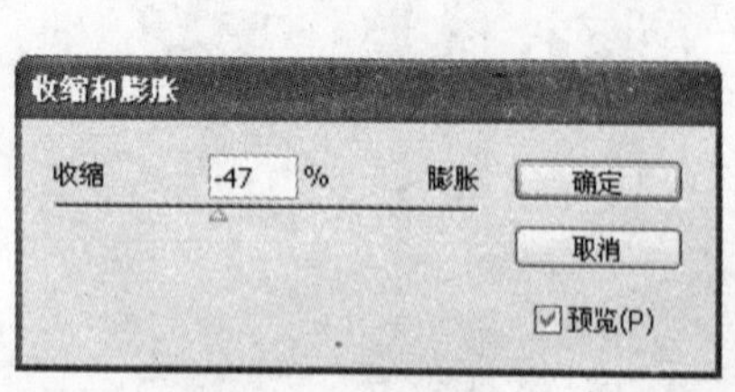

图 11-37 【收缩和膨胀】对话框

5. 波纹效果

使用【波纹效果】，将对象的路径段变换为同样大小的尖峰和凹谷形成的锯齿和波形数组。使用绝对大小或相对大小设置尖峰与凹谷之间的长度。设置每个路径段的脊状数量，并在波形边缘或锯齿边缘之间做出选择。选择【效果】|【扭曲和变换】|【波纹效果】命令，打开如图 11-38 所示的【波纹效果】对话框。

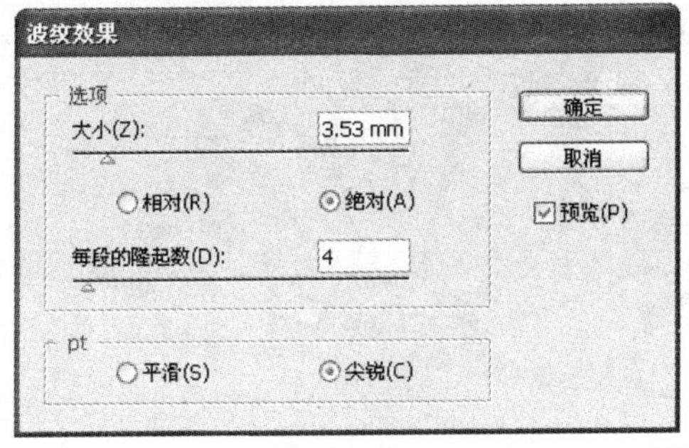

图 11-38　【波纹效果】对话框

- 【大小】选项：通过调整该选项中的参数，定义波纹效果的尺寸。
- 【相对】单选按钮：当单击该单选按钮时，将定义调整的幅度为原水平的百分比。
- 【绝对】单选按钮：当单击该单选按钮时，将定义调整的幅度为具体的尺寸。
- 【每段的隆起数】选项：通过调整该选项中的参数，定义每一段路径出现波纹隆起的数量。
- 【平滑】单选按钮：当单击该单选按钮时，将使波纹的效果比较平滑。
- 【尖锐】单选按钮：当单击该单选按钮时，将使波纹的效果比较尖锐。

6. 粗糙化效果

使用【粗糙化】效果，可将矢量对象的路径段变形为各种大小的尖峰和凹谷的锯齿数组。是用绝对大小和相对大小设置路径段的最大长度。设置每英寸锯齿边缘的密度，并在圆滑边缘和尖锐边缘之间选择。选中要添加效果的对象，选择【效果】|【扭曲和变换】|【粗糙化】命令，打开如图 11-39 所示的【粗糙化】对话框。对话框中的参数设置与波纹效果设置类似，【细节】数值框用于定义粗糙化细节每英寸出现的数量。

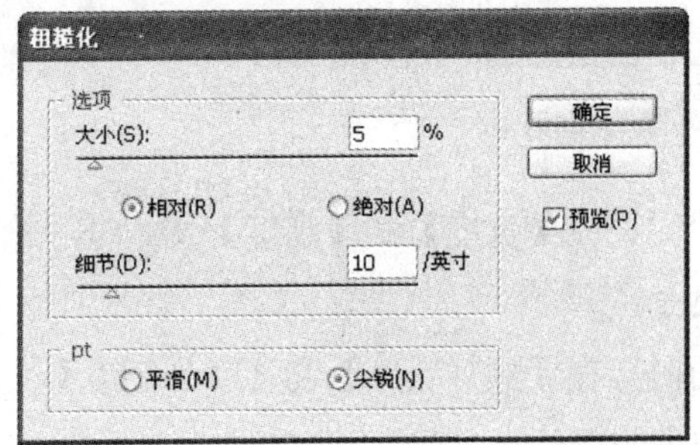

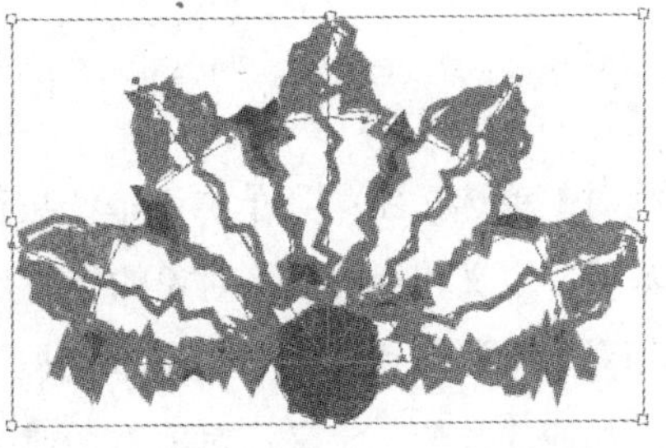

图 11-39　【粗糙化】对话框

7. 自由扭曲效果

使用【自由扭曲】效果，可以通过拖动四个角中任意控制点的方式来改变矢量对象的形状。选中要添加效果的对象，选择【效果】|【扭曲和变换】|【自由扭曲】命令，打开如图 11-40 所示的【自由扭曲】对话框。在该对话框中的缩略图中拖拽四个角上的控制点，从而调整对象的变形。单击【重置】按钮可以恢复原始的效果。

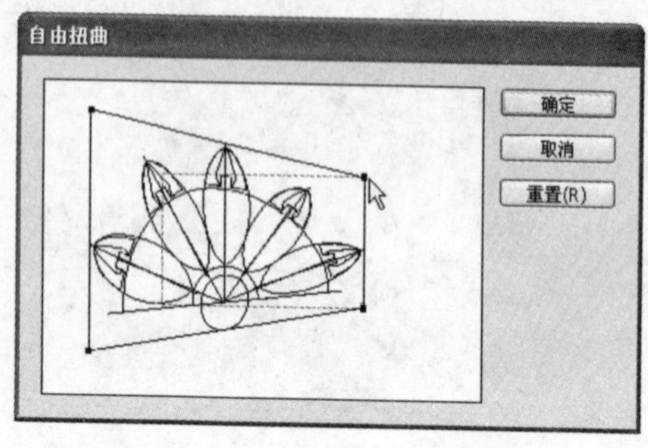

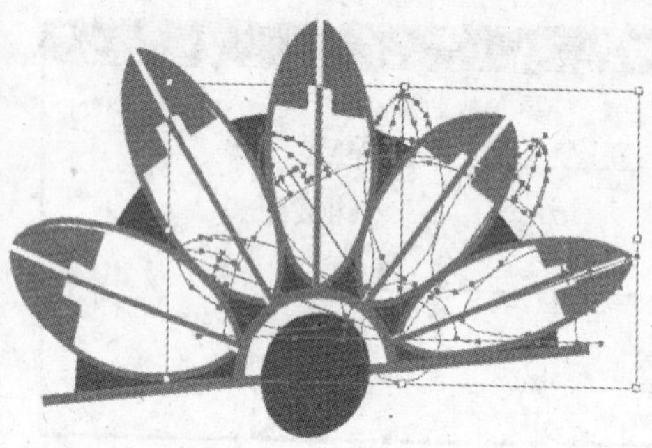

图 11-40　【自由扭曲】对话框

11.2.4　转换为形状

在 Illustrator CS4 中，【转换为形状】菜单的子菜单中共有 3 种命令，使用这些命令可以将一些简单的形状转换为矩形、圆角矩形、椭圆形。

选择一个图形对象，选择【效果】|【转换为形状】|【矩形】命令，打开如图 11-41 所示的【形状选项】对话框，进行相应的设置，即可将对象转换为矩形。转换为圆角矩形和椭圆形的操作方法与转换为矩形的操作方法基本相同。

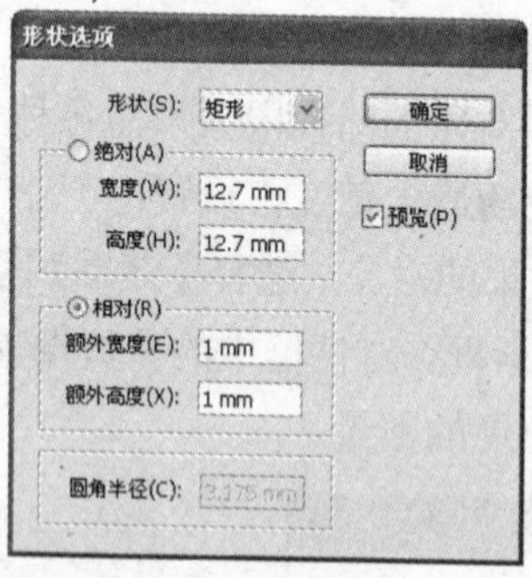

图 11-41　转换为形状

- 【绝对】单选按钮：当单击该单选按钮时，在【宽度】和【高度】文本框中输入相应的数值，定义转换的矩形对象的绝对尺寸。
- 【相对】单选按钮：当单击该单选按钮时，在【额外宽度】和【额外高度】文本框中输入相应的数值，定义该对象添加或减少的尺寸。

11.2.5　风格化

在 Illustrator CS4 中，【风格化】子菜单中有几个比较常用的效果命令，比如【内发光】、【羽化】命令等。

1. 内发光与外发光

使用【内发光】命令可以模拟在对象内部或者边缘发光的效果。选中需要设置内发光的对象后，选择【效果】|【风格化】|【内发光】命令，打开【内发光】对话框，设置好选项后，单击【确定】按钮即可，如图 11-42 所示。

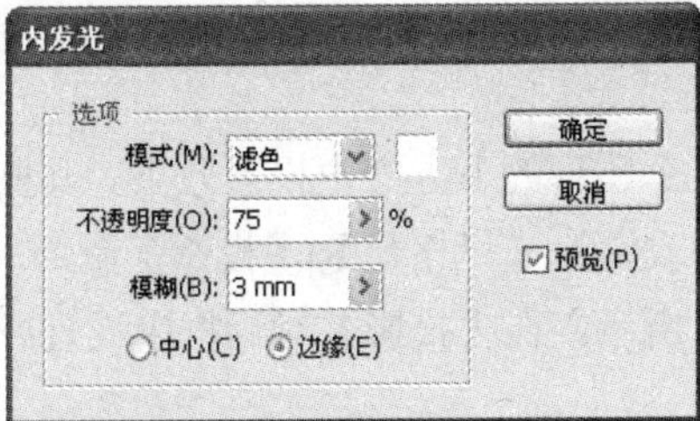

图 11-42　内发光

- 【模式】选项：指定发光的混合模式。
- 【不透明度】选项：指定所需发光的不透明度百分比。
- 【模糊】选项：指定要进行模糊处理之处到选区中心或选区边缘的距离。
- 【中心】单选按钮：使用从选区中心向外发散的发光效果。
- 【边缘】单选按钮：使用从选区内部边缘向外发散的发光效果。

外发光命令的使用与内发光命令相同，只是产生的效果不同而已。选择【效果】|【风格化】|【外发光】命令，打开【外发光】对话框，设置好选项后，单击【确定】按钮即可，如图 11-43 所示。

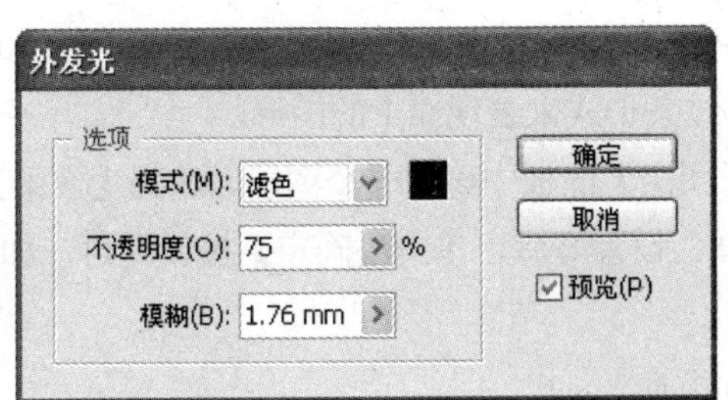

图 11-43　外发光

2. 圆角

使用【圆角】命令可以使带有锐角边的图形产生圆角效果，从而获得一种更加自然的效果。其操作非常简单，绘制好图形或选择需要圆角的形状后，选择【效果】|【风格化】|【圆角】命

令，打开【圆角】对话框，并根据需要设置好参数，如图 11-44 所示。在【圆角】对话框中设置好参数后，单击【确定】按钮即可获得圆角效果。

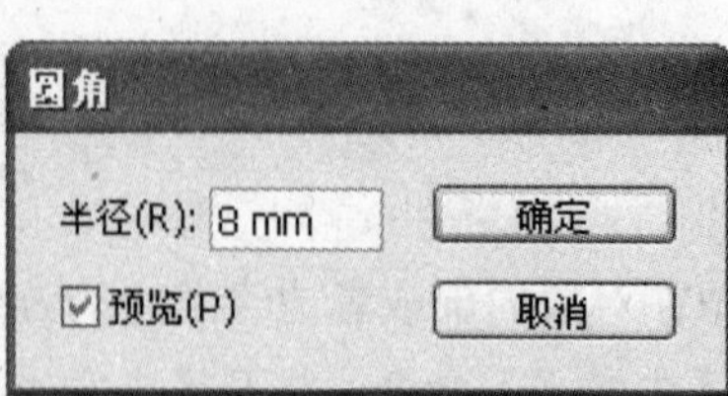

图 11-44　圆角

3. 投影

使用【投影】命令可以在一个图形的下方产生投影效果。其操作非常简单，绘制好图形或选择需要投影的形状后，选择【效果】|【风格化】|【投影】命令，打开【投影】对话框，并根据需要设置好参数，如图 11-45 所示。在【投影】对话框中设置好参数后，单击【确定】按钮即可获得投影效果。

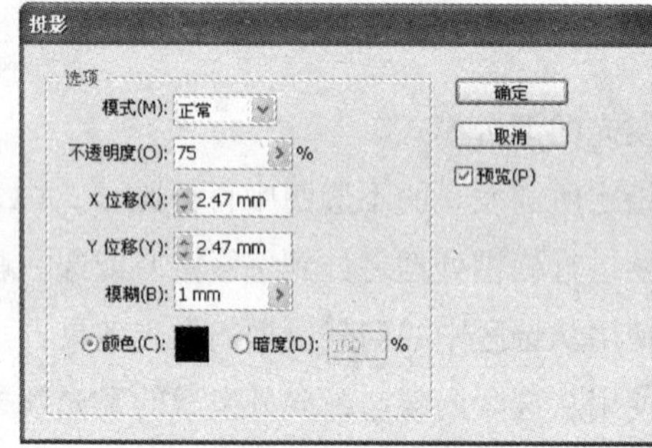

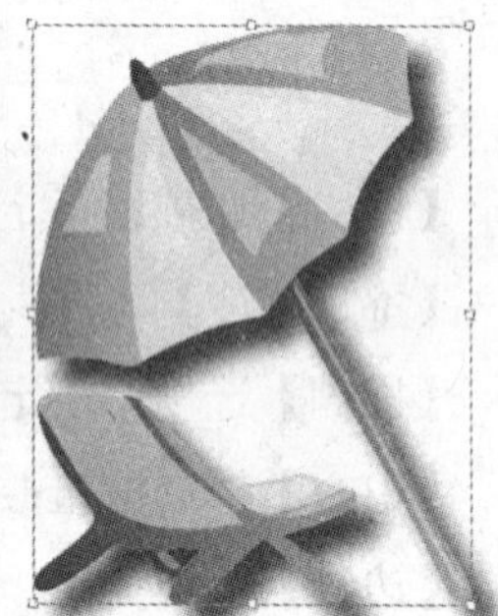

图 11-45　投影

4. 涂抹

涂抹效果也是经常使用到的一种效果。使用该命令可以把图形转换成各种形式的草图或涂抹效果。添加该效果后，图形将以不同的颜色和线条形式来表现原来的图形。

选择好需要进行涂抹的对象或组，或在【图层】面板中确定一个图层。选择【效果】|【风格化】|【涂抹】命令，打开【涂抹选项】对话框。设置好后，单击【确定】按钮即可，如图 11-46 所示。

- 【角度】选项：用于控制涂抹线条的方向。
- 【路径重叠】选项：用于控制涂抹线条在路径边界内部距路径边界的量或在路径边界外距路径边界的量。负值将涂抹线条控制在路径边界内部，正值将涂抹线条延伸至路径边界外部。
- 【变化】选项：用于控制涂抹线条彼此之间的相对长度差异。

◉ 【描边宽度】选项：用于控制涂抹线条的宽度。

◉ 【曲度】选项：用于控制涂抹曲线在改变方向之前的曲度。

◉ 【变化】(适用于曲度)选项：用于控制涂抹曲线彼此之间的相对曲度差异大小。

◉ 【间距】选项：用于控制涂抹线条之间的折叠间距量。

◉ 【变化】(适用于间距)选项：用于控制涂抹线条之间的折叠间距差异量。

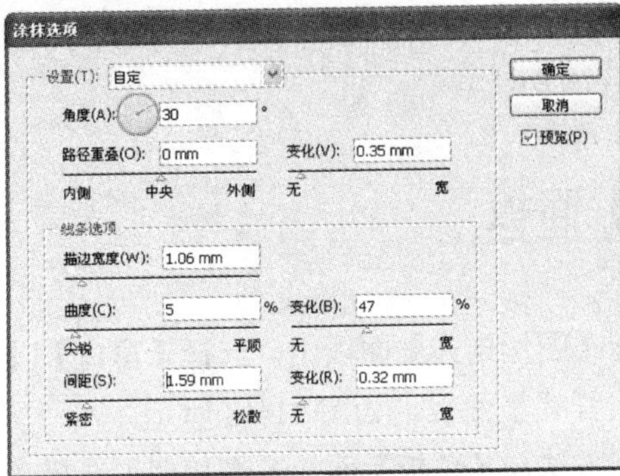

图 11-46　涂抹

5. 羽化

使用【羽化】命令可以制作出图形边缘虚化或过渡的效果。选择好需要进行羽化的对象或组，或在【图层】面板中确定一个图层，选择【效果】|【风格化】|【羽化】命令，打开【羽化】对话框，设置好【羽化半径】的数值，并单击【确定】按钮即可，如图 11-47 所示。

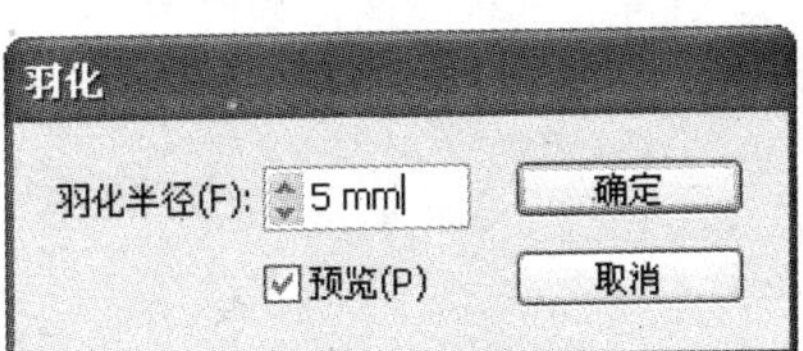

图 11-47　羽化

11.3　Photoshop 效果

在 Illustrator CS4 中，Photoshop 效果可以为位图应用各种效果，从而获得需要的位图效果。Photoshop 效果是在 Illustrator 中内置的滤镜组。使用 Photoshop 效果不仅可以为矢量图形应用效果，还可以为位图应用效果。使用这些效果可以获得各种各样的效果，从而能够满足多种设计需要。

【滤镜】菜单下的 Photoshop 效果包括了滤镜库，以及【像素化】、【扭曲】、【模糊】、【画笔描边】、【素描】、【纹理】、【艺术效果】、【视频】、【锐化】和【风格化】10 个

滤镜组。在滤镜库命令中，包含了常用的 6 个滤镜组，其用法与 Photoshop 中的滤镜使用方法一致。

11.4 图形样式

在 Illustrator CS4 中，图形样式是一组可反复使用的外观属性。图形样式可以快速更改对象的外观。

11.4.1 【图形样式】面板

图形样式的样本都存储在【图形样式】面板中，选择【窗口】|【图形样式】命令，或按快捷键 Shift+F5 可以打开【图层样式】面板，如图 11-48 所示。

【图形样式】面板的使用方法与【色板】面板基本相似。选择【窗口】|【图形样式库】命令，或在【图形样式】面板菜单中选择【打开图形样式库】，可以打开一系列图形样式库，如图 11-49 所示。

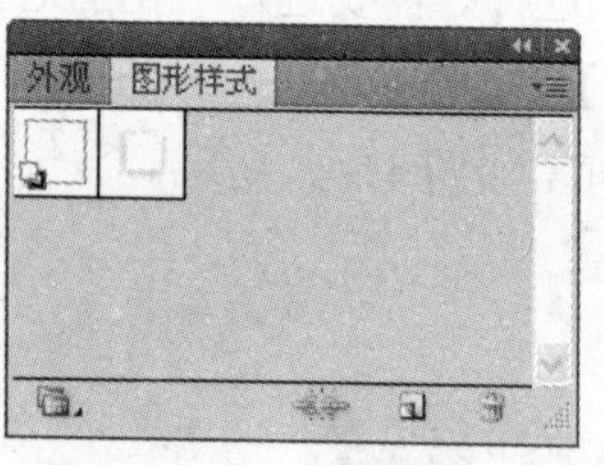

图 11-48 【图形样式】面板

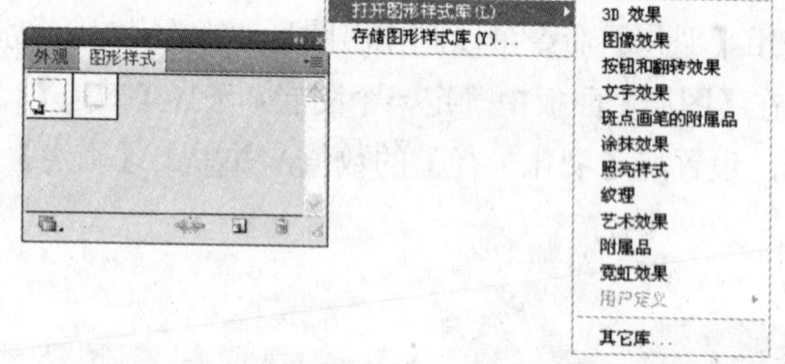

图 11-49 图形样式库

11.4.2 使用图形样式

要使用图形样式，可以选择一个对象或对象组后，从【图形样式】面板或图形样式库中选择一个样式，或将图形样式拖动到文档窗口中的对象上即可。

【例 11-5】在 Illustrator 中，使用【图形样式】面板和图形样式库改变所选图形对象效果。

(1) 选择菜单栏中的【文件】|【打开】命令，在【打开】对话框中选择打开的图形文档，并选择【窗口】|【图形样式】命令，打开【图形样式】面板，如图 11-50 所示。

(2) 使用【工具】面板中的【选择】工具，选中图形。在【图形样式】面板中，单击【图形样式库菜单】按钮 ，在打开的菜单中选择【照亮样式】图形样式库。并在【照亮样式】面板中单击【火焰箭头拱形高光】样式，将其添加到【图形样式】面板中并应用，如图 11-51 所示。

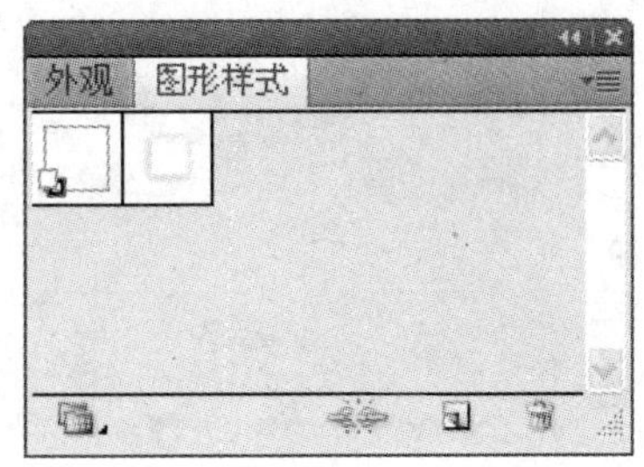

图 11-50　打开图形文档

知识点

在使用图形样式时，若要保留文字的颜色，那么需要从【图形样式】面板菜单中取消选择【覆盖字符颜色】选项。

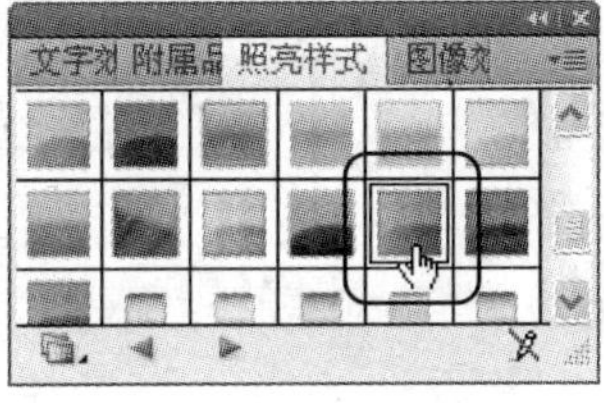

图 11-51　添加图形样式

(3) 在【图形样式】面板中，单击【图形样式库菜单】按钮，在打开的菜单中选择【图像效果】图形样式库。并在【图像效果】面板中单击【带阴影的浮雕】样式，将其添加到【图形样式】面板中并应用，如图 11-52 所示。

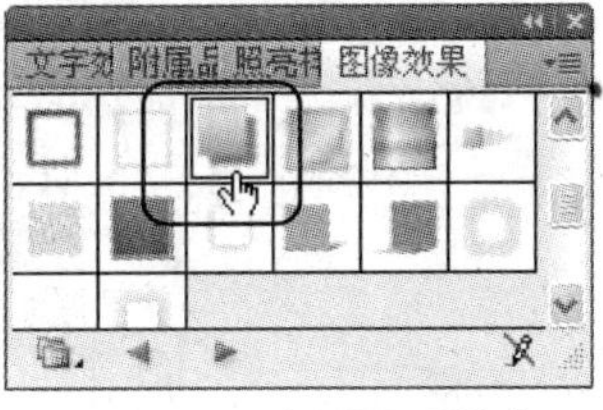

图 11-52　应用图形样式

11.4.3　创建图形样式

在 Illustrator CS4 中，可以创建新的样式而且还可以保存创建的新样式。

【例 11-6】在 Illustrator 中，创建新样式和图形样式库。

(1) 选择一个对象，选择【效果】|【风格化】|【内发光】命令，打开【内发光】对话框。在对话框中，设置颜色为黑色，在【模式】下拉列表中选择【正片叠底】，【模糊】数值为 0.8mm，单击【边缘】单选按钮，然后单击【确定】按钮，如图 11-53 所示。

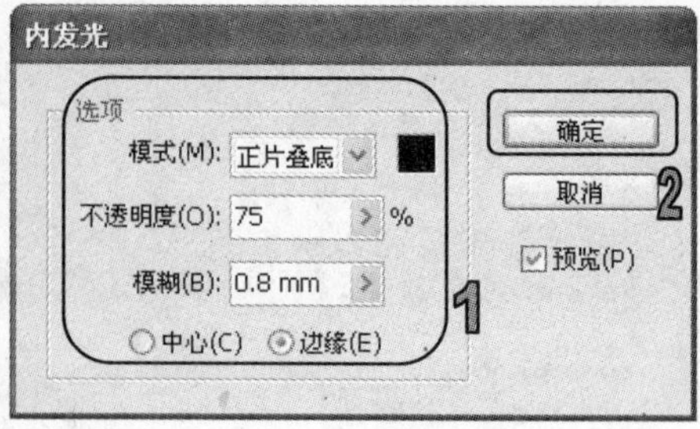

图 11-53　内发光

(2) 在【图形样式】面板菜单中选择【新建图形样式】命令，或按住 Alt 键单击【新建图形样式】按钮，在打开的【图形样式选项】对话框中，输入图形样式名称，然后单击【确定】按钮即可，如图 11-54 所示。

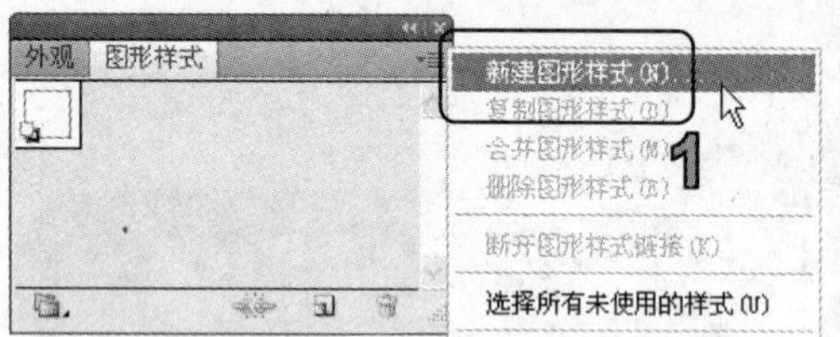

图 11-54　创建图形样式

知识点

要创建新图形样式，用户可以单击【新建图形样式】按钮直接创建新图形样式，也可以将【外观】面板中的缩览图直接拖动到【图形样式】面板中即可。

(3) 从【图形样式】面板菜单中选择【存储图形样式库】命令，打开【将图形样式存储为库】对话框。在对话框中，将库存储在默认位置，再重启 Illustrator CS4 时，库名称将出现在【图形样式库】和【打开图形样式库】子菜单中。如图 11-55 所示。

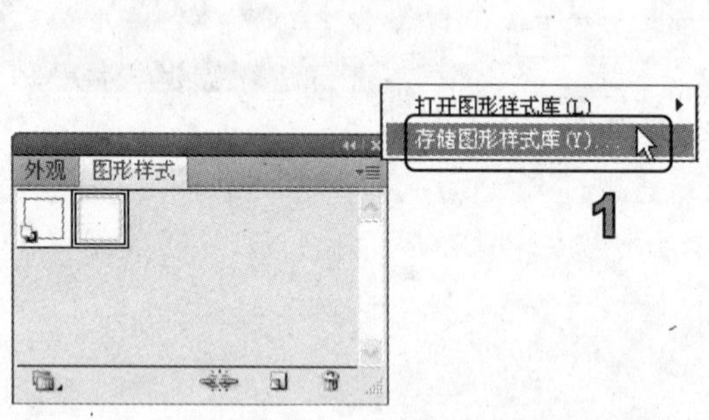

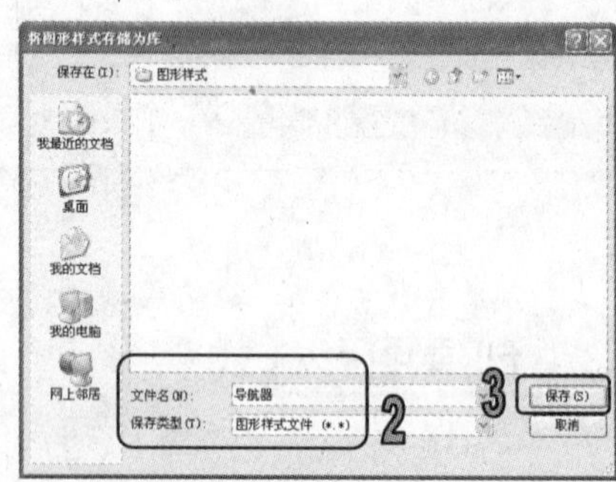

图 11-55　存储图形样式库

11.5　上机练习

本章上机练习通过制作风景月历，使用户更好地掌握滤镜命令的基本操作与应用方法，以及效果命令的应用技巧。

计算机　基础与实训教材系列

(1) 选择菜单栏中的【文件】|【新建】命令，在打开的【新建文档】对话框中设置文件名称为“风景桌面”，大小为 A4，取向为横向，如图 11-56 所示，单击【确定】按钮关闭对话框创建新文档。

(2) 选择菜单栏中的【文件】|【置入】命令，在打开的【置入】对话框中选择图像文档，单击【置入】按钮关闭对话框，将其置入，如图 11-57 所示。

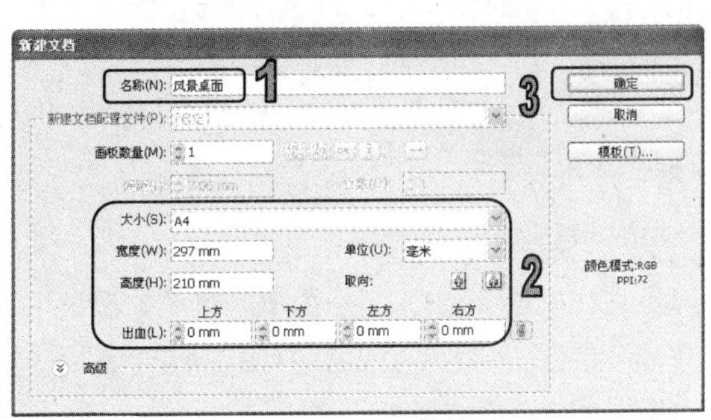

图 11-56　新建文档

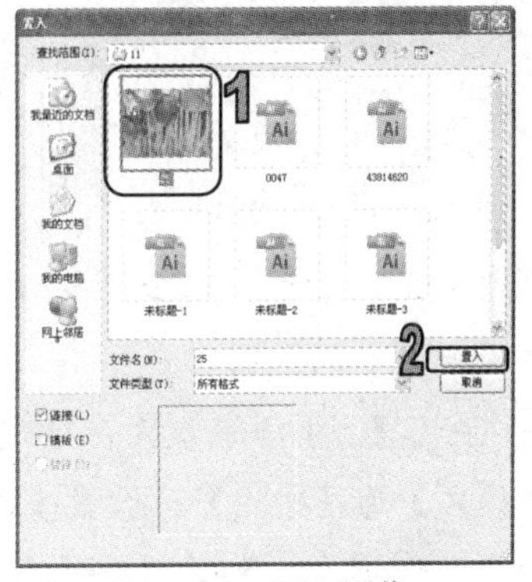

图 11-57　置入图像

(3) 置入图像文件后，在控制面板中单击【嵌入】按钮。选择菜单栏中的【滤镜】|【艺术效果】|【水彩】命令，打开【水彩】对话框，在对话框中设置【画笔细节】为 9，【阴影强度】为 0，【纹理】为 3，单击【确定】按钮应用设置，如图 11-58 所示。

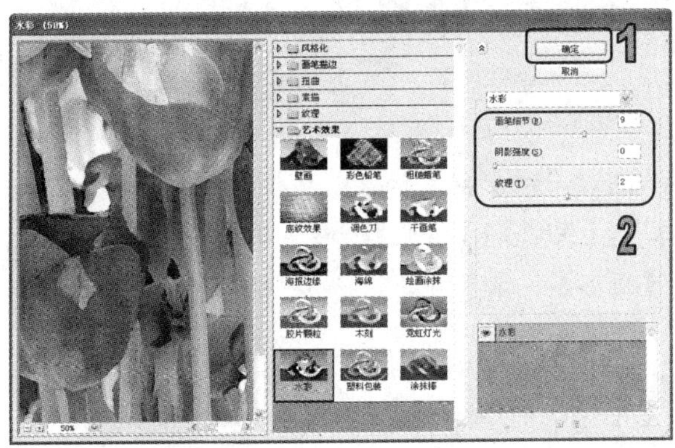

图 11-58　应用【水彩】滤镜

(4) 使用【工具】面板中的【钢笔】工具在文档中绘制图形，并在【透明度】面板中，设置【混合模式】为【柔光】，设置【不透明度】为 90%，得到效果如图 11-59 所示。

图 11-59　绘制编辑图形

(5) 使用【工具】面板中的【钢笔】工具在文档中绘制图形，并在【透明度】面板中，设置【混合模式】为【柔光】，得到效果如图 11-60 所示。

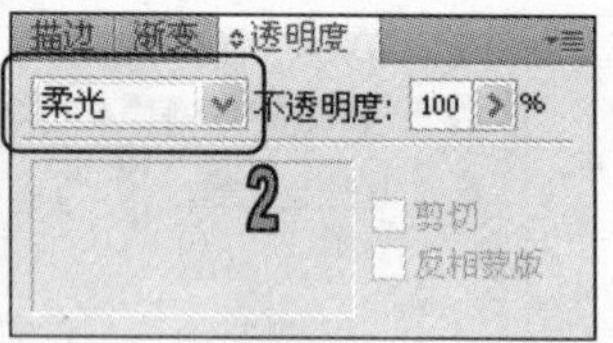

图 11-60　绘制编辑图形

(6) 使用【工具】面板中的【钢笔】工具在文档中绘制图形，并在【透明度】面板中设置【混合模式】为【柔光】，设置【不透明度】为 80%，得到效果如图 11-61 所示。

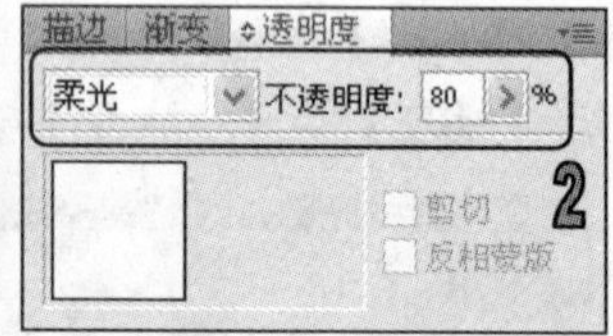

图 11-61　绘制编辑图形

(7) 使用【选择】工具选中文档中所有的图像图形，然后选择菜单栏中的【对象】|【编组】命令进行编组。然后选择菜单栏中的【效果】|【变形】|【旗形】命令，打开【变形选项】对话框。在对话框的【样式】下拉列表中选择【旗形】，设置弯曲为-2%，单击【确定】按钮关闭并应用设置，如图 11-62 所示。

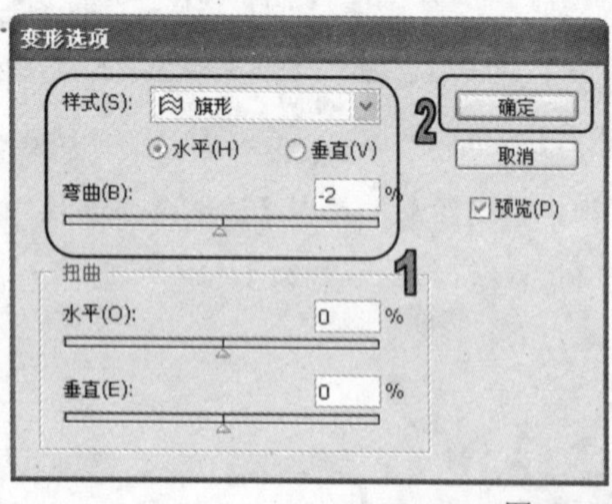

图 11-62　应用变形

(8) 选择菜单栏中的【滤镜】|【风格化】|【投影】命令，在打开的【投影】对话框中设置【模式】为【正片叠底】，【不透明度】为 40%，【X 位移】为 5mm，【Y 位移】为 2.47mm，【模糊】为 2mm，单击【颜色】单选按钮，再单击【确定】按钮关闭对话框，得到效果如图 11-63 所示。

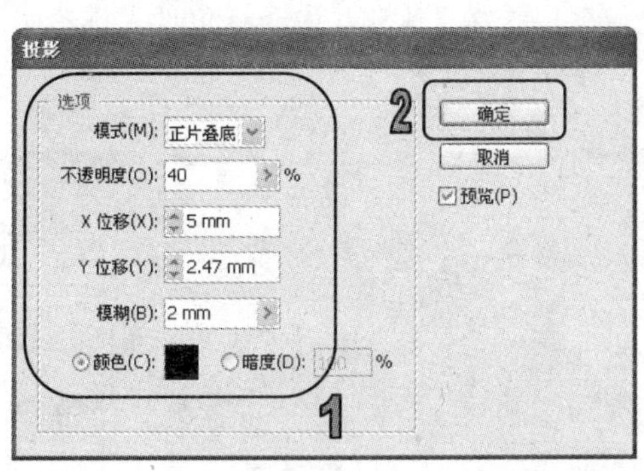

图 11-63　添加投影

(9) 使用【选择】工具选中全部图形图像对象，并旋转对象，得到效果如图 11-64 所示。

(10) 在【图层】面板中，单击【创建新图层】按钮新建【图层 2】，并将【图层 2】拖动至【图层 1】下方，如图 11-65 所示。

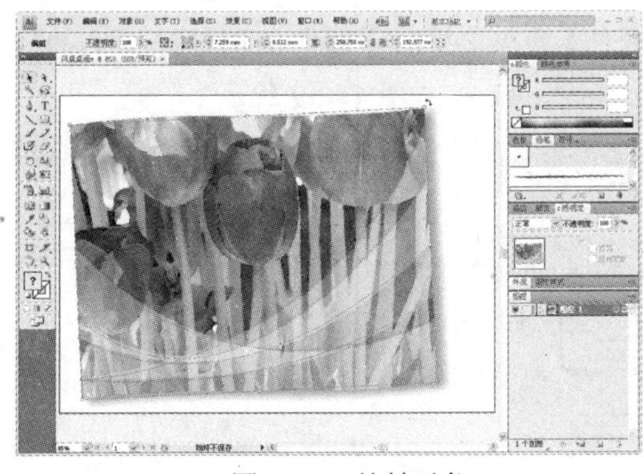

图 11-64　旋转对象

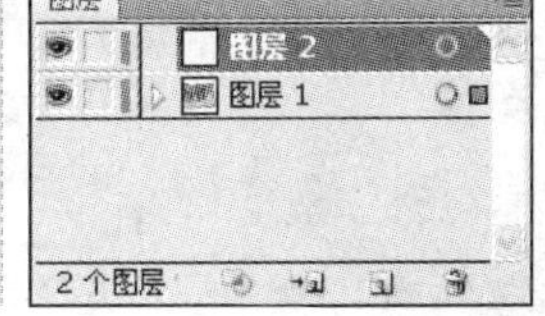

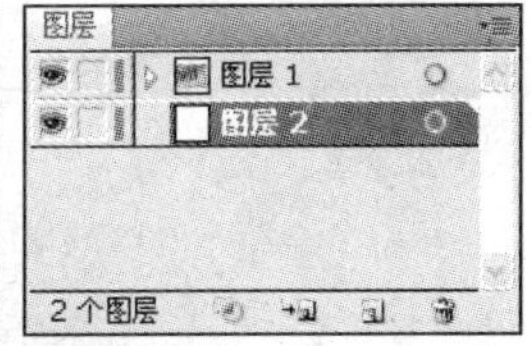

图 11-65　新建图层

(11) 使用【矩形】工具绘制页面同大的矩形，并在【颜色】面板中设置填充颜色 CMYK=255，221，95，如图 11-66 所示。

(12) 选择菜单栏中的【效果】|【像素化】|【彩色半调】命令，打开【彩色半调】对话框。在对话框中设置【最大半径】数值为 8 像素，【通道 1(1)】数值为 108，【通道 2(2)】数值为 162，【通道 3(3)】数值为 90，【通道 4(4)】数值为 45，如图 11-67 所示。

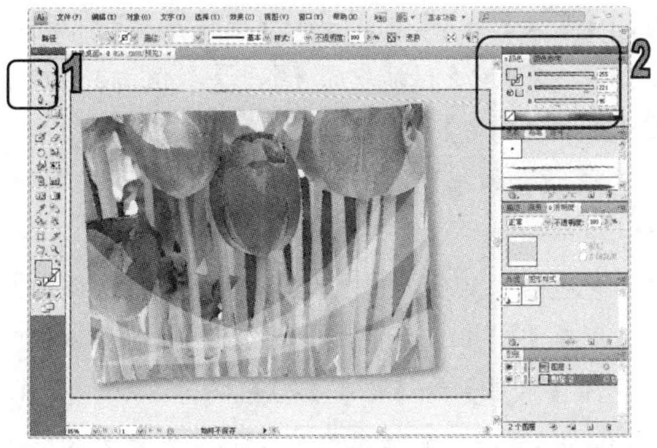

图 11-66　绘制图形

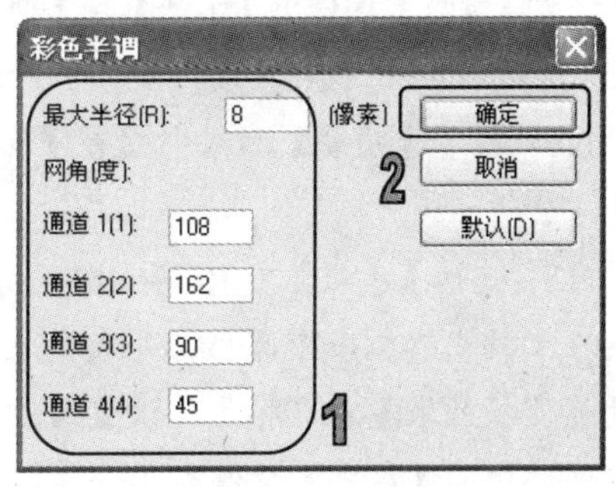

图 11-67　应用彩色半调

(13) 设置完成后，单击【确定】按钮关闭对话框，并在【透明度】面板中设置不透明度为27%，得到效果如图 11-68 所示。

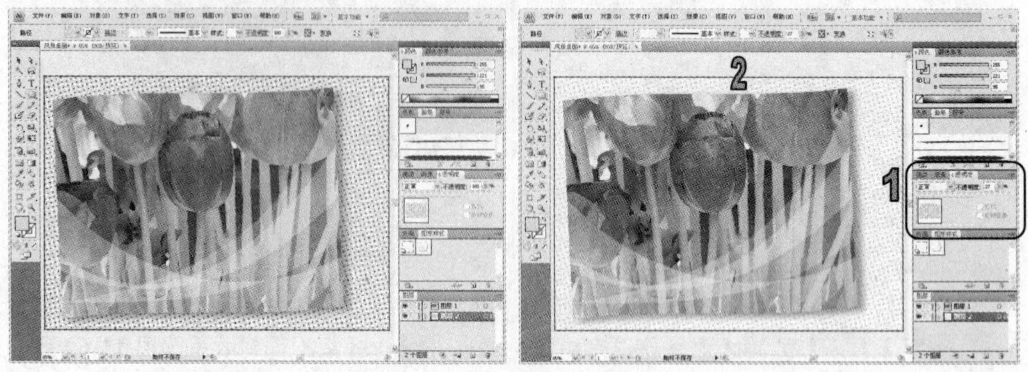

图 11-68　应用设置并调整图像

(14) 在【图层】面板中，单击【创建新图层】按钮新建【图层 3】，并将【图层 3】放置在最顶层。选择【文字】工具在文档中单击，在【颜色】面板中设置颜色为 RGB=122，37，94，在控制面板中设置字体样式、字体大小，然后输入 September，如图 11-69 所示。

(15) 选择【色板】中 RGB=251，176，59 的黄色色板，然后使用【工具】面板中的【椭圆】工具在文档中绘制一个圆形，如图 11-70 所示。

图 11-69　输入文字

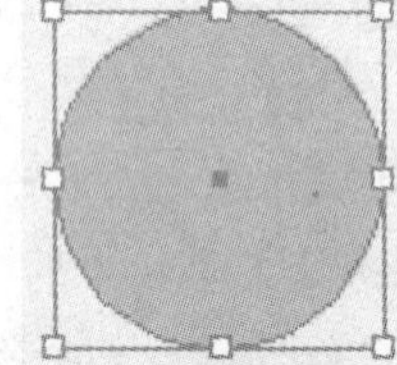

图 11-70　绘制圆形

(16) 选择菜单栏中的【效果】|【扭曲和变换】|【变换】命令，在打开的【变换效果】对话框中，设置【缩放】区域中【水平】和【垂直】均为 80%，【移动】区域中的【水平】数值为 13mm，【垂直】数值为 0，旋转角度为 45°，份数为 10 份，单击【确定】按钮应用设置，如图 11-71 所示。

(17) 在【透明度】面板中设置【混合模式】为【颜色加深】，并调整其位置，得到效果如图 11-72 所示。

(18) 选择【色板】中 RGB=251，176，59 的黄色色板，然后使用【工具】面板中的【椭圆】工具在文档中绘制一个圆形，并选择菜单栏中的【效果】|【扭曲和变换】|【变换】命令，在打开的【变换效果】对话框中，设置【缩放】区域中的【水平】和【垂直】数值均为 80%，【移动】区域中的【水平】数值为 35mm，【垂直】数值为 35mm，旋转角度为 45°，份数为 8 份，选中【对称 X】和【对称 Y】复选框，单击【确定】按钮应用设置，如图 11-73 所示。

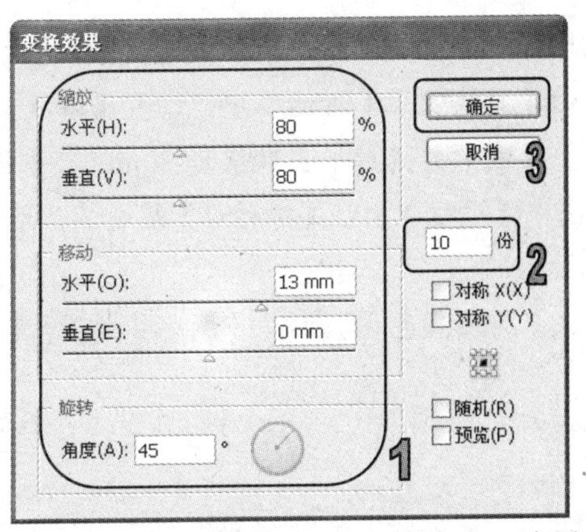

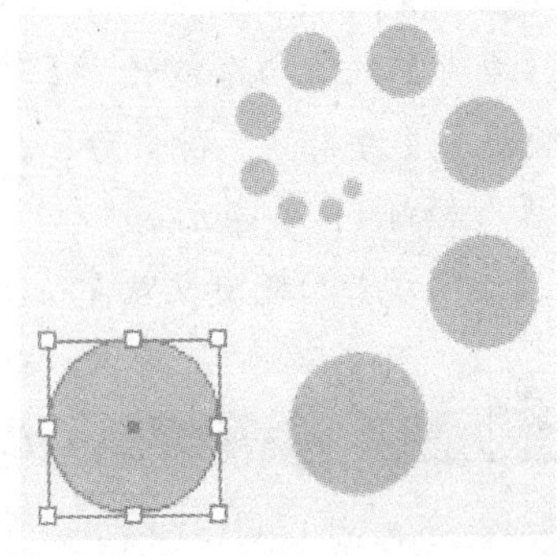

图 11-71　应用变换

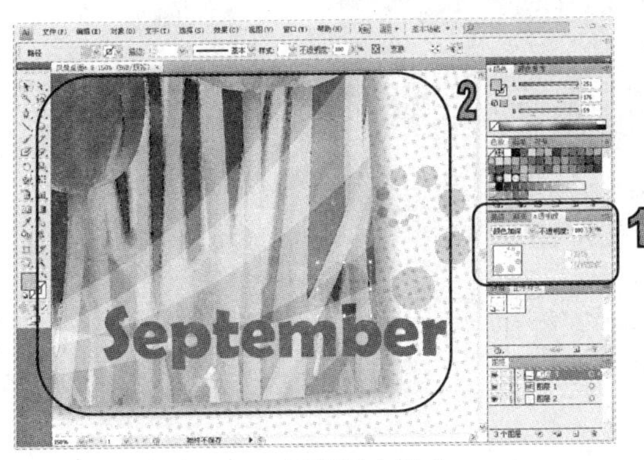

图 11-72　设置混合模式

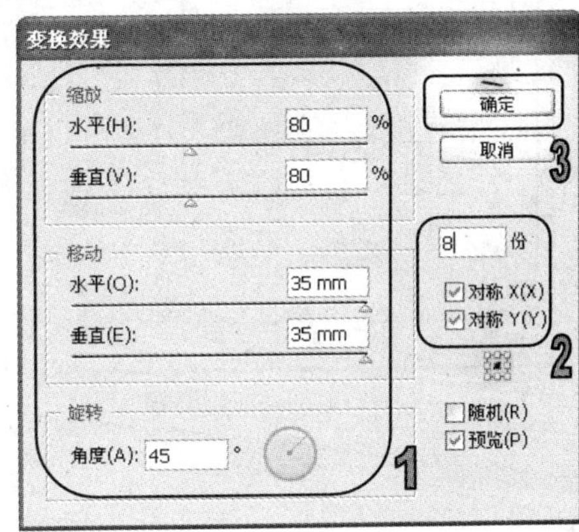

图 11-73　应用变换

(19) 在【透明度】面板中设置【混合模式】为【颜色加深】，并调整其位置，得到效果如图 11-74 所示。

(20) 再使用【工具】面板中的【椭圆】工具在文档中绘制一个圆形，并选择菜单栏中的【效果】|【扭曲和变换】|【变换】命令，在打开的【变换效果】对话框中，设置【缩放】区域中的【水平】和【垂直】数值均为 80%，【移动】区域中的【水平】和【垂直】数值均为 20mm，旋转角度为 30°，份数为 8 份，选中【对称 Y】复选框，单击【确定】按钮应用设置，如图 11-75 所示。

图 11-74　设置混合模式

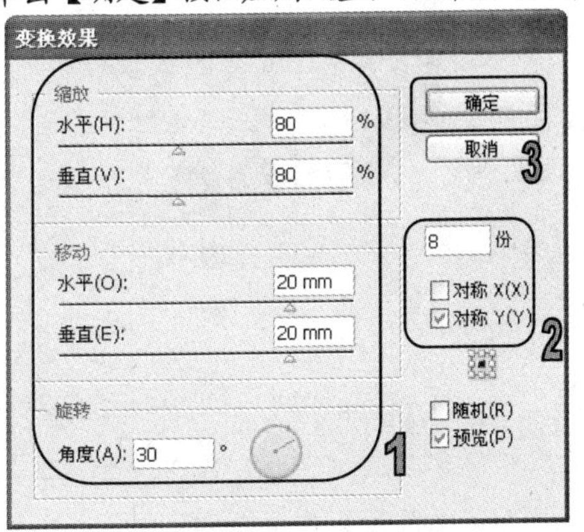

图 11-75　应用变换

(21) 使用【工具】面板中的【椭圆】工具在文档中绘制一个圆形，并选择菜单栏中的【效果】|【扭曲和变换】|【变换】命令，在打开的【变换效果】对话框中，设置【缩放】区域中的【水平】和【垂直】数值均为80%，【移动】区域中的【水平】数值为-30mm，【垂直】数值为-35mm，旋转角度为45°，份数为8份，选中【对称X】和【对称Y】复选框，单击【确定】按钮应用设置，如图11-76所示。

(22) 在【透明度】面板中设置【混合模式】为【颜色加深】，并调整其位置，得到效果如图11-77所示。

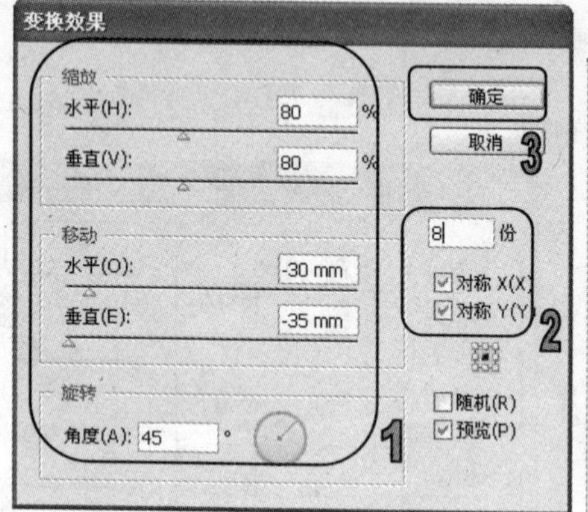

图 11-76 应用变换

图 11-77 设置混合

11.6 习题

1. 选择打开的图形对象，使用【变换】和【投影】滤镜效果，制作如图11-78所示的效果。
2. 对绘制的图形使用3D滤镜，制作如图11-79所示的效果。

图 11-78 滤镜效果

图 11-79 3D效果

第12章 打　　印

学习目标

在 Illustrator CS4 中，对创建的文本对象、图形对象和图像对象，用户可以根据不同的需求，设置 Illustrator 中的打印参数选项，以其更加适合的打印方式输出文字、图形或图像。

本章重点

- ◉ 颜色管理
- ◉ 陷印
- ◉ 设置打印选项

12.1 颜色管理

在制作图形时，除了要使用到很多其他的外置设备，如扫描仪、打印机等硬件设备外，还会使用到很多其他的软件，如 Adobe InDesign 和 Adobe Photoshop 软件等。因为在软、硬件之间存在颜色差异，所以会导致在不同设备或不同软件中，相同的图片和图形会产生不同的颜色效果，从而使印刷产生差异。

通过使用各种不同的颜色适配文件，可以使相同的对象在不同的软、硬件中保持颜色一致。颜色适配文件按照不同的属性可分成以下 4 类。

- ◉ 显示器配置文件：描述显示器当前还原的颜色。应该首先创建该配置文件，因为设计过程中，能在显示器上准确地查看颜色才能更好地决定颜色。如果在显示器上看到的颜色不能代表文档中的实际颜色，那么将无法保持颜色的一致性。
- ◉ 输入设备配置文件：描述输入设备能够捕捉或扫描的颜色。如果数码相机可以选择配置文件，建议选择 Adobe RGB 选项；否则，应选择 sRGB 选项。高级用户还可以考虑对不同的光源使用不同的配置文件。对于扫描仪配置文件，有些用户会为在扫描仪上扫描的每种类型或品牌的胶片创建单独的配置文件。

◉ 输出设备配置文件：描述输出设备，如桌面打印机的色彩空间。色彩管理系统使用输出设备配置文件将文档中的颜色正确映射到输出设备色彩空间色域中的颜色。输出配置文件还应考虑特定的打印条件，如纸张和油墨类型等。

◉ 文档配置文件：定义文档特定的 RGB 或 CMYK 色彩空间。通过为文档指定配置文件，应用程序可以在文档中提供实际颜色的定义。

12.1.1 设置显示器的颜色适配文件

在颜色管理的过程中，第一步就是在显示器中添加颜色适配文件，这一操作需要在 Windows 系统中进行。

【例 12-1】在 Illustrator 中，对显示器进行颜色适配文件的添加。

(1) 进入系统的【控制面板】，双击【显示】图标，打开如图 12-1 所示的【显示 属性】对话框，并单击【设置】选项卡。

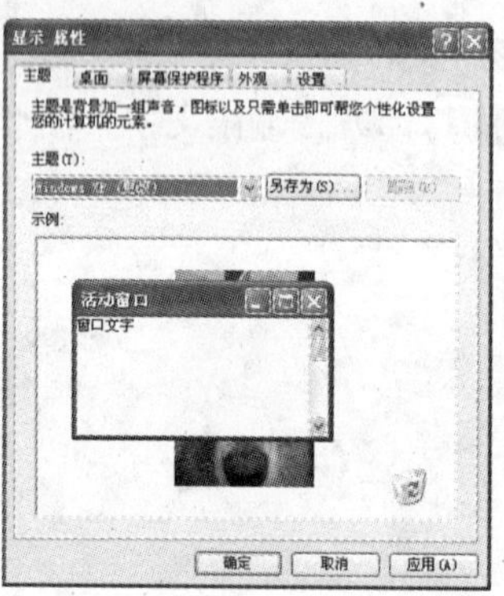

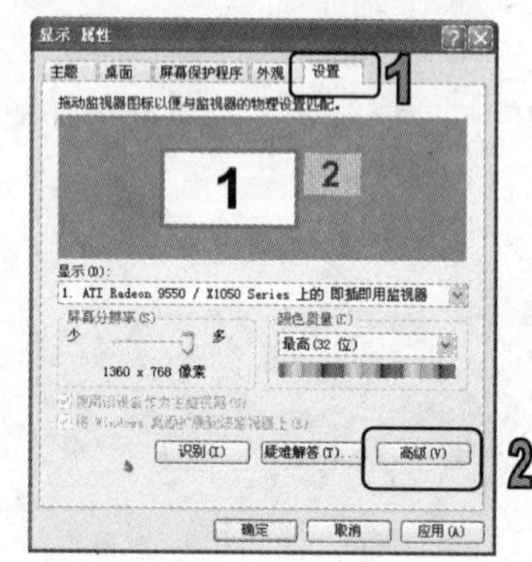

图 12-1 打开【设置】选项卡

(2) 在【显示 属性】对话框的【设置】选项卡中，单击【高级】按钮，进入高级选项对话框，单击【颜色管理】选项卡，显示如图 12-2 所示的【颜色管理】选项卡。

(3) 单击【添加】按钮，在弹出的如图 12-3 所示的【添加配置文件关联】对话框中选择要使用的颜色适配文件，单击【添加】按钮，将该颜色适配文件添加到显示器的颜色管理中。

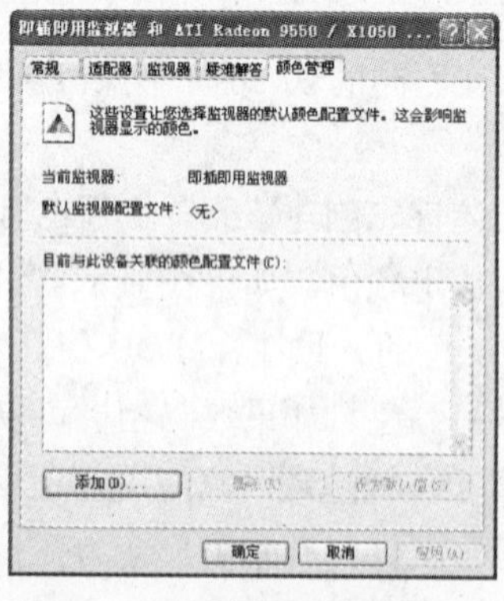

图 12-2 【颜色管理】选项卡

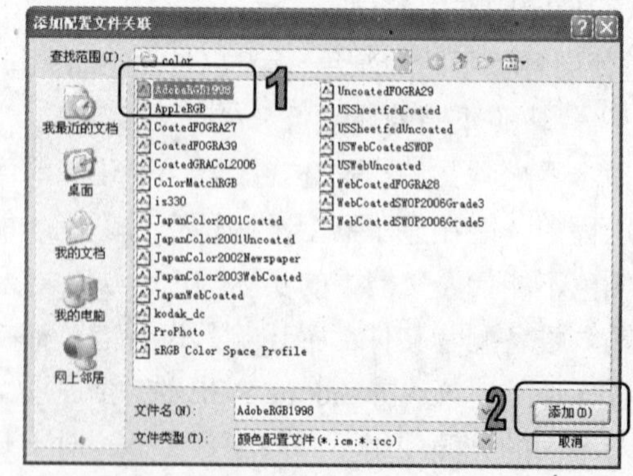

图 12-3 【添加配置文件关联】对话框

(4) 回到【颜色管理】选项卡中，单击【确定】按钮，回到【显示 属性】对话框中的【设置】选项卡，单击【确定】按钮，完成显示器的颜色管理设置。

12.1.2　在软件包中统一颜色的适配文件

当在软件中进行颜色适配文件的指定时，需要在经常使用的软件之间进行统一。在进行一般的桌面排版时，都会使用 Adobe CS4 软件包中的软件，但是不需要在这些软件中分别进行修改，只要在 Adobe Bridge CS4 软件中设置一次，整个软件包中的所有软件将进行统一的设置。

启动 Adobe Bridge CS4 后，选择【编辑】|【Creative Suite 颜色设置】命令，打开如图 12-4 所示的【Suite 颜色设置】对话框进行设置。设置完毕后，单击【应用】按钮统一设置 Adobe CS4 软件包中所有的软件颜色适配文件。设置完成后退出 Adobe Bridge CS4 软件。

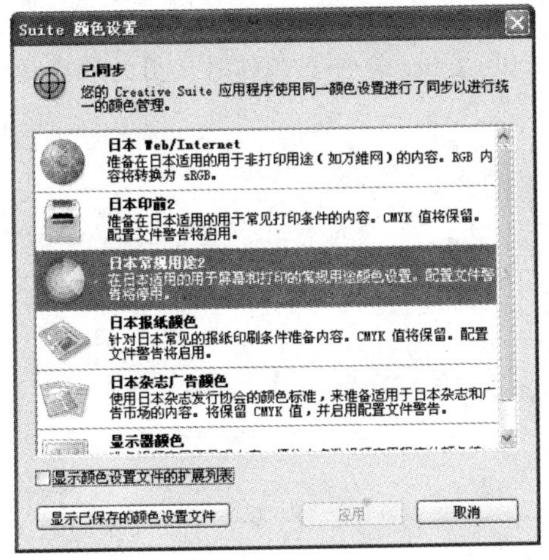

图 12-4　【Suite 颜色设置】对话框

知识点

在【Suite 颜色设置】对话框中选择要使用的颜色适配选项，通过选中【显示颜色设置文件的扩展列表】复选框，将每一个颜色适配选项展开。单击【显示已保存的颜色设置文件】按钮，在【资源管理】中查看要使用的颜色适配选项的源文件。

12.1.3　设置软件的颜色管理方式

在使用 Adobe Illustrator 软件时，可以针对该软件进行相应的颜色管理方式设置，设置完毕后，将按照此设置对 Adobe Illustrator 软件中编辑的所有文件进行颜色的管理。

【例 12-2】在 Illustrator 中，设置软件的颜色管理方式。

(1) 启动 Adobe Illustrator 软件，选择【编辑】|【颜色设置】命令，打开【颜色设置】对话框，如图 12-5 所示。

(2) 在【设置】下拉列表中可选择整体的设置选项，当在 Adobe Bridge CS4 软件中进行配置文件的统一时，该选项将统一到相应的选项，也可以自定选择要使用的选项，如图 12-6 所示。

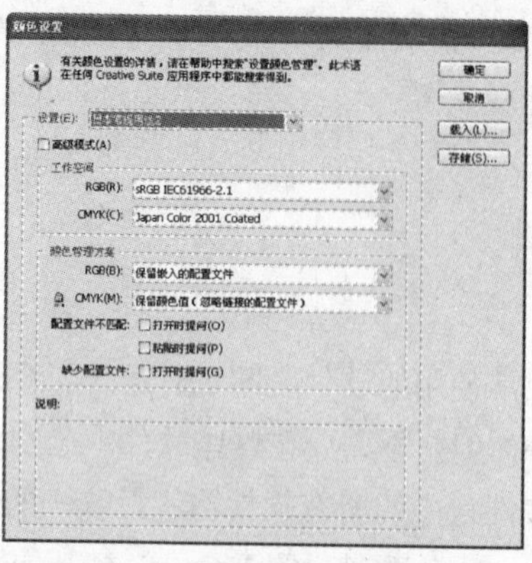

图 12-5 【颜色设置】对话框

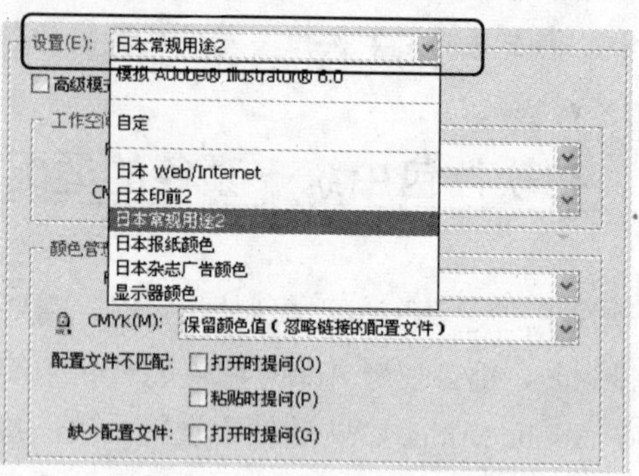

图 12-6 设置选项

(3) 选中【高级模式】复选框将在该对话框中显示【转换选项】选项区域，否则将不再显示，也无法进行设置，如图 12-7 所示。

(4) 在【工作空间】选项区域中，可针对 Adobe Illustrator 软件在工作时使用的颜色适配文件进行设置，如图 12-8 所示。

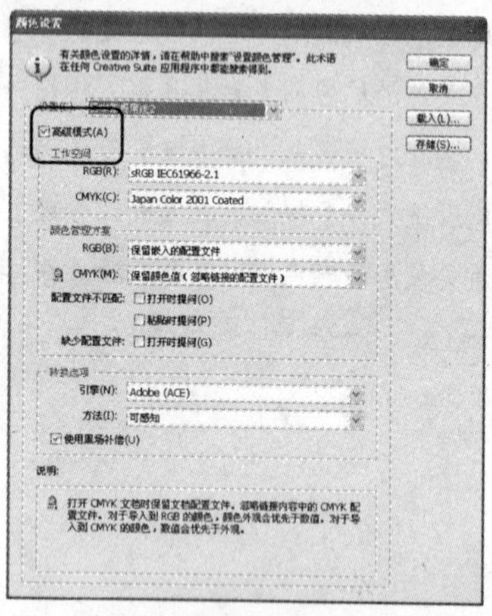

图 12-7 选中【高级模式】复选框

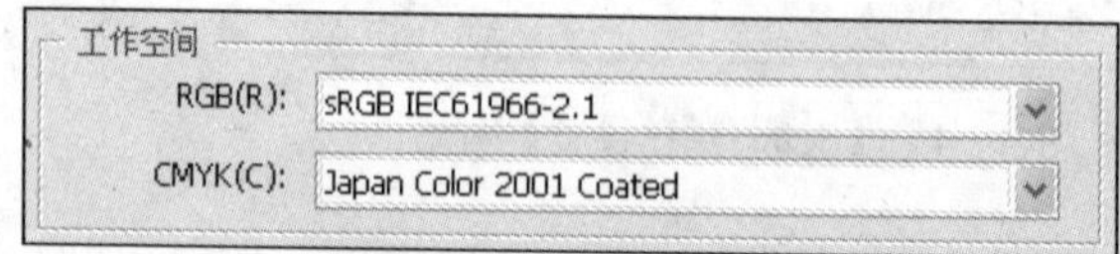

图 12-8 设置【工作空间】

(5) 在【颜色管理方案】选项区域的 RGB 下拉列表中，当打开文件中的 RGB 颜色模式的图片本身嵌入的颜色适配文件与 Photoshop 软件中的适配文件不同时，可以选择不同的适配方法。在【颜色管理方案】选项区域的 CMYK 下拉列表中的选项，将针对当文件中 CMYK 颜色模式的图片和软件的颜色适配文件发生冲突时，进行何种操作，选项与 RGB 下拉列表中的选项相同。如图 12-9 所示。

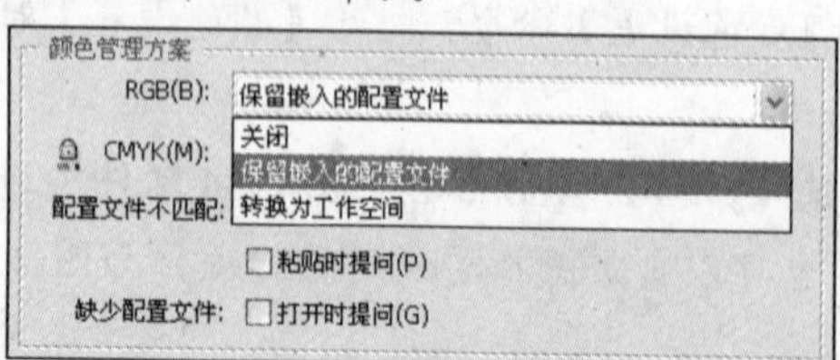

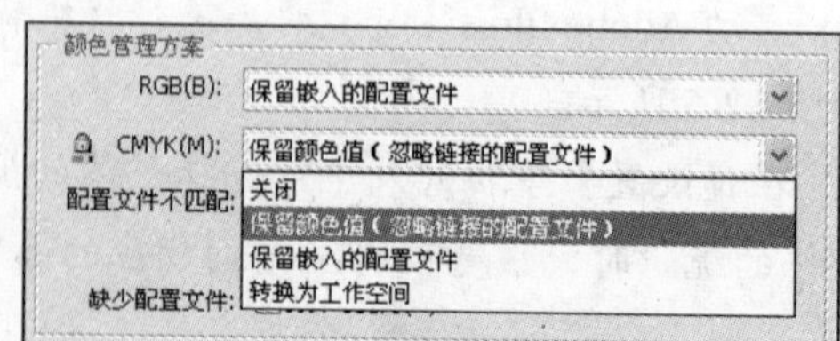

图 12-9 设置颜色管理方案

◎ 【关闭】选项：当选中该选项时，若打开的文件和软件的颜色适配文件发生冲突，将不采用任何颜色适配文件。

◎ 【保留嵌入的配置文件】选项：当选中该选项时，若打开的文件和软件的颜色适配文件发生冲突，将采用文件本身嵌入的颜色适配文件。

◎ 【转换为工作空间】选项：当选中该选项时，若打开的文件和软件的颜色适配文件发生冲突，将采用软件中的适配文件。

知识点

当选中【打开时提问】复选框时，将在打开一个和软件颜色适配文件相冲突的文件时，弹出【嵌入的配置文件不匹配】对话框。当选中【粘贴时提问】复选框时，将在粘贴一个和软件颜色适配文件相冲突的图片时，弹出【嵌入的配置文件不匹配】对话框。当选中【缺少配置文件】选项右侧的【打开时询问】复选框时，将在打开一个没有指定颜色适配文件的文档时，弹出【配置文件或方案不匹配】对话框。

(6) 单击【存储】按钮，可以将当前的设置保存为一个【颜色设置】文件。单击【确定】按钮完成软件中颜色适配方法的设置。如图 12-10 所示。

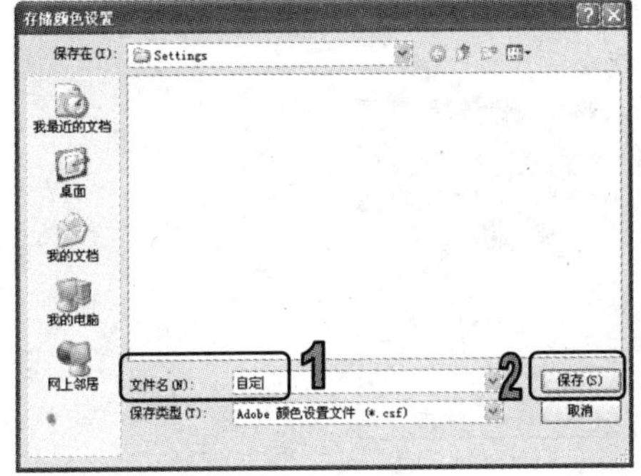

图 12-10　存储设置

提示

单击【载入】按钮，可以将以前保存的颜色设置文件导入，在【颜色设置】对话框中直接采用该文件中的设置。

12.1.4　设置文件的颜色适配方案

当要对当前打开的文件进行颜色适配文件的指定时，选择【编辑】|【指定配置文件】命令，打开如图 12-11 所示的【指定配置文件】对话框进行设置。指定的文件将随文件的存储而保存，在下次或在其他计算机中打开该文件时，依然使用该颜色适配文件。

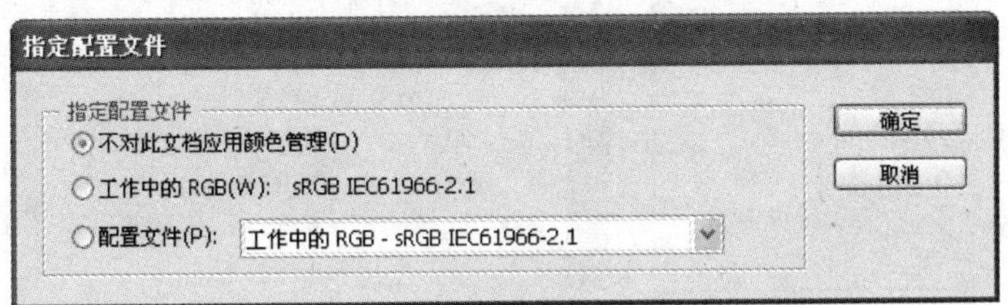

图 12-11　【指定配置文件】对话框

◉ 【不对此文档应用颜色管理】单选按钮：当单击该单选按钮时，将不对当前的文件进行适配文件的设定，暂时使用当前软件的颜色适配文件进行颜色管理。如果该文档中已经拥有颜色适配文件，将该颜色适配文件删除。

◉ 【工作中的 RGB】单选按钮：当单击该单选按钮时，将把当前软件的颜色适配文件指定给当前的文档。

◉ 【配置文件】单选按钮：当单击该单选按钮时，将在右侧的下拉列表中选择指定给当前文件的颜色适配文件。

12.2 陷印

在从分色版印刷的颜色互相重叠或相连处，印刷套准出现问题就会导致最终输出上各颜色之间存在间隙。要补偿图稿中各颜色之间的潜在间隙，印刷时在两相邻颜色之间创建一个小重叠区域，称之为陷印。 可用独立的专用陷印程序自动创建陷印，也可以用 Illustrator 手动创建陷印。

陷印有两种：一种是外扩陷印，其中较浅色的对象重叠较深色的背景，看起来像是扩展到背景中；另一种是内缩陷印，其中较浅色的背景重叠陷入背景中的较深色的对象，看起来像是挤压或缩小该对象，如图 12-12 所示。

图 12-12　陷印

【例 12-3】在 Illustrator 中，对选定的对象进行陷印设定。

(1) 选择菜单栏中的【文件】|【打开】命令，在【打开】对话框中选择图形文档，单击【打开】按钮将其打开，如图 12-13 所示。

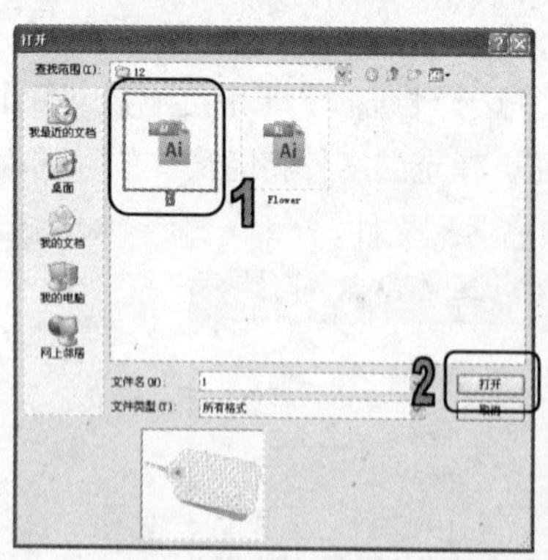

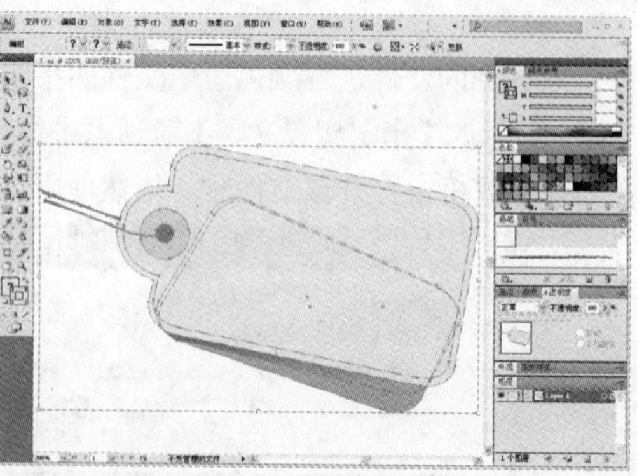

图 12-13　打开图形文档

(2) 选择菜单栏中的【窗口】|【路径查找器】命令，打开【路径查找器】面板。单击【路径查找器】面板右上角小三角按钮，在打开的菜单中选择【陷印】命令，打开【路径查找器陷印】对话框。对话框中设置【粗细】为 0.25pt，【高度/宽度】为 100%，【色调减淡】为 40%，选中【反向陷印】复选框，如图 12-14 所示，单击【确定】按钮即可完成陷印设置。

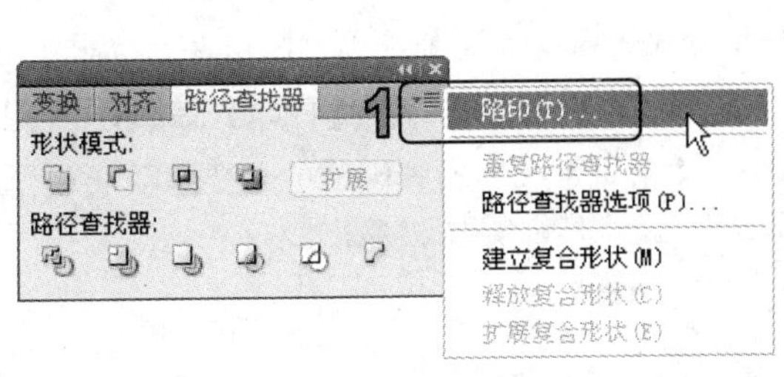

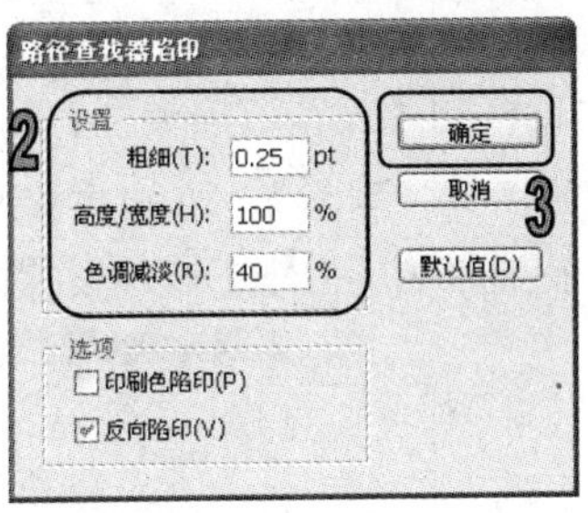

图 12-14　设置陷印

- 【粗细】：指描边的宽度，数值的范围为 0.01~5000pt 之间。
- 【高度/宽度】：用来指定水平或垂直陷印的比例。
- 【色调减淡】：可以改变陷印的色调，该数值将减少被陷印的较亮颜色的值，较暗颜色的值将保持为 100%。
- 【印刷色陷印】：如果需要将转色陷印转换为等值的印刷色，则可以勾选该项。
- 【反向陷印】：勾选此项可以把较暗的颜色陷印到较亮的颜色中。

12.3　设置打印选项

一般用户在打印文件之前，需要对打印机的属性进行设置。只有设置了合适的打印机属性之后才能获得理想的打印输出效果。选择菜单栏中的【文件】|【打印】命令，打开如图 12-15 所示的【打印】对话框，单击该对话框中的【设置】按钮，打开【打印】对话框设置打印机属性。在【打印】对话框中可以选择打印机、页面范围和打印份数等，设置完成后单击【打印】按钮关闭对话框。

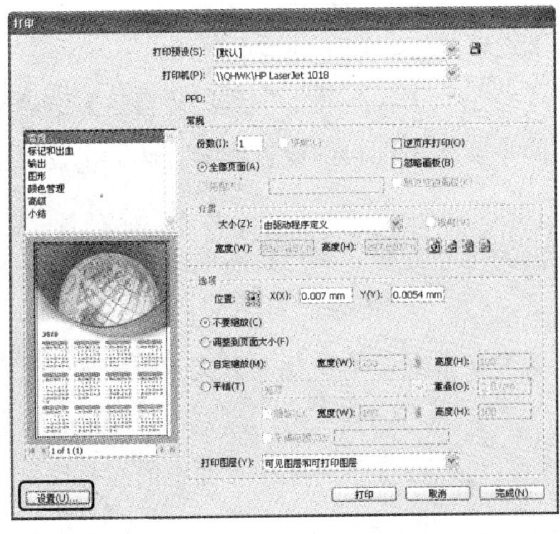

图 12-15　【打印】对话框

12.3.1 【常规】选项

在【打印】对话框的【设置选项类型】列表框中，用户可以选择不同的选项，设置与之相关的参数选项。

在该对话框的【设置选项类型】列表框中，选择【常规】选项，即可在对话框中显示【常规】选项设置区域，如图 12-16 所示。默认情况下，选择【文件】|【打印】命令后，打开的【打印】对话框就显示为【常规】选项设置区域。【常规】选项设置区域的主要参数选项作用如下。

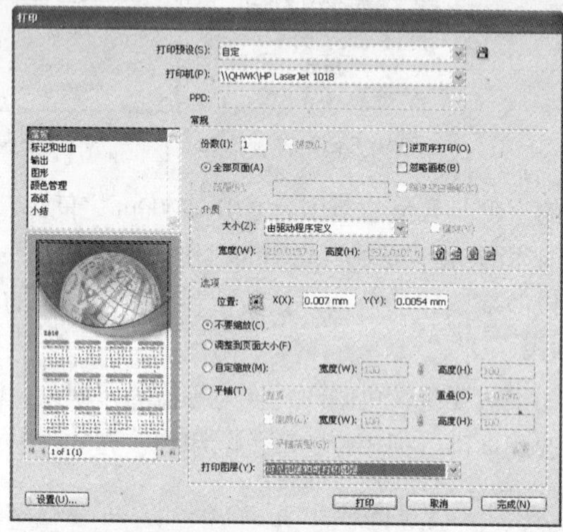

图 12-16 【常规】选项

- 【份数】文本框：该文本框用于设置要打印输出的文件份数。
- 【拼版】复选框：选中该复选框，可以在打印多页文件时，在一个页面中打印多个页面内容。
- 【逆页序打印】复选框：选中该复选框，可以在打印多页文件时，按所设置的打印输出文件页序的逆向顺序打印。
- 【大小】下拉列表框：该下拉列表框用于设置要打印输出的页面尺寸。
- 【宽度】和【高度】文本框：当用户在【大小】下拉列表框中选择【自定】选项时，该文本框为可编辑状态。用户可以在这两个文本框中自由设置所需打印输出的页面尺寸大小。
- 【取向】选项：该选项用于设置打印输出的页面方向。用户只需单击相应的方向按钮即可。
- 【位置】选项：用户可以通过在【原点 X】文本框和【原点 Y】文本框中输入数值，确定打印对象在页面中的打印位置。
- 【不要缩放】单选按钮：单击该单选按钮，可以按打印对象在页面中的原有比例进行打印。

- 【调整到页面大小】单选按钮：单击该单选按钮，会将打印对象缩放至适合页面的最大比例进行打印。
- 【自定缩放】单选按钮：单击该单选按钮，可以自定义打印对象在页面中的比例大小。
- 【打印图层】下拉列表框：在该下拉列表框中，用户可以选择打印图层的类型，有【可见图层和可打印图层】、【可见图层】和【所有图层】3个选项。

12.3.2 【标记和出血】选项

在【打印】对话框的【设置选项类型】列表框中，选择【标记和出血】选项，即可在对话框中显示【标记和出血】选项设置区域，如图12-17所示。该选项区域用于设置打印标记和出血等参数选项。【标记和出血】选项区域的主要参数选项作用如下。

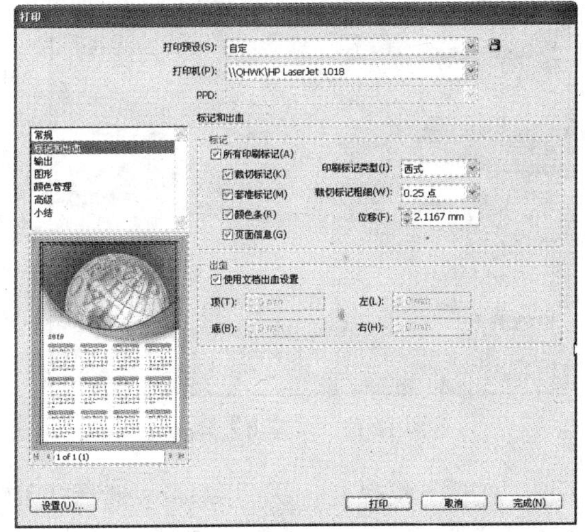

图12-17 【标记和出血】选项

- 【所有印刷标记】复选框：选中该复选框，可以在打印的页面中打印所有打印标记。
- 【裁切标记】复选框：选中该复选框，可以在打印页面中，打印垂直和水平裁切标记。
- 【套准标记】复选框：选中该复选框，可以在打印页面中，打印用于对准各个分色页面的套准标记。
- 【颜色条】复选框：选中该复选框，可在打印页面中，打印用于校正颜色的色彩色样。
- 【页面信息】复选框：选中该复选框，将可以在打印页面中，打印用于描述打印对象页面的信息，如打印的时间、日期、网线等信息。
- 【印刷标记类型】下拉列表框：该下拉列表框用于设置打印标记的字体样式，有【西式】和【日式】两种样式。
- 【裁切标记粗细】文本框：该文本框用于设置裁切标记线的宽度大小。

◎ 【位移】文本框：该文本框用于设置裁切标记与打印页面之间的距离大小。

◎ 【出血】选项区域：该选项区域用于设置打印对象所允许裁切时容差范围的大小。其中【顶】、【底】、【左】和【右】文本框中可输入的数值范围为 0～25.4mm。

12.3.3 【输出】选项

在【打印】对话框的【设置选项类型】列表框中，选择【输出】选项，即可在对话框中显示【输出】选项设置区域，如图 12-18 所示。该选项区域用于设置打印对象在打印时输出的模式、打印机分辨率等参数选项。【输出】选项区域的主要参数选项作用如下。

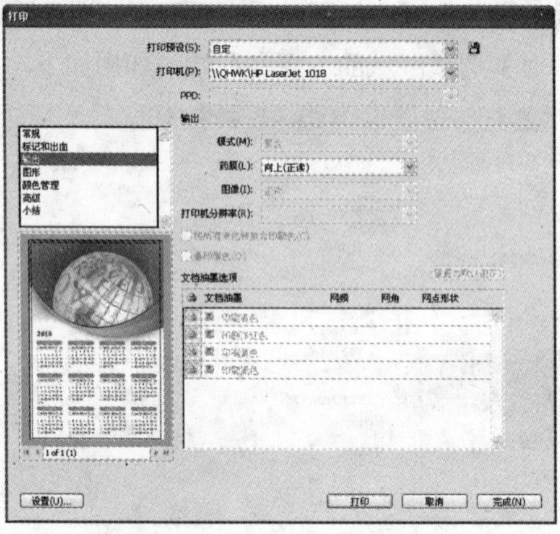

图 12-18 【输出】选项

◎ 【模式】下拉列表框：在该下拉列表框中，用户可以选择打印模式为【复合】、【分色】或【在 RIP 分色】。

◎ 【药膜】下拉列表框：药膜是指胶片或纸张的感光层所在的面。药膜一般分为【向上】和【向下】两种。【向上】是指放置胶片或纸张时其感光层朝上放置，打印出的图形图像和文字可以直接阅读，也就是正读；【向下】是指放置胶片或纸张时其感光层朝下放置，打印出的图形图像和文字不可以直接阅读，而显示为反向，也就是反读。

◎ 【图像】下拉列表框：在该下拉列表框中，用户可以选择【正片】或【负片】两个选项。【正片】的概念如同我们日常生活中所使用的相片的概念，【负片】的概念如同印制相片的底片的概念。

◎ 【打印机分辨率】下拉列表框：在该下拉列表框中，用户可以设置打印输出的网线线数和分辨率。网线线数和分辨率越大，打印出的画面效果就越清晰，但是打印的速度也就越慢。如果用户打印的是位图图像，那么设置时应参考图像本身的分辨率大小进行设置，否则打印输出后会导致图像打印不清楚。

12.3.4 【图形】选项

在【打印】对话框的【设置选项类型】列表框中，选择【图形】选项，即可在对话框中显示【图形】选项设置区域，如图 12-19 所示。该选项区域用于设置打印对象的路径形态、字体等元素，在打印输出效果时的参数选项。【图形】选项区域的主要参数选项作用如下。

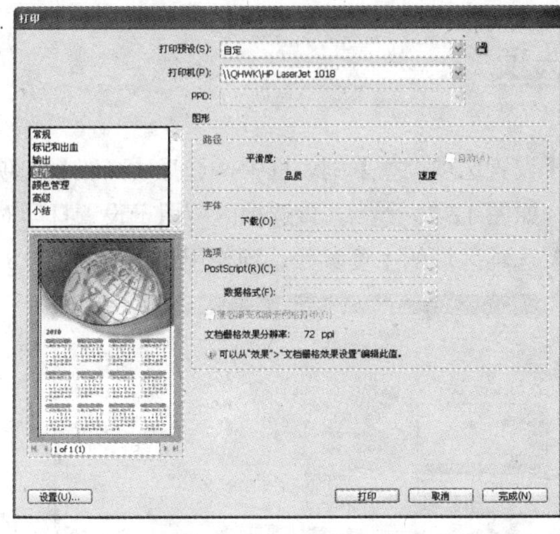

图 12-19　【图形】选项

- 【路径】选项区域：该选项区域用于设置打印对象中路径形态的打印输出质量。当打印对象中的路径为曲线时，如果用户设置偏向【品质】，会使路径线条具有平滑的过渡；如果用户设置偏向【速度】，则会使路径线条变得粗糙。
- 【下载】下拉列表框：在该下拉列表框中，用户可以选择【无】、【子集】或【全部】选项。
- PostScript(R)下拉列表框：该下拉列表框用于设置 PostScript 格式的图形、字体的输出兼容性水平，有 Language Level 2 和 Language Level 3 等选项供用户选择。
- 【数据格式】下拉列表框：该下拉列表框用于设置数据的输出格式。

12.3.5 【颜色管理】选项

在【打印】对话框的【设置选项类型】列表框中，选择【颜色管理】选项，即可在对话框中显示【颜色管理】选项设置区域。该选项区域用于设置打印对象在打印输出时的颜色配置文件等参数选项。【颜色管理】选项区域的主要参数选项作用如下。

- 【颜色处理】下拉列表框：该下拉列表框用于设置使用颜色处理的对象。

◎ 【打印机配置文件】下拉列表框：该下拉列表框用于设置打印机和将使用的纸张类型的配置文件。

◎ 【渲染方法】下拉列表框：该下拉列表框用于设置颜色管理系统中，处理色彩空间之间的颜色转换的类型。用户选择的渲染方法取决于颜色在图像中的重要性，以及用户对图像总体色彩外观的喜好。

12.3.6 【高级】选项

在【打印】对话框的【设置选项类型】列表框中，选择【高级】选项，即可在对话框中显示【高级】选项设置区域，如图 12-20 所示。该选项区域用于设置打印对象在打印输出时叠印方面的参数选项。【高级】选项区域的主要参数选项作用如下。

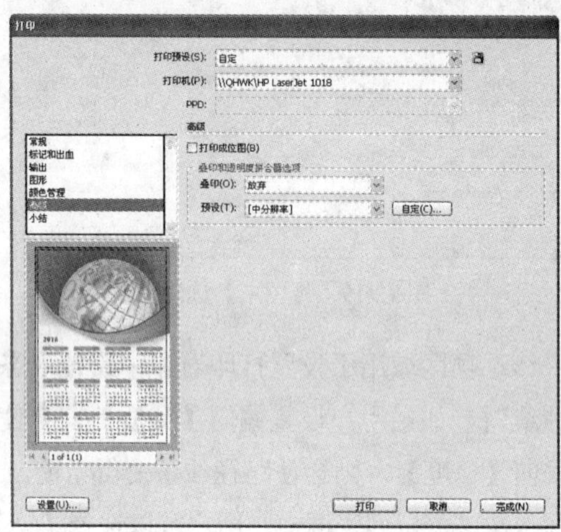

图 12-20 【高级】选项

◎ 【打印成位图】复选框：选中该复选框，可以将当前的打印对象作为位图图像进行打印输出。

◎ 【叠印】下拉列表框：在该下拉列表框中，用户可以选择所使用的叠印方式，有【放弃】、【保留】和【模拟】3 种方式供用户选择。

◎ 【预设】下拉列表框：在该下拉列表框中，用户可以选择【高分辨率】、【中分辨率】和【低分辨率】3 种方式进行打印输出。

12.3.7 【小结】选项

在【打印】对话框的【设置选项类型】列表框中，选择【小结】选项，即可在对话框中显示【小结】选项设置区域，如图 12-21 所示。该选项区域用于显示打印对象所设置的打印参数

选项的信息。【小结】选项区域的主要参数选项作用如下。

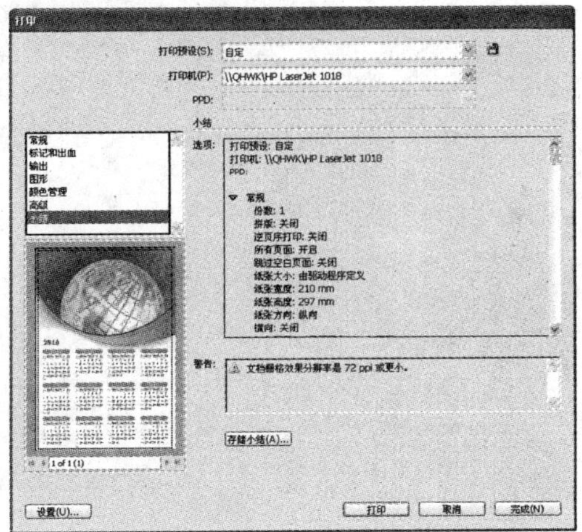

图 12-21 【小结】选项

◎ 【选项】选项区域：该选项区域内显示的是【打印】对话框中用户设置的参数选项信息。用户可以通过查看此选项了解设置的参数选项。

◎ 【警告】选项区域：该选项区域用于显示用户在【打印】对话框中所设置的参数选项，会导致问题和冲突出现的设置信息的提示。

12.4 习题

1. 练习设置打印选项。
2. 练习设置显示器的颜色配置文件的操作方法。

第13章 综合实例

学习目标

本章主要通过综合实例制作精美产品设计、包装设计来练习图形的绘制、变形、排列组合、渐变混合、文本输入等多种常用的编辑操作方法，帮助用户提高综合应用 Illustrator CS4 的应用能力。

本章重点

- 产品设计
- 包装设计

13.1 产品设计

本节实例通过制作 MP3 产品设计，帮助用户巩固和掌握图形绘制、编辑操作和应用技巧以及图形对象的填充、效果的运用方法。

(1) 选择【文件】|【新建】命令，新建一个图形文档。然后在【工具】面板中选择【矩形】工具，并在图形文档中拖动绘制矩形，如图 13-1 所示。

(2) 在【工具】面板中选择【添加锚点】工具，在刚绘制的矩形顶边和底边分别单击添加锚点，如图 13-2 所示。

(3) 选择【工具】面板中的【直接选择】工具，使用工具选中顶边三个锚点，单击控制面板中的【水平居中分布】按钮，平均分布锚点位置。并使用相同方法调整底边三个锚点，如图 13-3 所示。

(4) 继续使用【直接选择】工具，选中顶边添加的锚点，配合键盘上的方向键向上微调其位置。并使用相同方法调整底边添加的锚点位置，如图 13-4 所示。

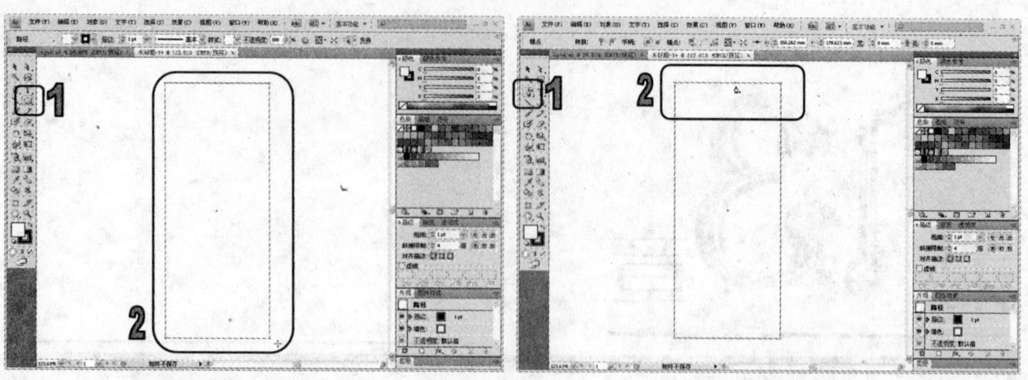

图 13-1　绘制矩形　　　　图 13-2　添加锚点

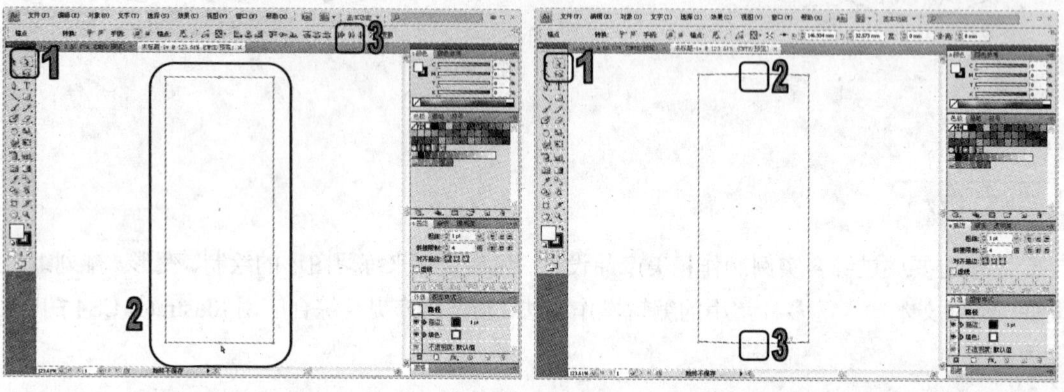

图 13-3　分布锚点　　　　图 13-4　调整锚点

(5) 选择【工具】面板中的【选择】工具，选中刚绘制的图形，并打开【渐变】面板。在【渐变】面板中设置渐变颜色为 K=60%至 K=1%至 K=60%，并取消描边色，如图 13-5 所示。

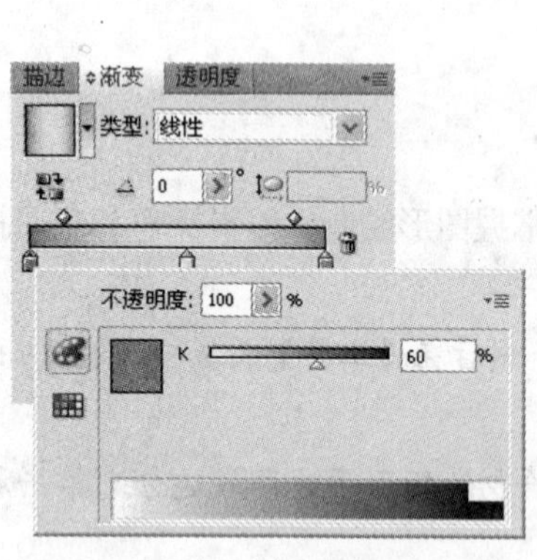

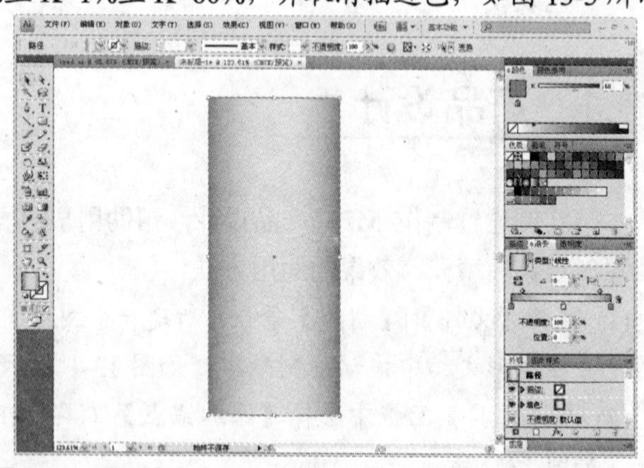

图 13-5　设置填充

(6) 选择菜单栏中的【效果】|【风格化】|【投影】命令，打开【投影】对话框。在【模式】下拉列表中选择【正常】，设置【不透明度】数值为 100%，【X 位移】数值为 0mm，【Y 位移】数值为 0.35mm，【模糊】数值为 0.35mm，然后单击【确定】按钮，如图 13-6 所示。

(7) 选择【工具】面板中的【矩形】工具，在刚绘制的图形底部再绘制一个较扁的矩形，

再使用【添加锚点】工具在矩形上添加锚点，并调整锚点位置，如图 13-7 所示。

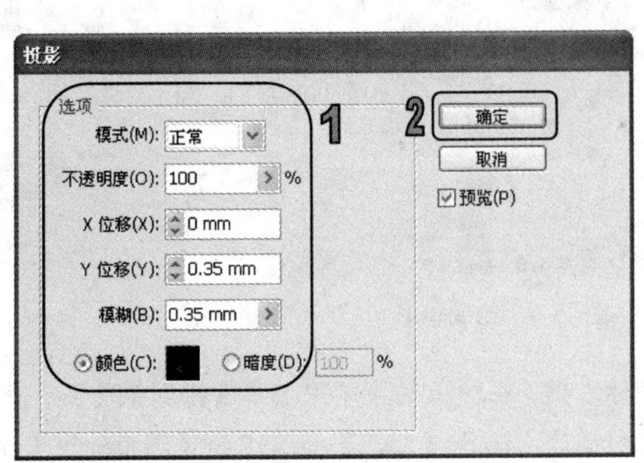

图 13-6 投影效果

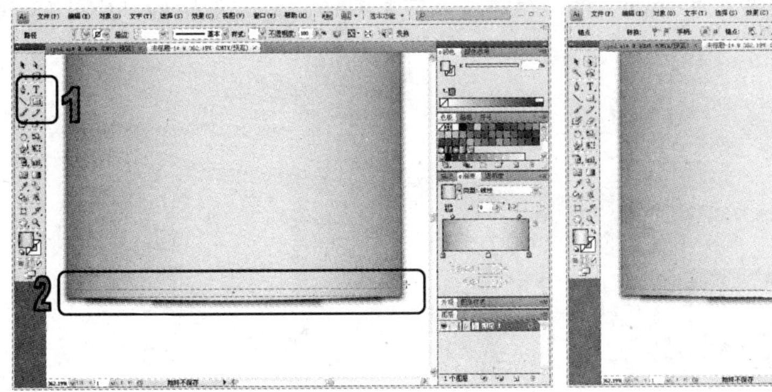

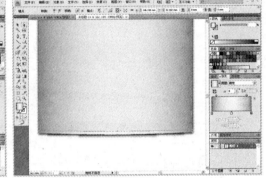

图 13-7 绘制矩形

(8) 选择【工具】面板中的【选择】工具，选中刚绘制的图形，并打开【渐变】面板。在【渐变】面板中设置渐变颜色为 K=60%至 K=5%至 K=60%，并取消描边色，如图 13-8 所示。

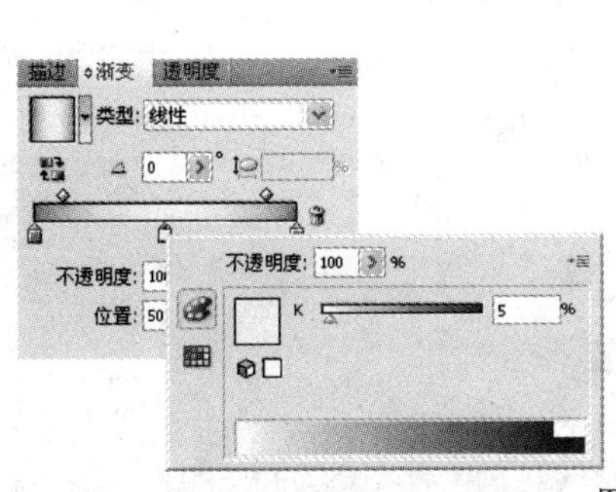

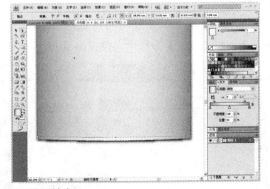

图 13-8 设置填充

(9) 选择【工具】面板中的【矩形】工具，在步骤(1)中绘制的矩形顶部绘制一个小矩形，并在【渐变】面板中，设置渐变颜色 K=70%至 K=2%至 K=70%，如图 13-9 所示。

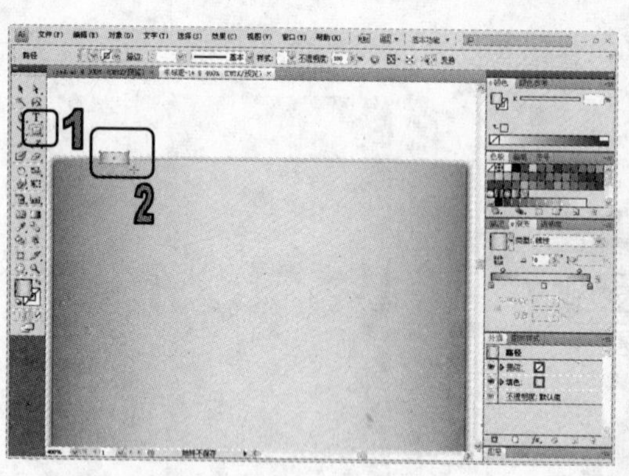
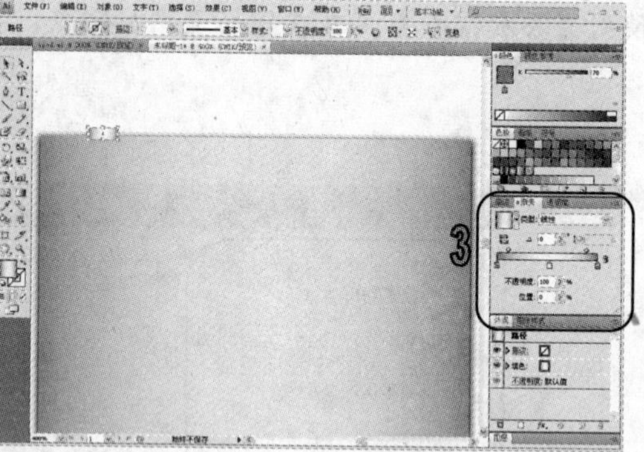

图 13-9　绘制矩形

(10) 在刚绘制好的图形上单击鼠标右键，在弹出的菜单中选择【排列】|【置于底层】命令，排列图形。接着按 D 键恢复默认填色和描边，选择【工具】面板中的【圆角矩形】工具，在图形中单击，打开【圆角矩形】对话框。在对话框中，设置【宽度】数值为 55mm，【高度】数值为 69mm，设置【圆角半径】数值为 1mm，然后单击【确定】按钮创建圆角矩形，如图 13-10 所示。

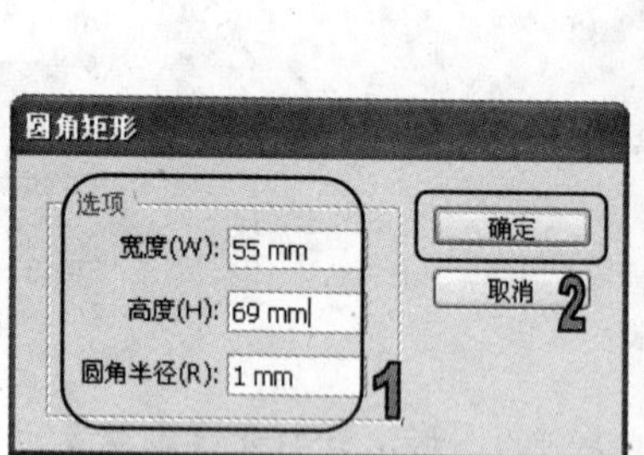

图 13-10　绘制圆角矩形

(11) 在刚绘制好的圆角矩形的顶边使用【添加锚点】工具添加锚点，并调整其形状。然后取消描边色，在【渐变】面板中，设置渐变颜色 K=95%至 K=80%至 K=95%，如图 13-11 所示。

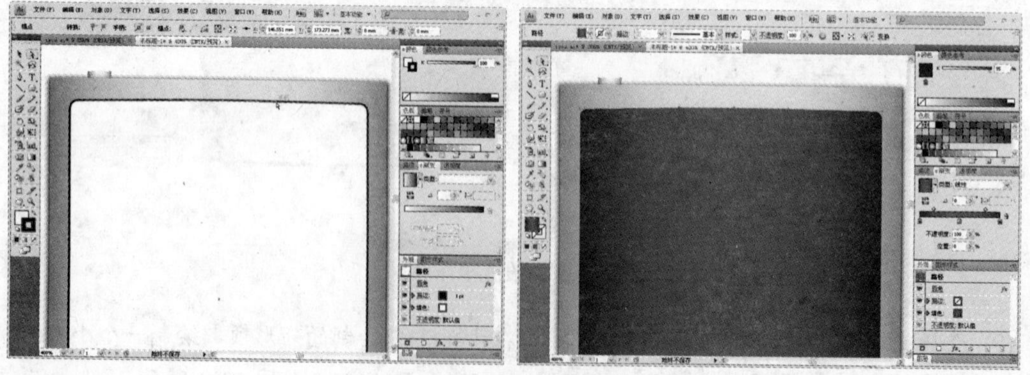

图 13-11　绘制图形

(12) 选择【效果】|【风格化】|【投影】命令，打开【投影】对话框。在对话框的【模式】下拉列表中选择【正常】，设置【不透明度】数值为 100%，【X 位移】数值为 0 mm，【Y 位移】数值为 0.35 mm，【模糊】数值为 0.35 mm，【颜色】为白色，然后单击【确定】按钮，如图 13-12 所示。

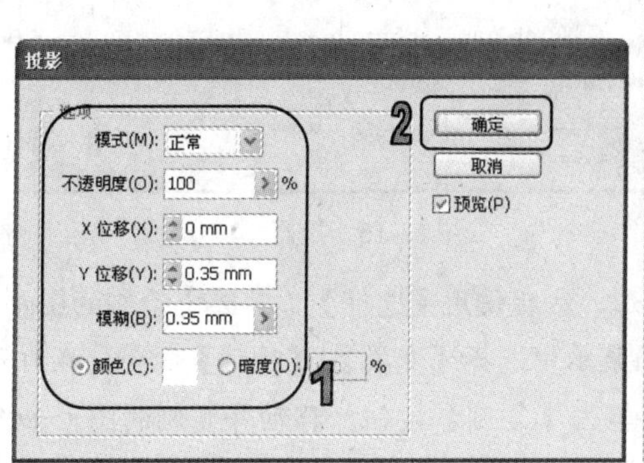

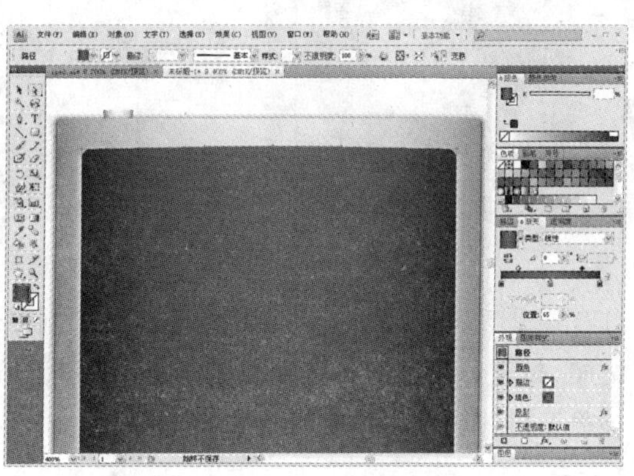

图 13-12　投影

(13) 选择【工具】面板中的【椭圆】工具，然后按住 Shift+Alt 键拖动绘制圆形，并在【颜色】面板中设置 K=91，如图 13-13 所示。

(14) 使用【选择】工具选中绘制的圆形，按 Ctrl+C 键复制，按 Ctrl+B 键在对象后粘贴，选择【选择】工具，然后按住 Shift+Alt 键放大粘贴的圆形，然后在【颜色】面板中设置填充颜色为白色，在【透明度】面板中设置【不透明度】数值为 40%，如图 13-14 所示。

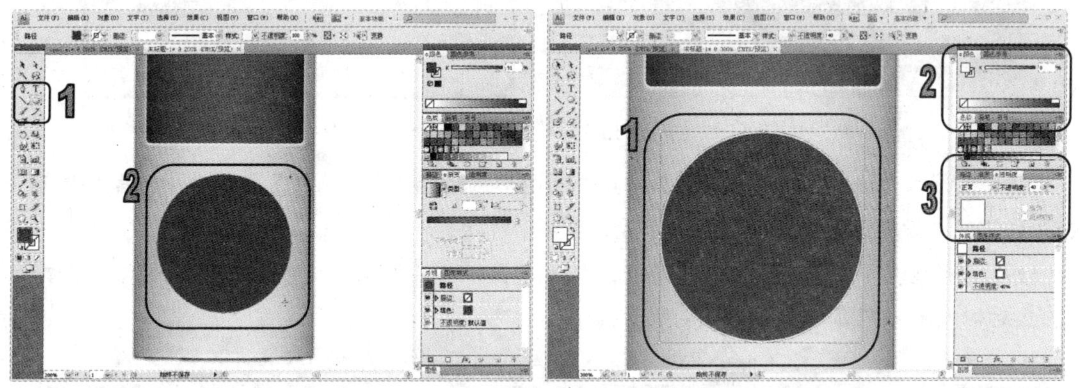

图 13-13　绘制图形

图 13-14　绘制图形

(15) 选择【椭圆】工具，按住 Shift+Alt 键拖动绘制圆形，并在【颜色】面板中设置填色为白色，如图 13-15 所示。

(16) 选择【效果】|【风格化】|【投影】命令，打开【投影】对话框。在对话框的【模式】下拉列表中选择【正常】，设置【不透明度】数值为 100%，【X 位移】数值为 0mm，【Y 位移】数值为 0.35 mm，【模糊】数值为 1.06 mm，【颜色】为黑色，然后单击【确定】按钮，如图 13-16 所示。

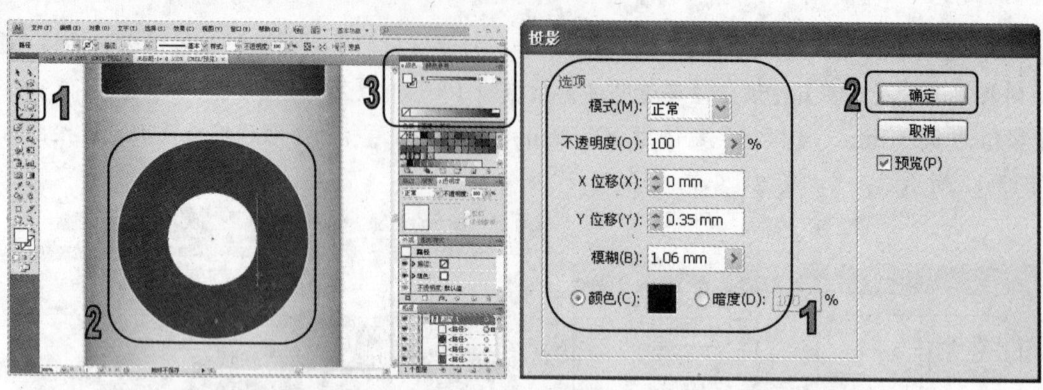

图 13-15　绘制图形　　　　图 13-16　投影

(17) 在图形文档中，使用【钢笔】工具绘制图形，然后使用【选择】工具选中绘制的图形，按 Ctrl+G 键进行编组，并单击鼠标右键，在弹出的菜单中选择【变换】|【对称】命令，在打开的【镜像】对话框中，单击【垂直】单选按钮，再单击【复制】按钮，移动并复制的图形如图 13-17 所示。

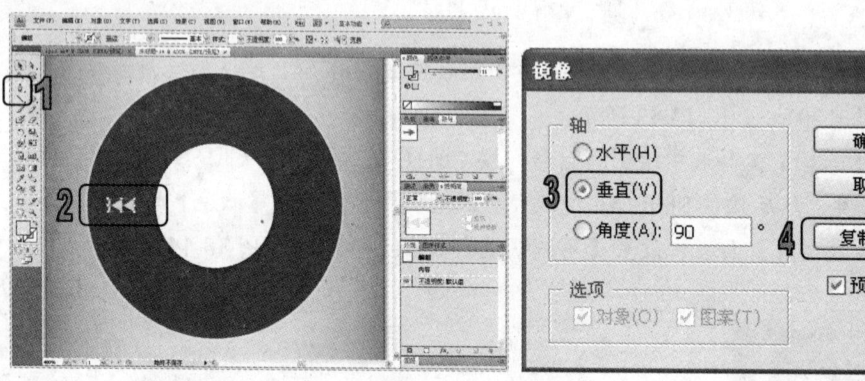

图 13-17　绘制图形

(18) 在图形文档中，使用【钢笔】工具绘制图形，然后使用【选择】工具选中绘制的图形，按 Ctrl+G 键进行编组，如图 13-18 所示。

(19) 选择【文字】工具，使用工具在文档中单击，并在控制面板中设置字体样式、字体大小，然后输入文字内容，如图 13-19 所示。

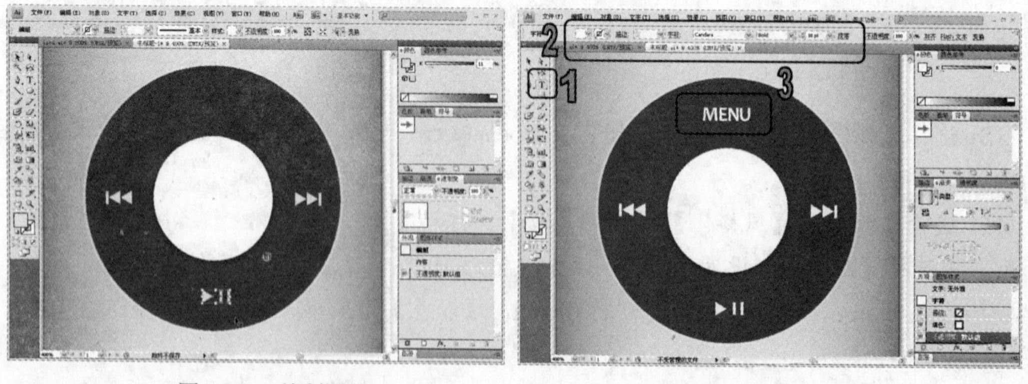

图 13-18　绘制图形　　　　图 13-19　输入文字

(20) 选择【矩形】工具，在图形文档中绘制图形，并在【颜色】面板中设置填充颜色为白色，取消描边颜色，如图 13-20 所示。

(21) 继续使用【矩形】工具绘制矩形，并在【渐变】面板中设置渐变填充为 K=0%至 K=25%，【角度】数值为-90°，如图 13-21 所示。

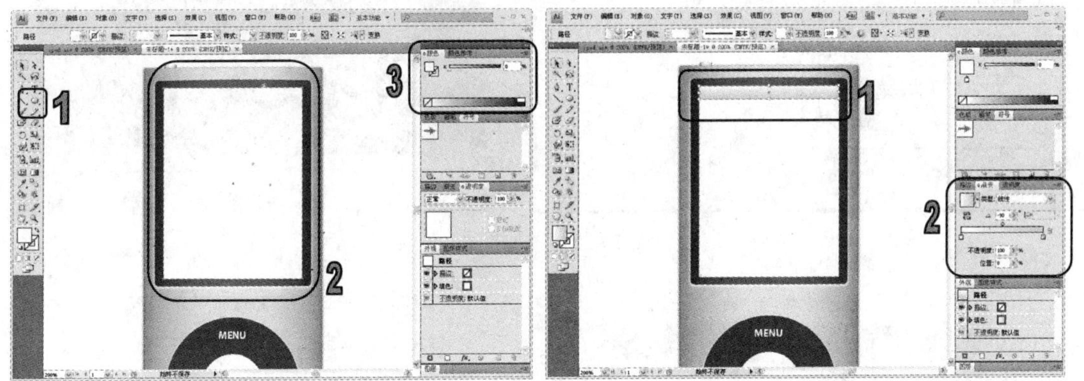

图 13-20　绘制图形　　　　图 13-21　绘制图形

(22) 选择【矩形】工具，并在【颜色】面板中设置填充颜色为 K=70%，再绘制两个矩形。然后使用【选择】工具选中绘制的两个矩形，通过选择【窗口】|【路径查找器】命令，打开【路径查找器】面板。在【路径查找器】面板中，单击【联集】按钮合并图形，如图 13-22 所示。

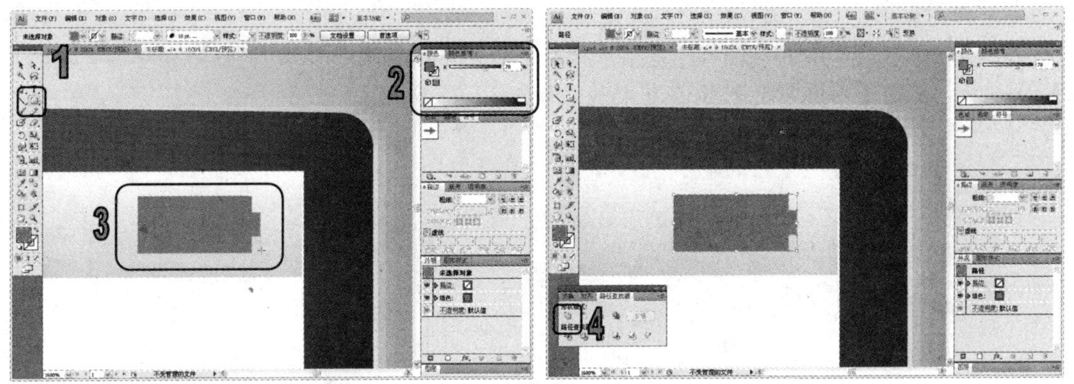

图 13-22　绘制并合并图形

(23) 选择【效果】|【风格化】|【投影】命令，打开【投影】对话框。在对话框的【模式】下拉列表中选择【正常】，设置【不透明度】数值为 80%，【X 位移】数值为 0mm，【Y 位移】数值为 0.35mm，【模糊】数值为 0 mm，颜色为白色，然后单击【确定】按钮，添加投影效果如图 13-23 所示。

(24) 选择【矩形】工具绘制矩形，然后在【渐变】面板中设置渐变填充为 CMYK=52，0，86，0 至 CMYK=72，0，85，0，【角度】数值为-90°，如图 13-24 所示。

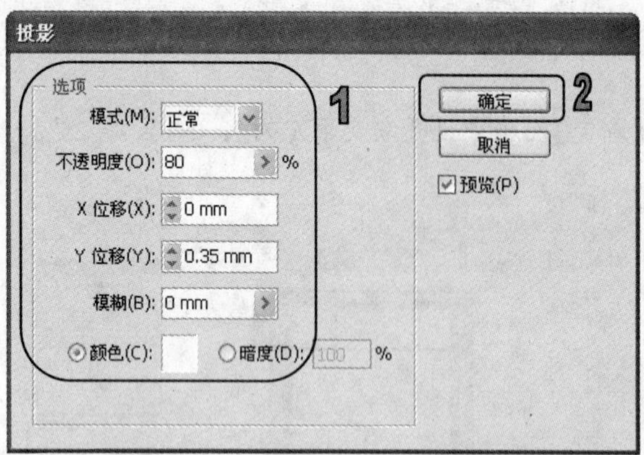

图 13-23　添加投影

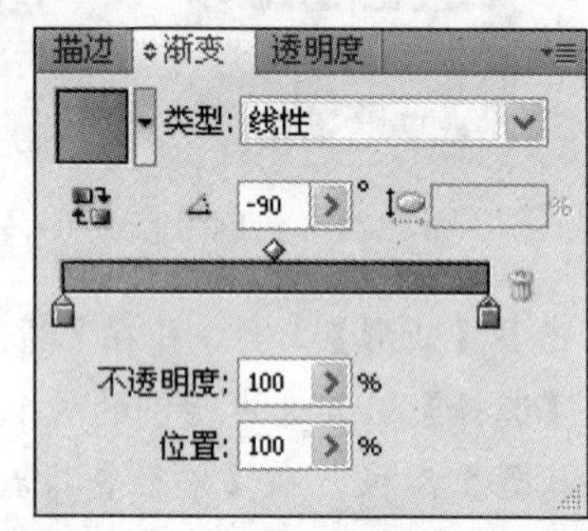

图 13-24　绘制图形

(25) 选择【矩形】工具绘制矩形，在【颜色】面板中设置填充颜色为白色，然后在【透明度】面板中，设置【不透明度】数值为 45%，如图 13-25 所示。

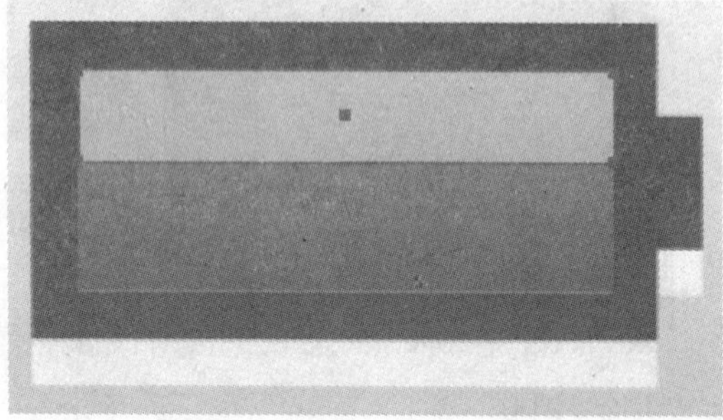

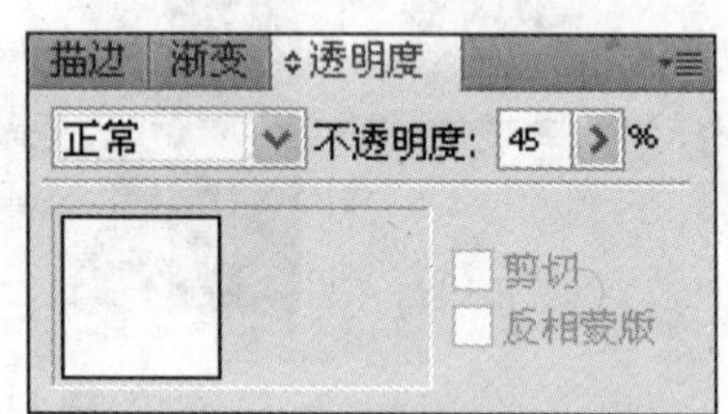

图 13-25　绘制图形

(26) 选择【矩形】工具绘制矩形，在【颜色】面板中设置填充颜色为 CMYK=75，26，0，0，如图 13-26 所示。

(27) 选择【矩形】工具绘制矩形，在【渐变】面板中设置填充颜色为 CMYK=72，2，1，0 至 CMYK=74，43，0，0，【角度】数值为-90°，如图 13-27 所示。

(28) 按 Ctrl+[键将步骤(27)绘制的图形下移一层，然后选择【钢笔】工具绘制图形，并在【颜色】面板中设置填充颜色为白色，如图 13-28 所示。

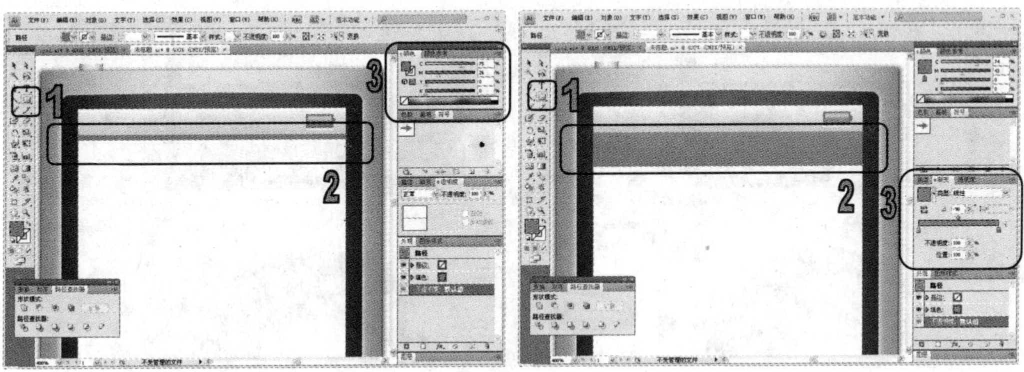

图 13-26　绘制图形　　　　图 13-27　绘制图形

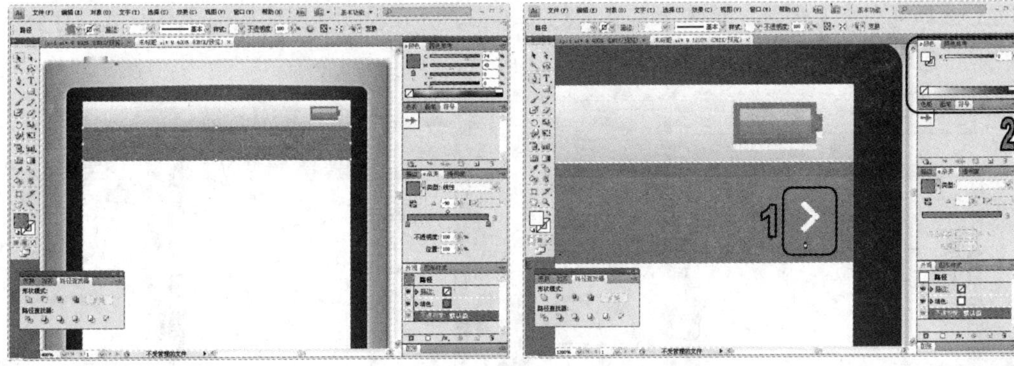

图 13-28　绘制图形

(29) 选择【矩形】工具，按住 Shift 键绘制正方形，并在【渐变】面板中设置渐变填充颜色为 CMYK=77，0，11，0 至 K=100，【角度】数值为 90°，如图 13-29 所示。

(30) 选择【选择】工具，然后按住 Ctrl+Alt+Shift 键移动复制矩形，如图 13-30 所示。

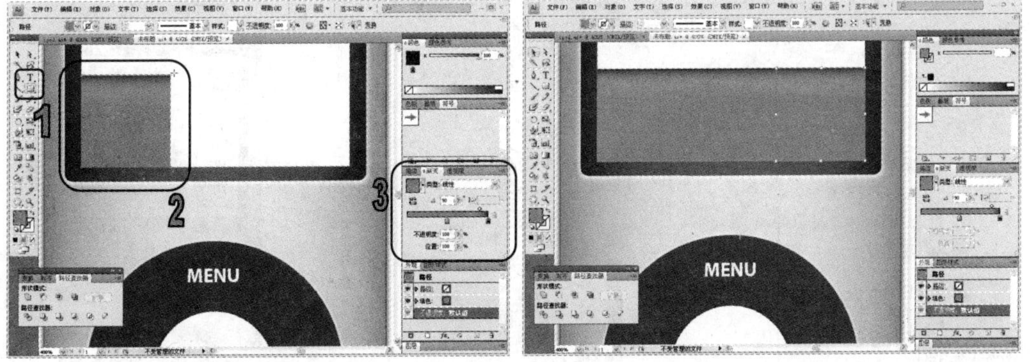

图 13-29　绘制图形　　　　图 13-30　复制图形

(31) 在【渐变】面板中设置刚复制的图形渐变填充为 CMYK=0，92，0，0 至 K=100。然后使用【选择】工具选中另一个图形，并在【渐变】面板中设置渐变填充为 CMYK=0，38，82，0 至 K=100，如图 13-31 所示。

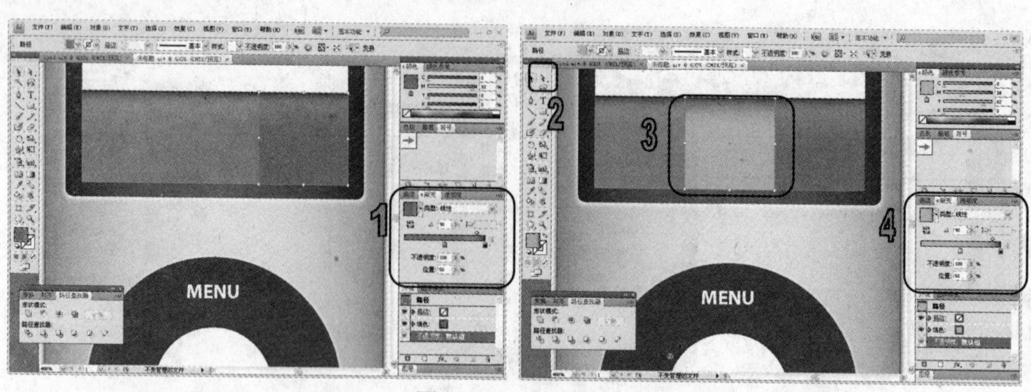

图 13-31　设置颜色

(32) 选择【文字】工具，使用工具在文档中单击，并在控制面板中设置字体样式、字体大小、字体颜色，然后输入文字内容，如图 13-32 所示。

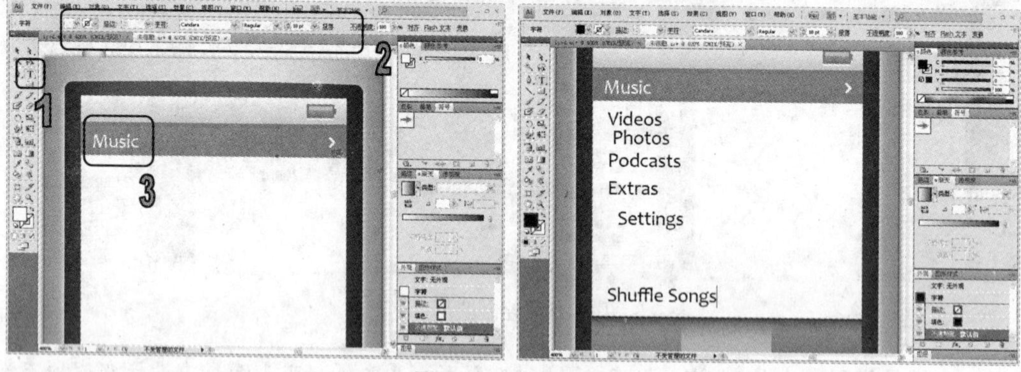

图 13-32　输入文字

(33) 使用【选择】工具选中文字，在控制面板中单击【对齐】链接打开【对齐】面板，单击【水平左对齐】和【垂直居中分布】按钮，对齐分布文本内容，如图 13-33 所示。

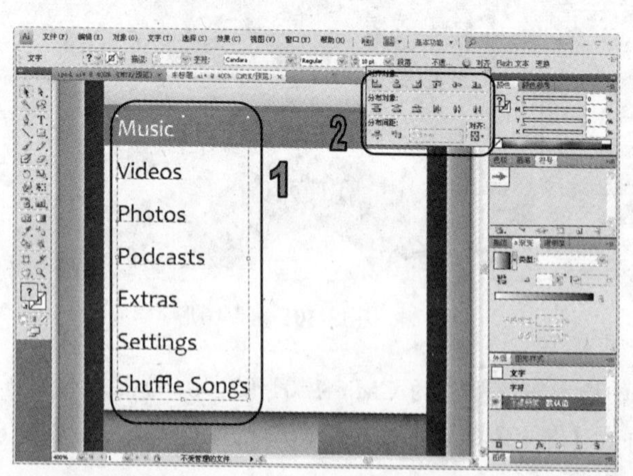

图 13-33　对齐文本

13.2　包装设计

本节实例通过制作包装盒设计，帮助用户巩固和掌握图形绘制、变换操作和应用技巧以及图形对象填充的操作方法。

(1) 选择【文件】|【新建】命令，打开【新建文档】对话框，在对话框的【名称】文本框中输入【包装盒】，设置【宽度】、【高度】数值均为 300mm，单击【横向】按钮，然后单击【确定】按钮新建文档，如图 13-34 所示。

(2) 选择【矩形】工具在图形文档中单击，打开【矩形】对话框。在对话框中，设置【宽度】数值为 85mm，【高度】数值为 150mm，设置完成后单击【确定】按钮创建矩形，如图 13-35 所示。

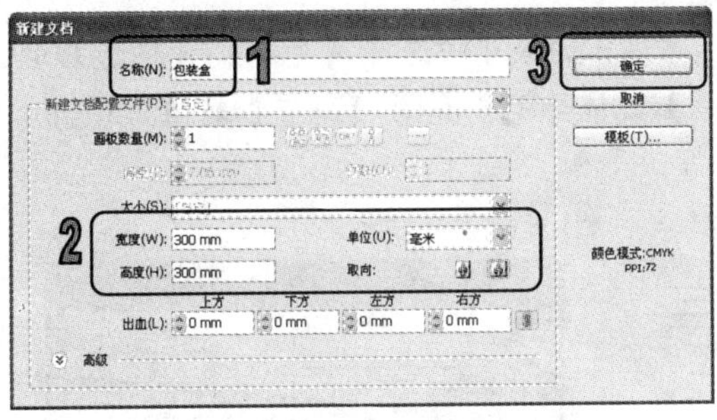

图 13-34　新建文档

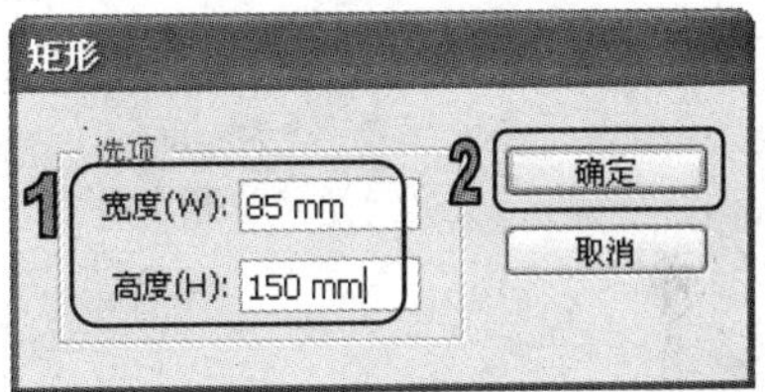

图 13-35　创建矩形

(3) 按 Ctrl+C 键复制矩形，按 Ctrl+F 键粘贴对象，并单击控制面板中的【变换】链接，打开【变换】面板。在面板中，单击【约束宽度和高度比例】按钮，单击左侧中间的定位，并设置【宽】数值为 30mm，如图 13-36 所示。

(4) 在矩形上右击，在弹出的菜单中选择【变换】|【移动】命令，打开【移动】对话框。在对话框中，设置【水平】数值为-30mm，【垂直】数值为 0mm，然后单击【复制】按钮，如图 13-37 所示。

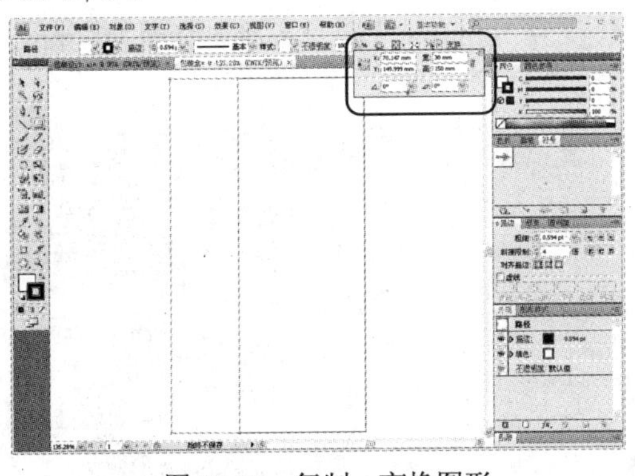

图 13-36　复制、变换图形

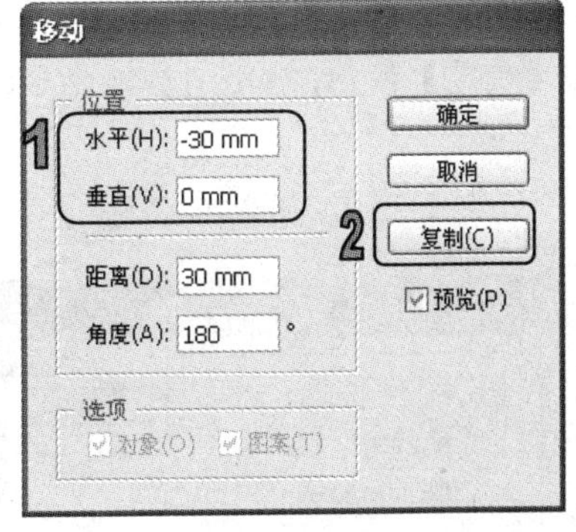

图 13-37　移动复制矩形

(5) 选中步骤(3)中创建的矩形，单击右键，在弹出的菜单中选择【变换】|【移动】命令，打开【移动】对话框。在对话框中，设置【水平】数值为 85mm，【垂直】数值为 0 mm，然后单击【确定】按钮，如图 13-38 所示。

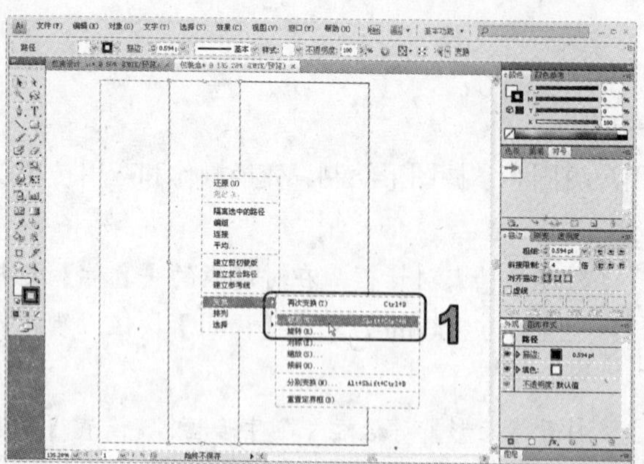

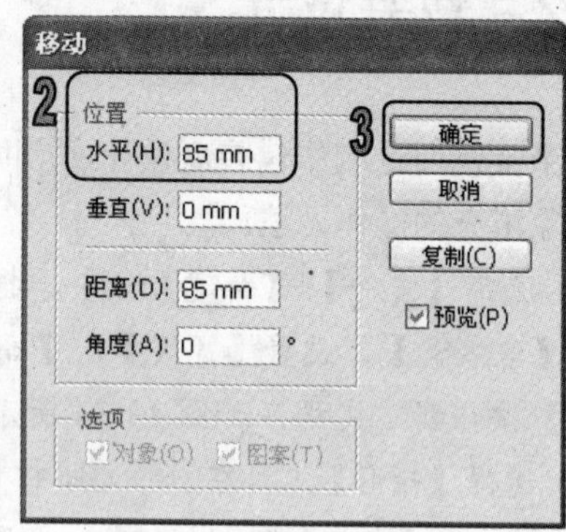

图 13-38　移动矩形

(6) 选中步骤(2)中创建的矩形，单击右键，在弹出的菜单中选择【变换】|【移动】命令，打开【移动】对话框。在对话框中，设置【水平】数值为 115mm，【垂直】数值为 0 mm，然后单击【复制】按钮，如图 13-39 所示。

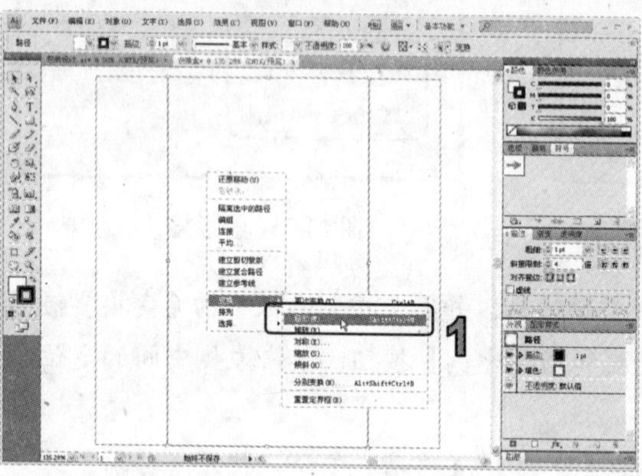

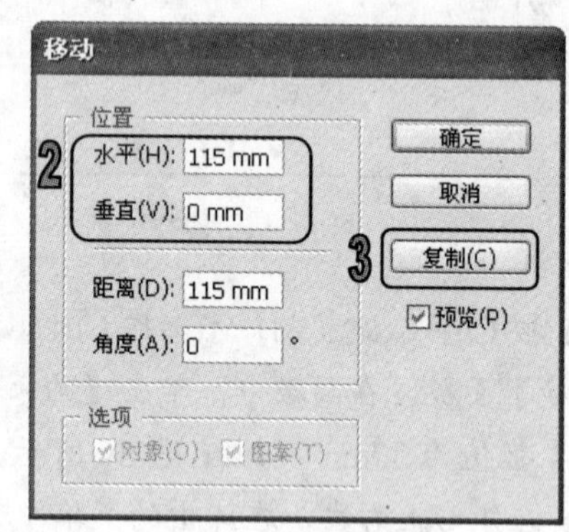

图 13-39　移动复制矩形

(7) 选择【圆角矩形】工具，在步骤(2)绘制的矩形左上角单击，在打开的【圆角矩形】对话框中，设置【宽度】数值为 85mm，【高度】数值为 38mm，【圆角半径】数值为 2mm，然后单击【确定】按钮，如图 13-40 所示。

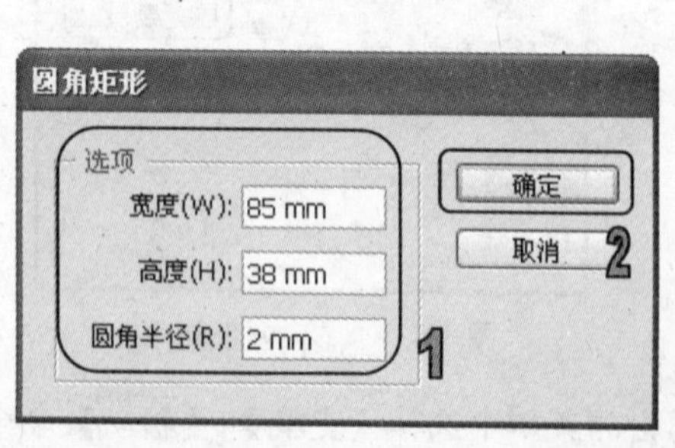

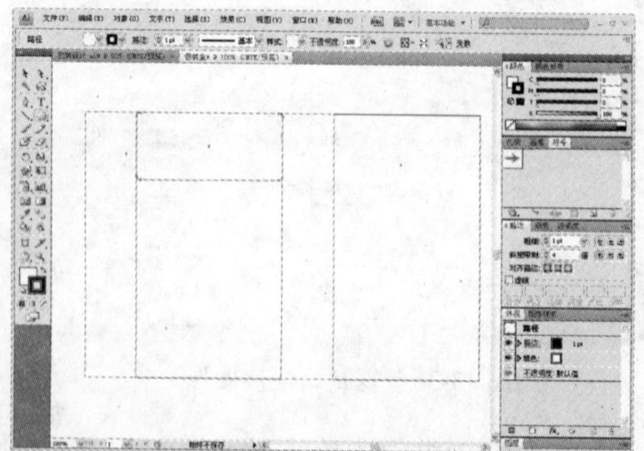

图 13-40　创建圆角矩形

(8) 使用【选择】工具，选中圆角矩形，单击右键，在弹出的菜单中选择【变换】|【移动】

命令，打开【移动】对话框。在对话框中，设置【水平】数值为 0 mm，【垂直】数值为 28mm，然后单击【确定】按钮，如图 13-41 所示。

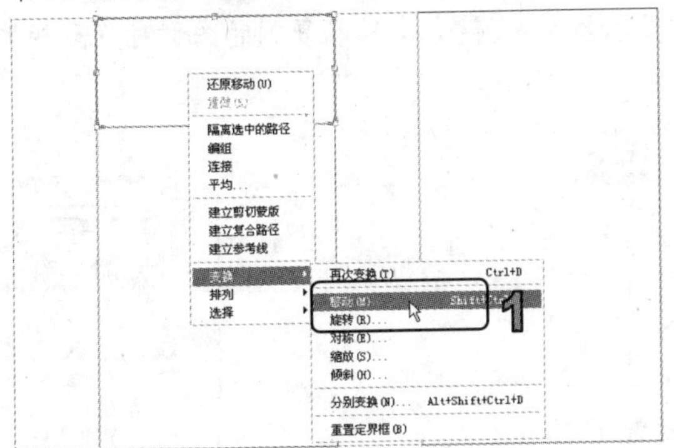

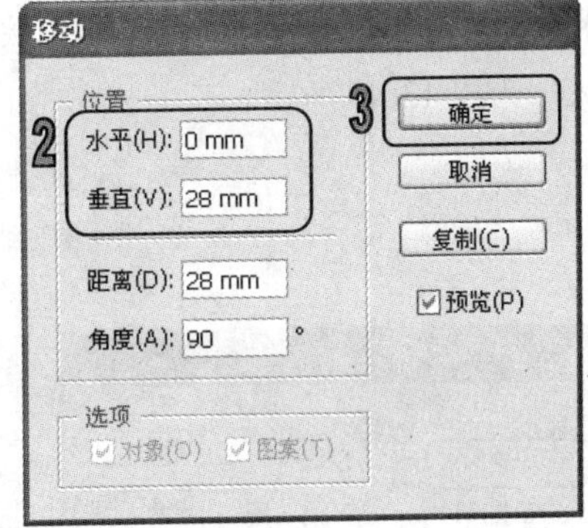

图 13-41 移动图形

(9) 选择【圆角矩形】工具绘制图形，然后使用【选择】工具选中两个图形，再选择【窗口】|【路径查找器】命令，打开【路径查找器】面板，单击【减去顶层】按钮修整图形，如图 13-42 所示。

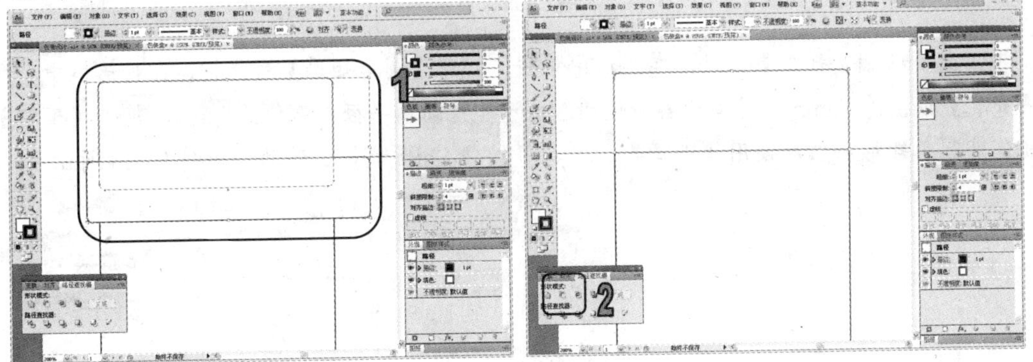

图 13-42 修整图形

(10) 使用【直接选择】工具分别选中圆角矩形左上角和右上角锚点，使用键盘上方向键调整图形形状，如图 13-43 所示。

(11) 选择【选择】工具，选中刚调整过的圆角矩形，并按住 Ctrl+Alt+Shift 键移动复制对象，如图 13-44 所示。

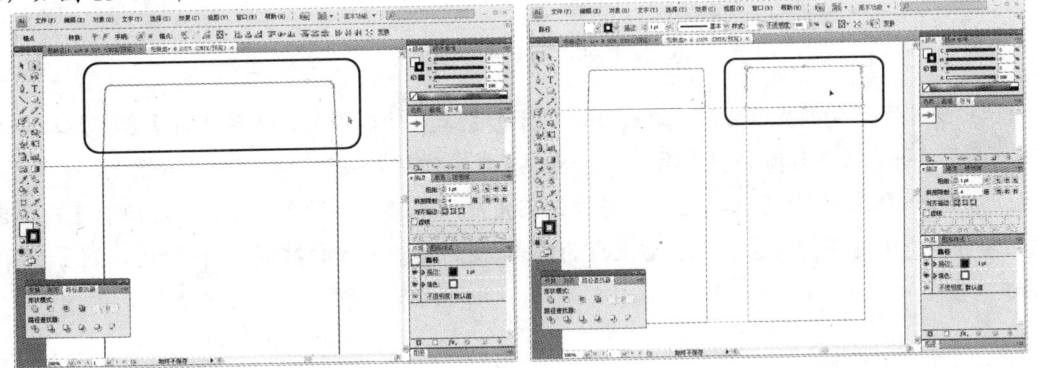

图 13-43 调整图形　　图 13-44 移动复制图形

(12) 按住 Shift 键选中步骤(10)和步骤(11)中的圆角矩形，按 Ctrl+G 键群组对象，并单击鼠标右键，在弹出的菜单中选择【变换】|【对称】命令，打开【镜像】对话框。在对话框中，单击【水平】单选按钮，再单击【复制】按钮，然后按 Shift 键向下移动复制的图形对象至矩形的另一边，如图 13-45 所示。

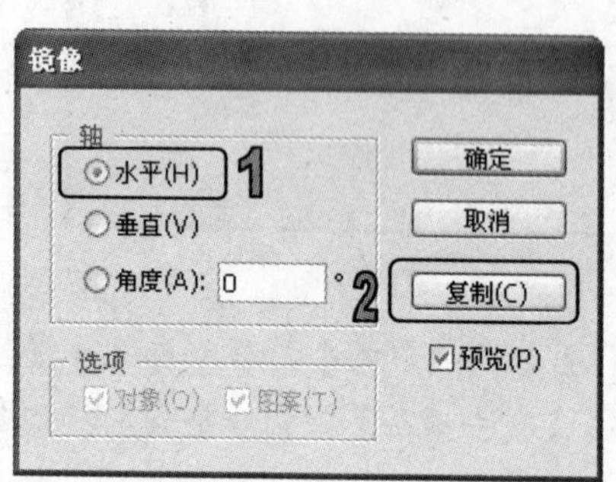

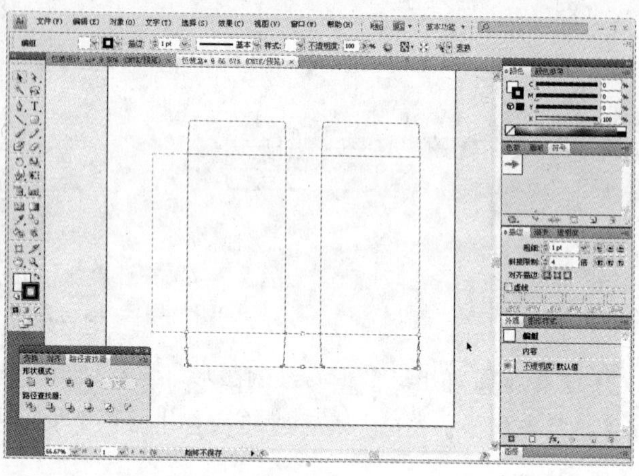

图 13-45　镜像对象

(13) 选择【圆角矩形】工具，在图形中单击，打开【圆角矩形】对话框。在对话框中，设置【宽度】数值为 30mm，【高度】数值为 30mm，【圆角半径】数值为 2mm，单击【确定】按钮创建圆角矩形。然后使用【选择】工具，并按住 Shift 键向上移动，如图 13-46 所示。

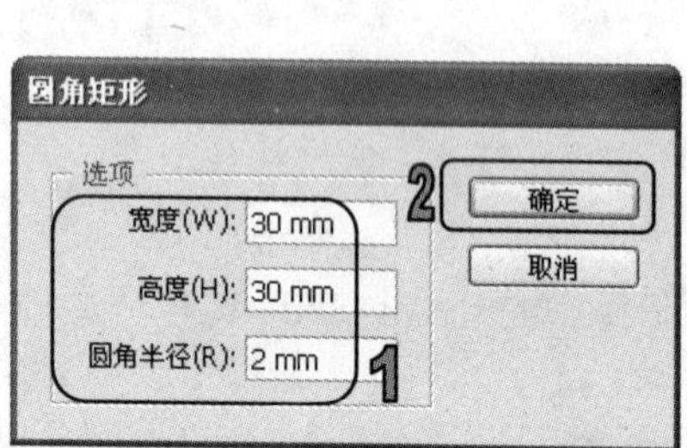

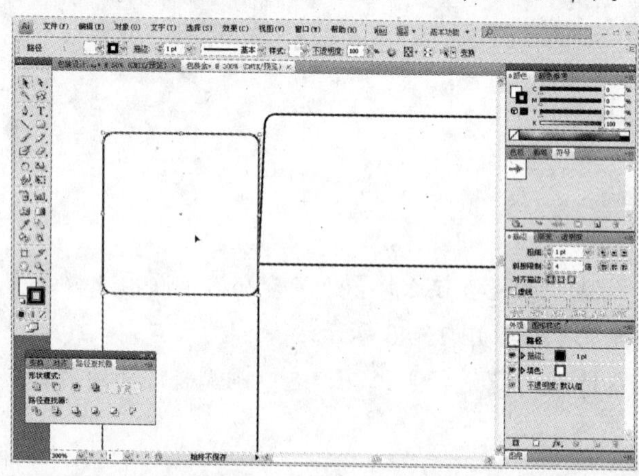

图 13-46　创建圆角矩形

(14) 使用步骤(9)的操作方法，选择【圆角矩形】工具绘制图形，然后使用【选择】工具选中两个图形，并在【路径查找器】面板中，单击【减去顶层】按钮修整图形，如图 13-47 所示。

(15) 选择【添加锚点】工具在刚修整过的圆角矩形两侧添加两个锚点，然后使用【直接选择】工具分别选中圆角矩形左上角和右上角的锚点，使用键盘上方向键调整图形形状，如图 13-48 所示。

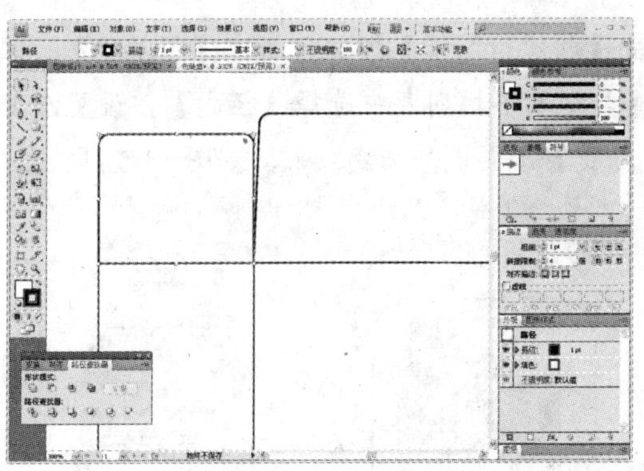

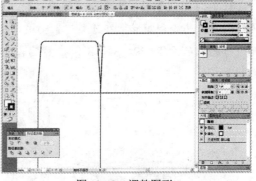

图 13-47　修整图形　　　图 13-48　调整图形

(16) 选择【选择】工具，选中刚调整过的圆角矩形，并按住 Ctrl+Alt+Shift 键移动复制对象，如图 13-49 所示。

(17) 按住 Shift 键选中步骤(15)和步骤(16)中的圆角矩形，按 Ctrl+G 键群组对象，并单击右键，在弹出的菜单中选择【变换】|【对称】命令，打开【镜像】对话框。在对话框中，单击【水平】单选按钮，再单击【复制】按钮，然后按 Shift 键向下移动复制的图形对象至矩形的另一边，如图 13-50 所示。

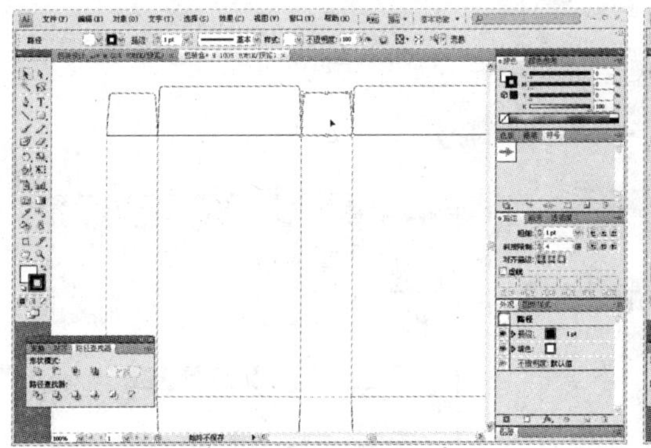

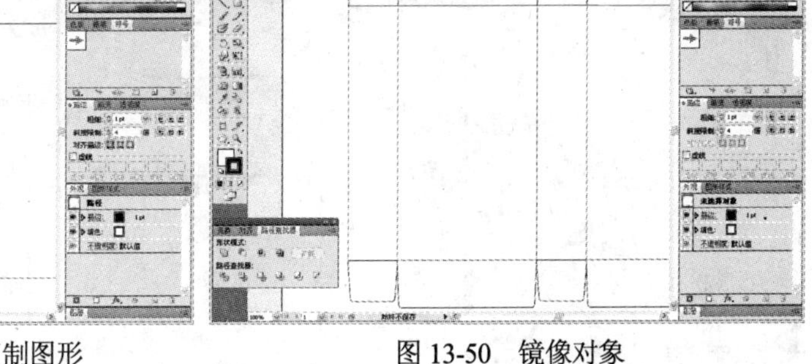

图 13-49　移动复制图形　　　图 13-50　镜像对象

(18) 选择【矩形】工具在图形对象的最左边拖动绘制矩形，并使用【直接选择】工具选中锚点，并配合键盘上方向键调整图形，如图 13-51 所示。

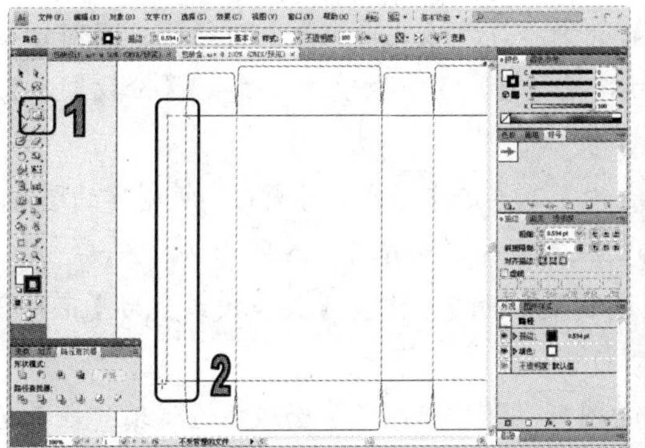

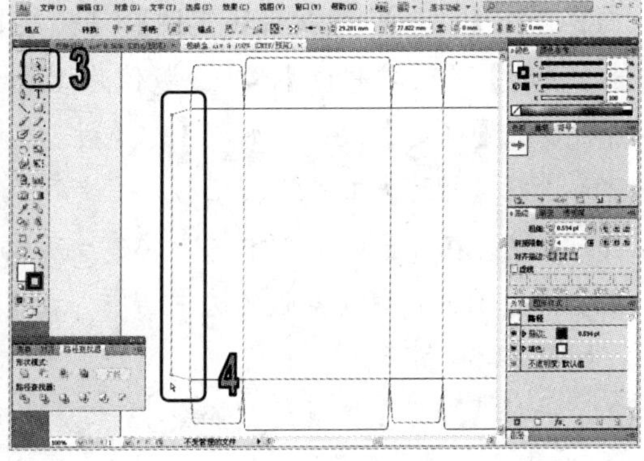

图 13-51　绘制图形

(19) 在【图层】面板中锁定【图层 1】，单击【创建新图层】按钮，新建【图层 2】。选择【矩形】工具绘制矩形。在【渐变】面板中的【类型】下拉列表中选择【径向】，设置渐变填充为白色至 CMYK=79，34，8，0，然后选择【渐变】工具调整渐变效果，如图 13-52 所示。

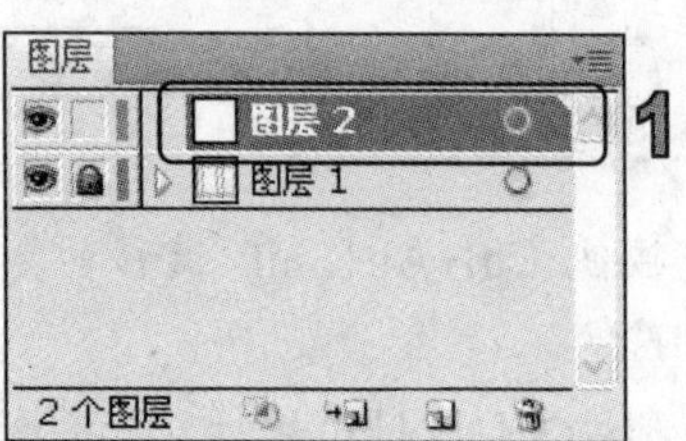

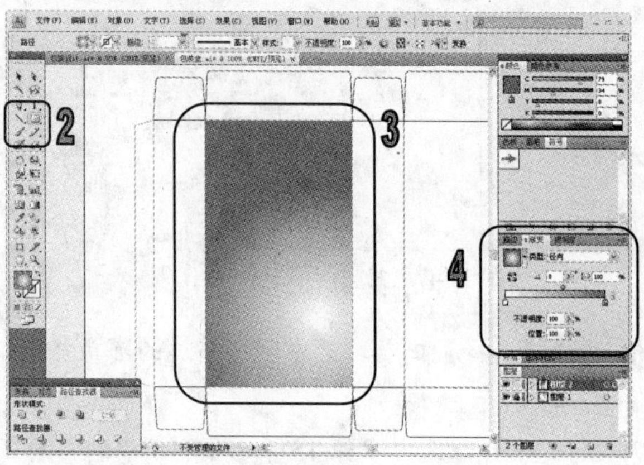

图 13-52　绘制填充图形

(20) 选择【钢笔】工具绘制三角形，在【渐变】面板中，设置【类型】为【线性】，渐变填充为白色至 CMYK=82，51，0，0，【不透明度】数值为 26%，【角度】数值为 90°，如图 13-53 所示。

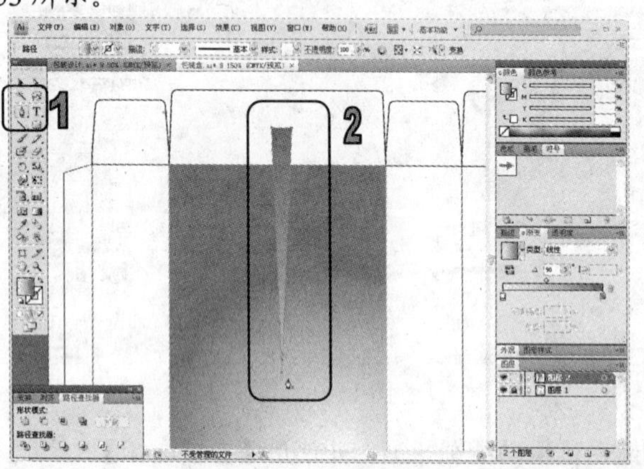

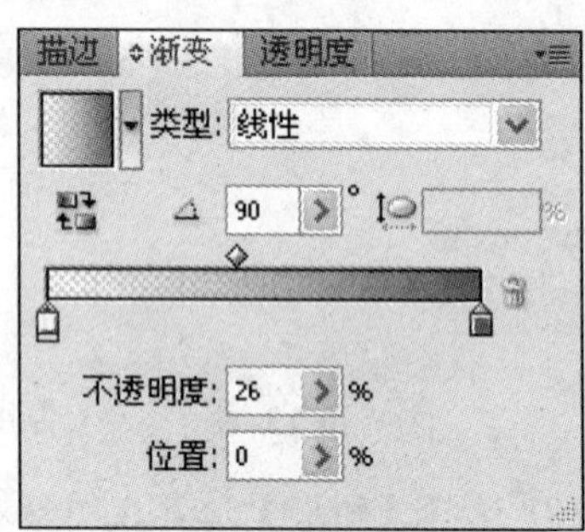

图 13-53　绘制填充图形

(21) 选择【效果】|【扭曲和变换】|【变换】命令，打开【变换效果】对话框。在对话框中设置【移动】选项区中的【水平】数值为-12mm，旋转【角度】数值为 15°，【份数】为 25 份，然后单击【确定】按钮，如图 13-54 所示。

(22) 选择【矩形】工具绘制矩形，并使用【选择】工具选中矩形和步骤(21)所创建的图形，然后单击右键，在弹出的菜单中选中【建立剪切蒙版】命令，如图 13-55 所示。

(23) 保持刚创建剪切蒙版的选中状态，在【透明度】面板中设置【混合模式】为【正片叠底】，如图 13-56 所示。

(24) 选择【钢笔】工具绘制如图 13-57 所示的图形，并在【颜色】面板中设置填充颜色为 CMYK=100，50，0，0。

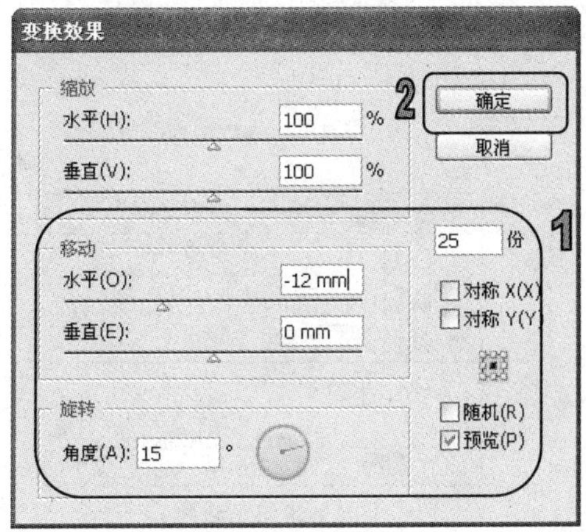

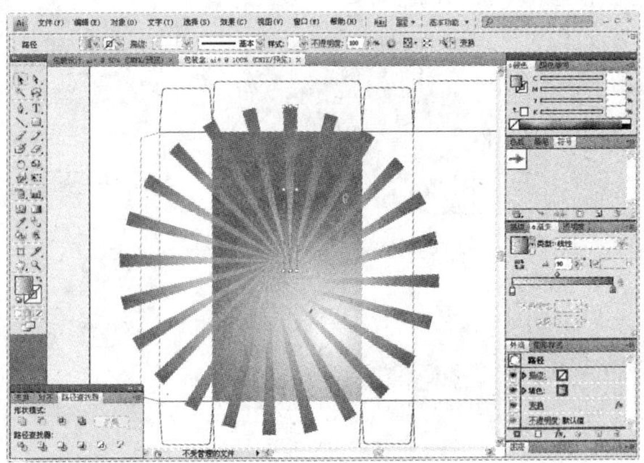

图 13-54　变换图形

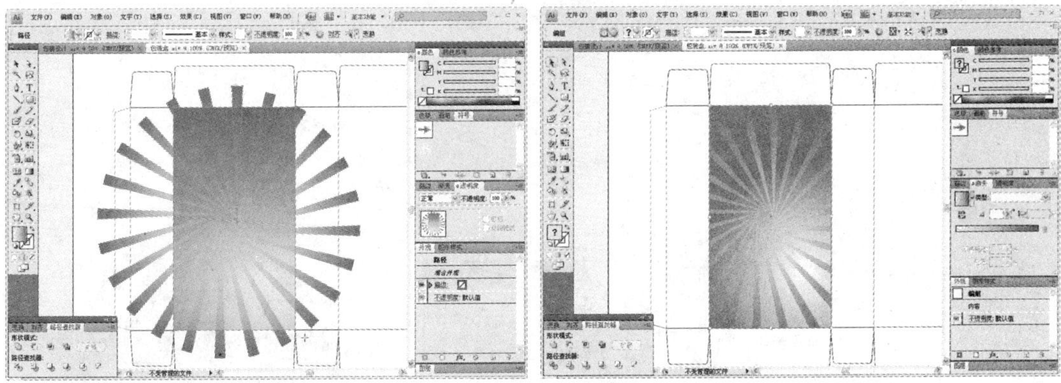

图 13-55　建立剪切蒙版

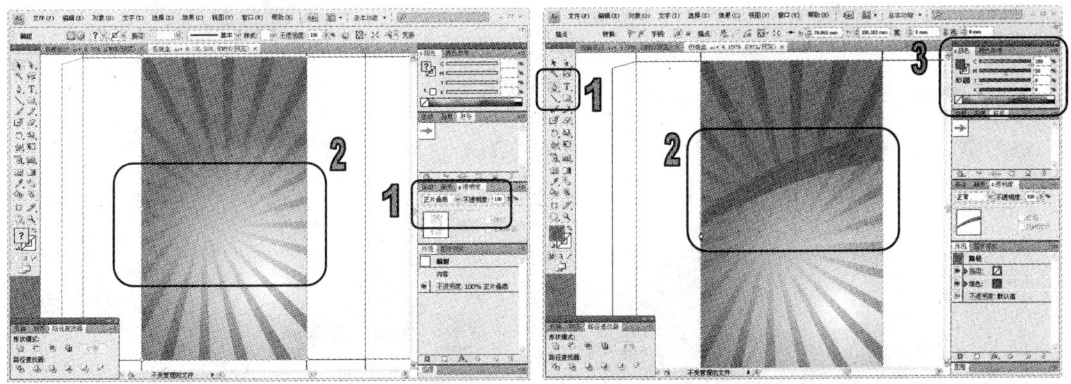

图 13-56　设置混合模式　　　　图 13-57　绘制图形

(25) 选择【钢笔】工具绘制如图 13-58 所示的图形，并在【颜色】面板中设置填充颜色为 CMYK=0，50，100，0。

(26) 在【图层】面板中，锁定【图层 2】，并单击【创建新图层】按钮，新建【图层 3】，如图 13-59 所示。

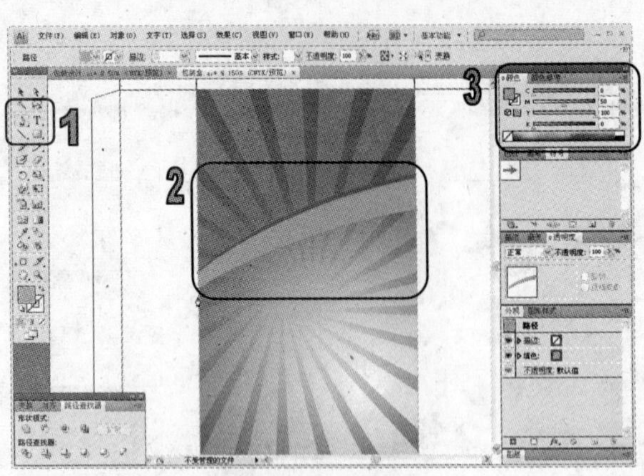

图 13-58　绘制图形

图 13-59　新建图层

(27) 使用【钢笔】工具绘制图形，并在【渐变】面板中，设置渐变填充颜色 CMYK=1，40，88，0 至 CMYK=2，75，96，0 至 CMYK=27，100，100，0，然后选择【渐变】工具调整渐变效果，如图 13-60 所示。

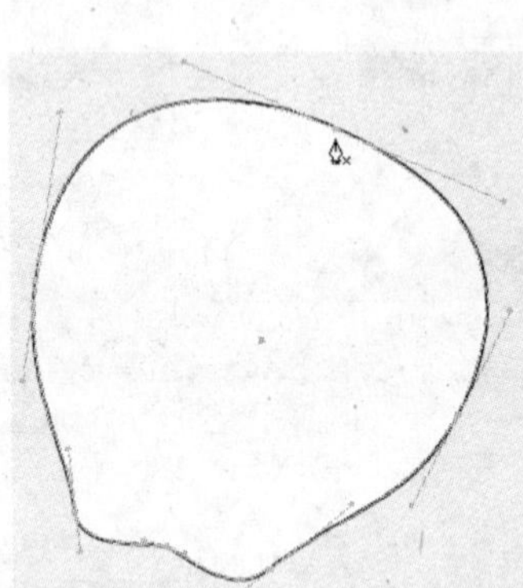

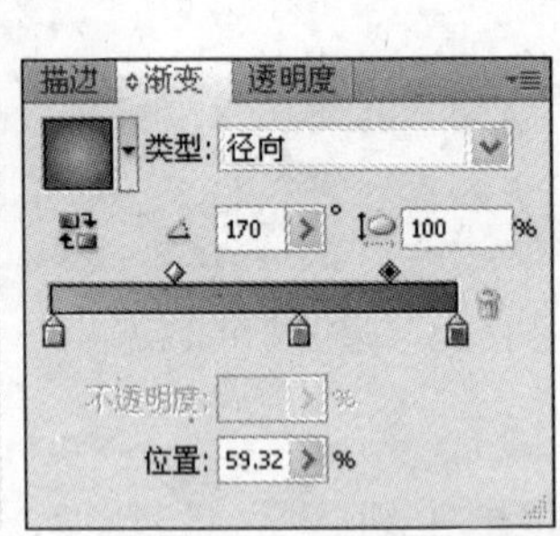

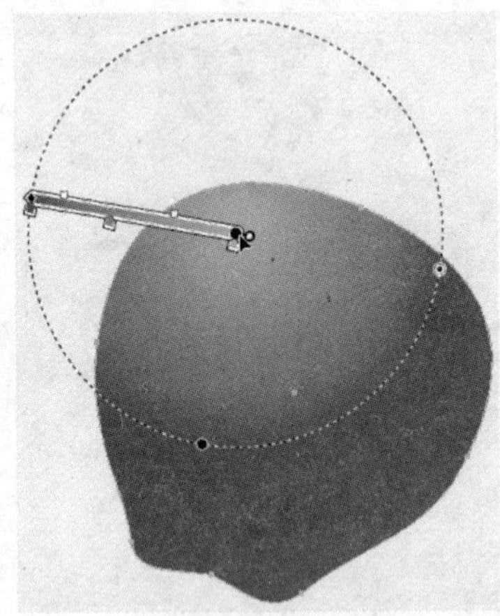

图 13-60　绘制填充图形

(28) 使用【钢笔】工具绘制图形，并在【渐变】面板中，设置渐变填充颜色 CMYK=2，34，88，0 至 CMYK=2，70，95，0 至 CMYK=22，100，100，0，如图 13-61 所示。

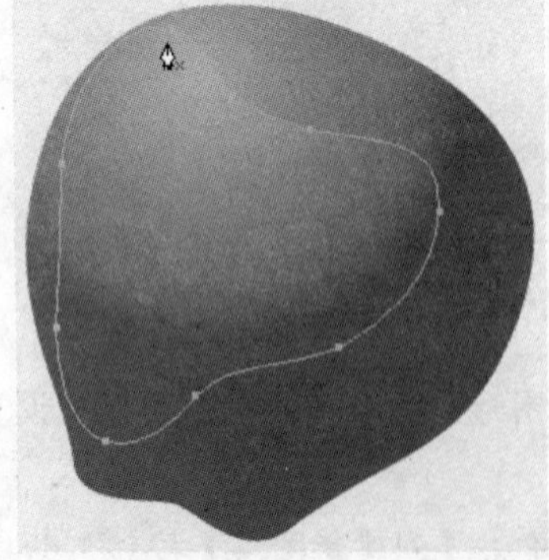

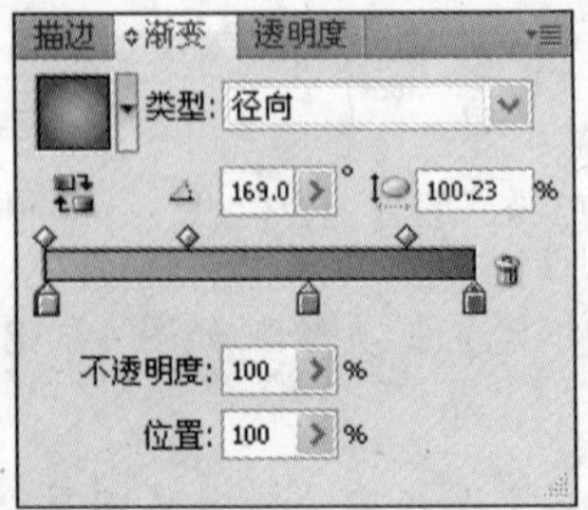

图 13-61　绘制填充图形

(29) 使用【钢笔】工具绘制图形，并在【渐变】面板中，设置渐变填充颜色 CMYK=3，25，73，0 至 CMYK=2，53，76，0 至 CMYK=15，85，71，0，然后选择【渐变】工具调整渐变效果，如图 13-62 所示。

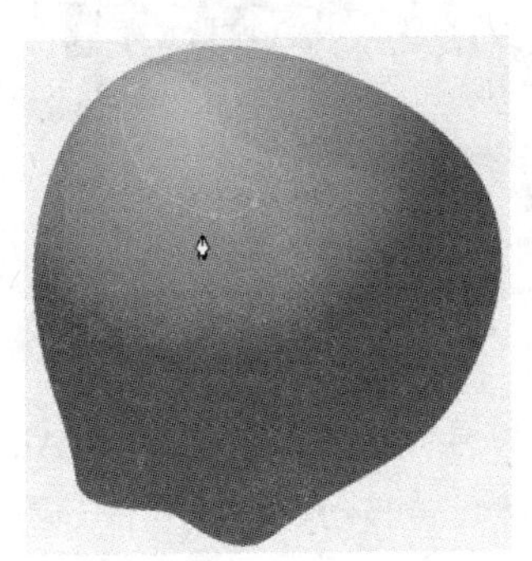

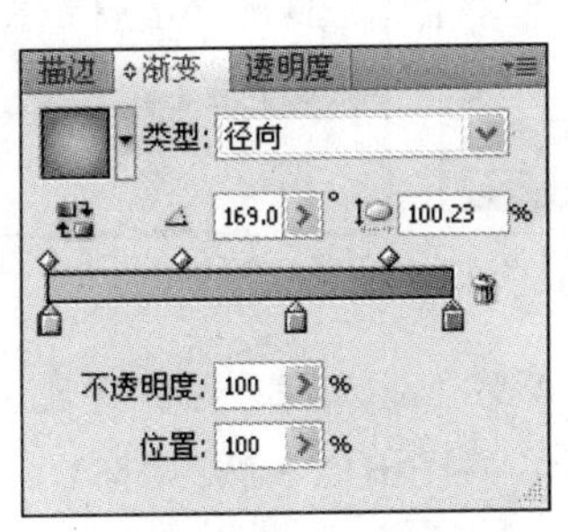

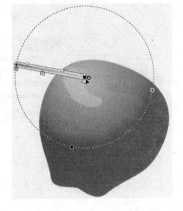

图 13-62　绘制填充图形

(30) 使用【钢笔】工具绘制图形，并在【渐变】面板中，设置渐变填充颜色 CMYK=4，24，86，0 至 CMYK=1，61，93，0 至 CMYK=15，99，100，0，如图 13-63 所示。

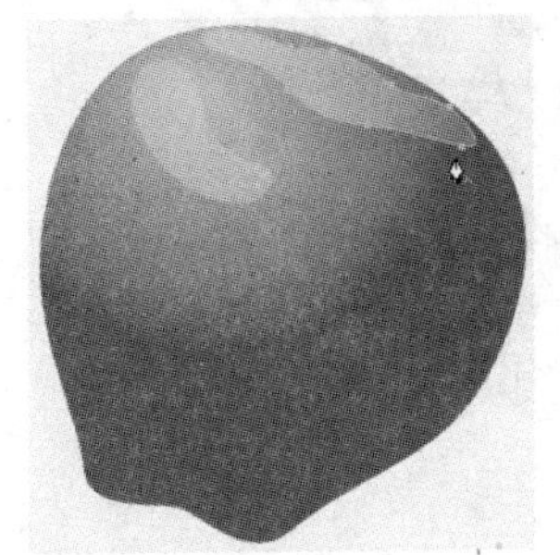

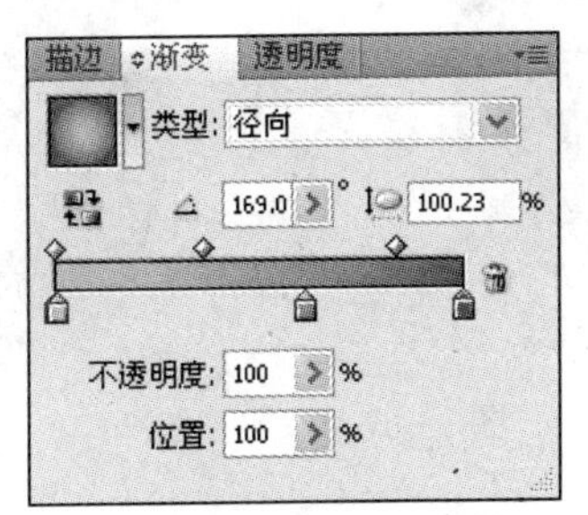

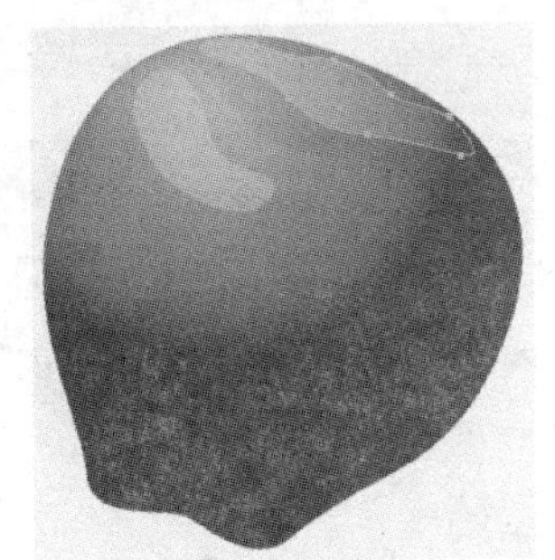

图 13-63　绘制填充图形

(31) 使用【钢笔】工具绘制图形，并在【颜色】面板中设置填充颜色 CMYK=47，73，89，10，如图 13-64 所示。

(32) 使用【钢笔】工具绘制图形，并在【颜色】面板中设置填充颜色 CMYK=56，75，100，30，如图 13-65 所示。

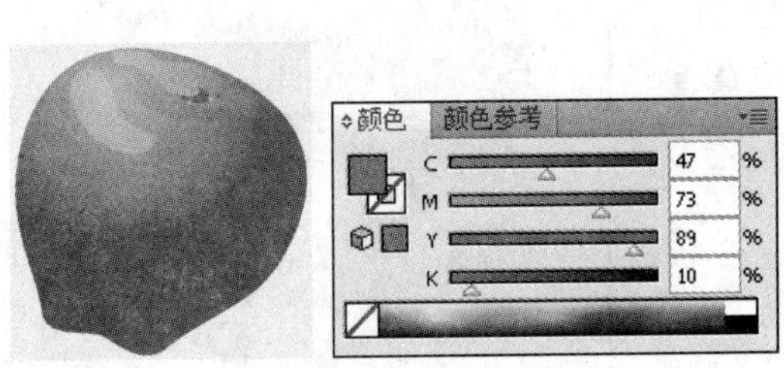

图 13-64　绘制填充图形

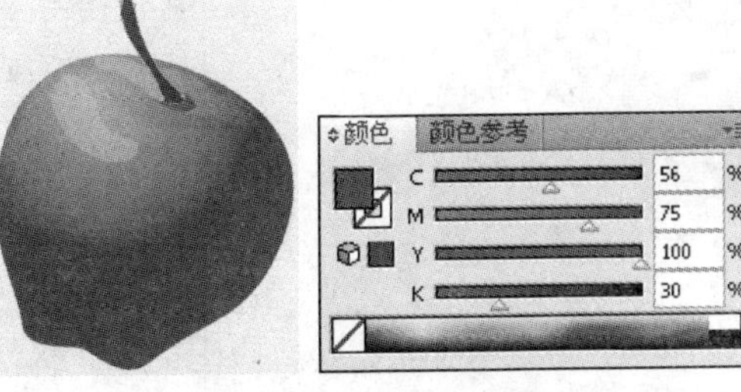

图 13-65　绘制填充图形

(33) 使用【椭圆】工具绘制图形，并在【颜色】面板中设置填充颜色 CMYK=31，79，96，0。使用【选择】工具选中圆形，在【符号】面板中单击【新建符号】按钮，打开【符号选项】对话框，单击【确定】按钮新建符号，如图 13-66 所示。

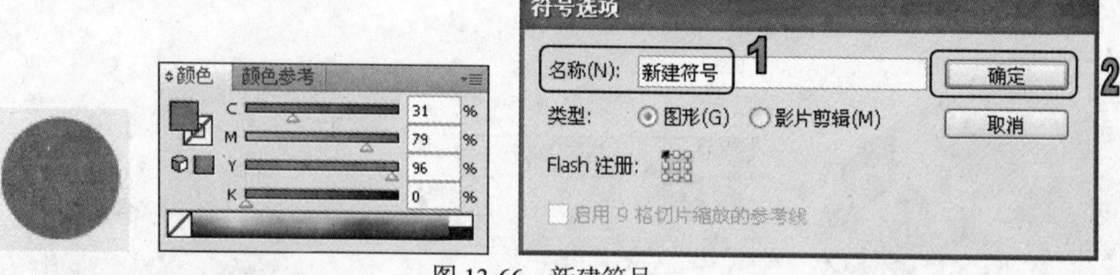

图 13-66　新建符号

(34) 使用【符号喷枪】工具，在苹果上添加符号组。再使用【符号缩放】工具，配合 Alt 键缩小符号，并按 Ctrl+C 键复制符号，按 Ctrl+V 键粘贴符号，同时旋转移动调整符号，如图 13-67 所示。

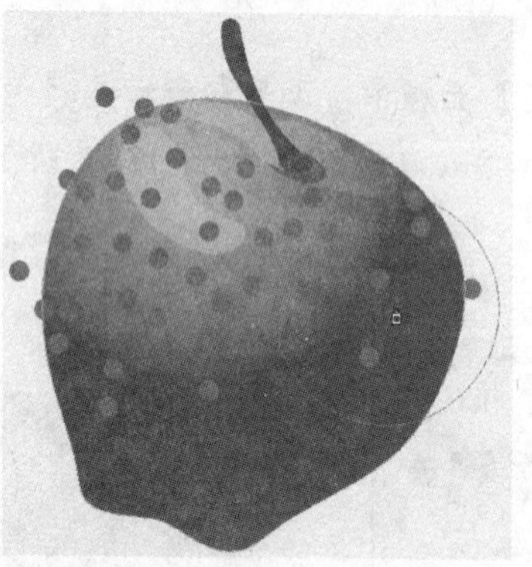

图 13-67　添加符号

(35) 使用【选择】工具选中符号对象，按 Ctrl+G 键群组。然后使用【钢笔】工具绘制图形，如图 13-68 所示。

(36) 在【渐变】面板中，设置渐变填充颜色 CMYK=0，75，56，0 至 CMYK=25，7，92，0 至 CMYK=43，24，100，0，然后选择【渐变】工具调整渐变效果，如图 13-69 所示。

图 13-68　绘制图形

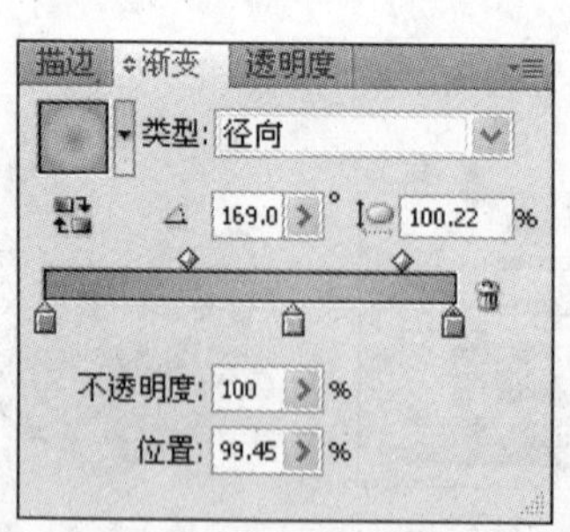

图 13-69　填充图形

(37) 使用【钢笔】工具绘制图形，并在【渐变】面板中，设置渐变填充颜色 CMYK=0，70，56，0 至 CMYK=23，5，90，0 至 CMYK=38，20，98，0，然后选择【渐变】工具调整渐变效果，如图 13-70 所示。

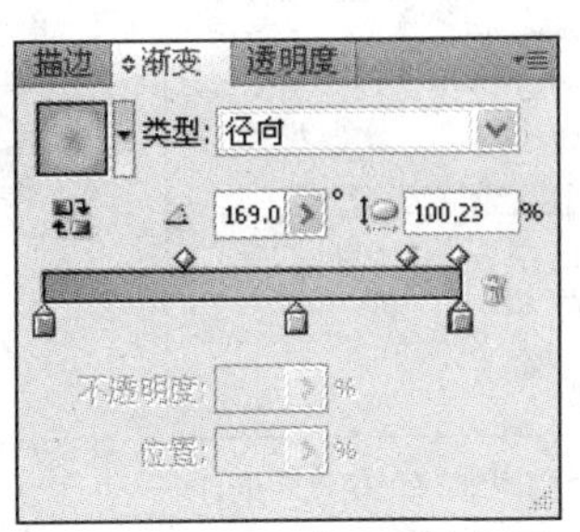

图 13-70　绘制填充图形

(38) 使用【钢笔】工具绘制图形，并在【渐变】面板中，设置渐变填充颜色 CMYK=0，47，37，0 至 CMYK=16，4，72，0 至 CMYK=25，12，72，0，然后选择【渐变】工具调整渐变效果，如图 13-71 所示。

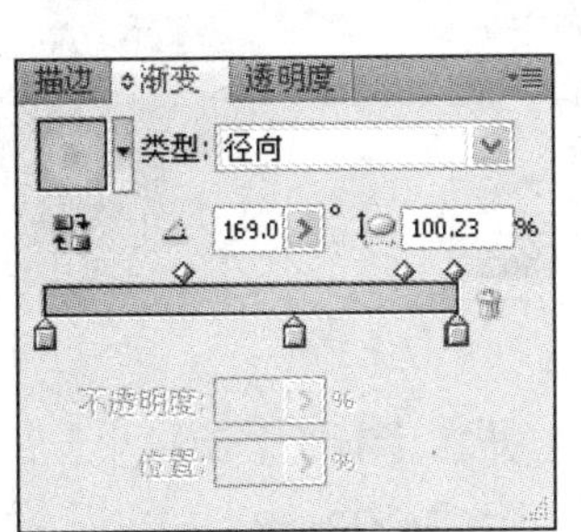

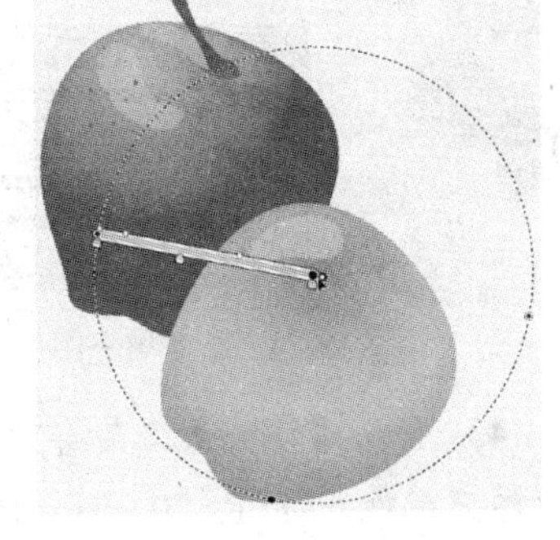

图 13-71　绘制填充图形

(39) 使用【椭圆】工具绘制图形，并在【颜色】面板中设置填充颜色 CMYK=1，6，16，0。再使用【钢笔】工具绘制图形，如图 13-72 所示。

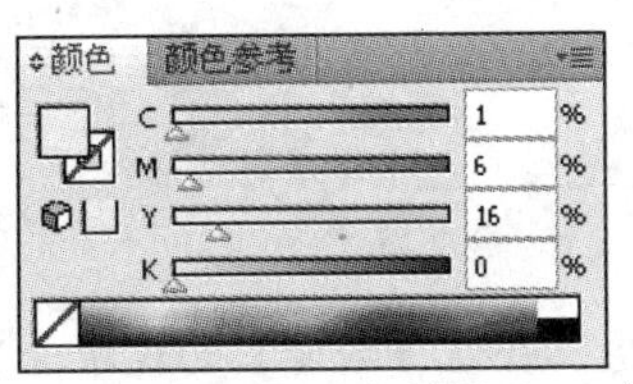

图 13-72　绘制图形

(40) 连续按 Ctrl+[键排列图形对象。并在【渐变】面板中，设置渐变填充颜色 CMYK=0，61，46，0 至 CMYK=18，2，88，0 至 CMYK=30，14，84，0，并使用【渐变】工具调整渐变效果，如图 13-73 所示。

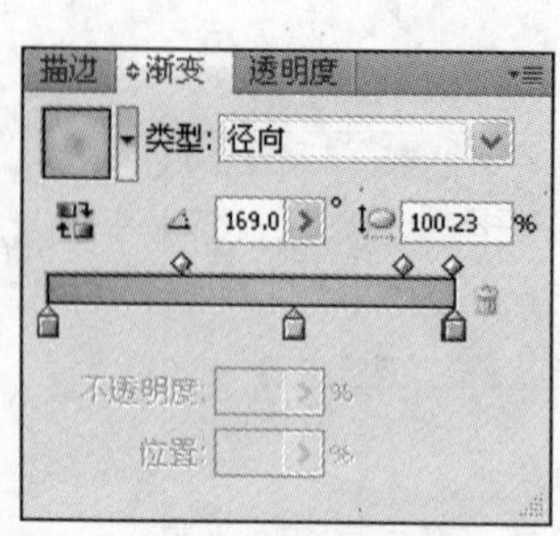

图 13-73　绘制填充图形

(41) 使用【钢笔】工具绘制图形，并在【颜色】面板中设置填充颜色 CMYK=27，57，85，0，如图 13-74 所示。

(42) 使用【钢笔】工具绘制图形，并在【颜色】面板中设置填充颜色 CMYK=56，75，100，30，如图 13-75 所示。

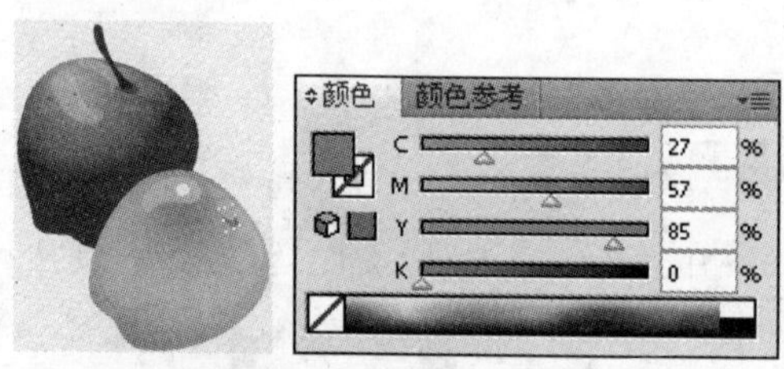

图 13-74　绘制填充图形

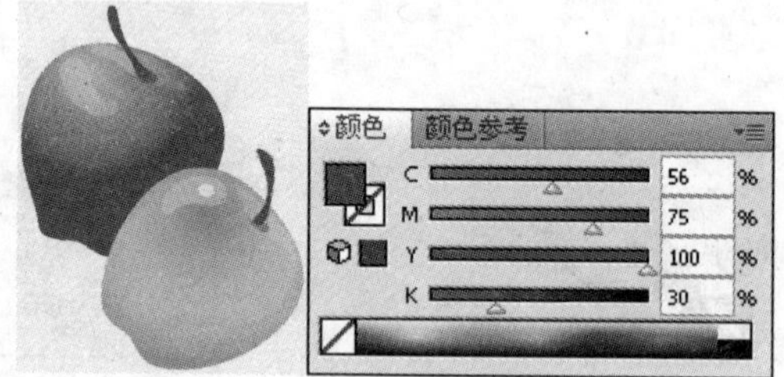

图 13-75　绘制填充图形

(43) 使用【钢笔】工具绘制图形，并在【渐变】面板中，设置【类型】为【线性】，设置渐变填充颜色 CMYK=70，31，100，0 至 CMYK=47，12，86，0，然后选择【渐变】工具调整渐变效果，如图 13-76 所示。

(44) 使用【钢笔】工具绘制图形，并在【渐变】面板中，设置【类型】为【线性】，设置渐变填充颜色 CMYK=70，31，100，0 至 CMYK=47，12，86，0，然后选择【渐变】工具调整渐变效果，如图 13-77 所示。

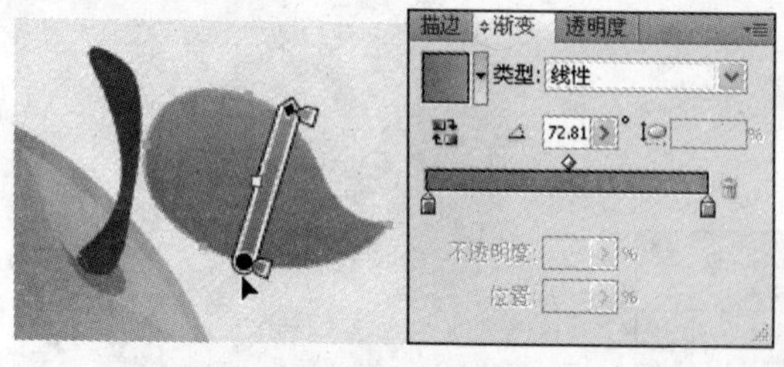

图 13-76　绘制填充图形

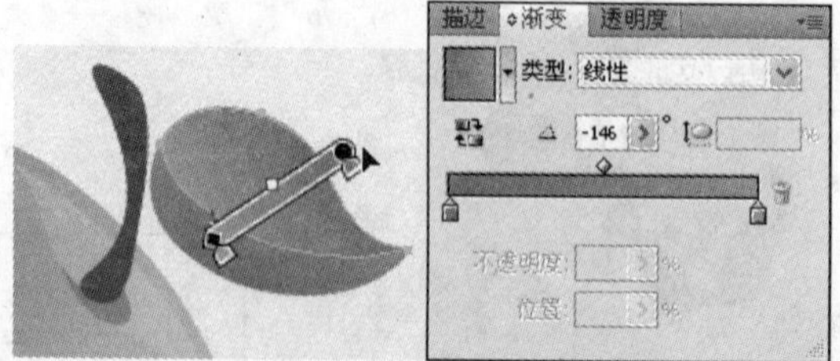

图 13-77　绘制填充图形

(45) 使用【钢笔】工具绘制图形，并在【渐变】面板中，设置【类型】为【线性】，设置渐变填充颜色 CMYK=70，31，100，0 至 CMYK=47，12，86，0，然后选择【渐变】工具调整

渐变效果，如图 13-78 所示。

(46) 使用【选择】工具选中步骤(35)中群组的符号对象，按 Ctrl+C 键复制，Ctrl+V 键粘贴，然后移动旋转符号对象，如图 13-79 所示。

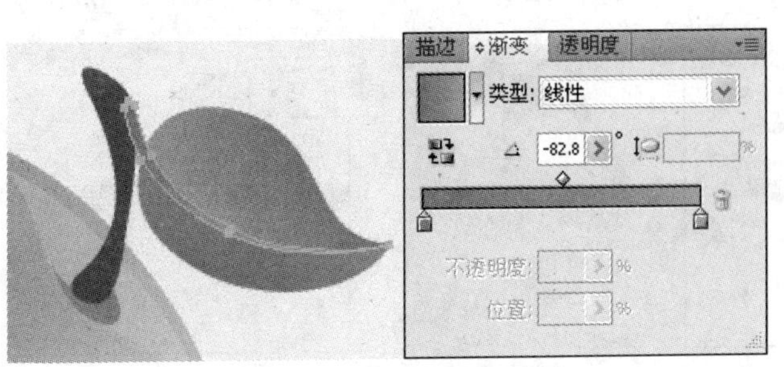

图 13-78 绘制填充图形

图 13-79 复制对象

(47) 使用【钢笔】工具绘制图形，并在【渐变】面板中，设置【类型】为【线性】，设置渐变填充颜色 CMYK=42，100，100，9 至 CMYK=2，75，96，0，然后选择【渐变】工具调整渐变效果，如图 13-80 所示。

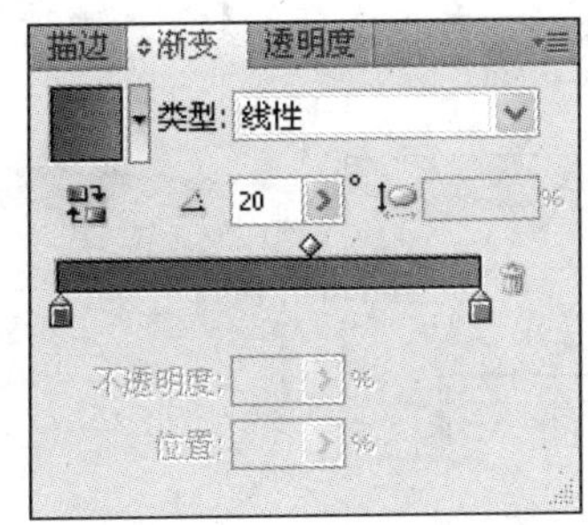

图 13-80 绘制填充图形

(48) 使用【钢笔】工具绘制图形，并在【渐变】面板中，设置【类型】为【径向】，设置渐变填充颜色 CMYK=1，2，11，0 至 CMYK=5，20，85，0，然后选择【渐变】工具调整渐变效果，如图 13-81 所示。

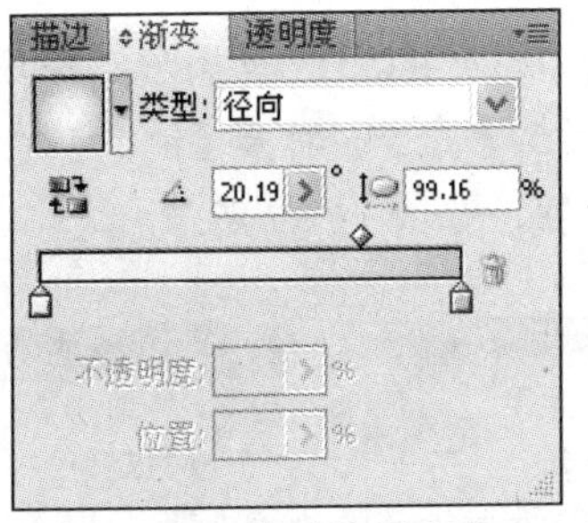

图 13-81 绘制填充图形

(49) 使用【钢笔】工具绘制图形，并在【渐变】面板中，设置【类型】为【线性】，设置渐变填充颜色 CMYK=1，2，11，0 至 CMYK=5，20，85，0，然后选择【渐变】工具调整渐变

效果，如图 13-82 所示。

(50) 使用【钢笔】工具绘制图形，并在【渐变】面板中，设置【类型】为【线性】，设置渐变填充颜色 CMYK=56, 75, 100, 30 至 CMYK=4, 7, 48, 0 至 CMYK=2, 1, 22, 0 至 CMYK=4, 7, 48, 0 至 CMYK=56, 75, 100, 30，然后选择【渐变】工具调整渐变效果，如图 13-83 所示。

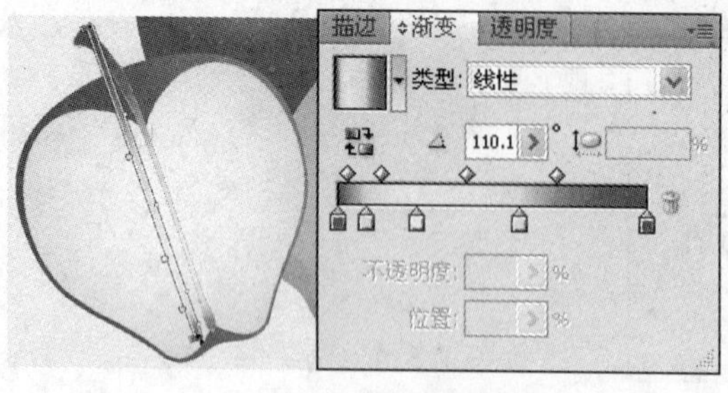

图 13-82　绘制填充图形

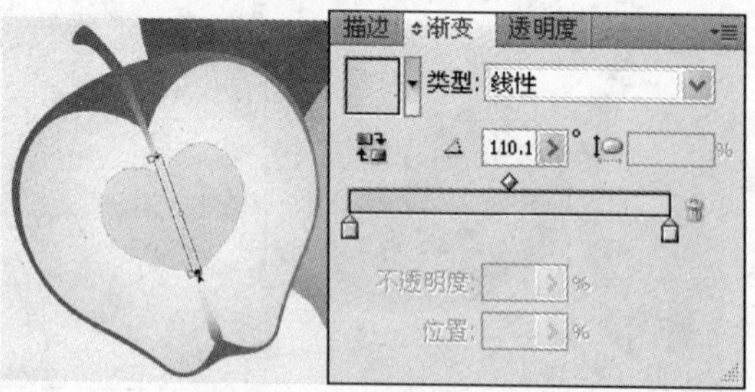

图 13-83　绘制填充图形

(51) 按 Ctrl+C 键复制，Ctrl+F 键粘贴刚创建的图形并略缩小图形。在【渐变】面板中，设置【类型】为【径向】，设置渐变填充颜色 CMYK=1，2，10，0 至 CMYK=5，20，85，0，然后选择【渐变】工具调整渐变效果，如图 13-84 所示。

(52) 使用【钢笔】工具绘制图形，并在【颜色】面板中设置填充颜色 CMYK=5，11，63，0，如图 13-85 所示。

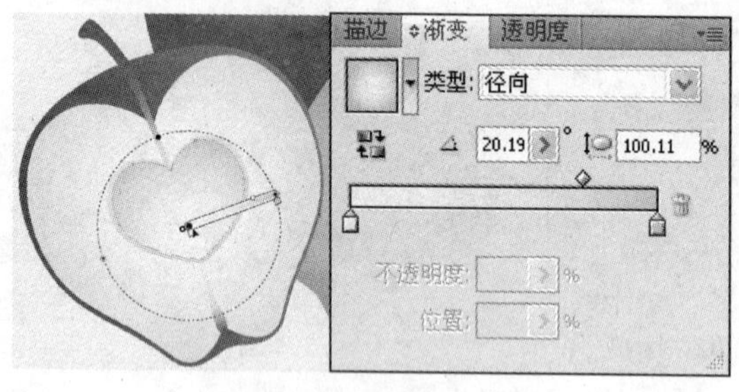

图 13-84　绘制填充图形

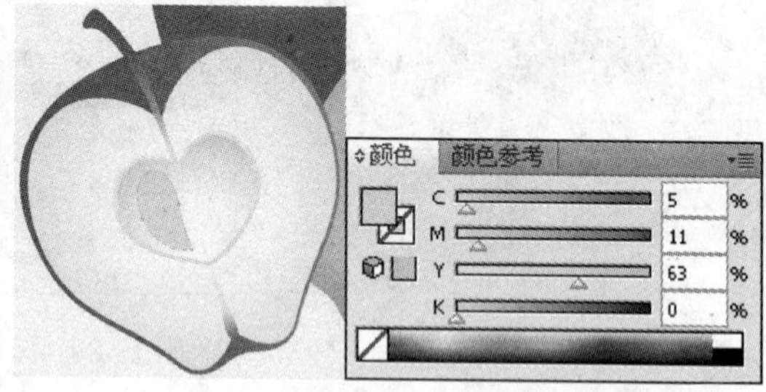

图 13-85　绘制填充图形

(53) 使用【钢笔】工具绘制图形，并在【渐变】面板中，设置【类型】为【线性】，设置渐变填充颜色 CMYK=56，75，100，30 至 CMYK=27，57，85，0，如图 13-86 所示。

(54) 按住 Shift 键选中步骤(52)和步骤(53)中的图形，按 Ctrl+G 键群组对象，并单击右键，在弹出的菜单中选择【变换】|【对称】命令，打开【镜像】对话框。在对话框中，设置【角度】数值为-69°，并单击【复制】按钮，如图 13-87 所示。

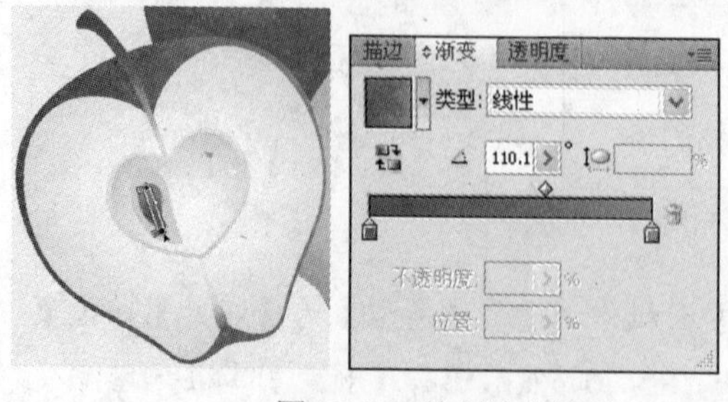

图 13-86　绘制填充图形

图 13-87　镜像对象

(55) 使用【选择】工具选中步骤(49)中绘制的图形，按 Ctrl+]键调整图形堆叠顺序，如图 13-88 所示。

(56) 使用【钢笔】工具绘制图形，按 Ctrl+[键调整图形堆叠顺序，如图 13-89 所示。

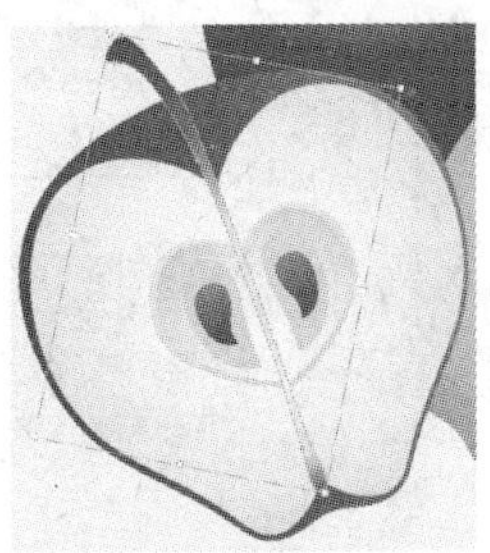

图 13-88 堆叠顺序

图 13-89 绘制图形

(57) 在【渐变】面板中，设置【类型】为【径向】，设置渐变填充颜色 CMYK=11，53，93，0 至 CMYK=15，82，100，0 至 CMYK=35，100，100，2，然后选择【渐变】工具调整渐变效果，如图 13-90 所示。

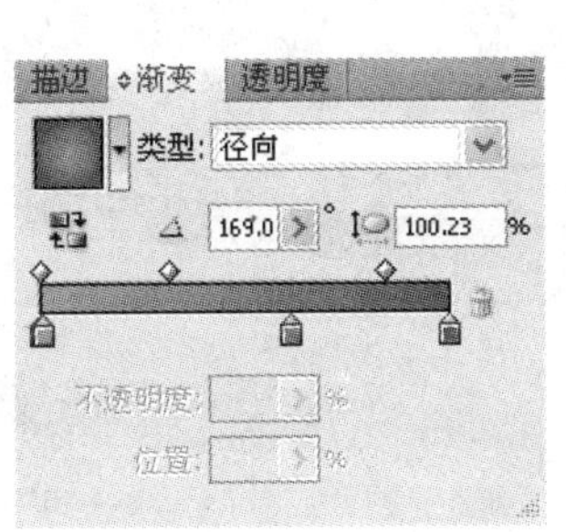

图 13-90 填充图形

(58) 使用【钢笔】工具绘制图形，按 Ctrl+[键调整图形堆叠顺序，在【渐变】面板中，设置【类型】为【径向】，设置渐变填充颜色 CMYK=9，77，69，0 至 CMYK=130，37，96，0 至 CMYK=45，38，100，0，然后选择【渐变】工具调整渐变效果，如图 13-91 所示。

图 13-91 绘制填充图形

(59) 使用【选择】工具选中绘制的苹果图形，按 Ctrl+G 键群组，并移动图形位置。选择【矩形】工具绘制一个矩形，并在【颜色】面板中设置填充色 CMYK=16，0，0，0，如图 13-92 所示。

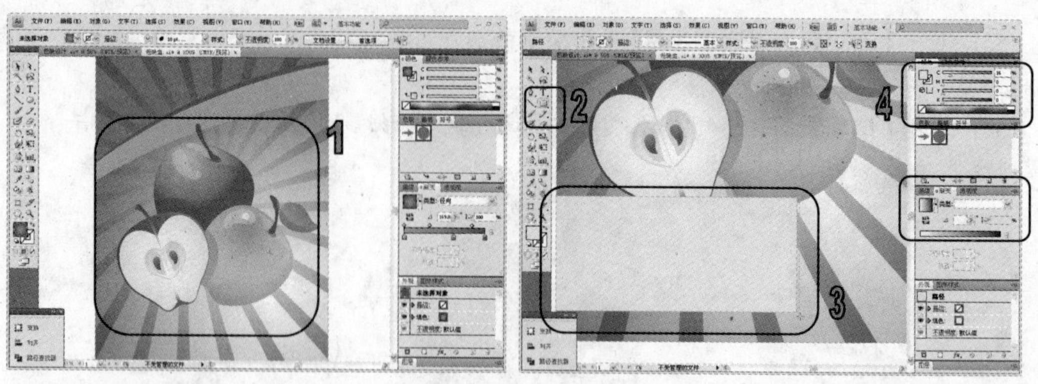

图 13-92　绘制图形

(60) 使用【直接选择】工具选中刚绘制的矩形右侧锚点并按住 Shift 键向上移动。然后选择【选择】工具选中图形，按 Ctrl+C 键复制，按 Ctrl+F 键粘贴，再使用【直接选择】工具调整复制的图形，并在【颜色】面板中设置填充颜色 CMYK=100，50，0，0，如图 13-93 所示。

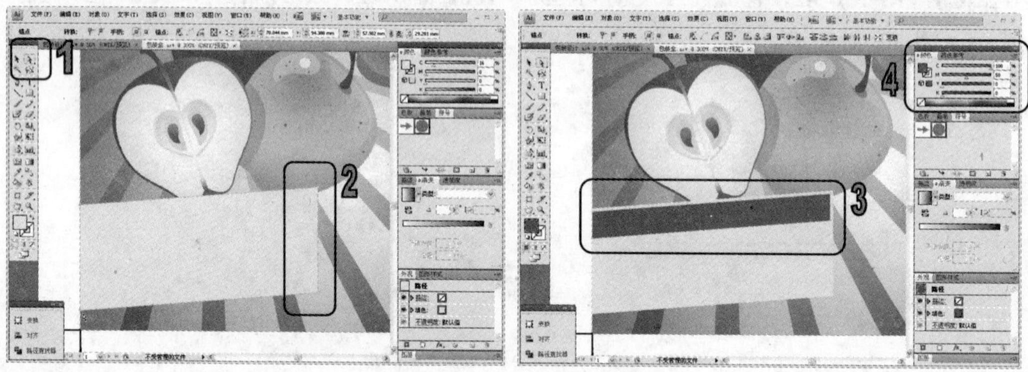

图 13-93　绘制填充图形

(61) 使用步骤(60)的操作方法，添加另外的矩形，并在【颜色】面板中设置填充颜色 CMYK=46，0，0，0，如图 13-94 所示。

(62) 选择【文字】工具，在图形文档中单击，然后在控制面板中单击【字符】链接，打开【字符】面板，设置字体样式为幼圆、字体大小为 12pt、字符间距为 100，然后输入文字内容，如图 13-95 所示。

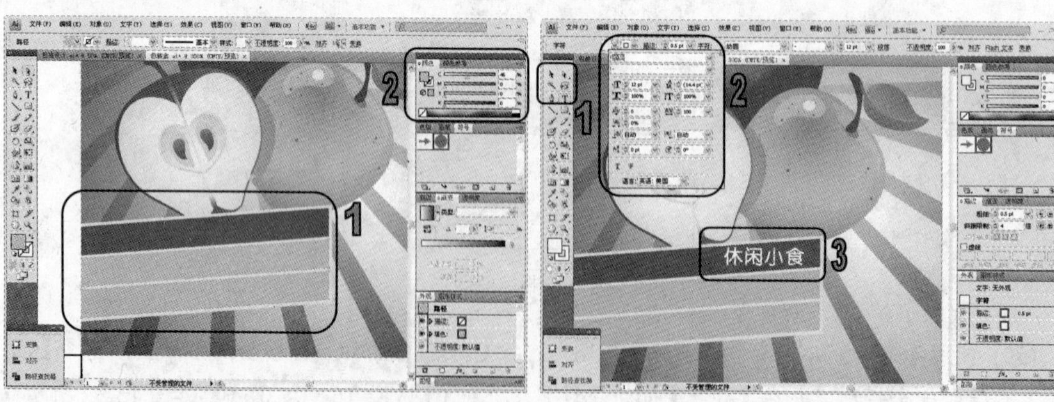

图 13-94　绘制填充图形　　　图 13-95　输入文字

(63) 使用步骤(62)的操作方法输入文字内容，并在【颜色】面板中设置文字颜色为 CMYK=85，50，0，0，如图 13-96 所示。

(64) 使用【选择】工具选中全部文字内容，单击控制面板上的【对齐】链接，在打开的【对齐】面板中单击【水平右对齐】按钮，如图 13-97 所示。

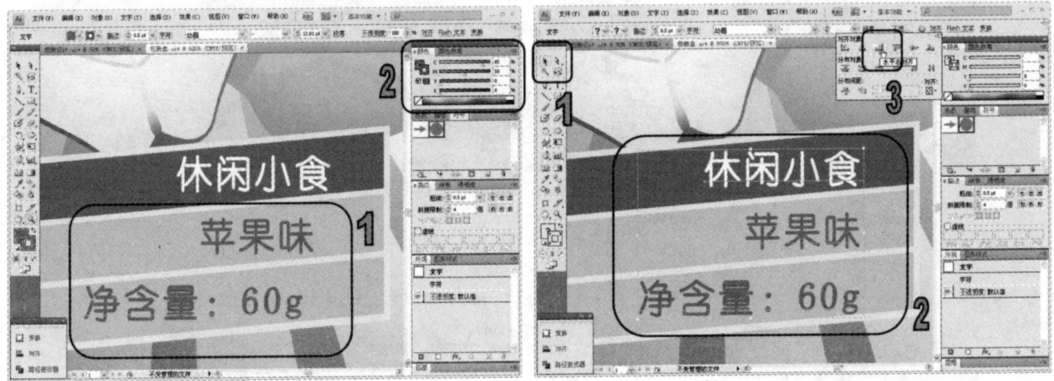

图 13-96 输入文字　　图 13-97 对齐文字

(65) 选择【倾斜】工具倾斜输入的文字，并使用【选择】工具分别选中输入文本，按 Shift 键调整其位置，如图 13-98 所示。

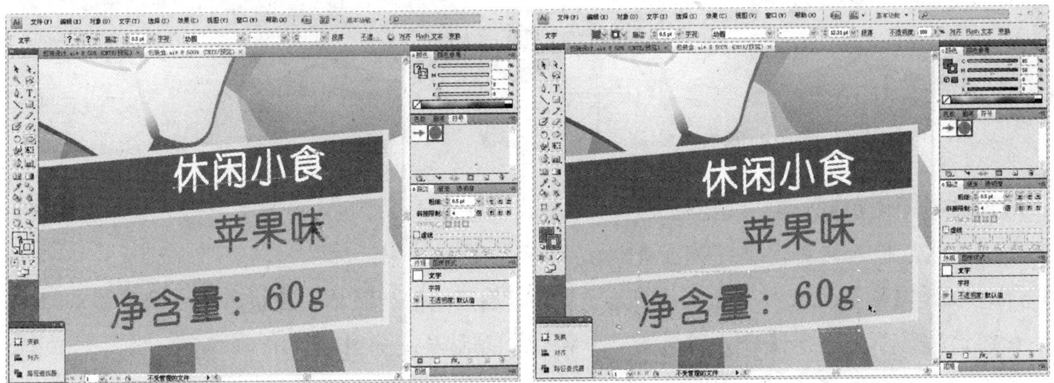

图 13-98 倾斜文字

(66) 选择【文字】工具，在图形文档中单击，然后在控制面板中设置字体样式、字体大小，然后输入文字内容。使用【选择】工具选中刚输入的文字，然后旋转文字，如图 13-99 所示。

(67) 使用【椭圆】工具在文档中按住 Shift+Alt 键绘制圆形，在【颜色】面板中，设置填充颜色为 CMYK=54，15，94，0，描边为白色。并在【描边】面板中设置描边【粗细】为 2.45pt，如图 13-100 所示。

(68) 选择【文字】工具，在图形文档中单击，然后在控制面板中设置字体样式、字体大小，然后输入文字内容，如图 13-101 所示。

图 13-99　输入文字

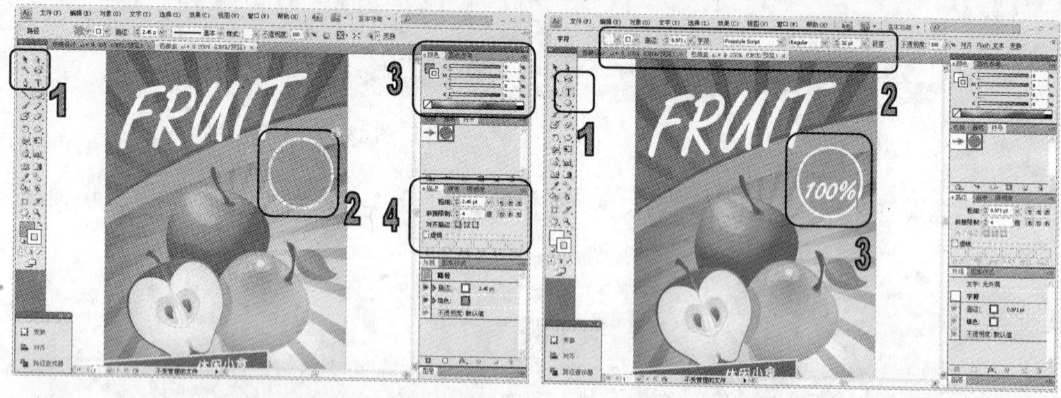

图 13-100　绘制图形　　图 13-101　输入文字

(69) 选择【文字】工具，在图形文档中单击，然后在控制面板中设置字体颜色、字体样式、字体大小，然后输入文字内容，如图 13-102 所示。

(70) 在【图层】面板中，选中【图层 2】和【图层 3】，并单击面板右上角的扩展菜单按钮，在弹出的菜单中选择【合并所选图层】按钮合并图层，如图 13-103 所示。

图 13-102　输入文字

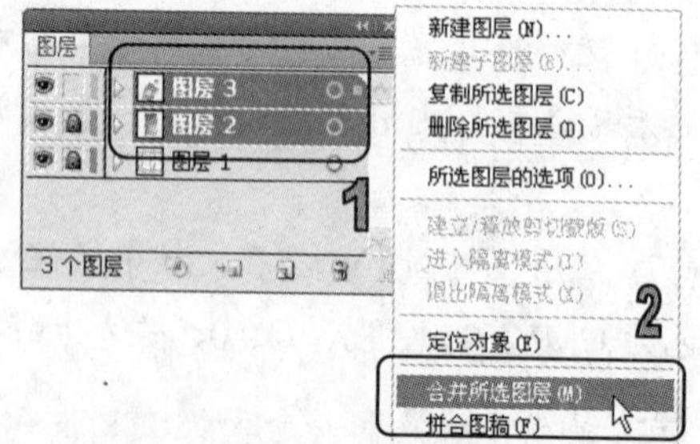

图 13-103　合并图层

(71) 选择【选择】工具，并按住 Ctrl+Alt+Shift 键移动复制图形对象，如图 13-104 所示。

(72) 选择【矩形】工具绘制矩形。在【渐变】面板中的【类型】下拉列表中选择【径向】，设置渐变填充为白色至 CMYK=79，34，8，0，然后选择【渐变】工具调整渐变效果，如图 13-105 所示。

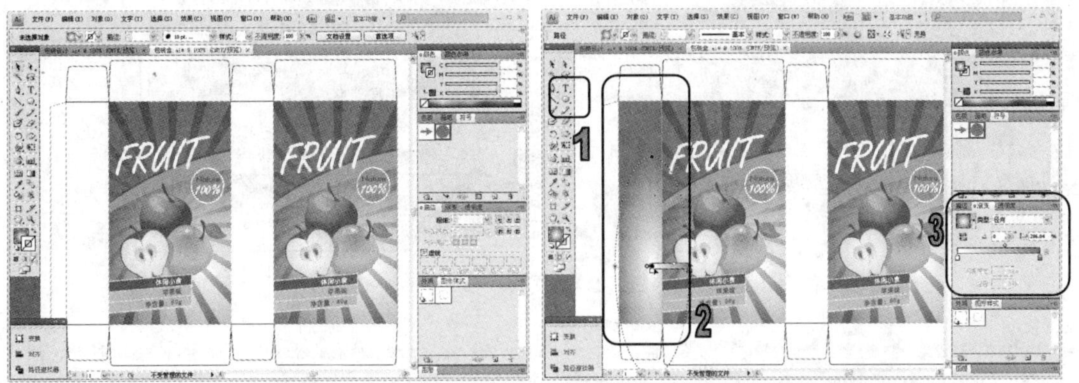

图 13-104　复制移动图形　　　　图 13-105　绘制填充图形

(73) 使用步骤(20)至步骤(23)的操作方法绘制、编辑图形对象，如图 13-106 所示。

(74) 使用【选择】工具选中步骤(72)和步骤(73)中创建的图形对象，并按住 Ctrl+Alt+Shift 键移动复制图形对象，如图 13-107 所示。

图 13-106　创建图形　　　　图 13-107　移动复制对象

(75) 使用【选择】工具选中图形文档中顶部的圆角矩形，并在【渐变】面板中，设置【类型】为【线性】，设置【角度】为-90°，设置渐变填充颜色 CMYK=40，0，0，0 至 CMYK=79，34，8，0，如图 13-108 所示。

(76) 使用【选择】工具选中图形文档中底部的圆角矩形，并在【渐变】面板中，设置【类型】为【线性】，【角度】为 90°，渐变填充颜色 CMYK=40，0，0，0 至 CMYK=79，34，8，0，如图 13-109 所示。

(77) 使用【选择】工具选中步骤(66)中输入的文字、黄色的彩带和圆形标贴图形对象，按 Ctrl+G 键群组对象。按 Ctrl+C 键复制对象，按 Ctrl+F 键粘贴对象，并按住 Shift 键移动、缩小图形对象。然后按住 Ctrl+Alt+Shift 键移动复制刚调整的图形对象，如图 13-110 所示。

图 13-108　填充图形

图 13-109　填充图形

图 13-110　复制移动图形